中等职业教育数字艺术类规划教材

边做边学 3ds Max 9 动画制作案例教程

■ 刘增秀 陈娟 主编

■ 郭晓光 赵丽英 副主编

人民邮电出版社

北京

图书在版编目（C I P）数据

边做边学 : 3ds Max 9 动画制作案例教程 / 刘增秀
, 陈娟主编. -- 北京 : 人民邮电出版社, 2011.11
中等职业教育数字艺术类规划教材
ISBN 978-7-115-26289-9

Ⅰ. ①边… Ⅱ. ①刘… ②陈… Ⅲ. ①三维动画软件
, 3DS MAX 9－中等专业学校－教材 Ⅳ. ①TP391.41

中国版本图书馆CIP数据核字(2011)第197680号

内 容 提 要

本书全面系统地介绍了3ds Max的各项功能和动画制作技巧，内容包括初识3ds Max 9、创建基本几何体、二维图形的创建、三维模型的创建、复合对象的创建、材质贴图、灯光与摄影机、基础动画、粒子系统与空间扭曲、动力学系统、环境特效动画、高级动画设置等。

本书采用案例编写形式，体现“边做边学”的教学理念，不仅让学生在做的过程中熟悉、掌握软件功能，而且加入了案例的设计理念等分析内容，为学生今后走上工作岗位打下基础。本书配套光盘中包含了书中所有案例的素材及效果文件，以利于教师授课，学生练习。

本书可作为中等职业学校计算机平面设计、数字媒体技术应用等专业3ds Max课程的教材，也可作为相关人员的参考用书。

中等职业教育数字艺术类规划教材

边做边学——3ds Max 9 动画制作案例教程

◆ 主　　编　刘增秀　陈　娟
副 主 编　郭晓光　赵丽英
责任编辑　王　平

◆ 人民邮电出版社出版发行　　北京市崇文区夕照寺街14号
邮编　100061　　电子邮件　315@ptpress.com.cn
网址　http://www.ptpress.com.cn
三河市海波印务有限公司印刷

◆ 开本：787×1092　1/16
印张：14.5　　2011年11月第1版
字数：378千字　　2011年11月河北第1次印刷

ISBN 978-7-115-26289-9

定价：33.00元（附光盘）

读者服务热线：(010)67170985　印装质量热线：(010)67129223
反盗版热线：(010)67171154
广告经营许可证：京崇工商广字第0021号

前　言

3ds Max 是由 Autodesk 公司开发的三维设计软件。它功能强大，易学易用，深受国内外建筑工程设计和动画制作人员的喜爱，已经成为这些领域最流行的软件之一。为了帮助中等职业学校的教师全面、系统地讲授这门课程，使学生能够熟练地使用 3ds Max 来进行室内效果图的设计制作，我们几位长期在职业院校从事 3ds Max 教学的教师和专业装饰设计公司经验丰富的设计师合作，共同编写了本书。

根据现代中职学校的教学方向和教学特色，我们对本书的编写体系做了精心的设计。每章按照“课堂学习目标—案例分析—设计理念—操作步骤—相关工具—实战演练”这一思路进行编排，力求通过案例演练，使学生快速熟悉艺术设计理念和软件功能；通过软件相关功能解析，使学生深入学习软件功能和制作特色；通过实战演练和综合演练，拓展学生的实际应用能力。在内容编写方面，力求全面细致、重点突出；在文字叙述方面，注意言简意赅、通俗易懂；在案例选取方面，强调案例的针对性和实用性。

本书配套光盘中包含了书中所有案例的素材及效果文件。另外，为方便教师教学，本书配备了详尽的课堂实战演练和课后综合演练的操作步骤文稿、PPT 课件、教学大纲，附送商业实训案例文件等丰富的教学资源，任课教师可登录人民邮电出版社教学服务与资源网（www.ptpedu.com.cn）免费下载使用。本书的参考学时为 72 学时，各章的参考学时参见下面的学时分配表。

章　节	课 程 内 容	学 时 分 配
第 1 章	初识 3ds Max 9	2
第 2 章	创建基本几何体	3
第 3 章	二维图形的创建	3
第 4 章	三维模型的创建	4
第 5 章	复合对象的创建	6
第 6 章	材质与贴图	6
第 7 章	灯光与摄影机	7
第 8 章	基础动画	7
第 9 章	粒子系统与空间扭曲	9
第 10 章	动力学系统	7
第 11 章	环境特效动画	9
第 12 章	高级动画设置	9
课 时 总 计		72

本书由刘增秀、陈娟任主编，郭晓光、赵丽英任副主编，参与本书编写工作的还有周建国、吕娜、葛润平、陈东生、周世宾、刘尧、周亚宁、张敏娜、王世宏、孟庆岩、谢立群、黄小龙、高宏、尹国勤、崔桂青、张文达等。

由于时间仓促，加之编者水平有限，书中难免存在错误和不妥之处，敬请广大读者批评指正。

编　者

2011 年 8 月

目　录

第 1 章　初识 3ds Max 9

第 5 章 复合对象的创建

第 6 章 材质与贴图

第 7 章 灯光与摄影机

第 11 章 环境特效动画

第 12 章 高级动画设置

第1章 初识 3ds Max 9

本章将对 3ds Max 9 在动画方面的概述和软件的操作界面进行简要介绍，还将讲解 3ds Max 9 的基本操作方法。读者通过学习，要初步认识和了解这款三维创作软件。

课堂学习目标

- 3ds Max 9 的动画概述
- 3ds Max 9 的操作界面
- 3ds Max 9 的坐标系统
- 对象的选择方式
- 对象的变换
- 对象的复制
- 捕捉工具
- 对齐工具
- 撤销和重复命令
- 对象的轴心控制

1.1 动画设计概述

1.1.1 【操作目的】

在动画设计之前，首先对动画有一个深入的了解。

1.1.2 【操作步骤】

步骤 1 什么是 CG 行业。

步骤 2 了解影视动画行业的发展前景。

步骤 3 了解影视动画行业的应用。

1.1.3 【相关工具】

CG 是 Computer Graphic（计算机图形图像）的缩写。CG 发展到今天已经成为全球性的知识型产业，每年拥有几百亿美元的产值，并且还保持高速增长。

影视动画行业是 CG 产业中一个重要的组成部分，它凭借着自身的技术优势在电影特效、建筑动画、3D 动画等应用领域占据了重要的地位，而它所依赖的核心就是计算机数码技术。

现在，几乎在每一部电影中都能看到计算机数码技术的身影，它不但带给了人们灵活多变的故事讲述方式，也带给了人们强烈的视觉体验。通过计算机数码技术所制作的画面具有很明显的优势，例如一些无法通过拍摄得到的特殊视觉效果的画面，在计算机数码技术的帮助下很容易实现。而且，那些震撼人心却在制作上耗时耗力的高难度镜头通过计算机来制作，在降低成本的同时，更能保证演员在拍摄过程中的安全。计算机数码技术还可以在影视拍摄的前期阶段为人们提供更形象的预览，使得制作人员对整部电影的风格走向及在制作过程中的技术难度预计有一个总体印象，这种印象可作为制定解决方案的一个有效的凭据。

动画的分类没有一定之规。从制作技术和手段上看，动画可分为以手工绘制为主的传统动画和以计算机为主的电脑动画。按动作的表现形式来区分，动画大致分为接近自然动作的“完善动画”（动画电视）和采用简化、夸张的“局限动画”（幻灯片动画）。如果从空间的视觉效果上看，又可分为平面动画，例如《猫和老鼠》等，如图 1-1 所示；三维动画，例如《冰河世纪》，如图 1-2 所示。

提　示　业内人士已经开始关注“电脑三维动画”（以下简称“三维”）在影视广告中的广泛应用，仅以中央电视台一套节目为例：新闻联播前 21 条广告中，有 9 条是全三维制作，另有 9 条超过 50%的画面用三维制作，仅有 3 条以实拍为主；新闻联播和气象预报之间的 13 条广告，3 条实拍为主，其余 10 条为全三维制作。

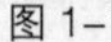

图 1-1

图 1-2

多个不同的帧按照设定好的顺序不断地运动，由于每一帧图像在人的眼睛中都会产生视觉暂留现象，于是这些帧图像连续的运动就产生了动画，电影、电视就是根据这种动画原理制作的。医学已证明，人类具有“视觉暂留”的特性，就是说人的眼睛看到一幅画或一个对象后，在 1/24 秒内不会消失。利用这一原理，在一幅画还没有消失前播放出下一幅画，就会给人造成一种流畅的视觉变化效果。因此，电影采用了每秒 24 幅画面的速度拍摄播放，电视采用了每秒 25 幅（PAL 制）(中央电视台的动画就是 PAL 制)或 30 幅（NSTC 制）画面的速度拍摄播放。如果以每秒低于 24 幅画面的速度拍摄播放，就会出现停顿现象。

1.2 3ds Max 9 的操作界面

1.2.1 【操作目的】

在学习 3ds Max 9 之前，首先要认识它的操作界面，并熟悉各控制区的用途和使用方法，这

样才能在建模操作过程中得心应手地使用各种工具和命令，并可以节省大量的工作时间。下面就对 3ds Max 9 的操作界面进行介绍。

1.2.2 【操作步骤】

双击桌面上的图标启动 3ds Max 9，稍等即可打开其动作界面。

1.2.3 【相关工具】

1. 3ds Max 9 操作界面简介

它主要包括主工具栏、浮动工具栏、命令面板、视图控制区、动画播放区、脚本侦听器、状态栏以及菜单栏几大部分，如图 1-3 所示。

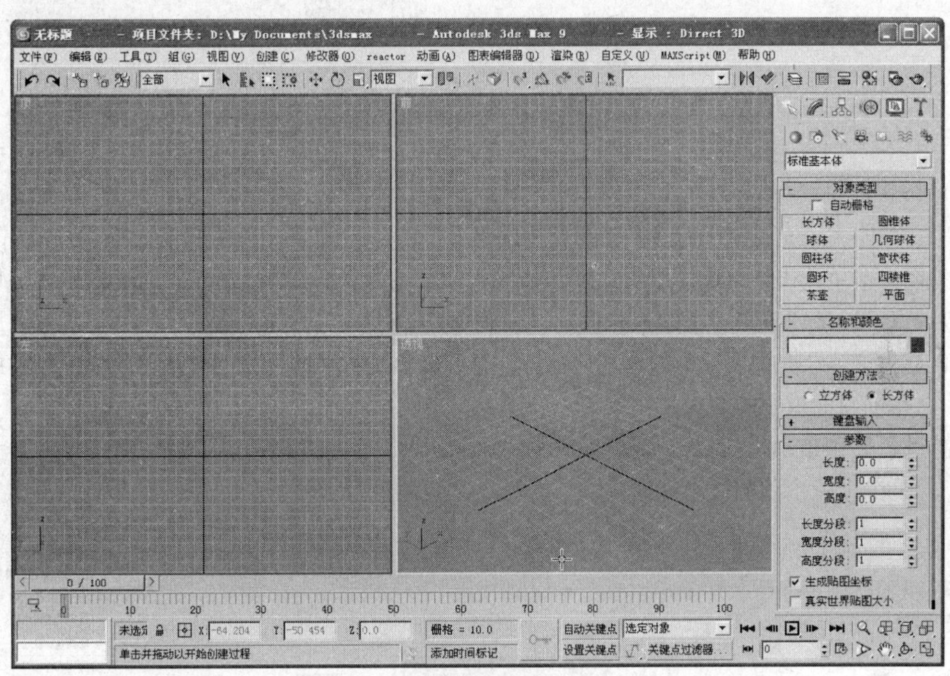

图 1-3

下面将主要介绍常用的几个视图结构。

2. 菜单栏

菜单栏位于主窗口的标题栏下面，如图 1-4 所示。每个菜单名称表明该菜单上命令的用途。单击菜单名时，下面弹出很多命令。

文件(F) 编辑(E) 工具(T) 组(G) 视图(V) 创建(C) 修改器(O) reactor 动画(A) 图表编辑器(D) 渲染(R) 自定义(U) MAXScript(M) 帮助(H)

图 1-4

“文件”菜单：“文件”菜单包含用于管理文件的命令，如新建、重置、打开、导入、归档、合并、导入、导出等，如图 1-5 所示。

“编辑”菜单：“编辑”菜单包含用于在场景中选择和编辑对象的命令，如车削、重做、暂存、取回、删除、克隆、移动等对场景中的对象进行编辑的命令，如图 1-6 所示。

“工具”菜单：在 3ds Max 场景中，“工具”菜单显示可帮助您更改或管理对象，特别是对象集合的对话框，如图 1-7 所示，从下拉菜单中可以看到常用的工具和命令。

“组”菜单：包含用于将场景中的对象成组和解组的功能，如图 1-8 所示“组”菜单。组可将两个或多个对象组合为一个组对象。为组对象命名，然后像任何其他对象一样对它们进行处理。

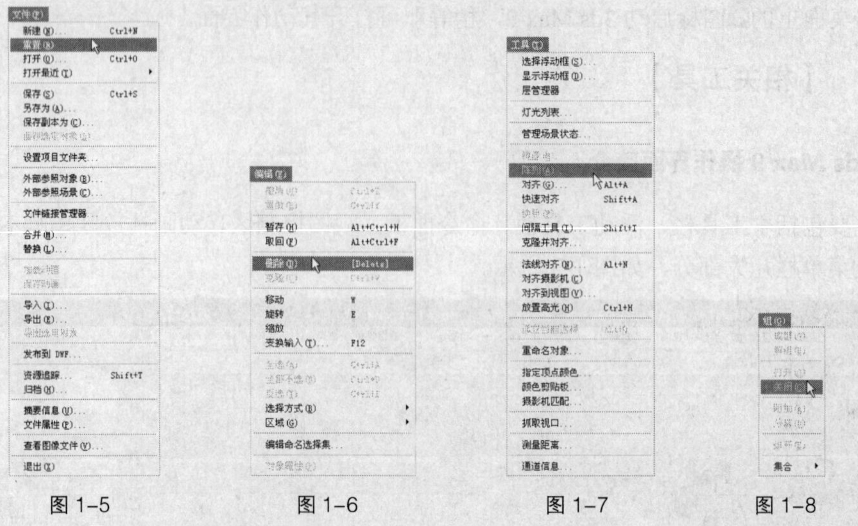

图 1-5　图 1-6　图 1-7　图 1-8

“视图”菜单：该菜单包含用于设置和控制视口的命令，如图 1-9 所示。通过鼠标右键单击视口标签，也可以访问该菜单上的某些命令，如图 1-10 所示。

“创建”菜单：提供了一个创建几何体、灯光、摄影机和辅助对象的方法。该菜单包含各种子菜单，它与创建面板中的各项是相同的，如图 1-11 所示“创建”菜单。

“修改器”菜单：“修改器”菜单提供了快速应用常用修改器的方式。该菜单将划分为一些子菜单。此菜单上各个项的可用性取决于当前选择，如图 1-12 所示。

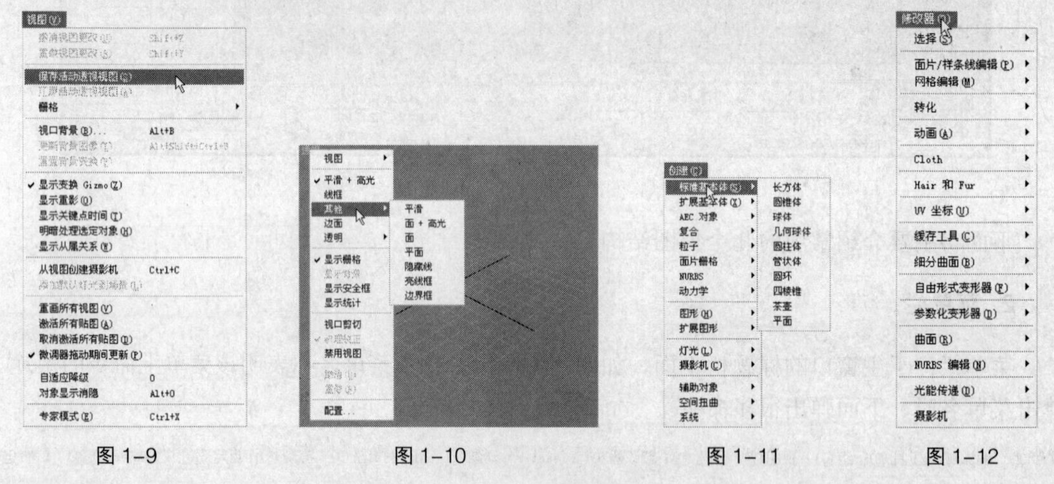

图 1-9　图 1-10　图 1-11　图 1-12

“reactor”菜单：该菜单提供与 3ds Max 中内置的 reactor 动力学软件有关的一组命令，如图 1-13 所示。

“动画”菜单：提供一组有关动画、约束和控制器以及反向运动学解算器的命令。此菜单中还提供自定义属性和参数关联控件，以及用于创建、查看和重命名动画预览的控件，如图 1-14 所示。

“图表编辑器”菜单：使用“图表编辑器”菜单可以访问用于管理场景及其层次和动画的图表

子窗口，如图 1-15 所示。

“渲染”菜单：“渲染”菜单包含用于渲染场景、设置环境和渲染效果、使用 Video Post 合成场景以及访问 RAM 播放器的命令，如图 1-16 所示。

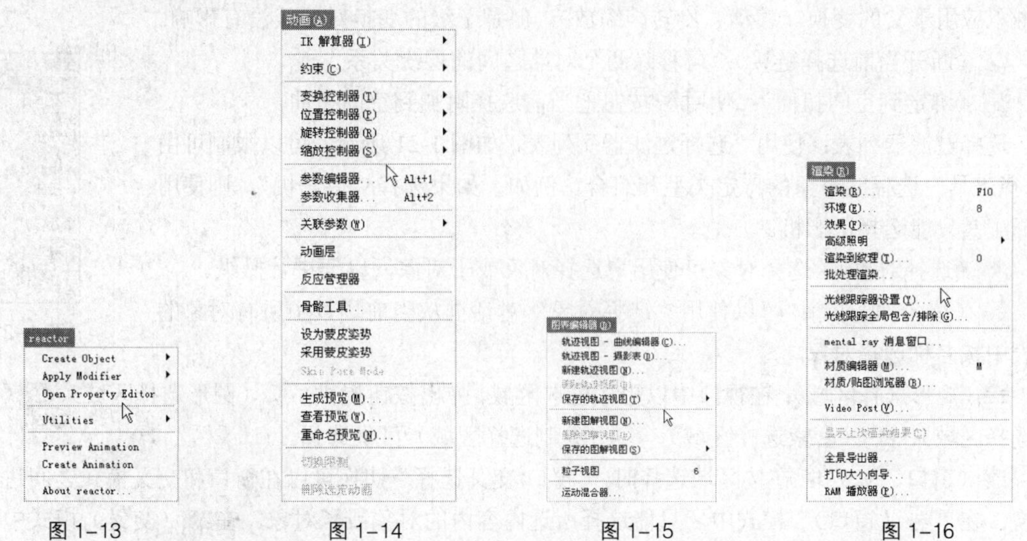

图 1-13　　图 1-14　　图 1-15　　图 1-16

“自定义”菜单包含用于自定义 3ds Max 用户界面（UI）的命令，如图 1-17 所示。

“MAXScript”菜单：该菜单包含用于处理脚本的命令，这些脚本是您使用软件内置脚本语言 MAXScript 创建而来的，如图 1-18 所示。

“帮助”菜单：通过“帮助”菜单可以访问 3ds Max 联机参考系统，如图 1-19 所示。“欢迎使用屏幕”命令显示第一次运行 3ds Max 时默认情况下打开的“欢迎使用屏幕”对话框。“用户参考”命令显示 3ds Max 联机“用户参考”等，为用户学习提供了方便。

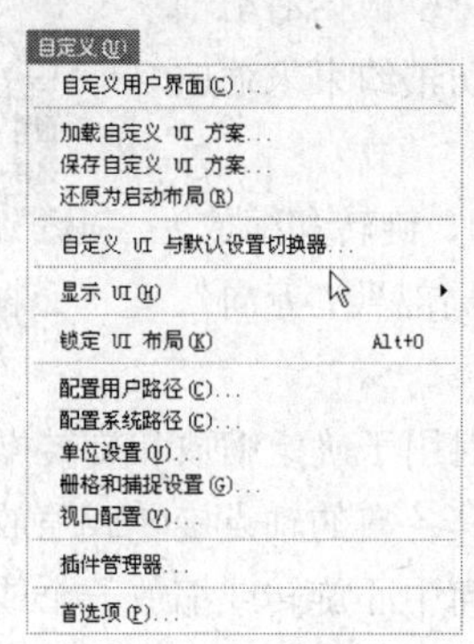

图 1-17

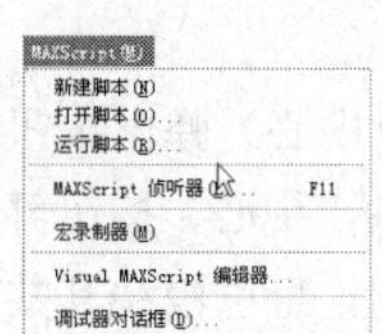

图 1-18

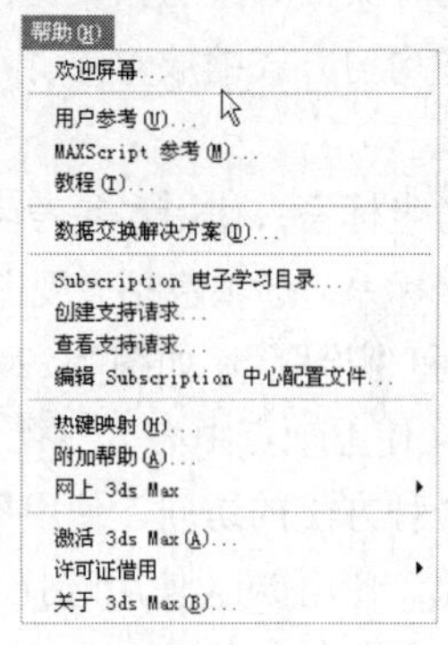

图 1-19

3. 工具栏

通过工具栏可以快速访问 3ds Max 中很多常见任务的工具和对话框，如图 1-20 所示。

文件(F)　编辑(E)　工具(T)　组(G)　视图(V)　创建(C)　修改器(O)　reactor　动画(A)　图表编辑器(D)　渲染(R)　自定义(U)　MAXScript(M)　帮助(H)

图 1-20

下面我们对工具栏中的各个工具进行介绍，以便后来的应用。

（撤销）：“撤销”命令可取消对任何选定对象执行的上一次操作。

（重做）：可取消由“撤销”命令执行的上一次操作。

（选择并链接）：可以通过将两个对象链接作为子和父，定义它们之间的层次关系。子级将继承应用于父的变换（移动、旋转、缩放），但是子级的变换对父级没有影响。

（断开当前选择链接）：可移除两个对象之间的层次关系。

（绑定到空间扭曲）：使用按钮把当前选择附加到空间扭曲。

选择过滤器列表：使用“选择过滤器”列表，如图 1-21 所示，可以限制可由“选择工具”选择的对象的特定类型和组合。例如，如果选择“摄影机”，则使用选择工具只能选择摄影机。

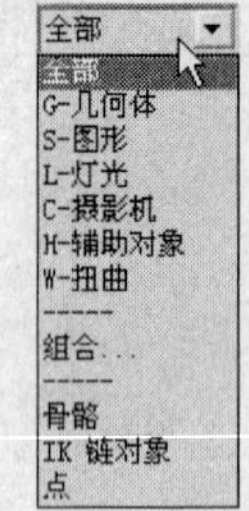

图 1–21

（选择对象）：选择对象可使用户选择对象或子对象，以便进行操纵。

（按名称选择）：可以使用“选择对象”对话框从当前场景中所有对象的列表中按名称选择对象。

（矩形选择区域）：在视口中以矩形框选区域。弹出按钮提供了（圆形选择区域）、（围栏选择区域）、（套索选择区域）、（绘制选择区域）可供选择。

（窗口、交叉）：在按区域选择时，“窗口/交叉选择”切换可以在窗口和交叉模式之间进行切换。在“（窗口）”模式中，只能选择所选内容内的对象或子对象。在（交叉）模式中，可以选择区域内的所有对象或子对象，以及与区域边界相交的任何对象或子对象。

（选择并移动）：要移动单个对象，则无需先单击（选择并移动）按钮。当该按钮处于活动状态时，单击对象进行选择，并拖动鼠标以移动该对象。

（选择并旋转）：当该按钮处于活动状态时，单击对象进行选择，并拖动鼠标以旋转该对象。

（选择并均匀缩放）：使用（选择并均匀缩放）按钮，可以沿所有 3 个轴以相同量缩放对象，同时保持对象的原始比例。（选择并非均匀缩放）按钮可以根据活动轴约束以非均匀方式缩放对象。（选择并挤压）按钮可以根据活动轴约束来缩放对象。

参考坐标系：使用“参考坐标”系列表，可以指定变换（移动、旋转和缩放）所用的坐标系。选项包括“视图”、“屏幕”、“世界”、“父对象”、“局部”、“万向”、“栅格”和“拾取”，如图 1-22 所示。

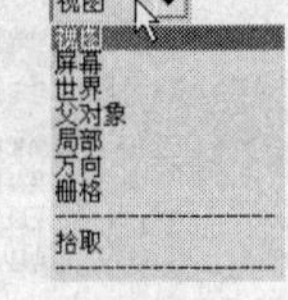

图 1–22

（使用轴点中心）：（使用轴点中心）弹出按钮提供了对用于确定缩放和旋转操作几何中心的 3 种方法的访问。使用（使用轴点中心）按钮可以围绕其各自的轴点旋转或缩放一个或多个对象。使用（使用选择中心）按钮，可以围绕其共同的几何中心旋转或缩放一个或多个对象。如果变换多个对象，该软件会计算所有对象的平均几何中心，并将此几何中心用作变换中心。使用（使用变换坐标中心）按钮，可以围绕当前坐标系的中心旋转或缩放一个或多个对象。

（选择并操纵）：使用“选择并操纵”命令可以通过在视口中拖动“操纵器”，编辑某些对象、修改器和控制器的参数。

（键盘快捷键覆盖切换）：使用“键盘快捷键覆盖切换”，可以在只使用“主用户界面”快捷键和同时使用主快捷键和组（如：编辑/可编辑网格、轨迹视图、NURBS 等）快捷键之间进行切换。可以在“自定义用户界面”对话框中自定义键盘快捷键。

（捕捉开关）：（3D 捕捉）是默认设置。光标直接捕捉到 3D 空间中的任何几何体。3D 捕捉用于创建和移动所有尺寸的几何体，而不考虑构造平面。（2D 捕捉）光标仅捕捉到活动

构建栅格，包括该栅格平面上的任何几何体。将忽略 Z 轴或垂直尺寸。（2.5D 捕捉）光标仅捕捉活动栅格上对象投影的顶点或边缘。

（角度捕捉切换）："角度捕捉切换"确定多数功能的增量旋转。默认设置为以 5° 增量进行旋转。

（百分比捕捉切换）："百分比捕捉切换"通过指定的百分比增加对象的缩放。

（微调器捕捉切换）：使用"微调器捕捉切换"设置 3ds Max 中所有微调器的单个单击增加或减少值。

（编辑命名选择集）：（编辑命名选择集）显示"编辑命名选择"对话框，可用于管理子对象的命名选择集。

（镜像）：单击（镜像）按钮将显示"镜像"对话框，使用该对话框可以在镜像一个或多个对象的方向时，移动这些对象。"镜像"对话框还可以用于围绕当前坐标系中心镜像当前选择。使用"镜像"对话框可以同时创建克隆对象。

（对齐）：（对齐）弹出按钮提供了对用于对齐对象的 6 种不同工具的访问。在"对齐"弹出按钮中单击（对齐），然后选择对象，将显示"对齐"对话框，使用该对话框可将当前选择与目标选择对齐。目标对象的名称将显示在"对齐"对话框的标题栏中。执行子对象对齐时，"对齐"对话框的标题栏会显示为"对齐子对象当前选择"；使用（快速对齐）可将当前选择的位置与目标对象的位置立即对齐；使用（法线对齐）弹出对话框，基于每个对象上面或选择的法线方向将两个对象对齐；使用（放置高光）上的"放置高光"，可将灯光或对象对齐到另一对象，以便可以精确定位其高光或反射；使用（对齐摄影机），可以将摄影机与选定的面法线对齐；（对齐到视图）可用于显示"对齐到视图"对话框，使用户可以将对象或子对象选择的局部轴与当前视口对齐。

（层管理器）：主工具栏上的（层管理器）是可以创建和删除层的无模式对话框。也可以查看和编辑场景中所有层的设置，以及与其相关联的对象。使用此对话框，可以指定光能传递解决方案中的名称、可见性、渲染性、颜色以及对象和层的包含。

（曲线编辑器）："轨迹视图-曲线编辑器"是一种"轨迹视图"模式，用于以图表上的功能曲线来表示运动。利用它，可以查看运动的插值、软件在关键帧之间创建的对象变换。使用曲线上找到的关键点的切线控制柄，可以轻松查看和控制场景中各个对象的运动和动画效果。

（图解视图）："图解视图"是基于节点的场景图，通过它可以访问对象属性、材质、控制器、修改器、层次和不可见场景的关系，如关联参数和实例。

（材质编辑器）："材质编辑器"提供创建和编辑对象材质以及贴图的功能。

（渲染场景对话框）："渲染场景"对话框具有多个面板。面板的数量和名称因活动渲染器而异。

（快速渲染）：该按钮可以使用当前产品级渲染设置来渲染场景，而无需显示"渲染场景"对话框。

4. 命令面板

命令面板是 3ds Max 的核心部分，默认状态下位于整个窗口界面的右侧。命令面板由 6 个用户界面面板组成，使用这些面板可以访问 3ds Max 的大多数建模功能，以及一些动画功能、显示选择和其他工具。每次只有一个面板可见，在默认状态下打开的是（创建）面板，如图 1-23 所示。

要显示其他面板，只需单击命令面板顶部的选项卡，即可切换至不同的命令面板，从左至右依次为（创建）、（修改）、（层次）、（运动）、（显示）和（工具）。

面板上标有＋（加号）或－（减号）按钮的即是卷展栏。卷展栏的标题左侧带有＋号，表示卷展栏卷起，有－号表示卷展栏展开，通过单击＋号或－号，可以在卷起和展开卷展栏之间切换。如果很多卷展栏同时展开，屏幕可能不能完全显示卷展栏，这时可以把鼠标指针放在卷展栏的空白处，当鼠标指针变成形状时，按住鼠标左键上下拖动，可以上下移动卷展栏，这和上面提到的拖动工具栏类似。

下面介绍效果图建模中常用的命令面板。

（创建）面板是 3ds Max 最常用到的面板之一，利用（创建）面板可以创建各种模型对象，它是命令级数最多的面板。面板上方的 7 个按钮代表了 7 种可创建的对象，简单介绍如下。

（几何体）：可以创建标准几何体、扩展几何体、合成造型、粒子系统和动力学物体等。

（图形）：可以创建二维图形，可沿某个路径放样生成三维造型。

（灯光）：创建泛光灯、聚光灯和平行灯等各种灯，模拟现实中各种灯光的效果。

（摄像机）：创建目标摄像机或自由摄像机。

（辅助对象）：创建起辅助作用的特殊物体。

（空间扭曲）物体：创建空间扭曲以模拟风、引力等特殊效果。

（系统）：可以生成骨骼等特殊物体。

单击其中的一个按钮，可以显示相应的子面板。在可创建对象按钮的下方是创建的模型分类下拉列表框 标准基本体 ，单击右侧的下三角按钮，可从弹出的下拉列表中选择要创建的模型类别。下拉列表框是在几何体子面板中可以创建的模型类别。

（修改）在一个物体创建完成后，如果要对其进行修改，即可单击（修改）按钮，打开（修改）面板，如图 1-24 所示。（修改）面板可以修改对象的参数、应用编辑修改器以及访问编辑修改器堆栈。通过该面板，用户可以实现模型的各种变形效果，如拉伸、变曲、扭转等。

在命令面板中单击（显示）按钮，即可打开（显示）面板，如图 1-25 所示。（显示）面板主要用于设置显示和隐藏、冻结和解冻场景中的对象，还可以改变对象的显示特性，加速视图显示，简化建模步骤。

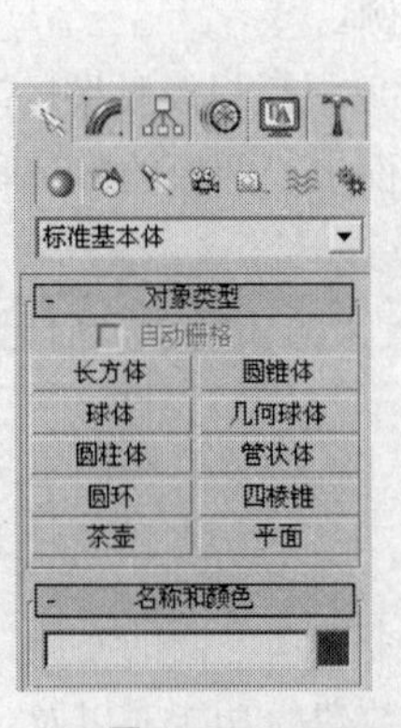

图 1-23

图 1-24

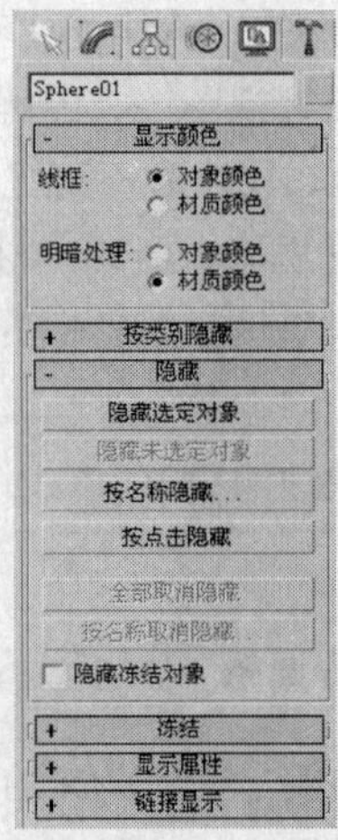

图 1-25

5. 工作区

工作区中共有 4 个视图。在 3ds Max 9 中，视图（也叫视口）显示区位于窗口的中间，占据了大部分的窗口界面，是 3ds Max 9 的主要工作区。通过视图，可以从任何不同的角度来观看所建立的场景。在默认状态下，系统在 4 个视窗中分别显示了“顶”视图、“前”视图、“左”视图和“透视”视图 4 个视图（又称场景）。其中“顶”视图、“前”视图、“左”视图相当于物体在相应方向的平面投影，或沿 X、Y、Z 轴所看到的场景，而“透视”视图则是从某个角度看到的场景，如图 1-26 所示。因此，“顶”视图、“前”视图等又被称为正交视图，在正交视图中，系统仅显示物体的平面投影形状，而在“透视”视图中，系统不仅显示物体的立体形状，而且显示了物体的颜色，所以，正交视图通常用于物体的创建和编辑，而“透视”视图则用于观察效果。

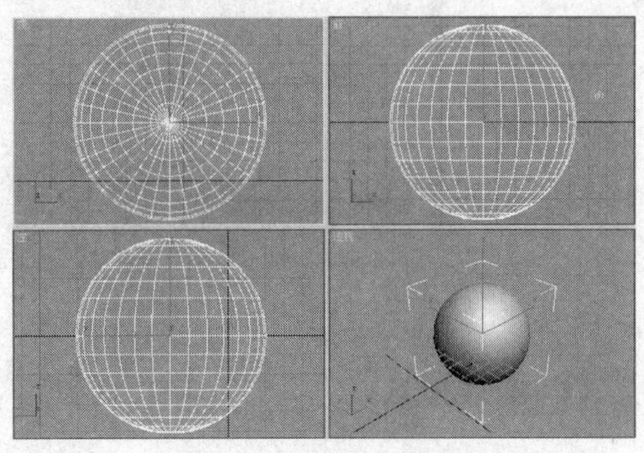

图 1-26

4 个视图都可见时，带有高亮显示边框的视图始终处于活动状态，默认情况下，透视视图“平滑”并“高亮显示”。在任何一个视图中单击鼠标左键或右键，都可以激活该视图，被激活视图的边框显示为黄色。可以在激活的视图中进行各种操作，其他的视图仅作为参考视图（注意，同一时刻只能有一个视图处于激活状态）。用鼠标左键和右键激活视图的区别在于：用鼠标左键单击某一视图时，可能会对视图中的对象进行误操作，而用鼠标右键单击某一视图时，则只是激活视图。

将鼠标指针移到视图的中心，也就是 4 个视图的交点，当鼠标指针变成双向箭头时，拖曳鼠标，如图 1-27 所示；可以改变各个视图的大小和比例，如图 1-28 所示。

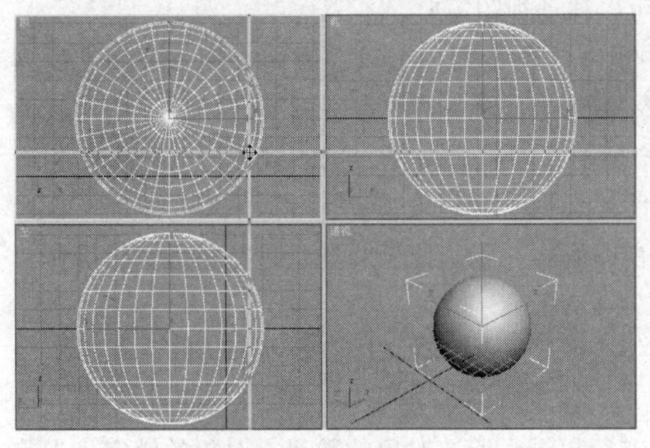

图 1-27

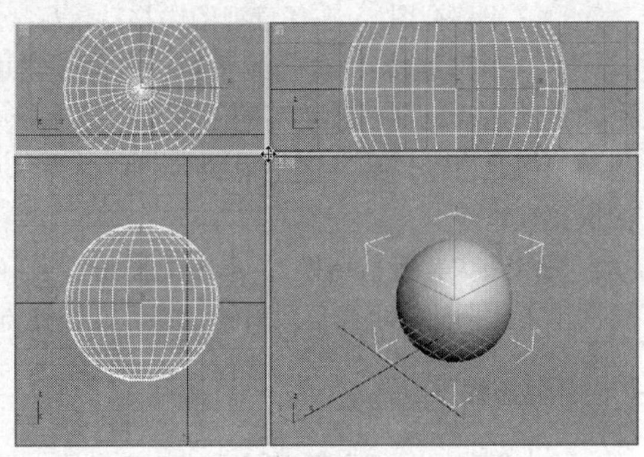

图 1-28

用户还可将视图设置为“底”视图、“右”视图、“用户”视图、“摄像机”视图和“后”视图等。其中，“后”视图的快捷键为【K】，其余各视图的快捷键为各自名称开头的大写字母。摄像机视图与透视图类似，它显示了用户在场景中放置了摄像机后，通过摄像机镜头所看到的画面。用户可以用鼠标右键单击视图左上角的字标来切换视图，此时系统将弹出一个快捷菜单，从“视图”子菜单中选择需要的视图即可，如图 1-29 所示。在弹出的快捷菜单中选择“配置”命令，在弹出的对话框中选择“布局”选项卡，从中可以选择窗口的布局，如图 1-30 所示。

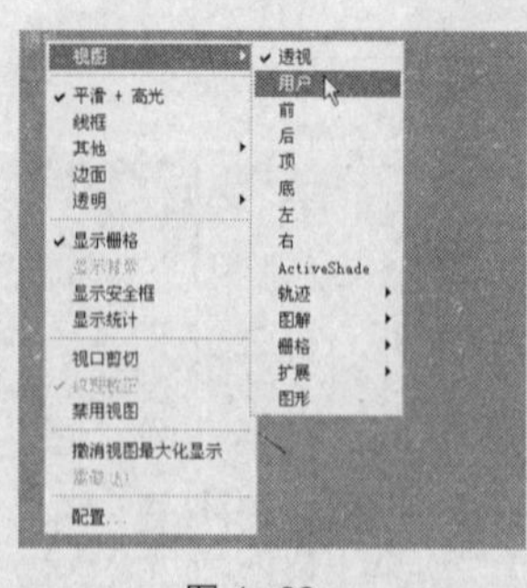

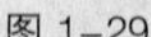

图 1-29

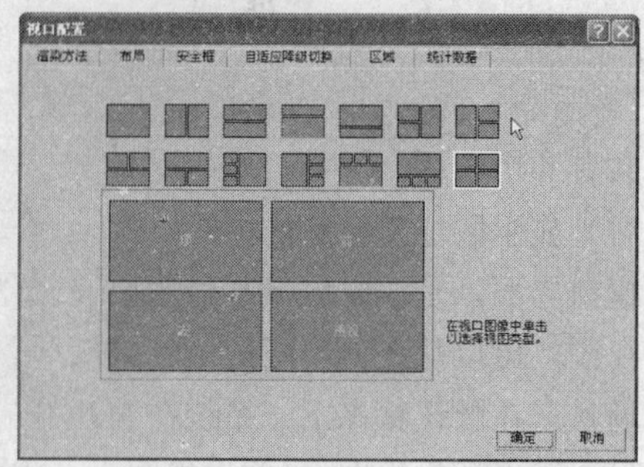

图 1-30

6. 视图控制区

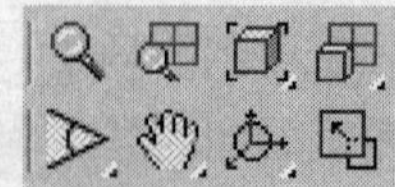

图 1-31

视图调节工具位于 3ds Max 9 界面的右下角，图 1-31 显示的是标准 3ds Max 9 视图调节工具，根据当前激活视图的类型，视图调节工具会略有不同。当选择一个视图调节工具时，该按钮呈黄色显示，表示对当前激活视图窗口来说该按钮是激活的，在激活窗口中单击鼠标右键关闭按钮。

（缩放）：单击此按钮，在任意视图中按住鼠标左键不放，上下拖动鼠标，可以拉近或推远场景。

（缩放全部）：用法同缩放按钮，只不过此按钮影响的是当前所有可见的视图。

（最大化显示）：单击此按钮，当前视图就以最佳方式显示。

（所有视图最大化显示）按钮：用法同最大化显示按钮，只不过此按钮影响的是当前所有可见的视图。

（视野）：单击此按钮，在透视图中按住鼠标左键不放并上下拖动，视图中的相对场景和视角都发生改变。

（平移视图）：在任意视图中拖动鼠标，可以移动视图窗口。

（弧形旋转）：单击此按钮，当前视窗中出现一个黄圈，可以在圈内、圈外或圈上的 4 个顶点上拖动鼠标以改变不同的视角。这个命令主要用于透视图的角度调节。如果试图对其他视图使用此命令，会发现正视图自动切换为用户视图。如果想恢复原来的视图，可以单击相应的快捷键。

（最大化视口切换）：单击此按钮，当前视图满屏显示，便于对场景进行精细编辑操作。再次单击此按钮，可恢复原来的状态，其快捷键为【W】。

7.状态栏

状态行和提示行位于视图区的下部偏右，状态行显示了所选对象的数目、对象的锁定、当前鼠标的坐标位置、当前使用的栅格距等。提示行显示了当前使用工具的提示文字，如图 1-32 所示。

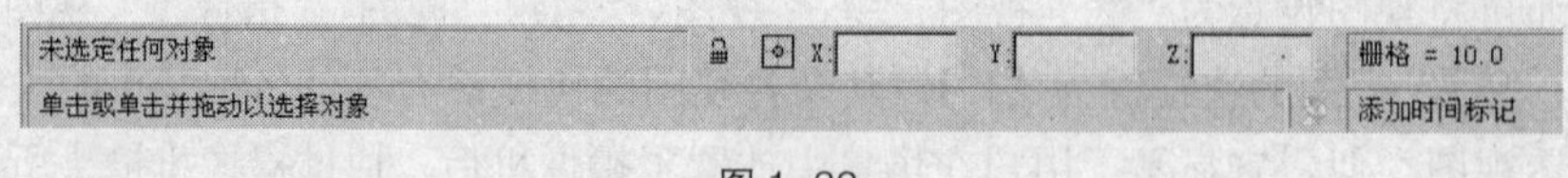

图 1-32

坐标数值显示区：在锁定按钮的右侧是坐标数值显示区，如图 1-33 所示。

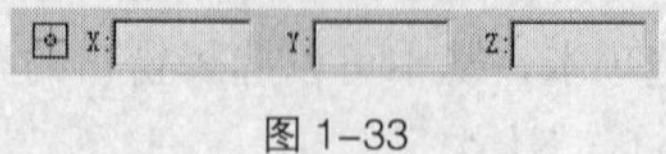

图 1-33

1.3 3 ds Max 9 的坐标系统

1.3.1 【操作目的】

3ds Max 9 提供了多种坐标系统，如图 1-34 所示。使用参考坐标系列表，可以指定变换（移动、旋转和缩放）所用的坐标系。选项包括“视图”、“屏幕”、“世界”、“父对象”、“局部”、“万向”、“栅格”和“拾取”。

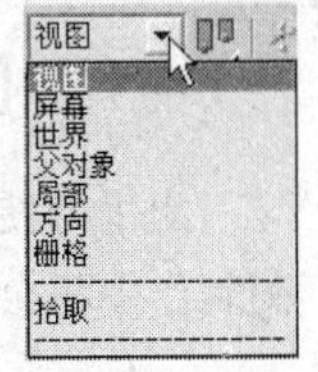

图 1–34

1.3.2 【操作步骤】

步骤 1 在场景中选择需要更改坐标系的模型，如图 1-35 所示。

步骤 2 在工具栏中的参考坐标系中选择需要的坐标系统，如图 1-36 所示。

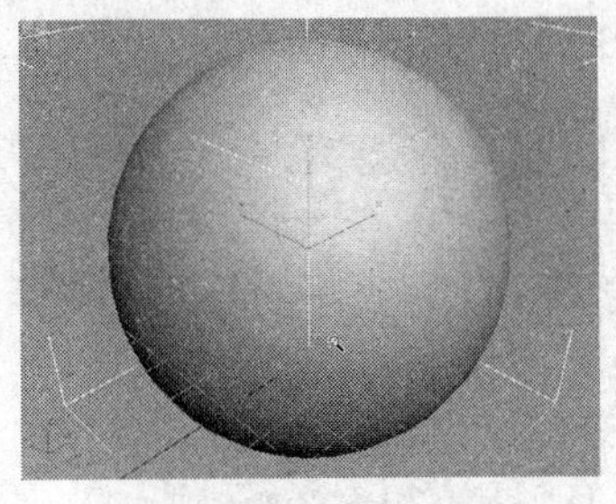

图 1–35

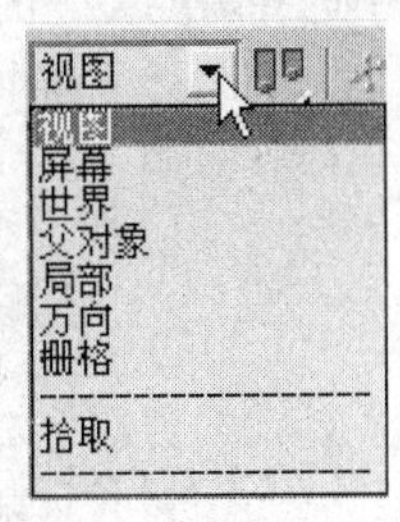

图 1–36

1.3.3 【相关工具】

坐标系统

“视图”坐标系：“视图”坐标系是 3ds Max 9 默认的坐标系统，也是使用最普遍的坐标系统。它是屏幕坐标系统与世界坐标系统的结合。视图坐标系统在正视图中使用屏幕坐标系统，在透视图和用户视图中使用世界坐标系统。

“屏幕”坐标系统：“屏幕”坐标系统在所有视图中都使用同样的坐标轴向，即 x 轴为水平方向，y 轴为垂直方向，z 轴为景深方向，这是用户习惯的坐标方向。该坐标系统把计算机屏幕作为 x、y 轴向，向屏幕内部延伸为 z 轴向。

“世界”坐标系统：在 3ds Max 9 操作界面中，从前方看，x 轴为水平方向，y 轴为垂直方向，z 轴为景深方向。这个坐标轴向在任意视图中都固定不变的，选择该坐标系统后，可以使任何视图中都有相同的坐标轴显示。

“父对象”坐标系统：使用父对象坐标系统，可以使子对象与父对象之间保持依附关系，使子对象以父对象的轴向为基础发生改变。

“局部”坐标系统：使用选定对象的坐标系。对象的局部坐标系由其轴点支撑。使用“层次”命令面板上的选项，可以以相对于对象的方式调整局部坐标系的位置和方向。

“万向”坐标系统：“万向”坐标系统为每个对象使用单独的坐标系。

“栅格”坐标系统：“栅格”坐标系统以栅格对象的自身坐标轴为坐标系统，栅格对象主要用于辅助制作。

“拾取”坐标系统：“拾取”坐标系统拾取屏幕中的任意一个对象，以被拾取对象的自身坐标系统为拾取对象的坐标系统。

1.4 对象的选择方式

1.4.1 【操作目的】

为了方便用户，3ds Max 9 提供了多种选择对象的方式。学会并熟练掌握使用各种选择方式，在制作中将会大大提高制作速度。

1.4.2 【操作步骤】

步骤 1 在工具栏中选择（选择对象）工具。

步骤 2 在场景中选择需要编辑的对象，如图 1-37 所示。

图 1-37

1.4.3 【相关工具】

1. 选择物体的基本方法

选择物体的基本方法包括使用（选择对象）直接选择和（按名称选择），选择（按名称选择）按钮后弹出“选择对象”对话框，如图 1-38 所示。

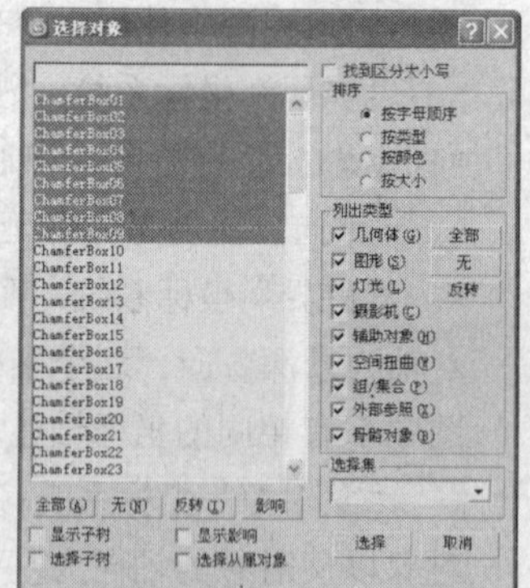

图 1-38

在该对话框中按住 Ctrl 键选择多个对象，按住 Shift 键单击并选择连续范围。在对话框的右侧可以设置好对象以什么形式进行排序，也指定显示在对象列表中的列出类型包括“几何体”、“图形”、“灯光”、“摄影机”、“辅助对象”、“空间扭曲”、“组/集合”、“外部参考”和“骨骼”，对任何类型的勾选，在列表中将隐藏该类型。

在列表的下方提供“全部”、“无”、“反选”按钮。

2. 区域选择

区域选择指选择工具配合工具栏中的选区工具（矩形选择区域）、（圆形选择区域）、（围栏选择区域）、（套索选择区域）、（绘制选择区域）。

选择（矩形选择区域）工具在视口中拖动，然后释放鼠标。单击的第一个位置是矩形的一

个角，释放鼠标的位置是相对的角，如图 1-39 所示。

选择 （圆形选择区域）工具在视口中拖动，然后释放鼠标。首先单击的位置是圆形的圆心，释放鼠标的位置定义了圆的半径，如图 1-40 所示。

图 1–39

图 1–40

选择 （围栏选择区域）工具，拖动可绘制多边形，创建多边形选区，如图 1-41 所示双击创建选区。

选择 （套索选择区域）工具，围绕应该选择的对象拖动鼠标以绘制图形，然后释放鼠标按钮。要取消该选择，请在释放鼠标前右键单击，松开鼠标确定选择区域，如图 1-42 所示。

图 1–41

图 1–42

选择 （绘制选择区域）工具，将鼠标拖至对象之上，然后释放鼠标。在进行拖放时，鼠标周围将会出现一个以画刷大小为半径的圆圈。根据绘制创建选区，如图 1-43 所示。

图 1–43

3. 编辑菜单选择

在“编辑”菜单中可以使用不同的选择方式对场景中的模型进行选择，如图 1-44 所示。

4. 物体编辑成组

在场景中选择需要成组的对象。在菜单栏中选择“组 > 成组”命令，弹出“组”对话框，如图 1-45 所示，重新命名组的名称。这样将选择的模型成组之后，可以对成组后的模型进行编辑。

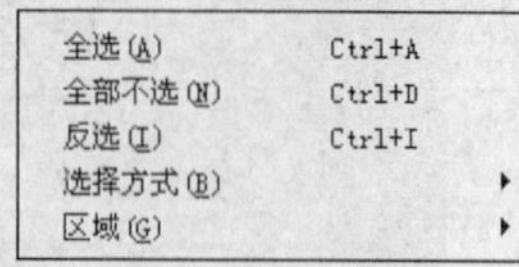

图 1-44

图 1-45

1.5 对象的变换

1.5.1 【操作目的】

对象的变换包括对象的移动、旋转和缩放，这 3 项操作几乎在每一次建模中都会用到，也是建模操作的基础，如图 1-46 所示。

1.5.2 【操作步骤】

步骤 1 首先，在场景中创建圆柱体和球体，并在场景中对模型进行复制，如图 1-47 所示。

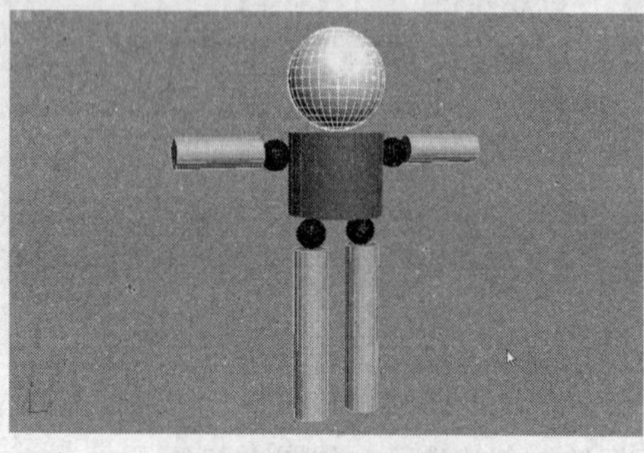

图 1-46

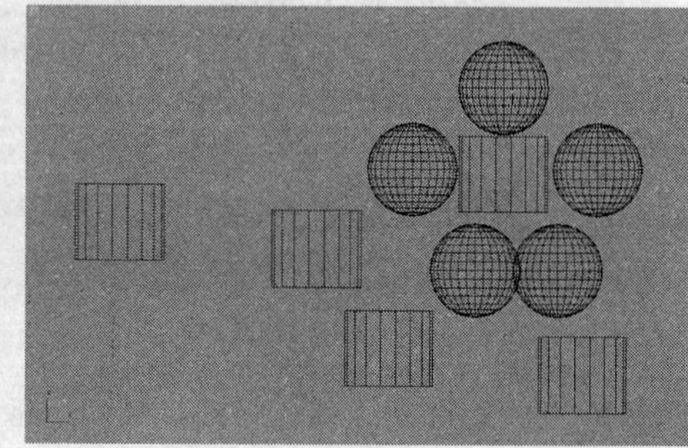

图 1-47

步骤 2 在场景中选择 4 个球体，在工具栏中选中（选择并均匀缩放）工具，在弹出的对话框中设置“偏移：屏幕”下的参数为 30%，如图 1-48 所示。

步骤 3 在场景中使用（选择并移动）工具，在场景中调整缩放球体的位置，如图 1-49 所示。

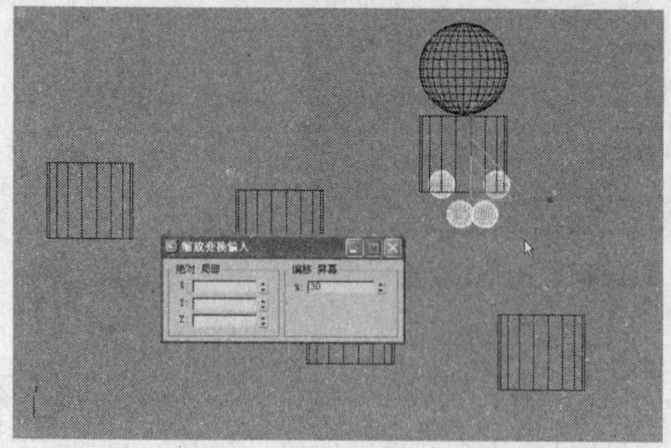

图 1-48

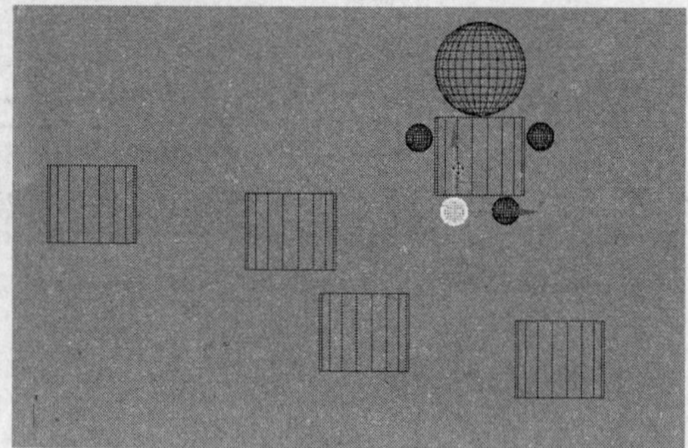

图 1-49

步骤 4 在“前”视图中沿 Y 轴缩放模型，如图 1-50 所示。

步骤 5 在“顶”视图中沿 XY 轴缩放模型，如图 1-51 所示。

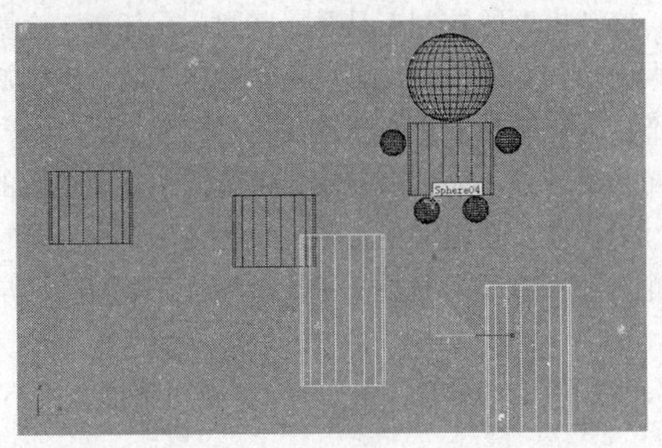

图 1-50

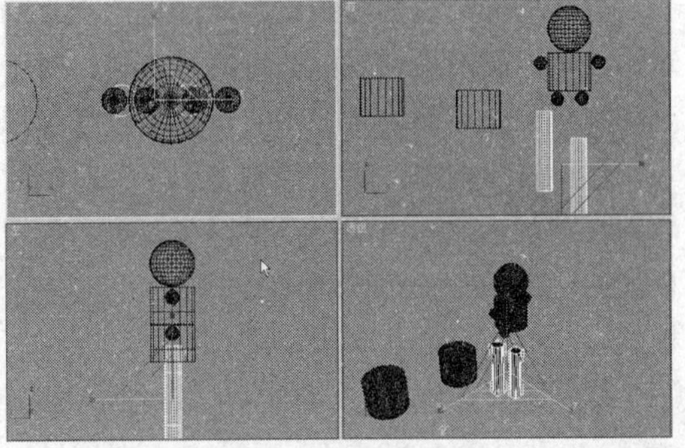

图 1-51

步骤 6 使用同样的方法缩放另外两个圆柱体，使用 （选择并旋转）工具，在场景中旋转模型的角度，如图 1-52 所示。

步骤 7 在场景中调整模型的位置，如图 1-53 所示。

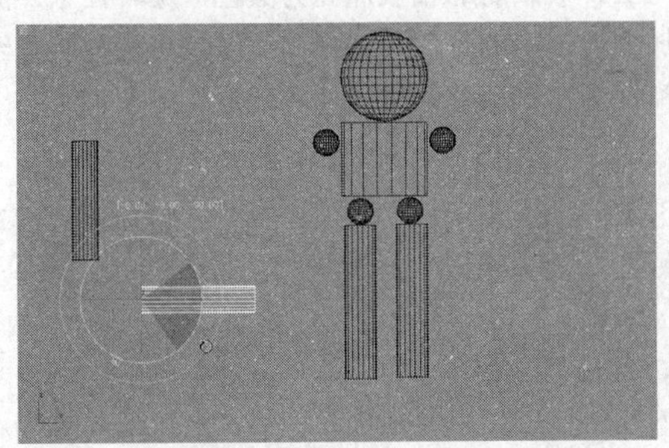

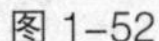

图 1-52

图 1-53

1.5.3 【相关工具】

1. 移动物体

移动工具是在三维制作过程中使用的最为频繁的变换工具，用于选择并移动物体。 （选择并移动）工具可以将选择的物体移动到任意一个位置，也可以将选择的物体精确定位到一个新的位置。移动工具有自身的模框，选择任意一个轴可以将移动限制在被选中的轴上，被选中的轴被加亮为黄色；选择任意一个平面，可以将移动限制在该平面上，被选中的平面被加亮为透明的黄色。

为了提高效果图的制作精度，可以使用键盘输入精确控制移动数量，用鼠标右键单击 （选择并移动）工具，打开“移动变换输入”对话框，如图 1-54 所示，在其中可精确控制移动数量，右边确定被选物体新位置的相对坐标值。使用这种方法进行移动，移动方向仍然要受到轴的限制。

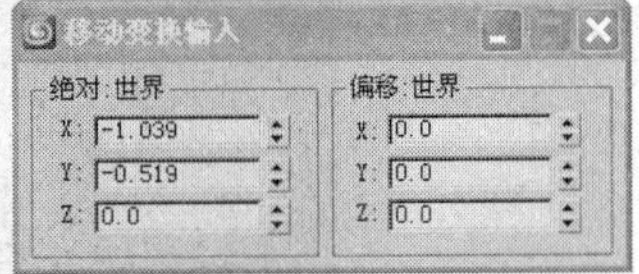

图 1-54

2. 旋转物体

旋转模框是根据虚拟跟踪球的概念建立的，旋转模框的控制工具是一些圆，在任意一个圆上单击，再沿圆形拖动鼠标即可进行旋转，对于大于 360° 的角度，可以不止旋转一圈。当圆旋转到虚拟跟踪球后面时将变得不可见，这样模框不会变得杂乱无章，更容易使用。

在旋转模框中，除了控制 X、Y、Z 轴方向的旋转外，还可以控制自由旋转和基于视图的旋转，在暗灰色圆的内部拖动鼠标可以自由旋转一个物体，就像真正旋转一个轨迹球一样（即自由模式）；在浅灰色的球外框拖动鼠标，可以在一个与视图视线垂直的平面上旋转一个物体（即屏幕模式）。

（选择并旋转）工具也可以进行精确旋转。使用方法与移动工具一样，只是对话框有所不同。

3. 缩放物体

缩放的模框中包括了限制平面，以及伸缩模框本身提供的缩放反馈，缩放变换按钮为弹出按钮，可提供 3 种类型的缩放，即等比例缩放、非等比例缩放和挤压缩放（即体积不变）。

旋转任意一个轴可将缩放限制在该轴的方向上，被限制的轴被加亮为黄色，旋转任意一个平面可将缩放限制在该平面上，被选中的平面被加亮为透明的黄色，选择中心区域可进行所有轴向的等比例缩放，在进行非等比例缩放时，缩放模框会在鼠标移动时拉伸和变形。

1.6 对象的复制

1.6.1 【操作目的】

有时在建模中要创建很多形状、性质相同的几何体，如果分别进行创建会浪费很多时间，这时就要使用复制命令来完成这个工作。

1.6.2 【操作步骤】

步骤 1 在场景中创建螺旋线和球体，如图 1-55 所示。

步骤 2 在菜单栏中选择“工具>间隔工具”命令，如图 1-56 所示。

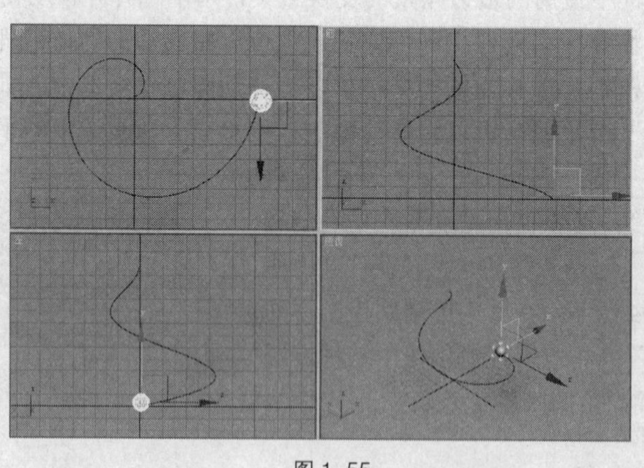

图 1-55

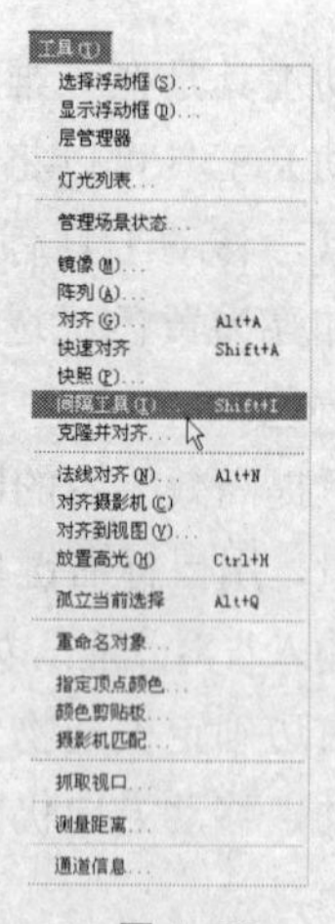

图 1-56

步骤 3 在弹出的对话框中设置间隔工具的参数，如图 1-57 所示。

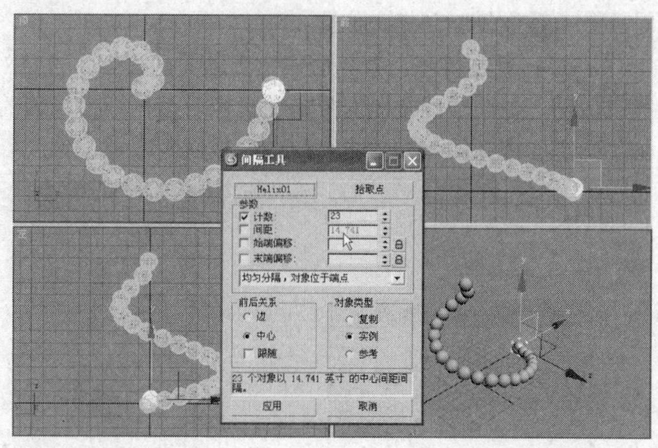

图 1–57

1.6.3 【相关工具】

1. 复制对象的方式

复制分为 3 种方式：复制、实例、参考，这 3 种方式主要是根据复制后原对象与复制对象的相互关系来分类的。

复制：复制后原对象与复制对象之间没有任何关系，是完全独立的对象，相互间没有任何影响。

实例：复制后原对象与复制对象相互关联，对其中任何一个对象进行编辑都会影响到复制的其他对象。

参考：复制后原对象与复制对象有一种参考的关系，对原对象进行修改器编辑时，复制对象会受同样的影响，但对复制对象进行修改器编辑时不会影响原对象。

2. 复制对象的操作

在场景中选择需要复制的模型，按【Ctrl+V】键，可以直接复制模型；利用变换工具是使用最多的复制方法，按住【Shift】键的同时利用移动、旋转、缩放工具拖动鼠标，即可将物体进行变换复制，释放鼠标，弹出“克隆选项”对话框，复制的类型有 3 种，即常规复制、关联复制和参考复制，如图 1-58 所示，从中旋转复制对象的方式和“副本数”。

3. 镜像复制

当建模中需要创建两个对称的对象时，如果使用直接复制，对象间的距离很难控制，而且要使两对象相互对称，直接复制是办不到的，使用 （镜像）工具就能很简单地解决这个问题。

选择对象后，单击“镜像”工具按钮 ，弹出“镜像：世界坐标”对话框，如图 1-59 所示。

镜像轴：用于设置镜像的轴向，系统提供了 6 种镜像轴向。

偏移：用于设置镜像对象和原始对象轴心点之间的距离。

克隆当前选择：用于确定镜像对象的复制类型。

不克隆：表示仅把原始对象镜像到新位置而不复制对象。

复制：把选定对象镜像复制到指定位置。

实例：把选定对象关联镜像复制到指定位置。

参考：把选定对象参考镜像复制到指定位置。

使用 (镜像) 工具进行复制操作，首先应该熟悉轴向的设置，选择对象后单击 (镜像) 工具，可以依次选择镜像轴，视图中的复制对象是随镜像对话框中镜像轴的改变实时显示的，选择合适的轴向后单击“确定”按钮即可，单击“取消”按钮则取消镜像。

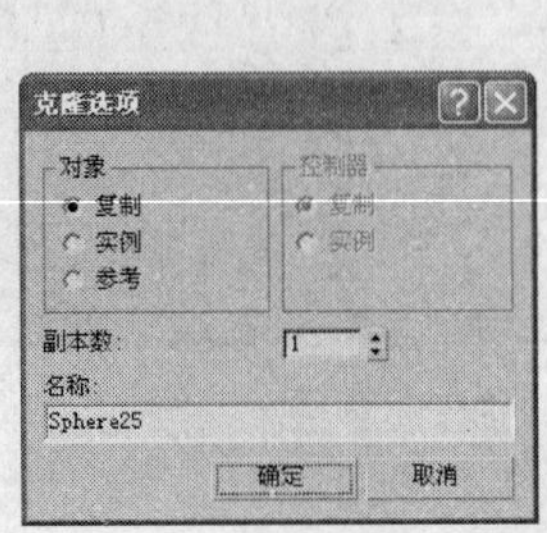

图 1-58

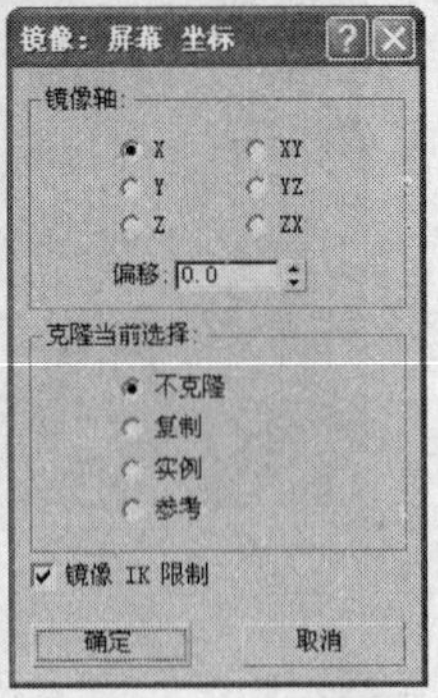

图 1-59

4. 间隔复制

利用间距复制对象是一种快速而且比较随意的对象复制方法，它可以指定一条路径，使复制对象排列在指定的路径上。

5. 阵列复制

在菜单栏中选择“工具>阵列”命令，打开“阵列”对话框，如图 1-60 所示。

“增量”：参数控制阵列单个物体在 X、Y、Z 轴向上的移动、旋转、缩放间距，该栏参数一般不进行设置。

“总计”：该参数控制阵列物体在 X、Y、Z 轴向上的移动、旋转、缩放总量，这是常用的参数控制区，改变该栏中参数后，“间距或增量”栏中的参数将跟随改变。

“对象类型”：在该栏中设置复制的类型。

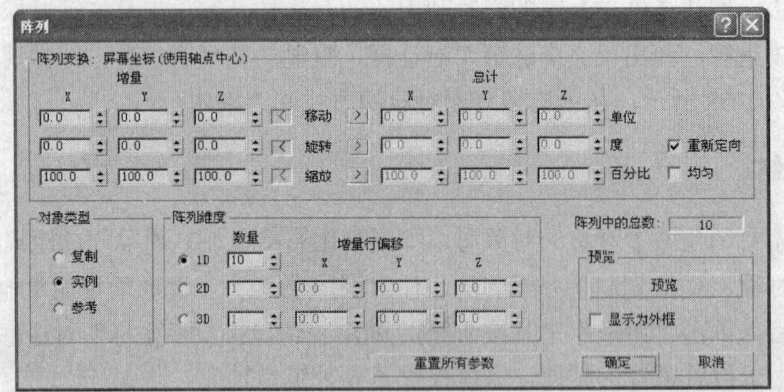

图 1-60

“阵列维度”：组中设置 3 种维度的阵列。

“重新定向”：选中后旋转复制原始对象时，同时也对复制物体沿其自身的坐标系统进行旋转定向，使其在旋转轨迹上总保持相同的角度。

“均匀”：选中后缩放的数值框中将只有一个允许输入，这样可以保证对象只发生体积变化，而不发生变形。

“预览”：单击该按钮后可以将设置的阵列参数在视图中进行预览。

1.7 捕捉工具

1.7.1 【操作目的】

“捕捉工具”是功能很强的建模工具，熟练使用该工具可以极大地提高工作效率，如图 1-61 所示。

图 1–61

1.7.2 【操作步骤】

步骤 1 首先，用鼠标右键单击工具栏中的 （捕捉开关）按钮，在弹出的对话框中勾选如图 1-62 上的选项。

步骤 2 在“顶”视图中通过对栅格的捕捉创建长方体，设置“长度”为 150、“宽度”为 540、“高度”为 10，如图 1-63 所示。

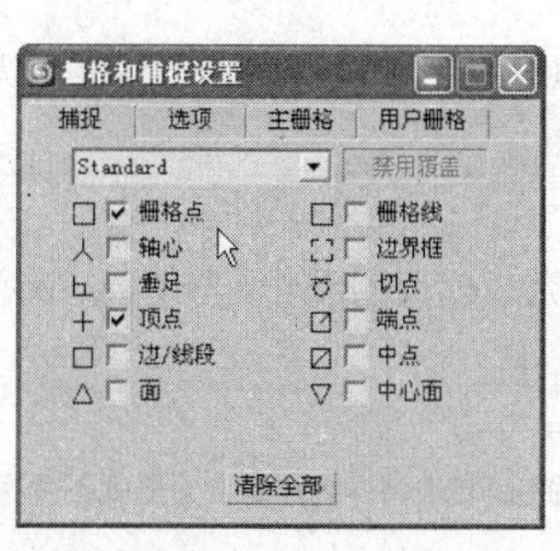

图 1–62

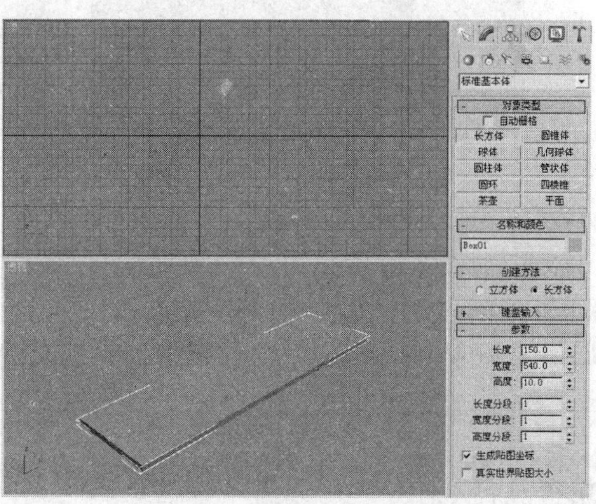

图 1–63

步骤 3 在“左”视图中使用（选择并移动）工具，按住【Shift】键移动、复制模型，在弹出的对话框中选择“实例”单选项，如图 1-64 所示。

步骤 4 复制模型后，通过顶点捕捉，在“左”视图中创建长方体作为侧面挡板，如图 1-65 所示，设置“长度”为 330、“宽度”为 150、“高度”为 10。

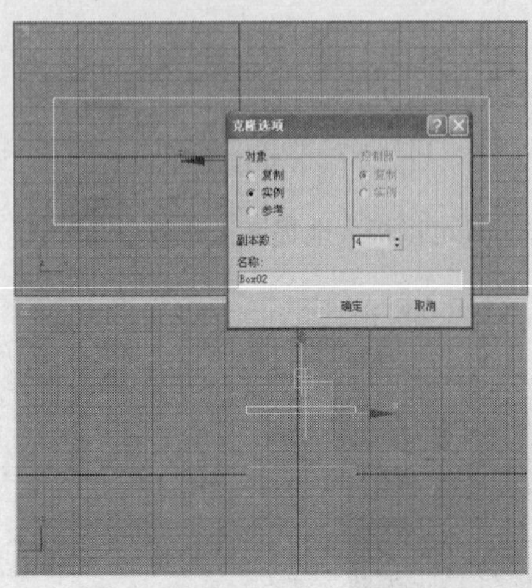

图 1-64

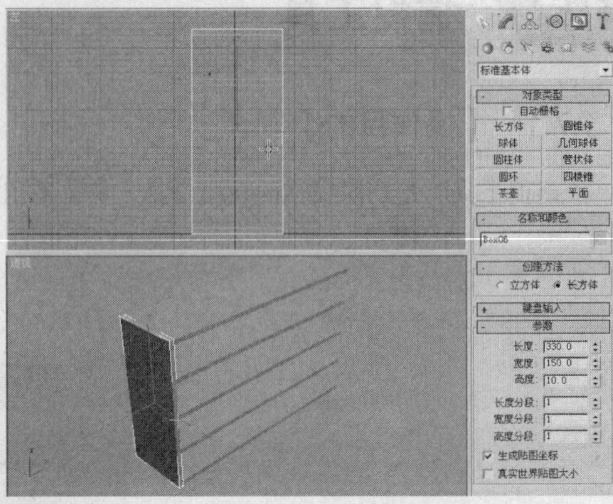

图 1-65

步骤 5 复制模型，如图 1-66 所示。

步骤 6 在场景中复制中间的隔断，如图 1-67 所示。

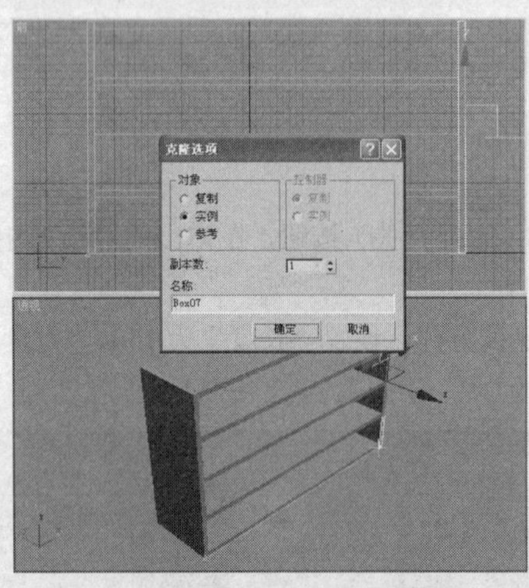

图 1-66

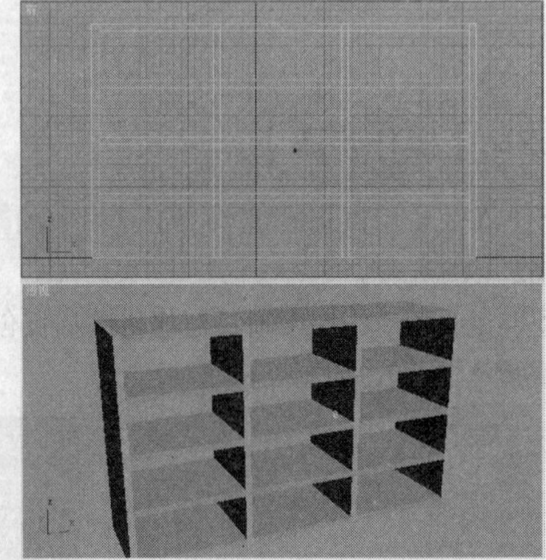

图 1-67

步骤 7 在“前”视图中创建长方体，设置“长度”为 330、“宽度”为 560、“高度”为 10，作为背板，如图 1-68 所示。

步骤 8 调整模型的位置，如图 1-69 所示。

步骤 9 在场景中创建长方体作为储物柜的腿，调整模型完成模型的制作，如图 1-70 所示。

提　示 创建模型以及灯光摄影机的操作步骤，在后面的章节中将详细介绍，这里就不介绍了。

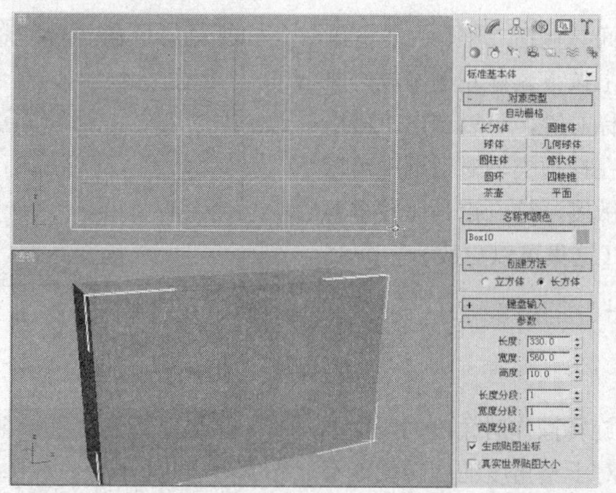

图 1–68

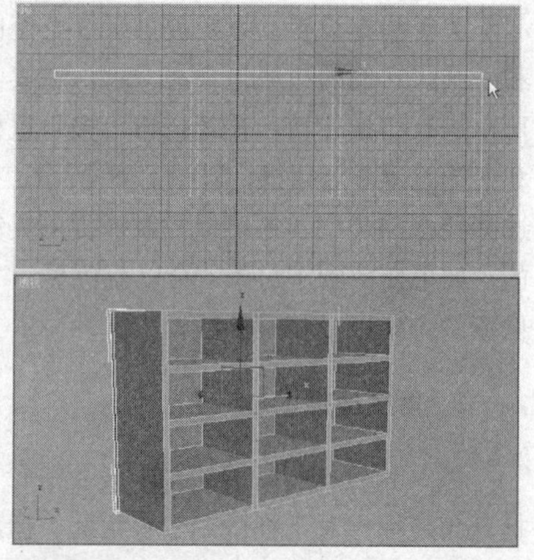

图 1–69

图 1–70

1.7.3 【相关工具】

在上面的实例中可以延伸出以下的集中复制工具。

1. 三种捕捉工具

捕捉方式分为三类，即“位置捕捉”工具（3D 捕捉）、“角度捕捉”工具（角度捕捉切换）、“百分比捕捉”工具（百分比捕捉切换）。最常用的是“位置捕捉”工具，“角度捕捉”工具主要用于旋转物体，“百分比捕捉”工具主要用于缩放物体。

2. 捕捉开关

（捕捉开关）能够很好地在三维空间中锁定需要的位置，以便进行旋转、创建、编辑修改等操作。在创建和变换对象或子对象时，可以帮助制作者捕捉几何体的特定部分，同时还可以捕捉栅、切线、中点、轴心点、面中心等其他选项。

开启捕捉工具（关闭动画设置）后，旋转和缩放命令执行在捕捉点周围。例如，开启“顶点捕捉”对一个立方体进行旋转操作，在使用变换坐标中心的情况下，可以使用捕捉让物体围绕自身顶点进行旋转。当动画设置开启后，无论是旋转或缩放命令，捕捉工具都无效，对象只能围绕自身轴心进行旋转或进行缩放。捕捉分为相对捕捉和绝对捕捉。

关于捕捉设置，系统提供了 3 个空间，包括二维、二点五维和三维，它们的按钮包含在一起，在其上按下鼠标左键不放，即可以进行切换旋转。在其按钮上按下鼠标右键，可以调出“栅格和捕捉设置”对话框，如图 1-71 所示，在捕捉类型对话框中可以选择捕捉的类型，还可以控制捕捉的灵敏度，这一点是比较重要的，如果捕捉到了对象，会以蓝色显示（这里可以更改）一个 15 像素的方格以及相应的线。

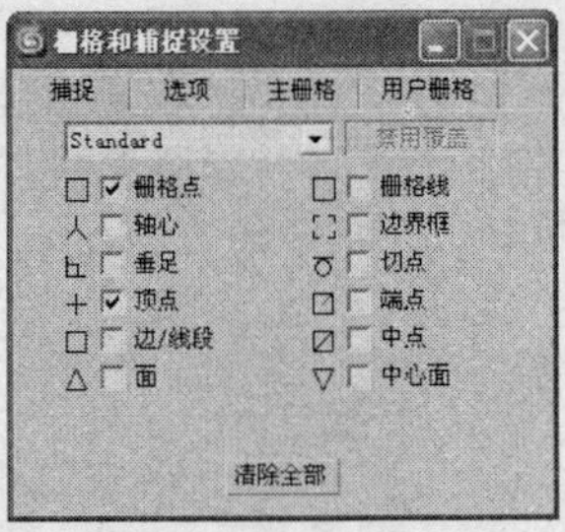

图 1-71

3. 角度捕捉

（角度捕捉切换）用于设置进行旋转操作时角度间隔，不打开角度捕捉对于细微调节有帮助，但对于整角度的旋转就很不方便了，而事实上我们经常要进行如 90°、180° 等整角度的旋转，这时打开角度捕捉按钮，系统会以 5° 作为角度的变换间隔进行调整角度的旋转。在其上按鼠标右键可以调“栅格与捕捉设置”对话框，在“选项”选项卡中，可以通过对“角度”值的设置，设置角度捕捉的间隔角度，如图 1-72 所示。

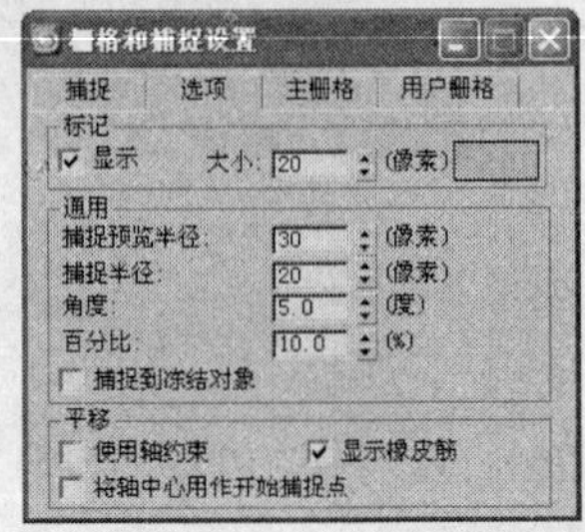

图 1-72

4. 百分比捕捉

（百分比捕捉切换）用于设置缩放或挤压操作时的百分比例间隔，如果不打开百分比例捕捉，系统会以 1%作为缩放的比例间隔，如果要求调整比例间隔，在其上单击鼠标右键，在弹出的“栅格和捕捉设置”对话框，在“选项”选项卡中通过对“百分比”值的设置，放缩捕捉的比例间隔，默认设置为 10%。

5. 捕捉工具的参数设置

在（3D 捕捉）上单击鼠标右键，打开“栅格和捕捉设置”对话框。

（1）首先看一下“捕捉”选项卡，如图 1-73 所示。

“栅格点”：捕捉到栅格交点。默认情况下，此捕捉类型处于启用状态。键盘快捷键为【Alt+F5】。

“栅格线”：捕捉到栅格线上的任何点。

“轴心”：捕捉到对象的轴点。

“边界框”：捕捉到对象边界框的 8 个角中的一个。

“垂足”：捕捉到样条线上与上一个点相对的垂直点。

“切线”：捕捉到样条线上与上一个点相对的相切点。

“顶点”：捕捉到网格对象或可以转换为可编辑网格对象的顶点。捕捉到样条线上的分段。键盘快捷键为【Alt+F7】。

“端点”：捕捉到网格边的端点或样条线的顶点。

“边/线段”：捕捉沿着边（可见或不可见）或样条线分段的任何位置。键盘快捷键为【Alt+F9】。

“中点”：捕捉到网格边的中点和样条线分段的中点。键盘快捷键为【Alt+F8】。

“面”：捕捉到曲面上的任何位置。已选择背面，因此它们无效。键盘快捷键为【Alt+F10】。

“中心面”：捕捉到三角形面的中心。

（2）“选项”选项卡，如图 1-74 所示。

“显示”：切换捕捉指南的显示。禁用该选项后，捕捉仍然起作用，但不显示。

“大小”：以像素为单位设置捕捉“击中”点的大小。这是一个小图标，表示源或目标捕捉点。

“颜色”：单击色样以显示“颜色选择器”，其中可以设置捕捉显示的颜色。

“捕捉预览半径”：当光标与潜在捕捉到的点的距离在“捕捉预览半径”值和“捕捉半径”值之间时，捕捉标记跳到最近的潜在捕捉到的点，但不发生捕捉。默认设置是 30。

“捕捉半径”：以像素为单位设置光标周围区域的大小，在该区域内捕捉将自动进行。默认设置为 20。

“角度”：设置对象围绕指定轴旋转的增量（以度为单位）。

“百分比”：设置缩放变换的百分比增量。

“捕捉到冻结对象”：启用此选项后，启用捕捉到冻结对象。默认设置为禁用状态。该选项也位于“捕捉”快捷菜单中，按住【Shift】键的同时，用鼠标右键单击任何视口，可以进行访问，同时也位于捕捉工具栏中。键盘快捷键为【Alt+F2】。

“使用轴约束”：约束选定对象，使其沿着在“轴约束”工具栏上指定的轴移动。禁用该选项后（默认设置），将忽略约束，并且可以将捕捉的对象平移为任何尺寸（假设使用 3D 捕捉）。该选项也位于“捕捉”快捷菜单中，按住【Shift】的同时用鼠标右键单击任何视口，可以进行访问，同时也位于捕捉工具栏中。键盘快捷键为【Alt+F3】或【Alt+D】。

“显示橡皮筋”：当启用此选项并且移动一个选择时，在原始位置和鼠标位置之间显示橡皮筋线。当“显示橡皮筋”设置为启用时，使用该可视化辅助选项可使结果更精确。

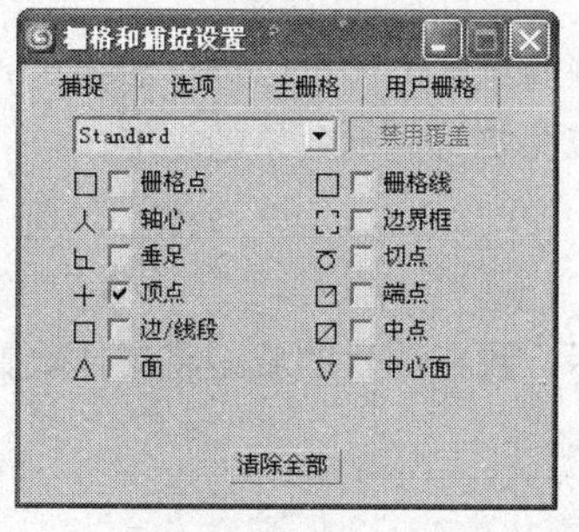

图 1-73

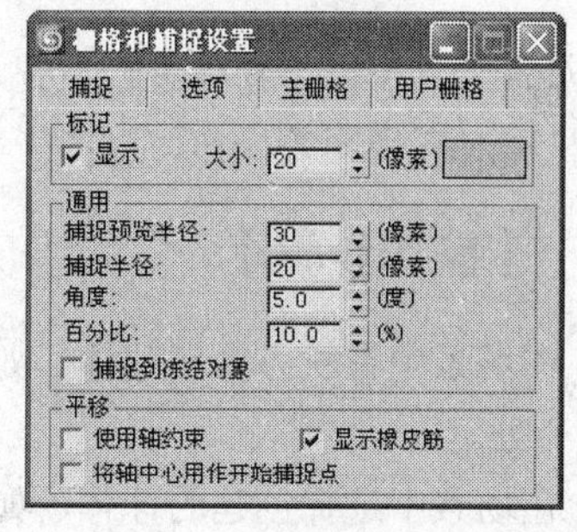

图 1-74

（3）“主栅格”选项卡，如图 1-75 所示。

“栅格间距”：栅格间距是栅格的最小方形的大小。使用微调器可调整间距（使用当前单位），或直接输入值。

“每 N 条栅格线有一条主线”：主栅格的显示为更暗的或“主”线以标记栅格方形的组。使用微调器调整该值，调整主线之间的方形栅格数，或可以直接输入该值，最小为 2。

“透视视图栅格范围”：设置透视视图中的主栅格大小。

“禁止低于栅格间距的栅格细分”：当在主栅格上放大时，使用 3ds Max 将栅格视为一组固定的线。实际上，栅格在栅格间距设置处停止。如果保持缩放，固定栅格将从视图中丢失，不影响缩小。当缩小时，主栅格不确定扩展以保持主栅格细分。默认设置为启用。

“禁止透视视图栅格调整大小”：当放大或缩小时，使用 3ds Max 将“透视”视口中的栅格视为一组固定的线。实际上，无论缩放多大多小，栅格将保持一个大小。默认设置为启用。

“动态更新”：默认情况下，当更改“栅格间距”和“每 N 条栅格线有一条主线”的值时，只更新活动视口。完成更改值之后，其他视口才进行更新。选择“所有视口”可在更改值时更新所有视口。

（4）“用户栅格”选项卡，如图 1-76 所示。

“创建栅格时将其激活”：启用该选项可自动激活创建的栅格。

“世界空间”：将栅格与世界空间对齐。

“对象空间”：将栅格与对象空间对齐。

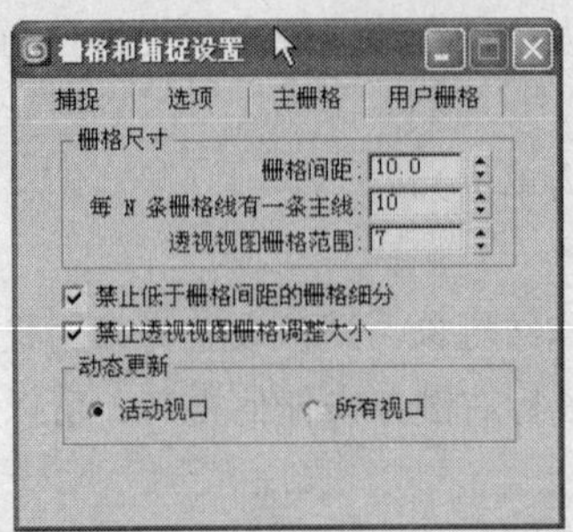

图 1-75

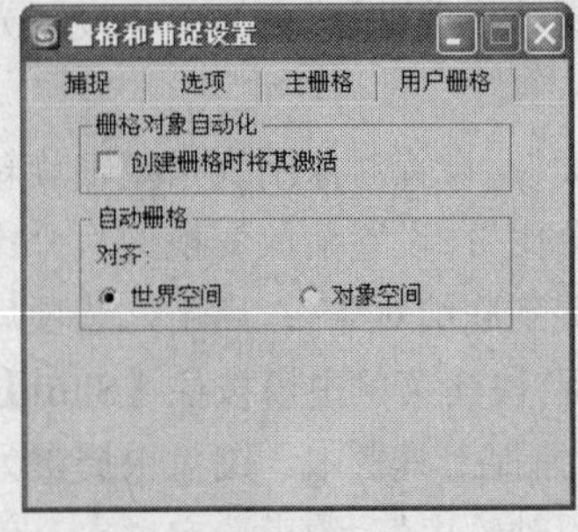

图 1-76

1.8 对齐工具

1.8.1 【操作目的】

使用对齐工具可以将物体进行设置、方向和比例的对齐，还可以进行法线对齐、放置高光、对齐摄影机和对齐视图等操作。对齐工具有实时调节、实时显示效果的功能。

1.8.2 【操作步骤】

步骤 1 在场景中有长方体和球体，如图 1-77 所示，我们的目的就是将球体放置到长方体的上方中心处。

步骤 2 在场景中选择创建的球体，如图 1-78 所示。

图 1-77

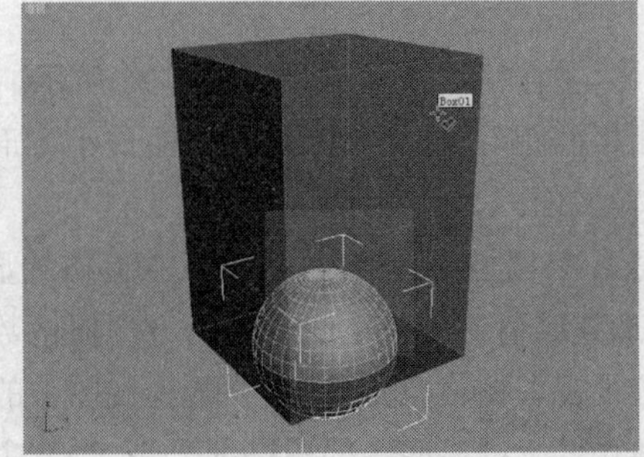

图 1-78

步骤 3 在工具栏中单击（对齐）工具，在场景中拾取对齐目标，这里选择长方体，弹出如图 1-79 所示的对话框，从中勾选“Y 位置”复选项，在“当前对象”和“目标对象”组中分别选中“中心”和“中心”单选项，单击“应用”按钮，将球体放置到长方体的中心。

步骤 4 勾选“Z 位置”复选项，选中“当前对象”和“目标对象”组中的“最小”、“最大”单选项，单击“确定”按钮，如图 1-80 所示，将球体放置到长方体的上方。

提 示 在对齐对话框中的轴向是根据窗口决定的，例如，在顶视图选择的物体对齐轴向与在前视图中选择的物体对齐轴向就不同。

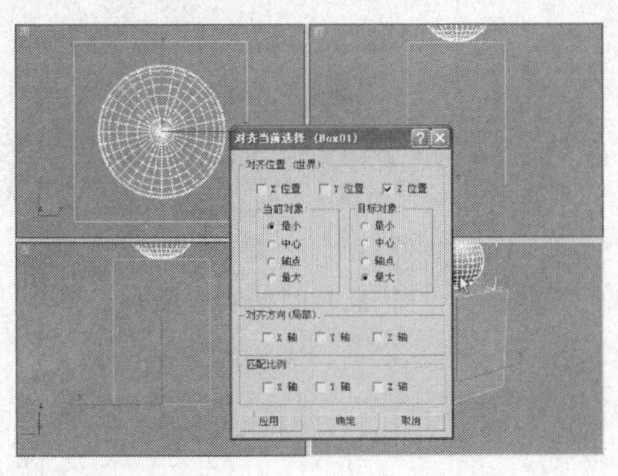

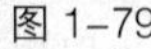

图 1-79

图 1-80

1.8.3 【相关工具】

下面介绍“对齐当前选择”对话框中各个选项的功能，如图 1-81 所示。

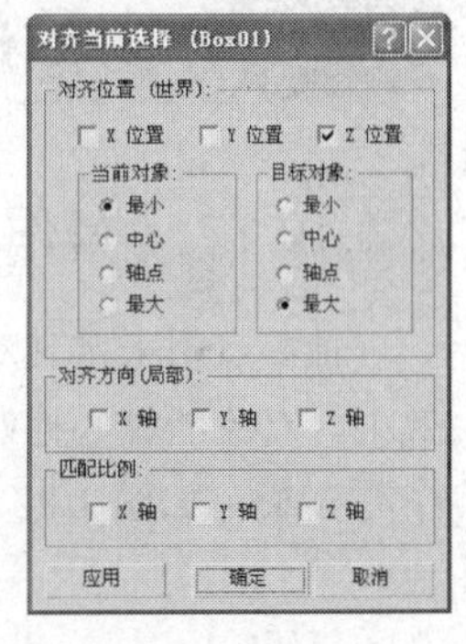

图 1-81

“X、Y、Z 位置”：指定要在其中执行对齐操作的一个或多个轴。启用所有 3 个选项，可以将当前对象移动到目标对象位置。

“最小”：将具有最小 X、Y 和 Z 值的对象边界框上的点与其他对象上选定的点对齐。

“中心”：将对象边界框的中心与其他对象上的选定点对齐。

“轴点”：将对象的轴点与其他对象上的选定点对齐。

“最大”：将具有最大 X、Y 和 Z 值的对象边界框上的点与其他对象上选定的点对齐。

“对齐方向 (局部)”组：这些设置用于在轴的任意组合上匹配两个对象之间的局部坐标系的方向。

“匹配比例”组：使用“X 轴”、“Y 轴”和“Z 轴”选项，可匹配两个选定对象之间的缩放轴值。该操作仅对变换输入中显示的缩放值进行匹配。这不一定会导致两个对象的大小相同。如果两个对象先前都未进行缩放，则其大小不会更改。

1.9 撤销和重做命令

1.9.1 【操作目的】

在制作模型中“撤销”和“重做”命令是最为常用的命令，所以需要我们熟练掌握。

1.9.2 【操作步骤】

要撤销最近一次操作，请执行以下操作。

（1）单击（撤销）按钮，选择“编辑 > 撤销”命令，或按【Ctrl+Z】快捷键。要撤销若干个操作，请执行以下操作：

步骤 1 右击（撤销）按钮。

步骤 2 在列表中选择需要返回的层级。必须连续地选择，不能逃过列表中的项。

步骤 3 单击“撤销”按钮。

要重做一个操作，请执行下列操作之一：

（2）单击（重做）按钮，选择“编辑 > 重做”命令，或按【Ctrl+Y】快捷键。要重做若干个操作，请执行以下操作：

步骤 1 右击（重做）按钮。

步骤 2 在列表中单击要恢复到的操作。必须连续地选择，不能逃过列表中的项。

步骤 3 单击“重做”按钮。

1.9.3 【相关工具】

车削和重做可以使用工具栏的（撤销）和（重做）工具，也可以在“编辑”菜单中选择选项，这里就不再介绍了。

1.10 物体的轴心控制

1.10.1 【操作目的】

轴心点用来定义对象在旋转和缩放时的中心点，使用不同的轴心点会对变换操作产生不同的效果，对象的轴心控制包括 3 种方式：“使用轴心点”、“使用选择中心”、“使用变换坐标中心”，如图 1-82 所示。

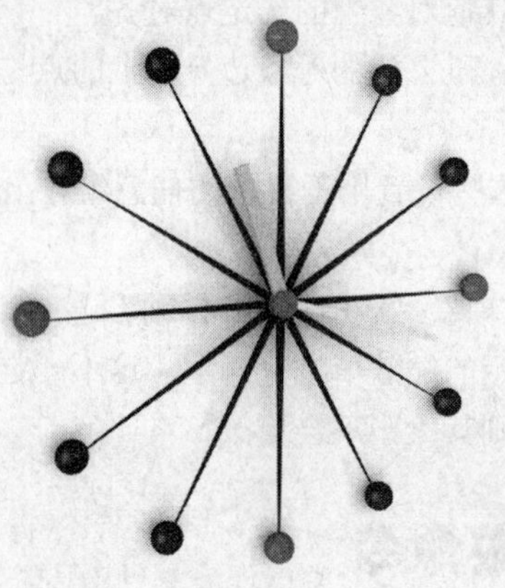

图 1–82

1.10.2 【操作步骤】

步骤 1 在“前”视图中创建星形，作为表的表盘，如图 1-83 所示，在“参数”卷展栏中设置“半径 1”为 130、“半径 2”为 8、“点”为 12、“圆角半径 1、2”为 1。

步骤 2 为星形施加“挤出”修改器，设置“数量”为 2，如图 1-84 所示，在场景中旋转模型。

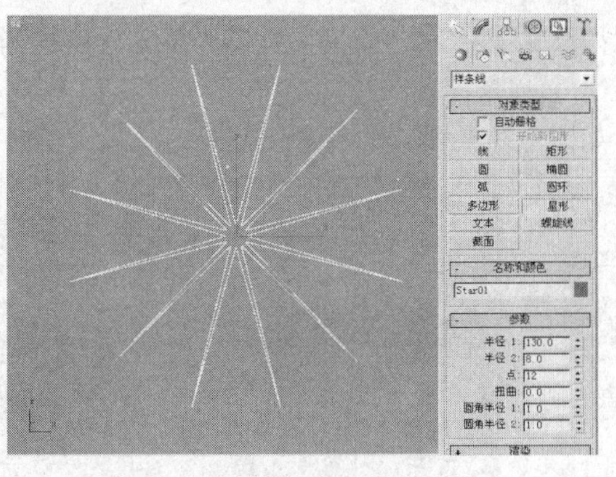

图 1-83

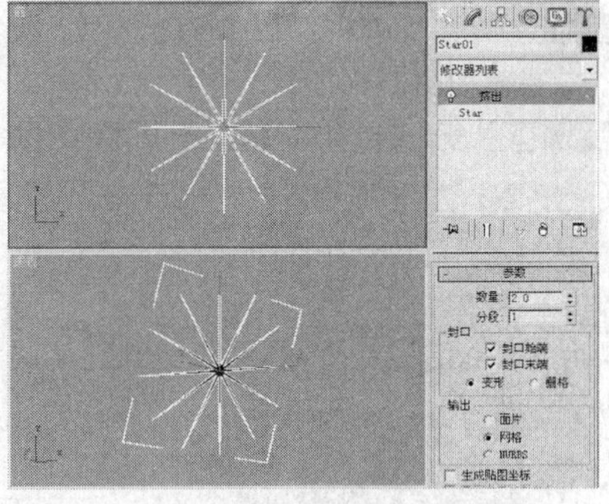

图 1-84

步骤 3 在“前”视图中创建球体，在“参数”卷展栏中设置“半径”为 3，如图 1-85 所示。

步骤 4 在“前”视图中复制球体，选择两个球体，在工具栏中选择（使用选择中心）工具，如图 1-86 所示。

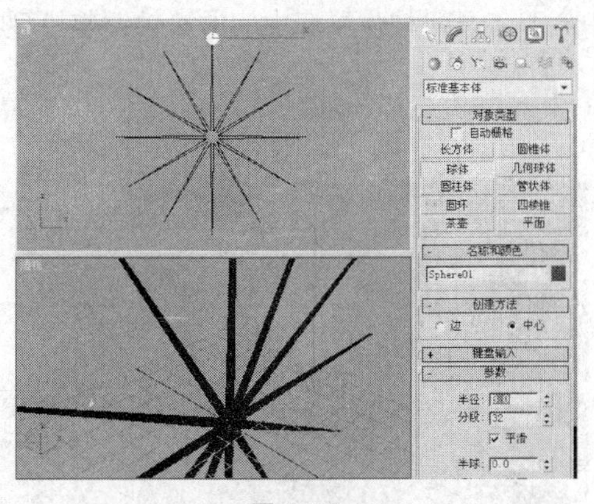

图 1-85

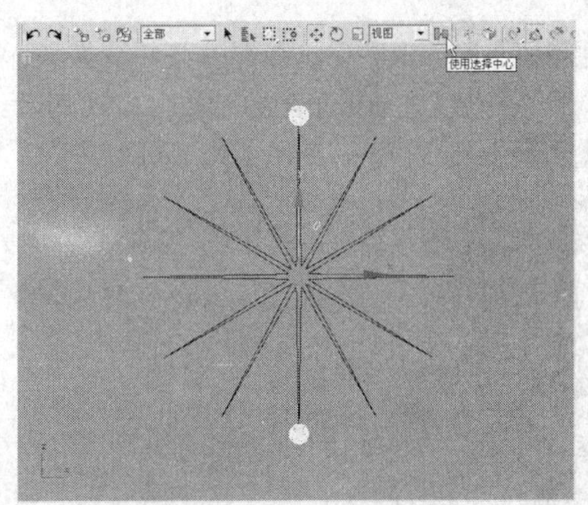

图 1-86

步骤 5 选择（选择并旋转）工具，在场景中按住 Shift 键，旋转复制模型，在弹出的对话框中选择“实例”选项，设置“副本数”为 5，单击“确定”按钮，如图 1-87 所示。

步骤 6 在“前”视图中创建圆柱体，设置“半径”为 7、“高度”为 7、“高度分段”为 1，如图 1-88 所示。

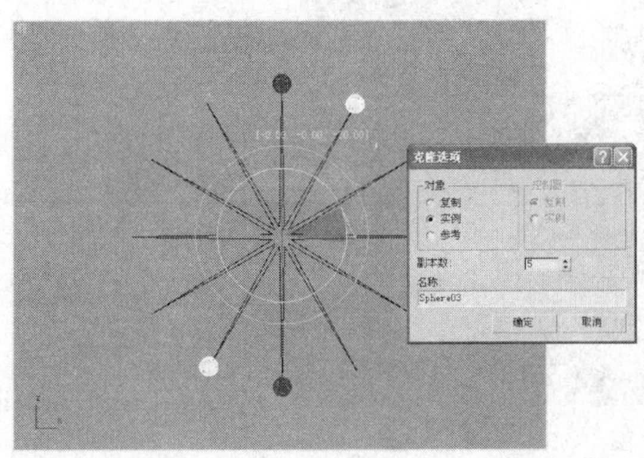

图 1-87

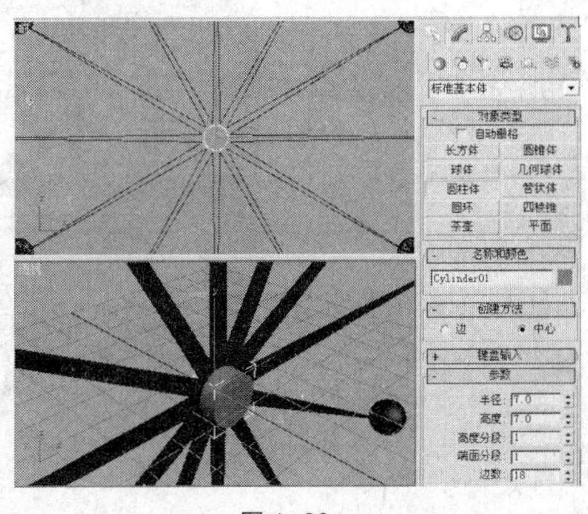

图 1-88

步骤 7 在“前”视图中创建长方体，设置“长度”为 70、“宽度”为 7、“高度”为 3，作为时针，如图 1-89 所示。

步骤 8 复制长方体，修改长方体的参数，如图 1-90 所示。

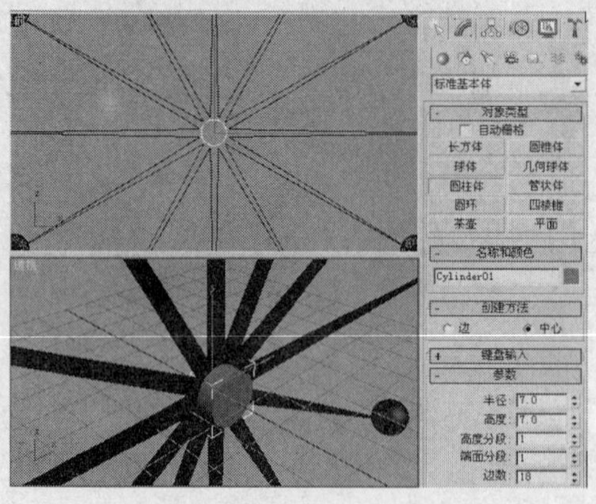

图 1-89

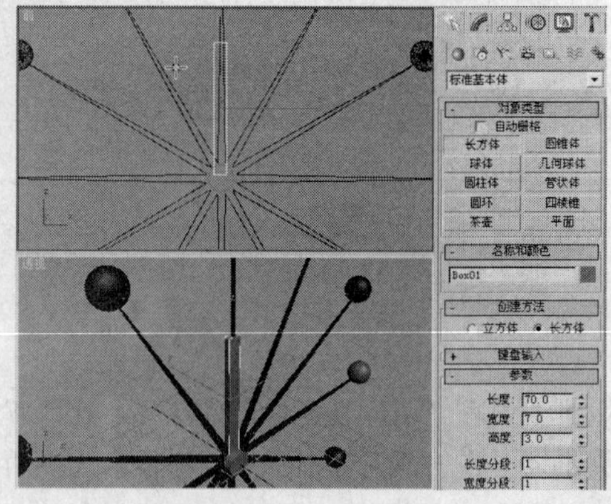

图 1-90

步骤 9 在工具栏中选择（使用变换坐标中心）工具，按住鼠标中间的滚轴调整模型在视口中的位置，看一下坐标，如图 1-91 所示。

步骤 10 旋转模型，如图 1-92 所示。

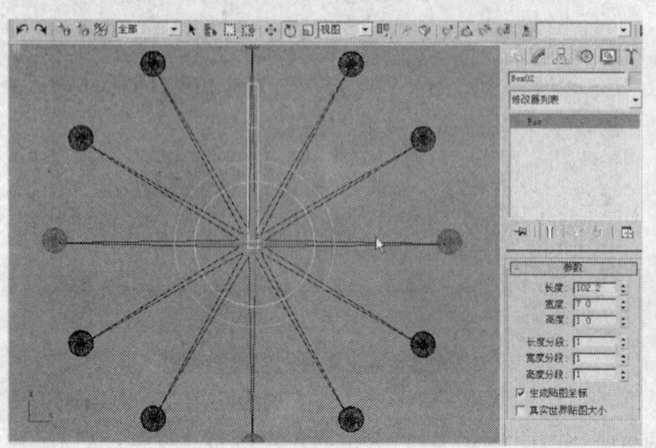

图 1-91

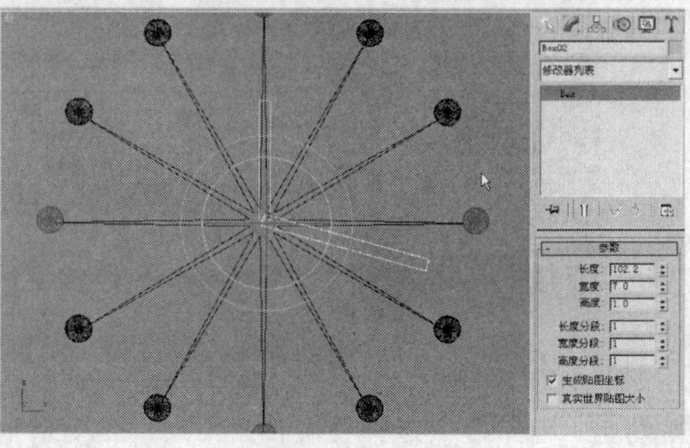

图 1-92

步骤 11 旋转模型，如图 1-93 所示。

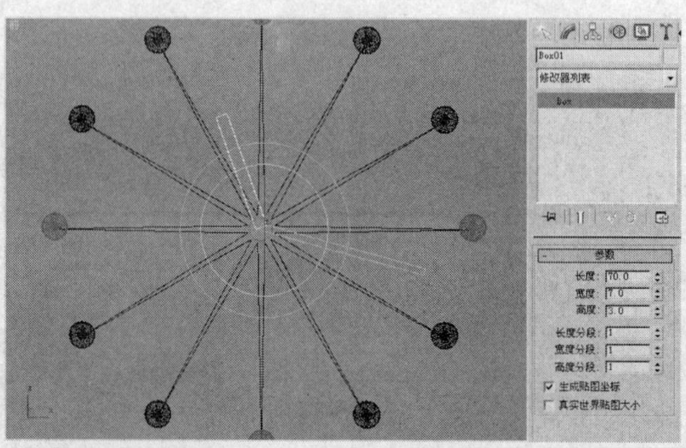

图 1-93

1.10.3 【相关工具】

1.使用轴心点

使用“使用中心”弹出按钮中的 (使用轴点中心) 按钮，可以围绕其各自的轴点旋转或缩放一个或多个对象。

提 示 变换中心模式的设置基于逐个变换，因此请先选择变换，再选择中心模式。如果不希望更改中心设置，请启用“自定义 > 首选项”，从中选择“常规”选项卡中“参考坐标系 > 恒定”选项。

使用 (使用轴点中心) 按钮应用旋转，可将每个对象围绕其自身局部轴进行旋转。

2.使用选择中心

使用“使用中心”弹出按钮中的 (使用选择中心) 按钮，可以围绕其共同的几何中心旋转或缩放一个或多个对象。如果变换多个对象，该软件会计算所有对象的平均几何中心，并将此几何中心用作变换中心。

3.使用变换坐标中心

使用“使用中心”弹出按钮中的 (使用变换坐标中心) 按钮，可以围绕当前坐标系的中心旋转或缩放一个或多个对象。当使用“拾取”功能将其他对象指定为坐标系时，坐标中心是该对象轴的位置。

第2章 创建基本几何体

本章将介绍 3ds Max 9 中基本几何体的创建，并详细讲解各几何体参数的设置。通过本章的学习，用户要掌握创建基本几何体的方法，并能够创建一些简单的模型。

课堂学习目标

- 创建基本几何体
- 创建扩展几何体
- 利用几何体搭建模型

2.1 冰块

2.1.1 【案例分析】

冰块一般是将液体水冰冻后制成的固体水，尤其在夏天，冰块主要用来降温，可以根据冰块的特性将其作为辅助装饰模型，例如制作牙膏广告，可以将冰块作为牙膏盒周边的装饰等。在 3D 场景中，冰块主要以装饰模型出现，其制作方法也是在 3D 中必须掌握的。

2.1.2 【设计理念】

首先在场景中创建长方体，设置足够的分段，结合使用“噪波”修改器制作出冰块冰冻凝结的凹凸效果，使用“网格平滑”修改器，使冰块的凹凸效果看起来平滑一些，使冰块模型看起来冰凉爽口。（最终效果参看光盘中的“Cha02 > 效果 > 冰块的制作.max”，如图 2-1 所示。）

图 2–1

2.1.3 【操作步骤】

步骤 1 选择“ > > 长方体”工具，在“顶”视图中创建长方体，在“参数”卷展栏中设置“长度”为 100、“宽度”为 100、“高度”为 100，设置“长度分段”、“宽度分段”、“高度分段”为 20，如图 2-2 所示。

步骤 2 切换到（修改命令面板），在修改器列表中选择“噪波”修改器，在“参数”卷展栏中设置“比例”为 30，勾选“分形”选项，设置“迭代次数”为 6、“X、Y、Z”为 10，如图 2-3 所示。

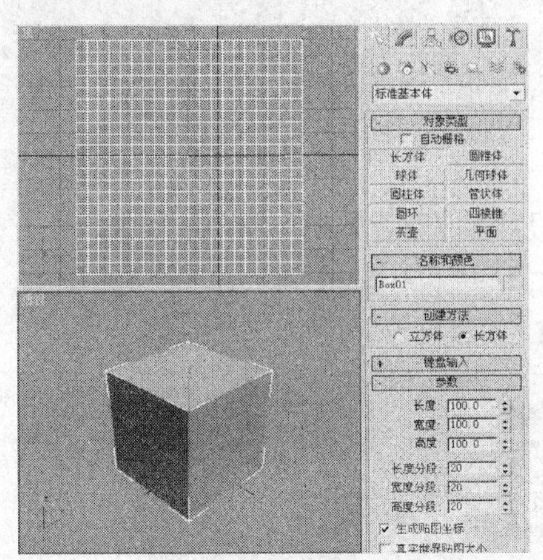

图 2-2

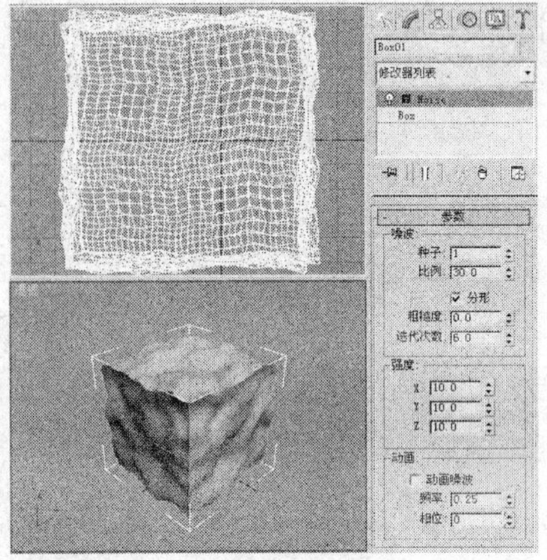

图 2-3

步骤 3 在修改器列表中为模型施加“网格平滑”命令，如图 2-4 所示。

步骤 4 在修改器堆栈中回到噪波修改器，设置噪波参数“比例”为 50，如图 2-5 所示。

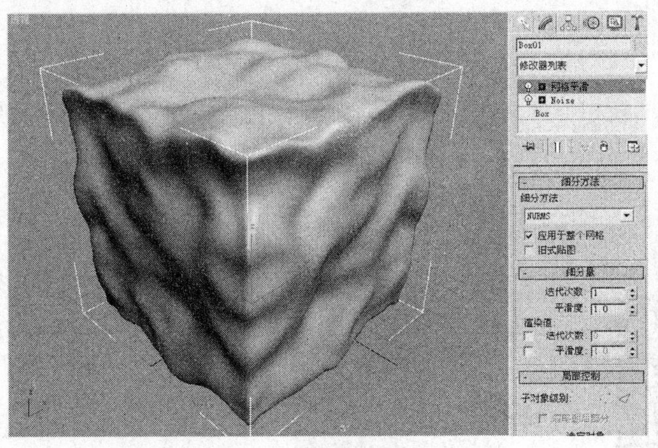

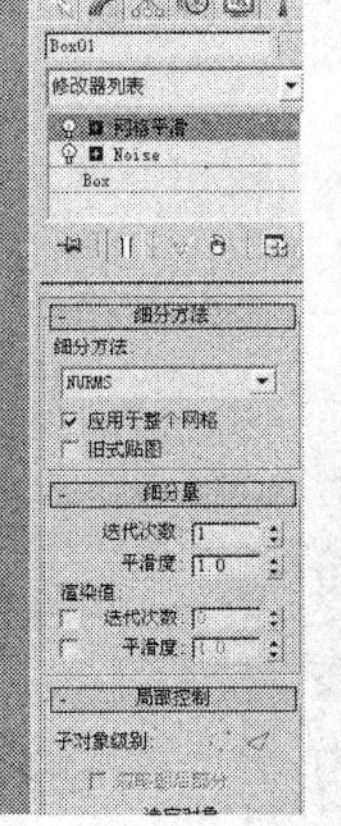

图 2-4

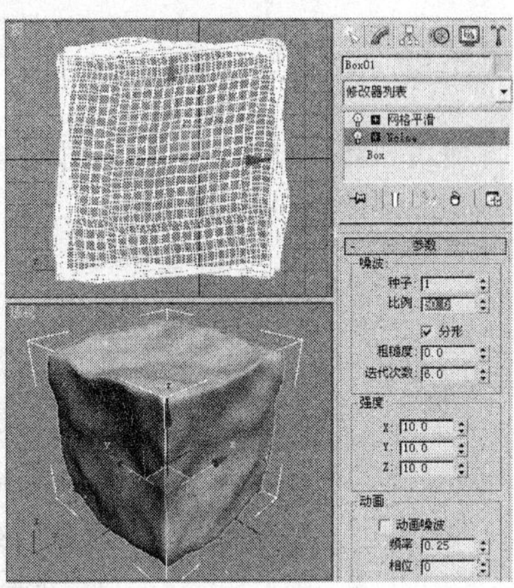

图 2-5

2.1.4 【相关工具】

“长方体”工具

创建长方体的方法有以下两种。

（1）鼠标拖曳创建。选择“（创建）>（几何体）> 长方体”工具，在视图中任意位置按住鼠标左键拖动出一个矩形面，如图 2-6 所示。松开鼠标左键，再次拖动鼠标设置出长方体的高度，如图 2-7 所示，这是最常用的创建方法。

使用鼠标创建长方体，其参数不可一次创建正确，此时可以在“参数”卷展栏中进行修改，如图 2-8 所示。

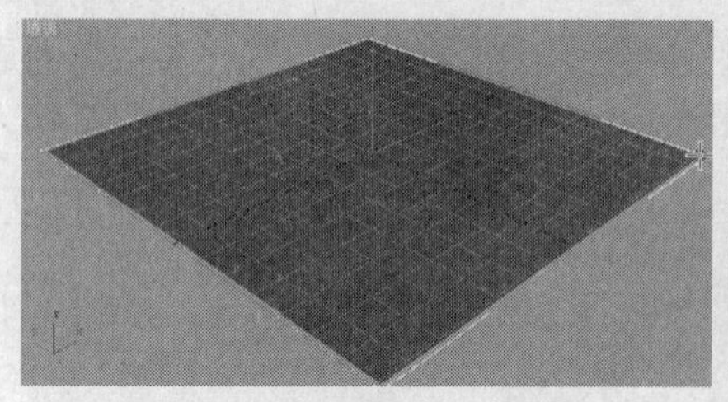

图 2-6

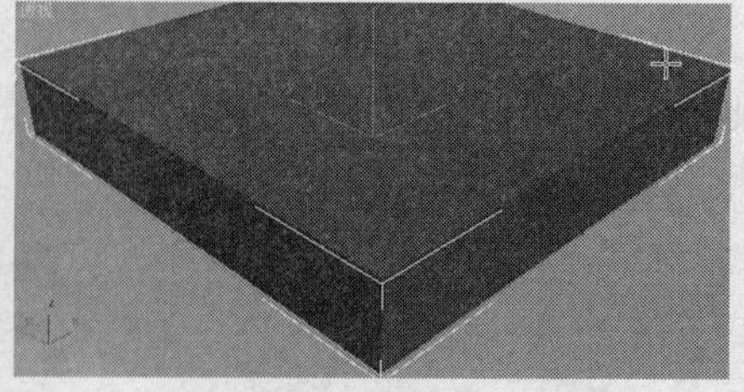

图 2-7

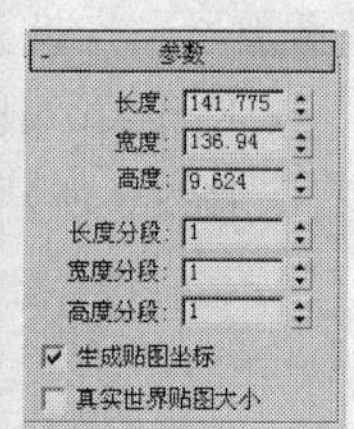

图 2-8

（2）键盘输入参数创建。单击“长方体”按钮，在“键盘输入”卷展栏中输入长方体的长、宽、高的值，如图 2-9 所示，单击“创建”按钮，结束长方体的创建，如图 2-10 所示。

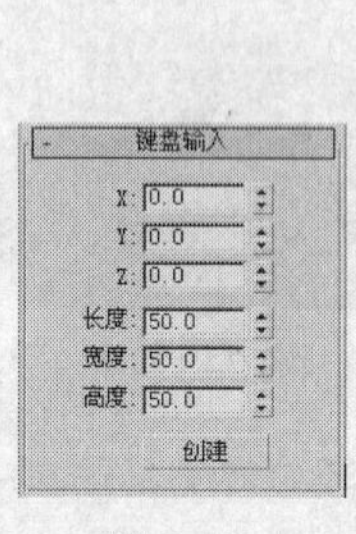

图 2-9

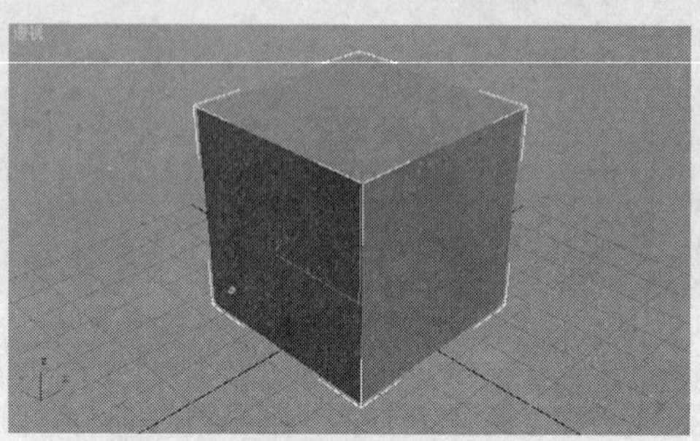

图 2-10

2.1.5 【实战演练】门墩

使用长方体创建砖墙墩，创建球体模拟灯的模型。（最终效果参看光盘中的“Cha02 > 效果 >门墩.max”，如图 2-11 所示。）

图 2-11

2.2 笔筒和铅笔

2.2.1 【案例分析】

在一个办公元素中，笔筒和铅笔是不可缺少的一部分，也是人们日常生活中常用的工作学习的辅助工具。在 3D 场景中，笔筒和铅笔虽然只是以装饰模型出现，但是作为装饰模型，是

一个工作学习环境中不可缺少的装饰元素。

2.2.2 【设计理念】

创建圆柱体作为笔筒的底座、管状体作为笔筒的筒身；调整圆柱体的边数，制作出多角柱体，将其作为铅笔笔身，设置圆锥体的边数可以制作出铅笔尖，组合模型完成笔筒和铅笔模型，对模型进行复制，并调整模型使严肃的场合活泼而不凌乱。（最终效果参看光盘中的“Cha02 > 效果 > 笔筒和铅笔.max”，如图 2-12 所示。）

图 2-12

2.2.3 【操作步骤】

1.笔筒的制作

步骤 1 选择“ > > 圆柱体”工具，在“顶”视图中创建圆柱体，在“参数”卷展栏中设置“半径”为 80、“高度”为 2、“边数”为 30，如图 2-13 所示。

步骤 2 选择“ > > 管状体”工具，在“顶”视图中创建管状体，在“参数”卷展栏中设置“半径 1”为 80、“半径 2”为 75、“高度”为 25、“边数”为 30，如图 2-14 所示。

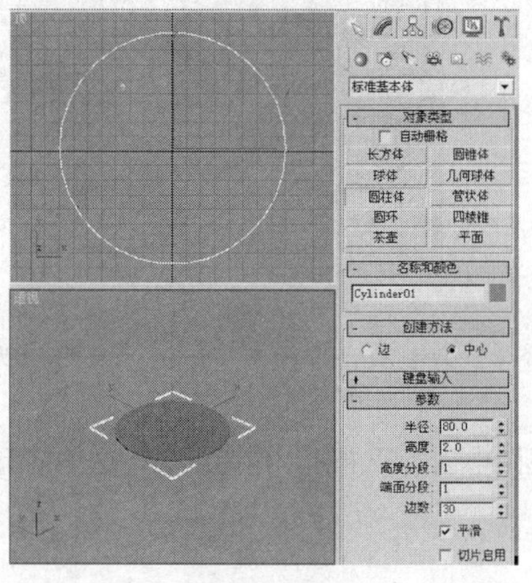

图 2-13

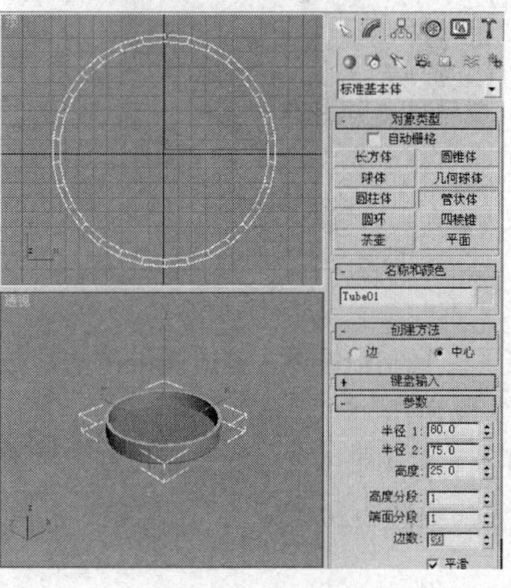

图 2-14

步骤 3 在“左”视图中按住【Shift】键移动并复制模型，如图 2-15 所示。

2.铅笔的制作

步骤 1 选择“ > > 圆柱体”工具，在“左”视图中创建圆柱体，在“参数”卷展栏中设置“半径”为 5.7、“高度”为 200、“边数”为 8，如图 2-16 所示。

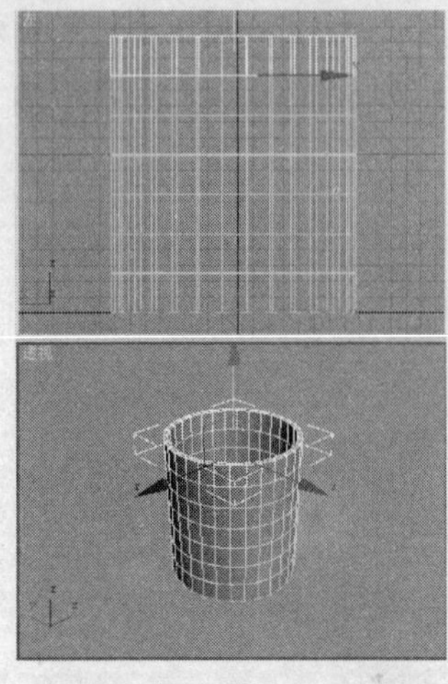

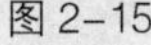
图 2-15

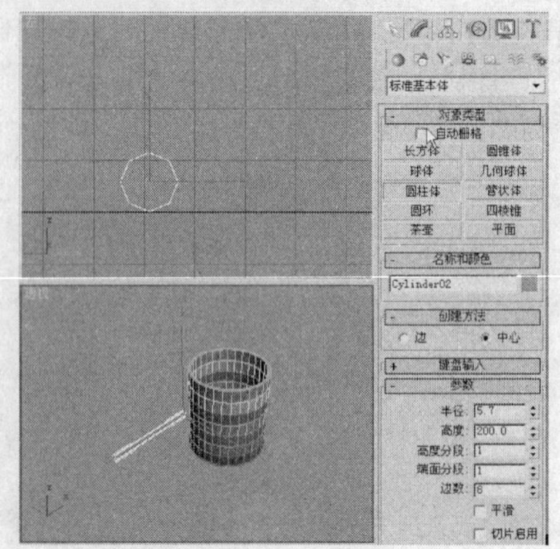

图 2-16

步骤 2 按【Ctrl+V】键，复制圆柱体，并修改其“半径”为 1.5、“高度”为 201，如图 2-17 所示。

步骤 3 选择“ > > 圆锥体”工具，在“左”视图中创建圆锥体，在“参数”卷展栏中设置“半径 1”为 5.5、“半径 2”为 1.2、“高度”为 17、“边数”为 8，如图 2-18 所示。

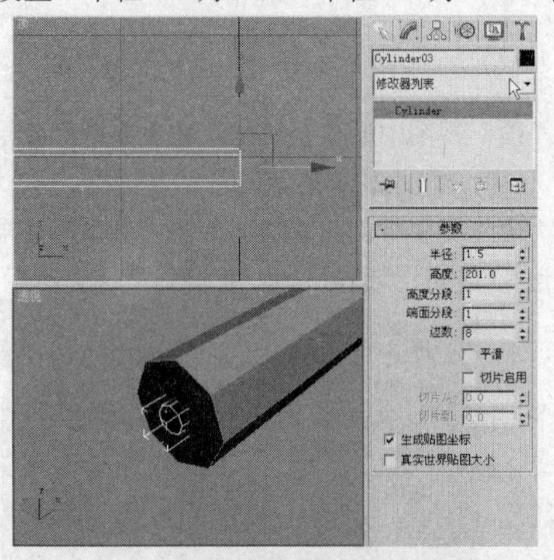

图 2-17

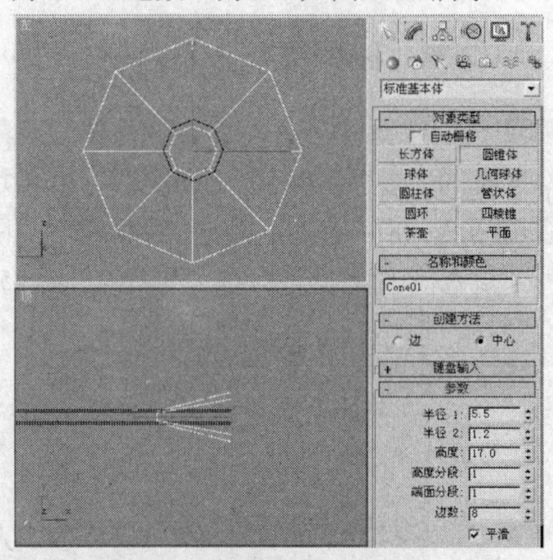

图 2-18

步骤 4 复制圆锥体，修改圆锥体的参数“半径 1”为 1.2、“半径 2”为 0、“高度”为 5，如图 2-19 所示。

步骤 5 在场景中调整并复制模型，在“顶”视图中创建长方体，作为纸条，这里就不详细介绍了，如图 2-20 所示。

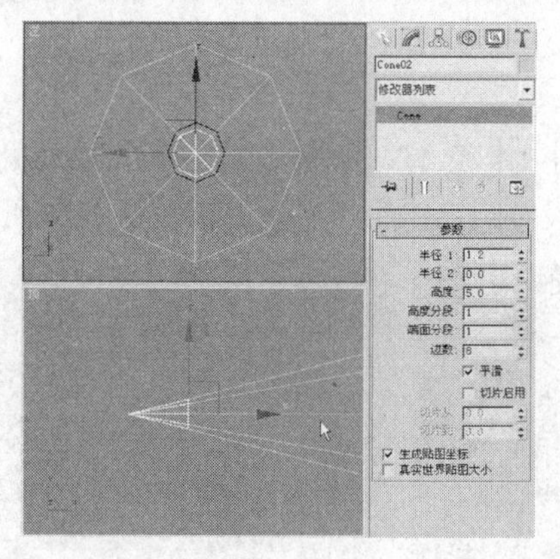

图 2-19

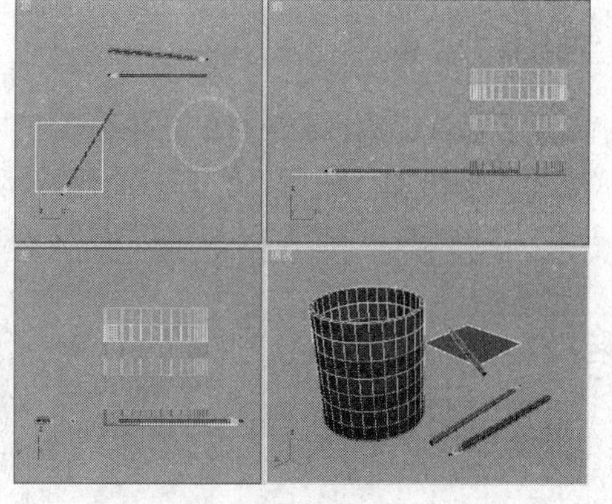

图 2-20

2.2.4 【相关工具】

1. “圆柱体”工具

单击“圆柱体”按钮，在场景中创建圆柱体，如图 2-21 所示。

展开“参数”卷展栏，参数设置和效果如图 2-22 所示。

图 2-21

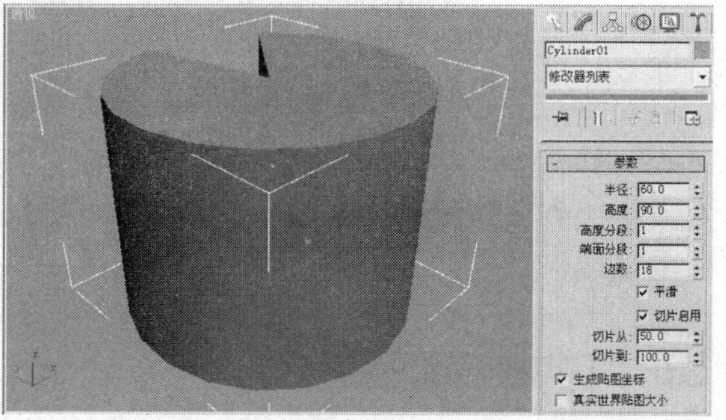

图 2-22

2. “管状体”工具

选择“ （创建）> （几何体）>标准基本体>管状体”工具，在场景中按住鼠标拖曳创建出管状体的“半径 1”，松开鼠标创建管状体的“半径 2”，单击并移动鼠标设置管状体的高，然后，释放鼠标完成管状体的创建，如图 2-23 所示。

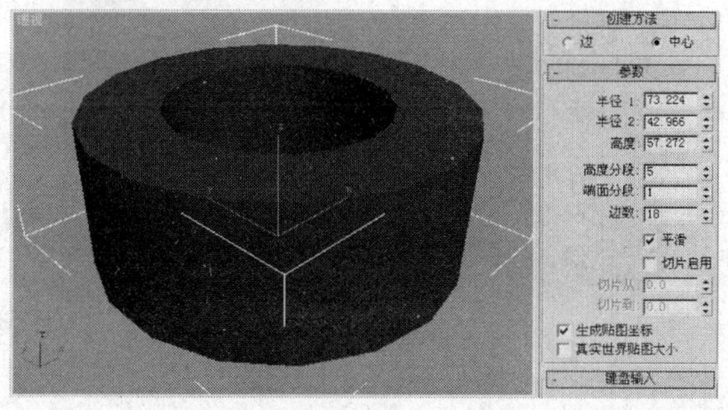

图 2-23

3. “圆锥体”工具

选择“圆锥体”工具，在场景中拖曳创建圆锥的“半径 1”，如图 2-24 所示，移动鼠标设置圆锥体的高度，如图 2-25 所示，单击并再移动鼠标设置圆锥体的“半径 2”，如图 2-26 所示。

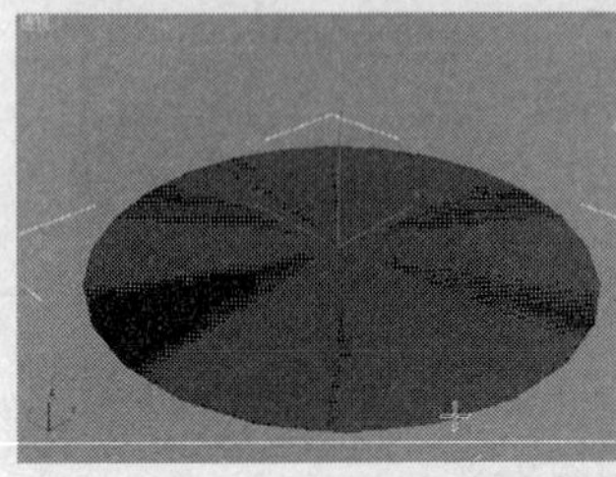

图 2-24

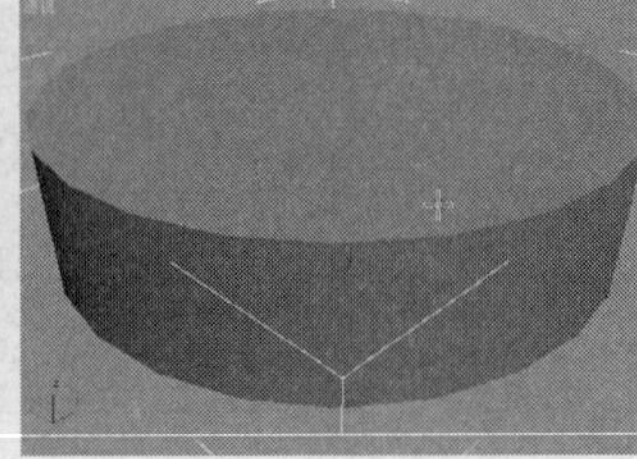

图 2-25

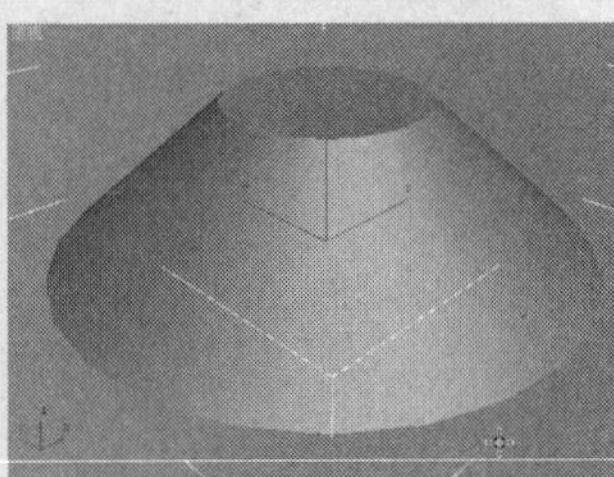

图 2-26

在“参数”面板中设置参数如图 2-27 所示。

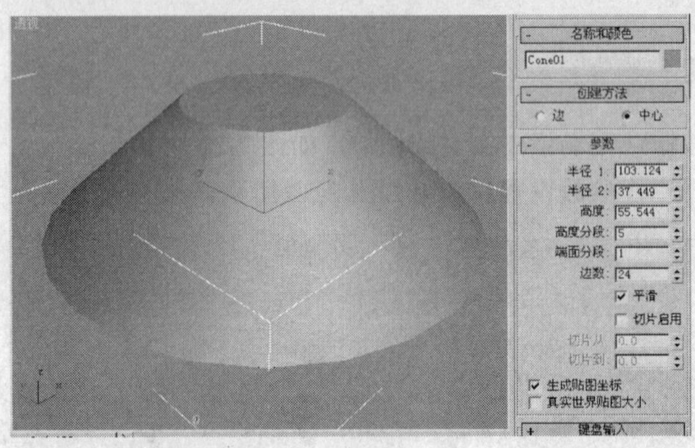

图 2-27

2.2.5 【实战演练】草坪灯

使用“胶囊”工具创建草坪灯的主体，结合使用“编辑网格”修改器，删除不需要的部分，使用圆柱体创建灯以及护灯支架，使用切角圆柱体创建灯支架两端的灯槽。（最终效果参看光盘中的“Cha02 > 效果 > 草坪灯.max”，如图 2-28 所示。）

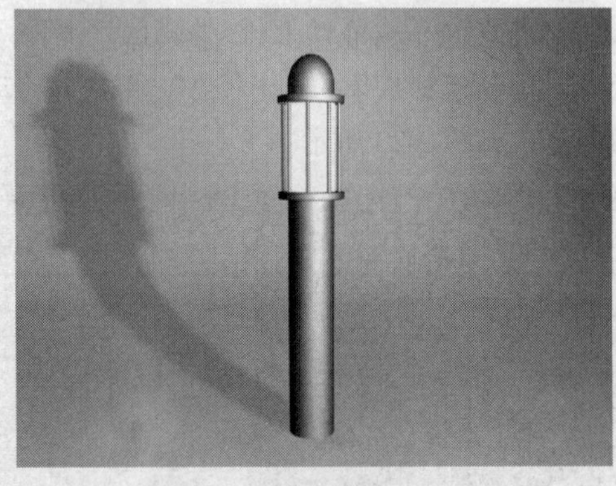

图 2-28

2.3 综合演练——石头的制作

使用球体创建石头原始模型，为模型施加“噪波”修改器完成石头的效果。（最终效果参看光盘中的“Cha02 > 效果 > 石头的制作.max”，如图 2-29 所示。）

图 2-29

2.4 综合演练——茶几的制作

创建圆柱体，并调整圆柱体的参数和位置，对圆柱体进行复制，完成的茶几效果。（最终效果参看光盘中的“Cha02 > 效果 > 茶几.max”，如图 2-30 所示。）

图 2-30

第3章 二维图形的创建

本章将介绍二维图形的创建和参数的修改方法。读者通过学习本章的内容，要掌握创建二维图形的方法和技巧，并能绘制出符合实际需要的二维图形。

课堂学习目标

- 创建二维图形
- 对图形的编辑和修改

3.1 倒角文字

3.1.1 【案例分析】

文本文字是人类用来记录语言的符号系统，是文明社会产生的标志。

3.1.2 【设计理念】

文字在制作影视片头中是不可缺少的一部分，下面将介绍在3ds Max中如何制作倒角文字。（最终效果参看光盘中的“Cha03 > 效果 > 倒角文字.max”，如图3-1所示。）

图3-1

3.1.3 【操作步骤】

步骤 1 选择“ > > 文本”工具，在“前”视图中创建文本，在“参数”卷展栏中输入“文本”为“ONLY”，选择字体类型为“方正小标宋繁体”，如图3-2所示。

步骤 2 复制文本，修改“文本”为“YOU”，如图3-3所示。

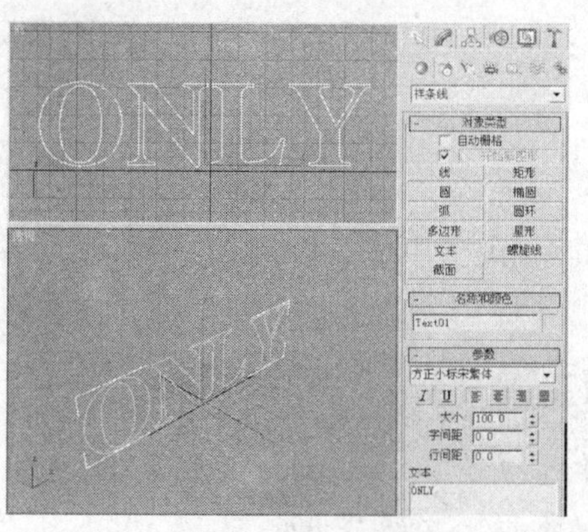

图 3-2

图 3-3

步骤 3 在场景中选择文本，切换到（修改命令面板）。在修改器列表中选择“倒角”修改器；在“倒角值”卷展栏中设置“级别 1”的“高度”为 1、“轮廓”为 1；勾选“级别 2”复选项，设置其“高度”为 20；勾选“级别 3”复选项，设置“高度”为 1、“轮廓”为-1，如图 3-4 所示。

步骤 4 在修改器堆栈中，用鼠标右键单击“倒角”修改器，在弹出的快捷菜单中选择“复制”命令，如图 3-5 所示。

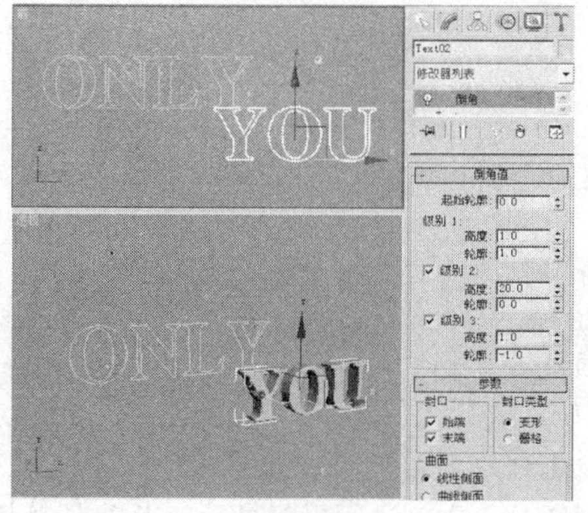

图 3-4

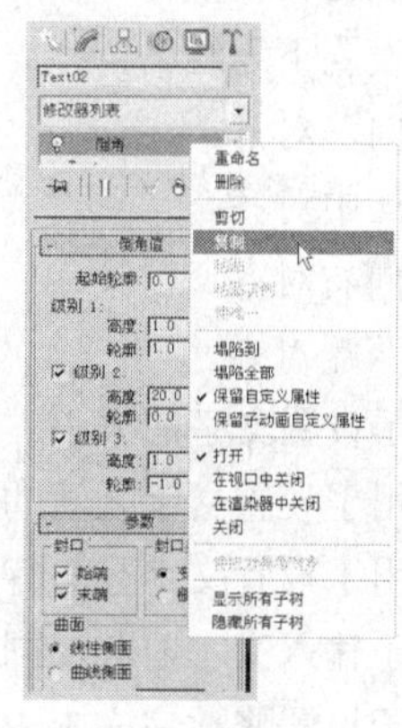

图 3-5

步骤 5 在场景中选择另一个没有施加“倒角”的文本，在其堆栈中单击鼠标右键，在弹出的快捷菜单中选择“粘贴实例”命令，如图 3-6 所示。完成的倒角文字如图 3-7 所示。

图 3-6

图 3-7

3.1.4 【相关工具】

文本工具

选择“（创建）>（图形）>文本”工具，在场景中单击鼠标创建文本，在“参数”卷展栏中设置文本参数，如图 3-8 所示。

图 3-8

宋体 字体下拉列表框：用于选择文本的字体。

I 按钮：设置斜体字体。

U 按钮：设置下划线。

按钮：向左对齐。

按钮：居中对齐。

按钮：向右对齐。

按钮：两端对齐。

大小：用于设置文字的大小。

字间距：用于设置文字之间的间隔距离。

行间距：用于设置文字行与行之间的距离。

文本：用于输入文本内容，同时也可以进行改动。

更新：用于设置修改完文本内容后，视图是否立刻进行更新显示。当文本内容非常复杂时，系统可能很难完成自动更新，此时可选择手动更新方式。

手动更新：用于进行手动更新视图。当选择该复选框时，只有当单击“更新”按钮后，文本输入框中当前的内容才会显示在视图中。

3.1.5 【实战演练】五星

使用星形，设置点数为 5，并为星形施加“倒角”，完成五星的模型。（最终效果参看光盘中的“Cha03 > 效果 > 五星.max”，如图 3-9 所示。）

图 3-9

3.2 手链

3.2.1 【案例分析】

手链即为一种首饰，多以金属所制，佩戴在手腕，以达到美观的效果。手链既有手镯的气派，也有项链的灵气。

3.2.2 【设计理念】

使用可渲染的矩形、圆形、星形制作手链，精致的模型主要在于元素的选择以及模型的搭配。（最终效果参看光盘中的“Cha03 > 效果 > 手链.max”，如图 3-10 所示。）

图 3-10

3.2.3 【操作步骤】

步骤 1 选择“（创建）>（图形）> 矩形”工具，在“左”视图中创建矩形。在“参数”卷展栏中设置“长度”为 15、“宽度”为 25、“角半径”为 7；在“渲染”卷展栏中勾选“在渲染中启用”和“在视口中启用”复选项，设置“厚度”为 8，如图 3-11 所示。

步骤 2 选择“（创建）>（图形）>圆”工具，在“顶”视图中创建圆，在“参数”卷展栏中设置“半径”为 12；在“渲染”卷展栏中勾选“在渲染中启用”和“在视口中启用”复选项，设置“厚度”为 8，如图 3-12 所示。

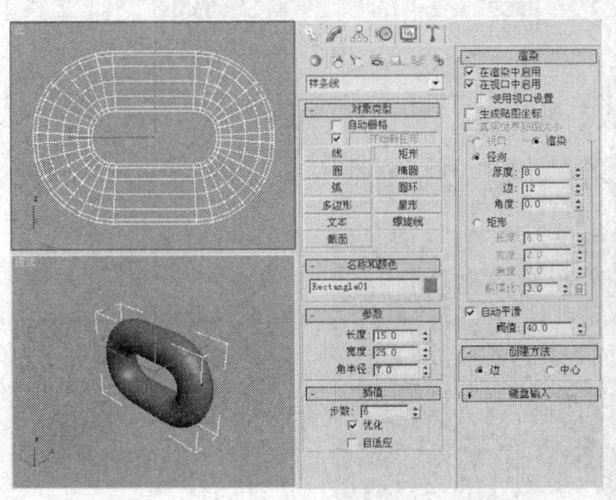

图 3-11

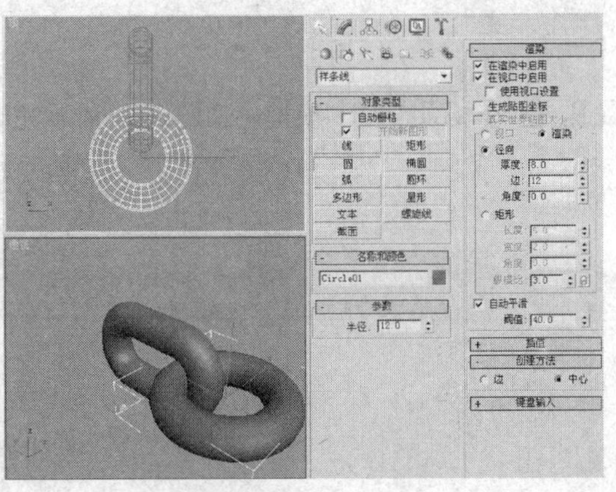

图 3-12

步骤 3 在场景中复制可渲染的矩形和圆，如图 3-13 所示。

步骤 4 按【Ctrl+A】键，在场景中全选模型，在菜单栏中选择“组 > 成组”命令，在弹出的对话框中使用默认的参数，如图 3-14 所示。

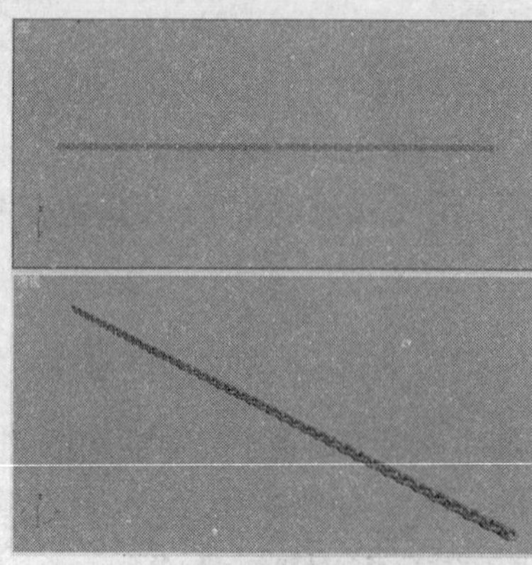

图 3-13

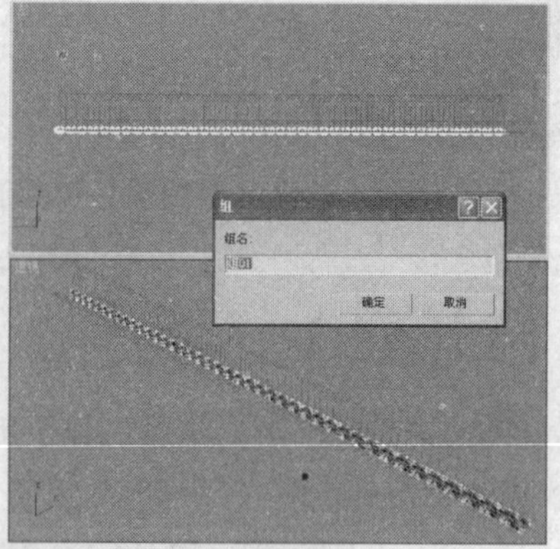

图 3-14

步骤 5 切换到（修改命令）面板，在修改器列表中选择“弯曲”修改器，在“参数”卷展栏中设置“角度”为 360、“弯曲轴”为 Y，如图 3-15 所示。

步骤 6 选择“（创建）>（图形）>圆”工具，在场景中创建可渲染的圆，设置渲染的“厚度”为 6，在场景中旋转圆，如图 3-16 所示。

图 3-15

图 3-16

步骤 7 在场景中复制模型，如图 3-17 所示完成手链模型。

图 3-17

3.2.4 【相关工具】

1. “矩形”工具

矩形的创建方法非常简单，选择“ （创建）> （图形）>矩形”工具，在场景中单击并拖动鼠标创建出矩形，松开鼠标完成矩形的创建，在“参数”卷展栏中设置矩形的参数，如图 3-18 所示。

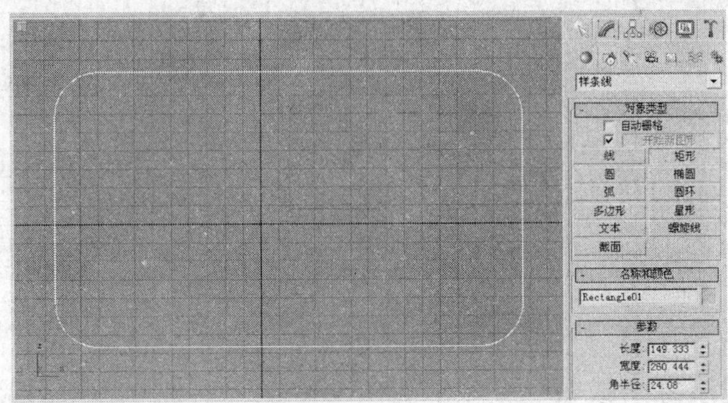

图 3–18

“渲染”卷展栏用于设置线的渲染特性，可以选择是否对线进行渲染，并设定线的厚度，如图 3-19 所示。

“在渲染中启用”：启用该选项后，使用为渲染器设置的径向或矩形参数将图形渲染为 3D 网格。

“在视口中启用”：启用该选项后，使用为渲染器设置的径向或矩形参数，将图形作为 3D 网格显示在视口中。

“厚度”：用于设置视口或渲染中线的直径大小。

“边”：用于设置视口或渲染中线的侧边数。

“角度”：用于调整视口或渲染中线的横截面旋转的角度。

“插值”：卷展栏用于控制线的光滑程度，如图 3-20 所示。

“步数”：设置程序在每个顶点之间使用的分段的数量。

“优化”：启用此选项后，可以从样条线的直线线段中删除不需要的步数。

“自适应”：系统自动根据线状调整分段数。

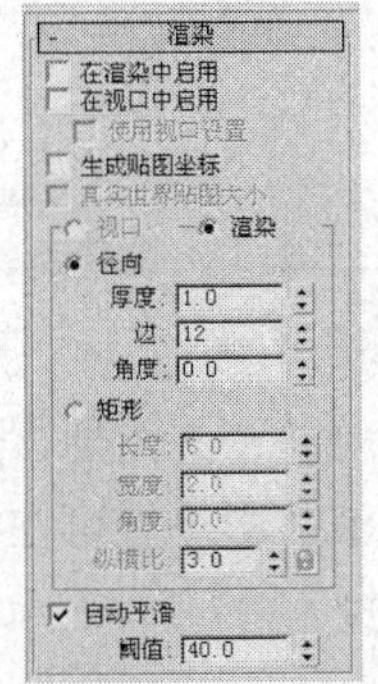

图 3–19

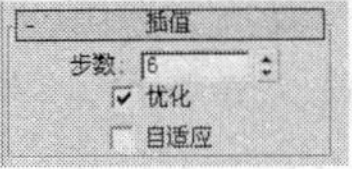

图 3–20

2. “圆”工具

圆形的创建方法非常简单，选择“ （创建）> （图形）> 圆”工具，在场景中单击并拖动鼠标绘制圆，如图 3-21 所示。

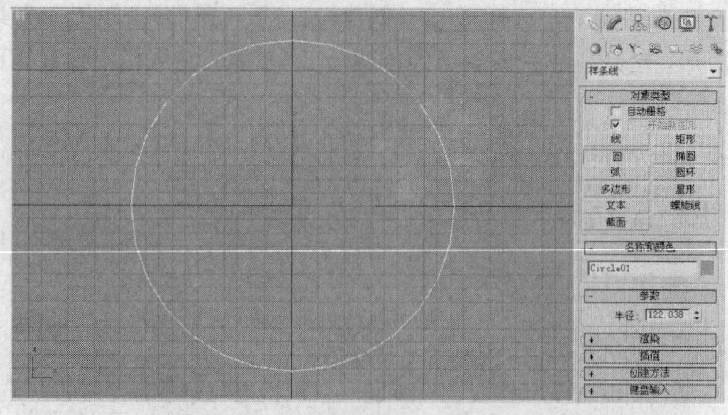

图 3-21

3.2.5 【实战演练】蚊香

使用螺旋线制作蚊香，设置螺旋线的矩形可渲染，完成蚊香的效果。（最终效果参看光盘中的“Cha03 > 效果 > 蚊香.max”，如图 3-22 所示。）

图 3-22

3.3 蜡烛

3.3.1 【案例分析】

在早期蜡烛主要是用来照明，现在蜡烛主要是一些工艺蜡烛，燃烧时可以产生许多不同颜色的火焰，并且现在许多蜡烛有着梦幻般的色彩，液体彩焰烛可在千姿百态的容器中、各种各样的环境里，制造出温馨浪漫、清香怡人的五彩氛围。

3.3.2 【设计理念】

本例介绍创建图形，为其施加“车削”修改器制作出蜡烛烛身，使用可渲染的样条线制作出蜡烛本身上的花纹，通过使用“弯曲”修改器，使其包裹在蜡烛烛身上，制作出带有花纹的浪漫氛围中的蜡烛。（最终效果参看光盘中的“Cha03 > 效果 > 蜡烛.max”，如图 3-23 所示。）

图 3-23

3.3.3 【操作步骤】

步骤 1 选择“（创建）> （图形）> 线”工具，在“前”视图中创建样条线，如图 3-24 所示。

步骤 2 切换到（修改命令面板），将当前选择集定义为“顶点”，按【Ctrl+A】键，在场景中全选顶点，如图 3-25 所示。

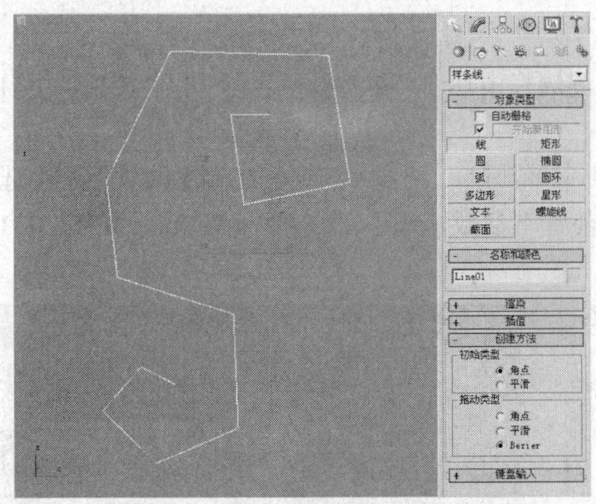

图 3-24

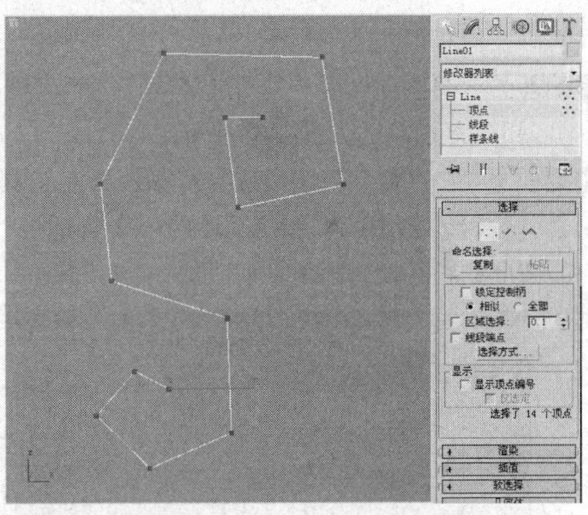

图 3-25

步骤 3 全选顶点后，单击鼠标右键，在弹出的快捷菜单中选择“平滑”顶点类型，如图 3-26 所示。

步骤 4 平滑顶点后调整顶点，如图 3-27 所示。

步骤 5 按【Ctrl+A】快捷键，全选顶点，单击鼠标右键，在弹出的快捷菜单中选择“Bezier 角点”选项，如图 3-28 所示。

步骤 6 调整顶点类型为 Bezier 角点，调整顶点，如图 3-29 所示。

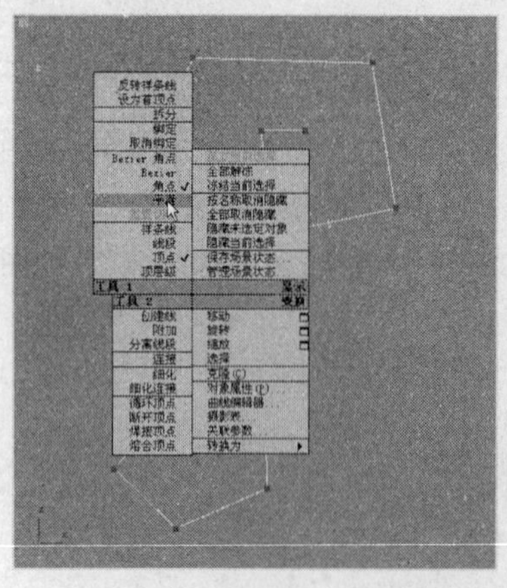

图 3-26

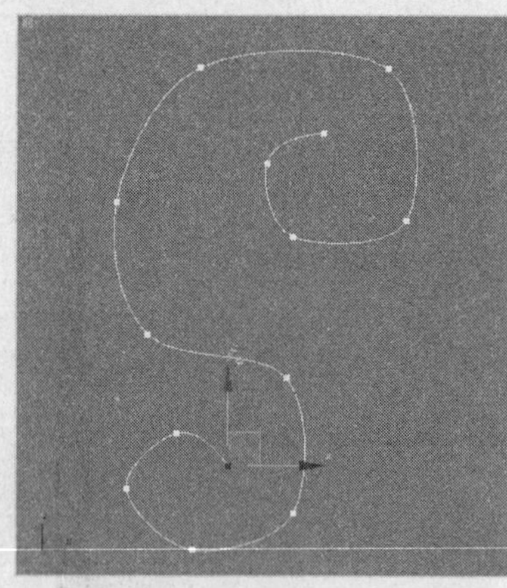

图 3-27

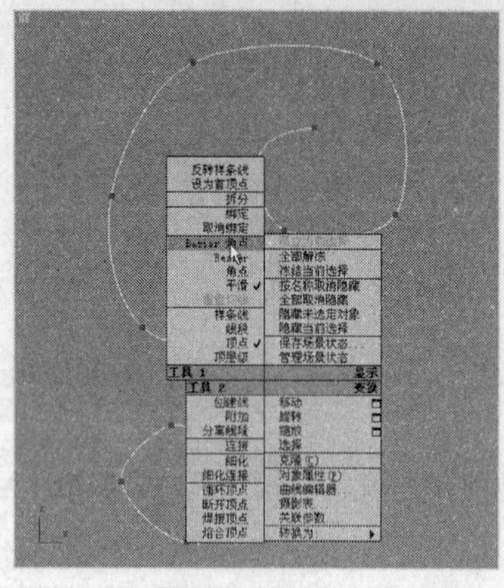

图 3-28

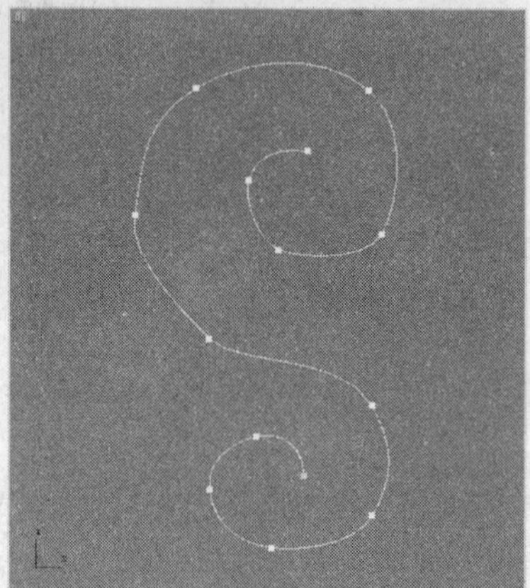

图 3-29

步骤 7 调整顶点后，关闭选择集，在“渲染”卷展栏中勾选“在渲染中启用”和“在视口中启用”复选项，如图 3-30 所示。

步骤 8 在“前”视图中选择样条线，在工具栏中单击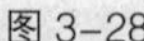（镜像）按钮，在弹出的对话框中选择“镜像轴”为“X”，设置一个合适的“便宜”参数，选中“实例”单选项，如图 3-31 所示。

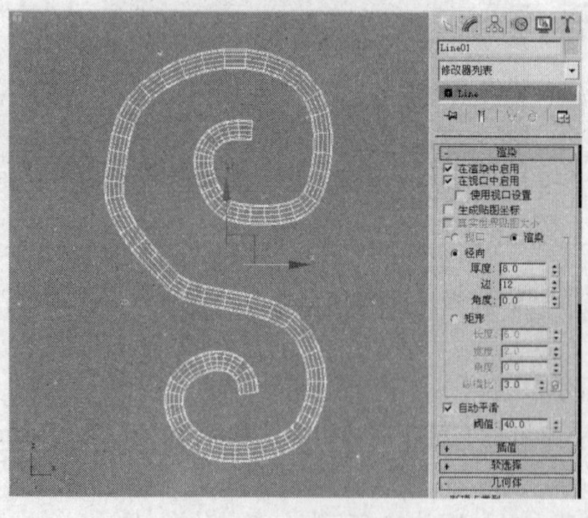

图 3-30

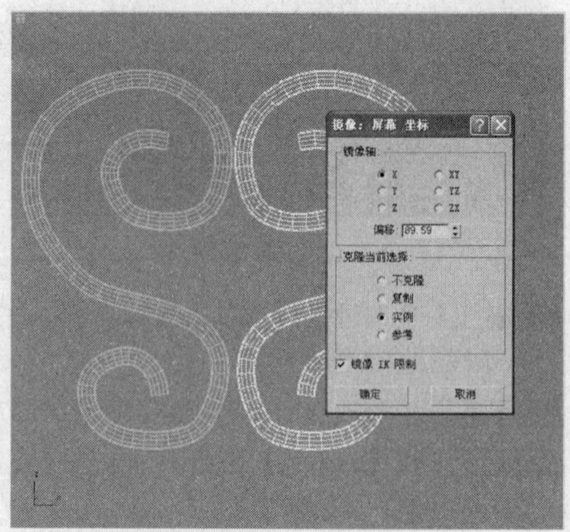

图 3-31

步骤 9 在场景中复制样条线，如图 3-32 所示。

步骤 10 在场景中选择所有的样条线，在菜单栏中选择“组 > 成组”命令，在弹出的对话框中单击“确定”按钮，如图 3-33 所示。

步骤 11 为成组的模型施加“弯曲”修改器，如图 3-34 所示，在“参数”卷展栏中设置“角度”为 360、“弯曲轴”为“X”。

步骤 12 将选择集定义为“Gizmo”，使用（选择并旋转）工具，打开（角度捕捉切换），在场景中旋转 Gizmo，如图 3-35 所示。

图 3-32

图 3-33

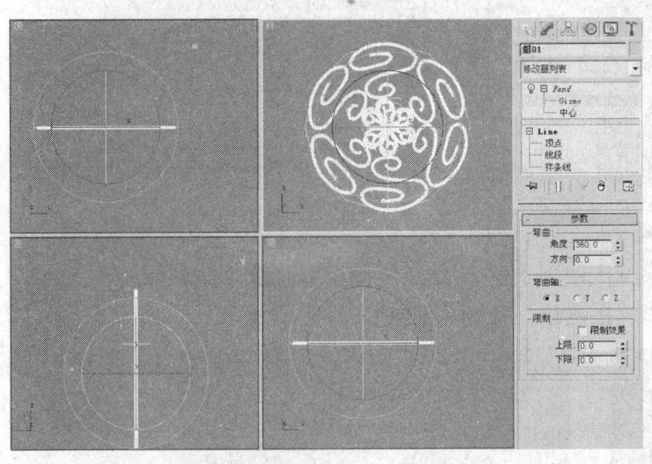

图 3-34

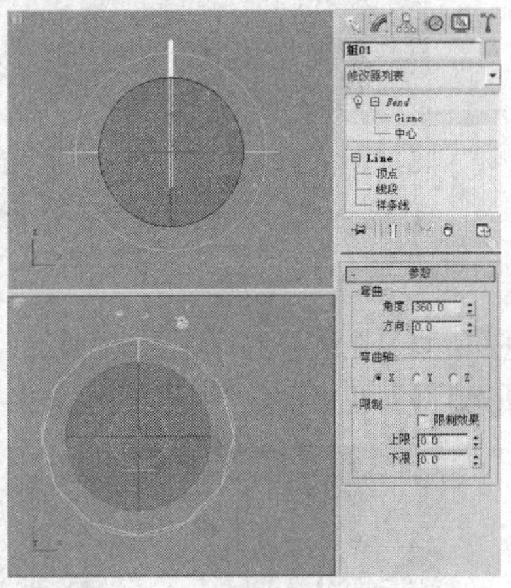

图 3-35

步骤 13 将选择集定义为“中心”，使用（选择并移动）工具，在场景中移动中心，如图 3-36 所示。

步骤 14 选择“（创建）>（图形）> 线”工具，在“前”视图中创建图形，在弹出的对话框中单击“是”按钮，如图 3-37 所示。

步骤 15 切换到（修改命令面板），将选择集定义为“顶点”，在场景中调整图形，如图 3-38 所示。

步骤 16 关闭选择集，在“修改器列表”中选择“车削”修改器，在“参数”卷展栏中设置“度数”为 360、“分段”为 25，在“方向”组中单击“Y”按钮，在“对齐”组中单击“最小”按钮，如图 3-39 所示。

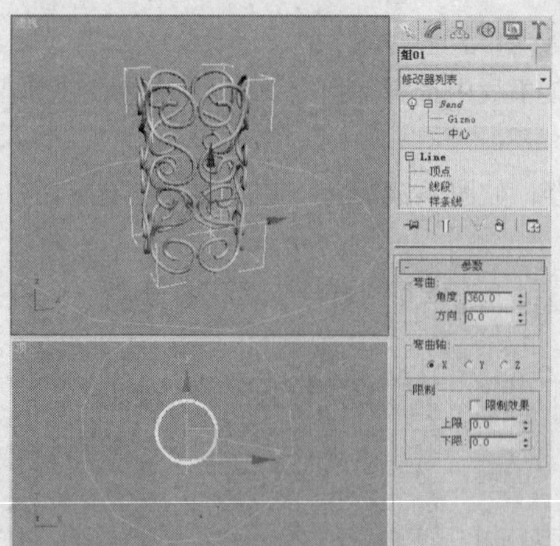

图 3-36

图 3-37

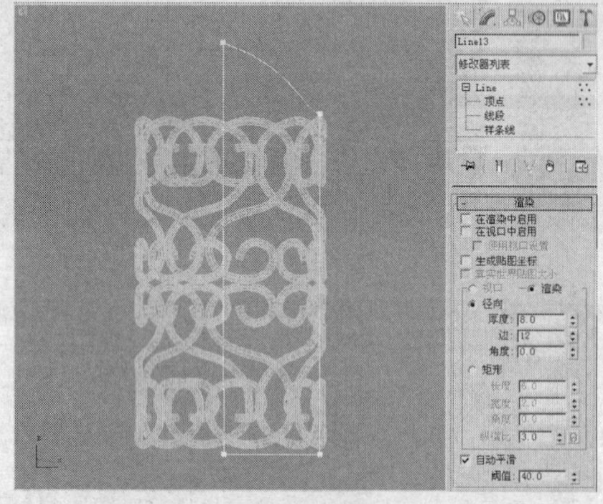

图 3-38

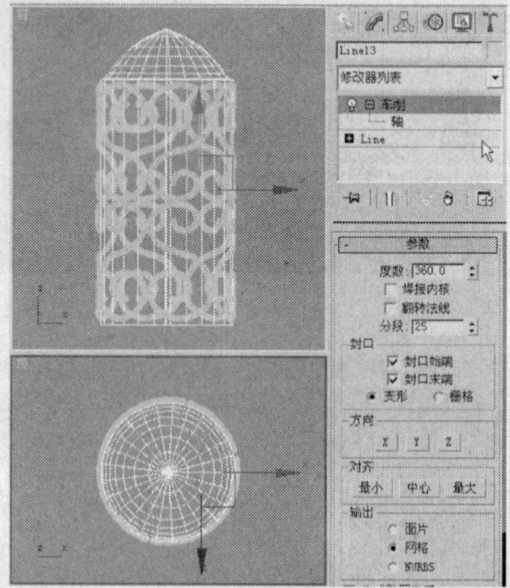

图 3-39

步骤 17 在透视图中看到车削后的模型，如图 3-40 所示，车削中心出现法线问题。

步骤 18 在“参数”卷展栏中选中“焊接内核”复选项，如图 3-41 所示。

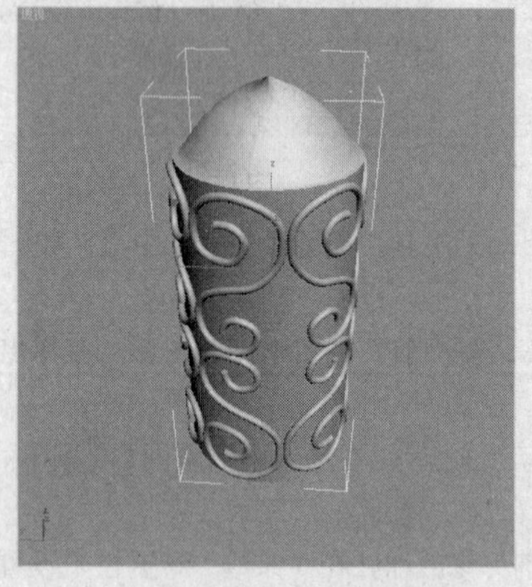

图 3-40

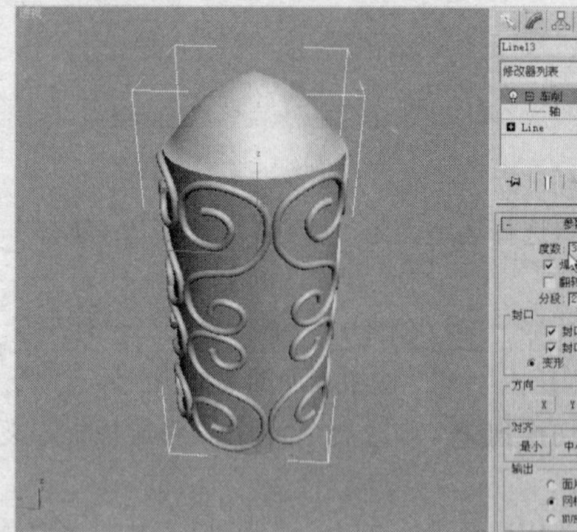

图 3-41

步骤 19 创建可渲染的样条线，设置“厚度”为 5，作为蜡烛芯，如图 3-42 所示。

步骤 20 选择“（创建）>（图形）>圆”工具，在“顶”视图中创建圆，设置圆合适的参数，如图 3-43 所示。

步骤 21 调整可渲染的圆的位置，在场景中复制并调整可渲染的圆，如图 3-44 所示。

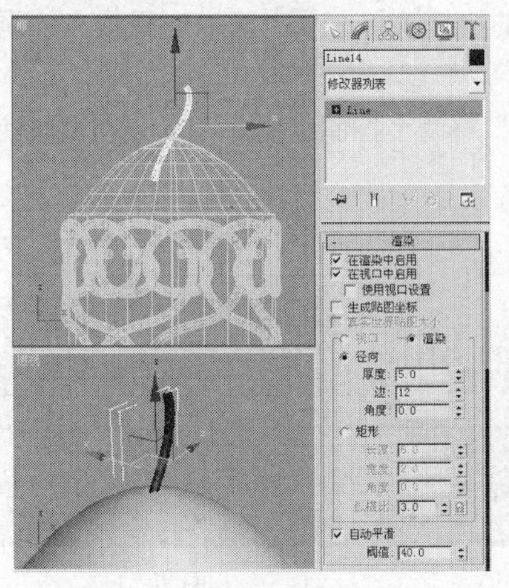

图 3-42

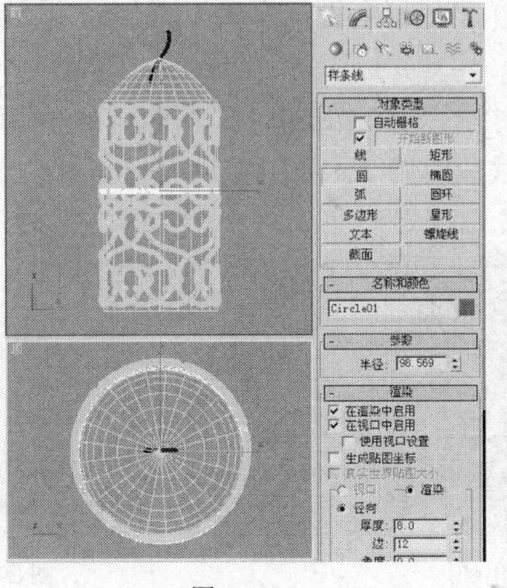

图 3-43

图 3-44

3.3.4 【相关工具】

“线”工具

1. 创建样样条线

选择“（创建）>（图形）>线”工具，在场景中单击创建一点，如图 3-45 所示，移动鼠标单击创建第二个点，如图 3-46 所示，如果要创建闭合图形，可以移动鼠标到第一个顶点上单击，弹出如图 3-47 所示的对话框，单击“是”按钮，即可创建闭合的样条线。

选择“线”工具，在场景中单击并拖动鼠标，绘制出的就是一条弧形线，如图 3-48 所示。

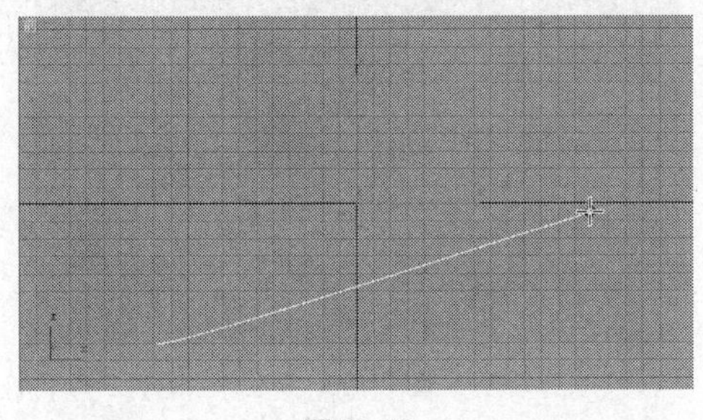

图 3-45

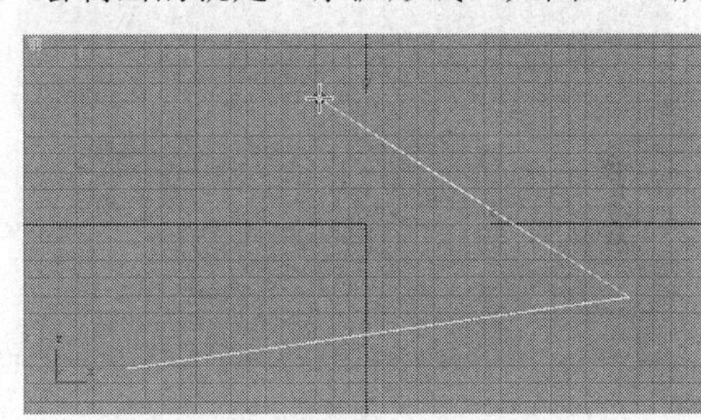

图 3-46

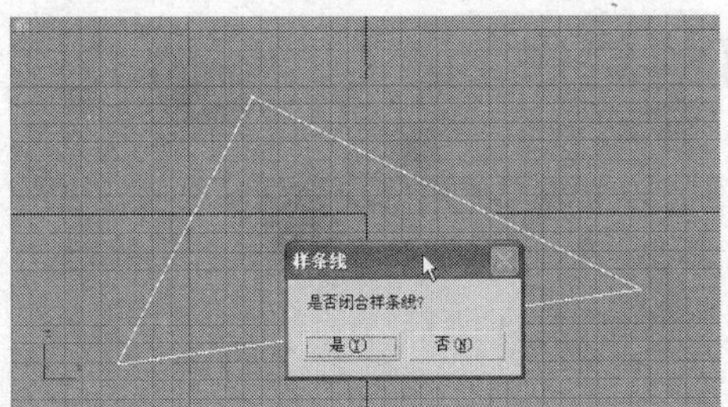

图 3-47

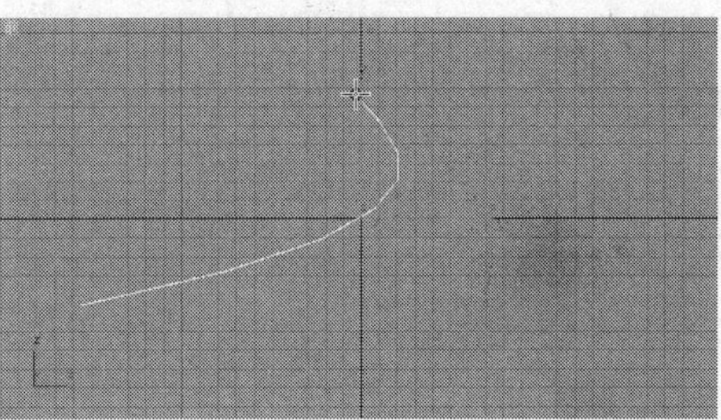

图 3-48

2. 通过修改面板修改图形的形状

使用“线”工具创建了闭合图形后，切换到（修改）命令面板，将当前选择集定义为“顶点”，通过顶点可以改变图形的形状，如图 3-49 所示。

在选择的顶点上单击鼠标右键，弹出如图 3-50 所示的快捷菜单，从中可以选择顶点的调节方式。

如图 3-51 所示选择了“Bezzier 角点”，“Bezzier 角点”有两个控制手柄，可以分别调整两个控制手柄来调整两边线段的弧度，如图 3-51 所示。

图 3-49　　图 3-50　　图 3-51

如图 3-52 所示选择了 Bezzier ，同样 Bezzier 有两个控制手柄，不过两个控制手柄是相互关联的。

如图 3-53 所示选择“平滑”选项。

提　示　调整图形的形状后，图形不是很平滑，可以在“差值”卷展栏中设置“步数”来设置图形的平滑。

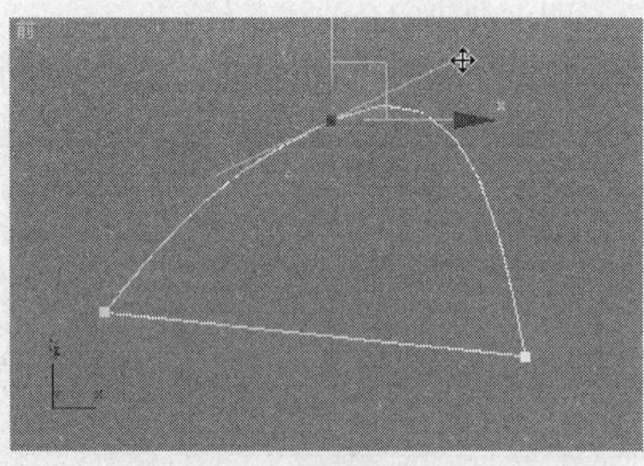

图 3-52

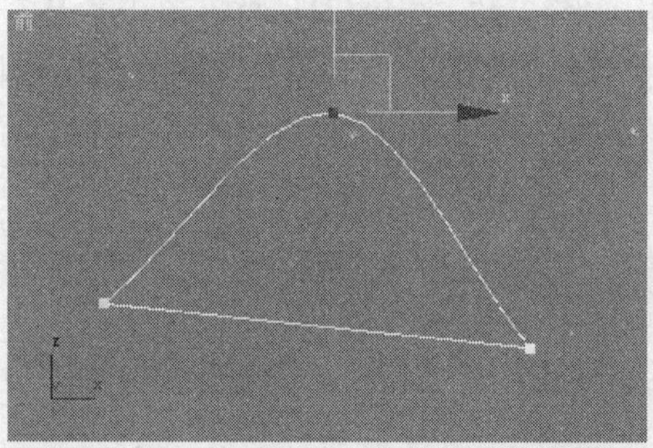

图 3-53

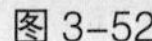

3.4 综合演练——中式吊灯的制作

使用球体创建吊灯的灯罩，使用圆形创建灯罩的装饰线，使用管状体创建灯罩下的管状体装饰模型，使用线创建了吊灯的线，这样使用简单的模型拼凑起来就完成中式吊灯的制作。（最终效果参看光盘中的“Cha03 > 效果 > 中式吊灯.max”，如图 3-54 所示。）

图 3-54

3.5 综合演练——吧椅的制作

使用切角圆柱体创建吧椅的底座、座以及靠背，使用线创建支架，使用圆创建脚蹬模型，简单的造型带着时尚的气息。（最终效果参看光盘中的“Cha03 > 效果 > 吧椅.max”，如图 3-55 所示。）

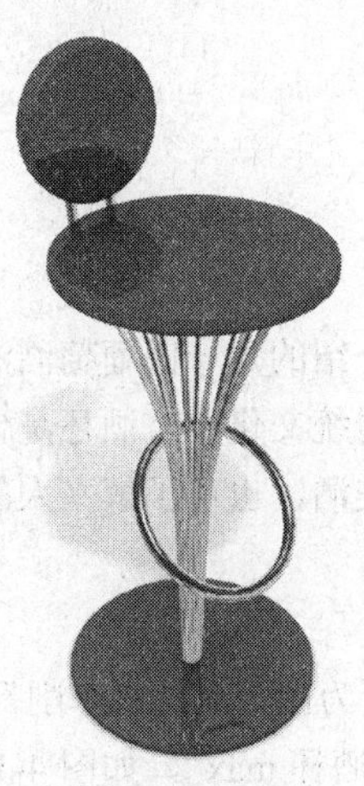

图 3-55

第4章 三维模型的创建

现实中的物体造型是千变万化的，很多模型都需要对创建的基本几何体或图形修改后才能达到理想的状态，3ds Max 提供了很多三维修改命令，通过这些修改命令可以创建几乎所有模型。

课堂学习目标

- 了解二维图形转换为三维模型的常用修改器
- 掌握常用的编辑三维模型的修改器

4.1 酒杯

4.1.1 【案例分析】

酒杯是用来饮酒的器皿，本例介绍的是一例葡萄酒酒杯，或者称之为高脚杯，事实上高脚杯属于葡萄酒酒杯的一种。在西方的传统文化中，酒杯是葡萄酒文化中不可缺少的一个重要环节，选择好酒杯能帮助人们更好地品味美酒，也可了解主人的品味。

4.1.2 【设计理念】

酒杯的制作，主要是创建图形，为图形施加“车削”修改器，完成酒杯的制作效果。（最终效果参看光盘中的“Cha04 > 效果 > 酒杯.max”，如图 4-1 所示。）

图 4–1

4.1.3 【操作步骤】

步骤 1 选择“ > > 线”工具，在“前”视图中创建线，如图 4-2 所示。

步骤 2 切换到（修改命令面板），将选择集定义为“顶点”，在场景中调整顶点，如图 4-3 所示。

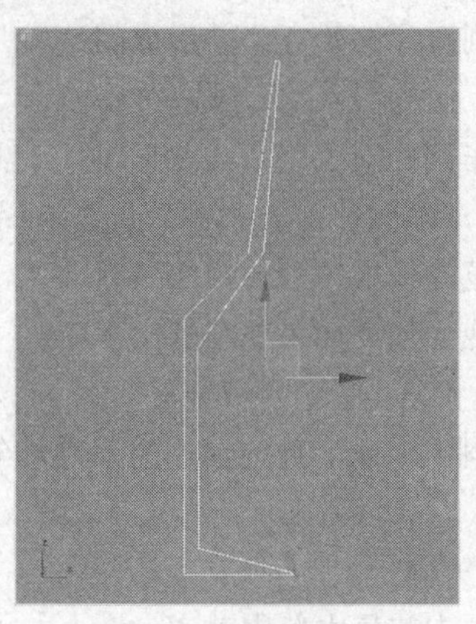

图 4–2

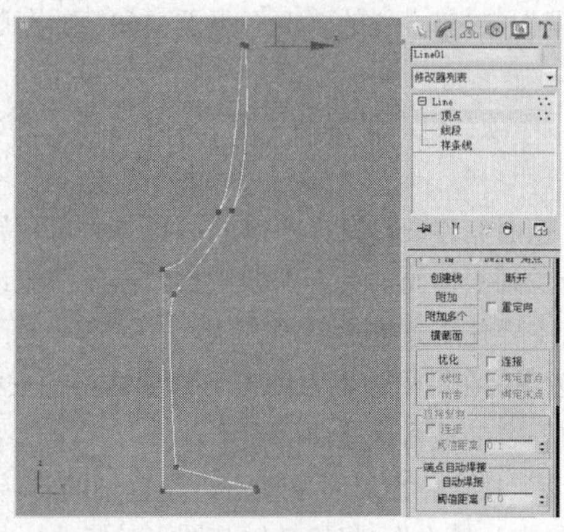

图 4–3

步骤 3 关闭选择集，在修改器列表中选择“车削”修改器，在“参数”卷展栏中勾选“焊接内核”复选项，设置“分段”为 30，在“方向”组中单击“Y”按钮，在“对齐”组中单击“最小”按钮，如图 4-4 所示。

步骤 4 在修改器列表中选择“涡轮平滑”修改器，如图 4-5 所示。

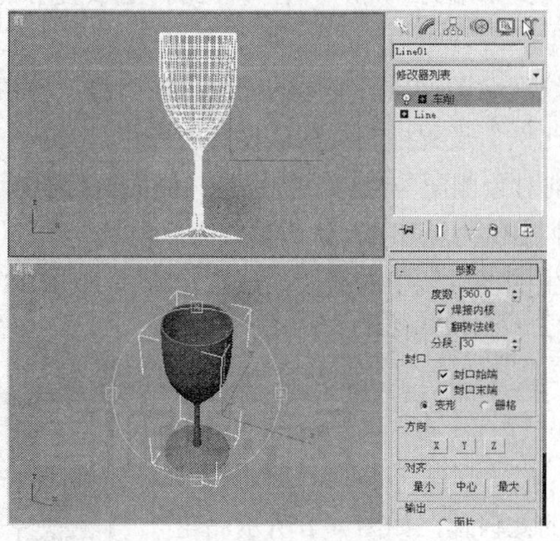

图 4–4

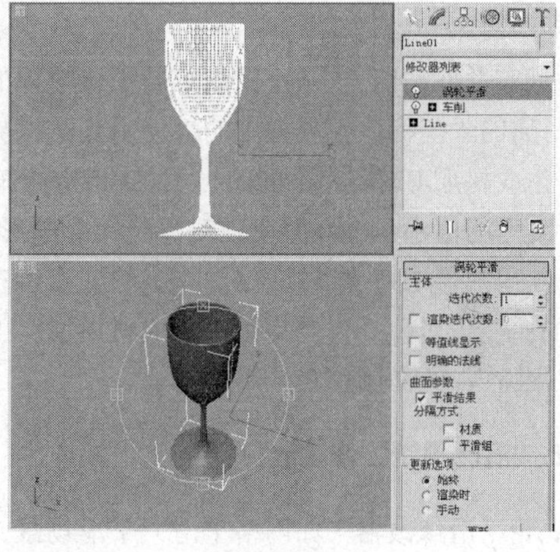

图 4–5

4.1.4 【相关工具】

1. “车削”修改器

车削通过绕轴旋转一个图形或 NURBS 曲线来创建三维对象，如图 4-6 所示车削“参数”卷展栏。

“度数”：确定对象绕轴旋转多少度（范围是从 0 到 360，默认值是 360）。

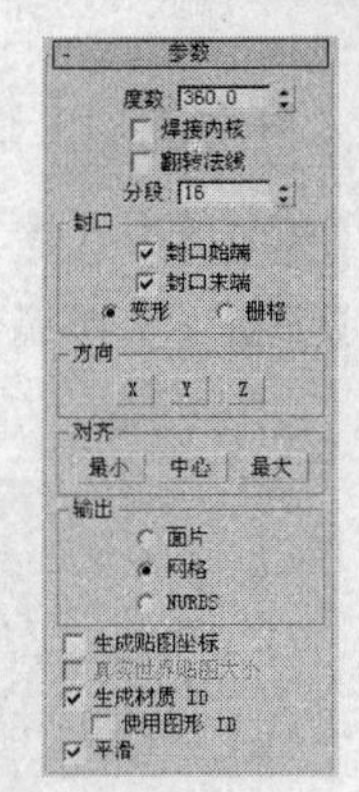

图 4-6

“焊接内核”：通过将旋转轴中的顶点焊接来简化网格。如果要创建一个变形目标，禁用此选项。

“翻转法线”：依赖图形上顶点的方向和旋转方向，旋转对象可能会内部外翻。切换“翻转法线”复选框来修正它。

“分段”：在起始点之间，确定在曲面上创建多少插值线段。

“封口始端”：封口设置的“度”小于 360° 的车削对象的始点，并形成闭合图形。

“封口末端”项：封口设置的“度”小于 360° 的车削的对象终点，并形成闭合图形。

“变形”：按照创建变形目标所需的可预见且可重复的模式排列封口面。渐进封口可以产生细长的面，而不像栅格封口需要渲染或变形。如果要车削出多个渐进目标，主要使用渐进封口的方法。

“栅格”选项：在图形边界上的方形修剪栅格中安排封口面。此方法产生尺寸均匀的曲面，可使用其他修改器容易地将这些曲面变形。

“X、Y、Z”按钮：相对对象轴点，设置轴的旋转方向。

“最小、居中、最大”：将旋转轴与图形的最小、居中或最大范围对齐。

“面片”：产生一个可以折叠到面片对象中的对象。

“网格”：产生一个可以折叠到网格对象中的对象。

“NURBS”：产生一个可以折叠到 NURBS 对象中的对象。

“生成贴图坐标”：将贴图坐标应用到车削对象中。当“度”的值小于 360，并启用“生成贴图坐标”时，启用此选项时，将另外的图坐标应用到末端封口中，并在每一封口上放置一个 1×1 的平铺图案。

“真实世界贴图大小”：控制应用于该对象的纹理贴图材质所使用的缩放方法。缩放值由位于应用材质的“坐标”卷展栏中的“使用真实世界比例”设置控制。默认设置为启用。

“生成材质 ID”：将不同的材质 ID 指定给车削对象侧面与封口。特别是，侧面 ID 为 3，封口（当“度”的值小于 360 且车削对象是闭合图形时）ID 为 1 和 2。默认设置为启用。

“使用图形 ID”：将材质 ID 指定给在车削产生的样条线中的线段，或指定给在 NURBS 车削产生的曲线子对象。仅当启用“生成材质 ID”时，“使用图形 ID”可用。

“平滑”：给车削图形应用平滑。

2. “涡轮平滑”修改器

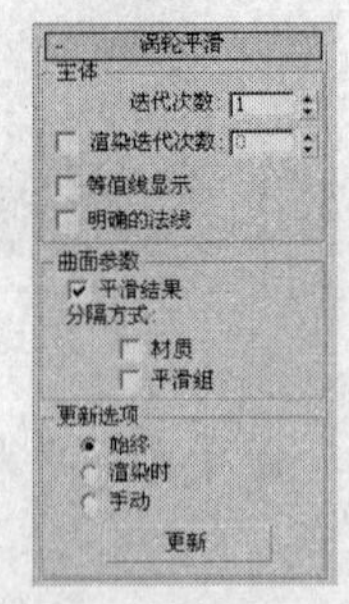

图 4-7

涡轮平滑修改器（如网格平滑）平滑场景中的几何体，如图 4-7 所示涡轮平滑的参数设置面板。

“迭代次数”：设置网格细分的次数。增加该值时，每次新的迭代会通过在迭代之前对顶点、边和曲面创建平滑差补顶点来细分网格。修改器会细分曲面来使用这些新的顶点。默认值为 10。范围在 0 到 10 之间。

提　示　在增加迭代次数时，对于每次迭代，对象中的顶点和曲面数量（以及计算时间）增加 4 倍。对平均适度的复杂对象应用 4 次迭代会花费很长时间来进行计算，如果迭代次数过高，机器反应不过来，这时需要按 ESC 键，退出缓存。

"渲染迭代次数"：允许在渲染时选择一个不同数量的平滑迭代次数应用于对象。启用渲染迭代次数，并使用右边的字段来设置渲染迭代次数。

"等值线显示"：启用时，该软件只显示等值线，对象在平滑之前的原始边。使用此项的好处是减少混乱的显示。禁用此项后，该软件会显示所有通过涡轮平滑添加的曲面；因此更高的迭代次数会产生更多数量的线条。默认设置为禁用状态。

"明确的法线"：允许涡轮平滑修改器为输出计算法线，此方法要比 3ds Max 中网格对象平滑组中用于计算法线的标准方法迅速。默认设置为禁用状态。

"平滑结果"：对所有曲面应用相同的平滑组。

按"材质"分隔：防止在不共享材质 ID 的曲面之间的边创建新曲面。

按"平滑组"分隔：防止在不共享至少一个平滑组的曲面之间的边上创建新曲面。

"始终"：无论何时改变任何涡轮平滑设置都自动更新对象。

"渲染时"：只在渲染时更新对象的视口显示。

"手动"：启用手动更新。选中手动更新时，改变的任意设置直到单击"更新"按钮时才起作用。

"更新"：更新视口中的对象来匹配当前涡轮平滑设置。仅在选择"渲染"或"手动"时才起作用。

4.1.5 【实战演练】花瓶

花瓶的制作主要是创建样条线，并为其施加"车削"来完成的。（最终效果参看光盘中的"Cha04 > 效果 > 花瓶.max"，如图 4-8 所示。）

图 4-8

4.2 衣架

4.2.1 【案例分析】

衣架是用来搭披衣衫的架子，衣架的种类样式有多种形式（这里就不介绍了），但其主要功能是用来晾衣服。

4.2.2 【设计理念】

衣架的制作主要是创建并调整图形，为图形施加"倒角"修改器，并配合使用可渲染的样

条线及“编辑样条线”修改器来完成的衣架模型。(最终效果参看光盘中的“Cha04＞ 效果 ＞ 衣架.max”，如图 4-9 所示。)

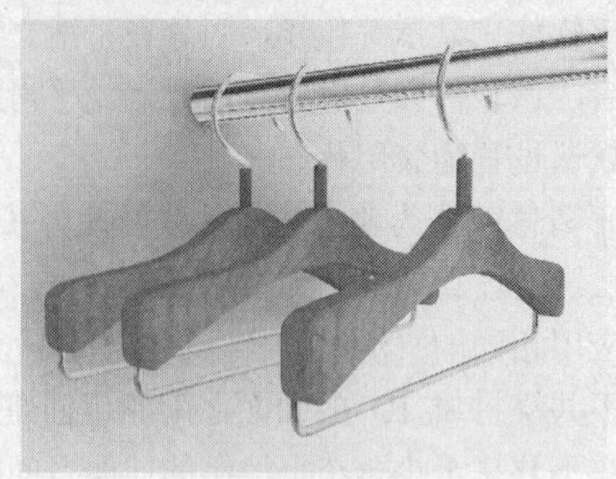

图 4-9

4.2.3 【操作步骤】

步骤 1 选择“ (创建)＞ (图形)＞矩形”工具，在“前”视图中创建矩形，在“参数”卷展栏中设置“长度”为 40、“宽度”为 350、“角半径”为 10，如图 4-10 所示。

步骤 2 切换到到 (修改命令面板)，在修改器列表中选择“编辑样条线”修改器，将选择集定义为“顶点”，通过调整顶点调整图形的形状，如图 4-11 所示。

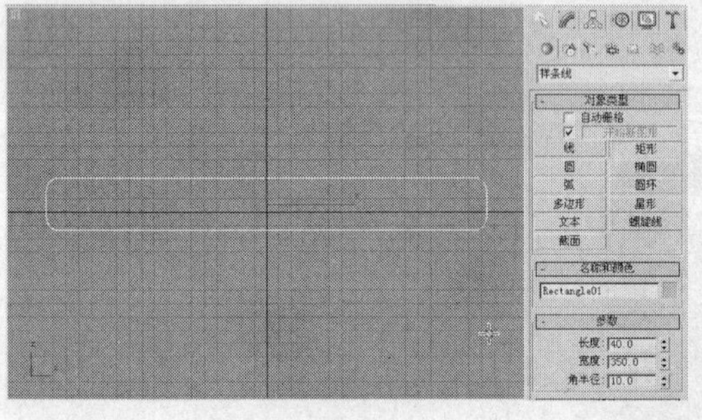

图 4-10

图 4-11

步骤 3 在“几何体”卷展栏中单击“优化”按钮，在场景中优化顶点，如图 4-12 所示。

步骤 4 关闭“优化”按钮，在场景中调整图形的形状，如图 4-13 所示。

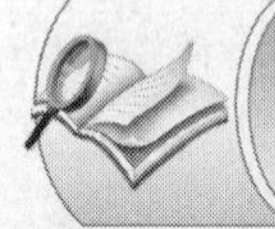

提　示　在模型操作过程中如果打开了某个修改按钮，用完之后要关闭按钮的选择，以便后面的操作无误；同样，使用的选择集也需要关闭，便于后面的操作。

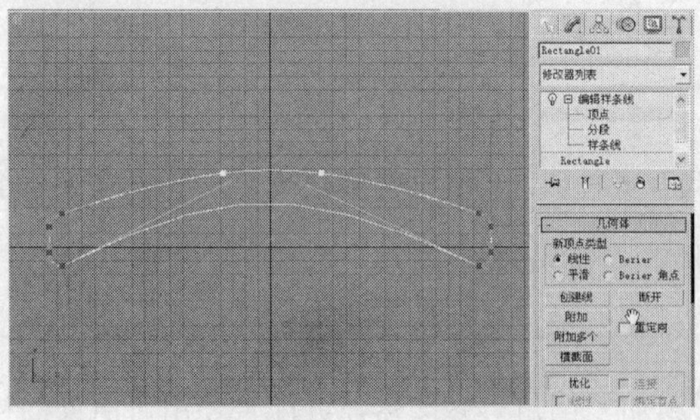

图 4-12

图 4-13

步骤 5 关闭选择集，切换到（修改命令面板），在修改器列表中选择“倒角”修改器，在“倒角值”卷展栏中设置“级别 1”的“高度”为 20、“轮廓”为 1；勾选“级别 2”复选项，设置其“高度”为 15；勾选“级别 3”复选项，设置“高度”为 2、“轮廓”为-1，如图 4-14 所示。

步骤 6 选择“（创建）>（图形）> 线”工具，在场景中创建可渲染的样条线，设置渲染的“厚度”为 5，如图 4-15 所示。

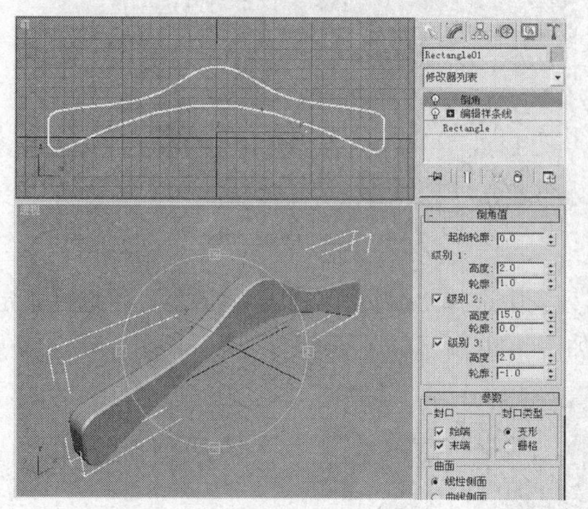

图 4-14

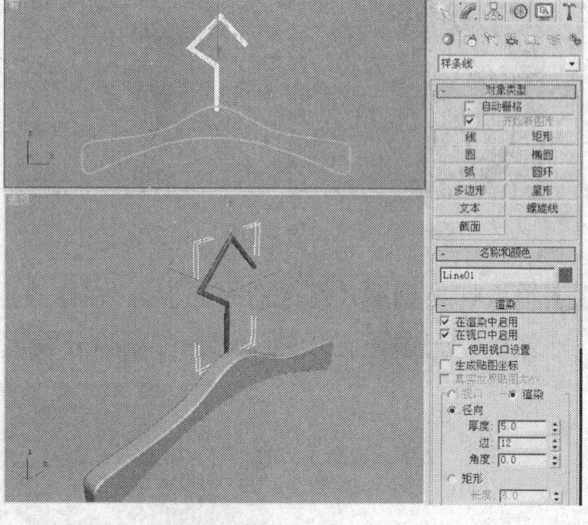

图 4-15

步骤 7 切换到（修改命令面板），将选择集定义为“顶点”，在场景中调整样条线的形状，如图 4-16 所示。

步骤 8 选择“（创建）>（几何体）> 扩展基本体 > 切角圆柱体”工具，在“顶”视图中创建切角圆柱体，在“参数”卷展栏中设置“半径”为 5、“高度”为 50、“圆角”为 2、“圆角分段”为 3，如图 4-17 所示。

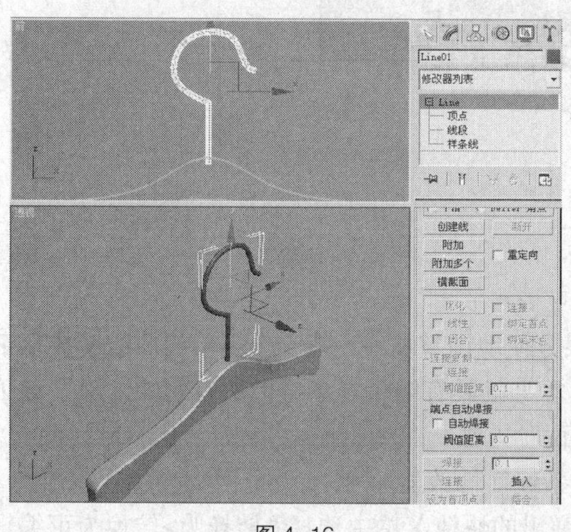

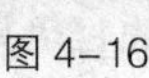

图 4-16

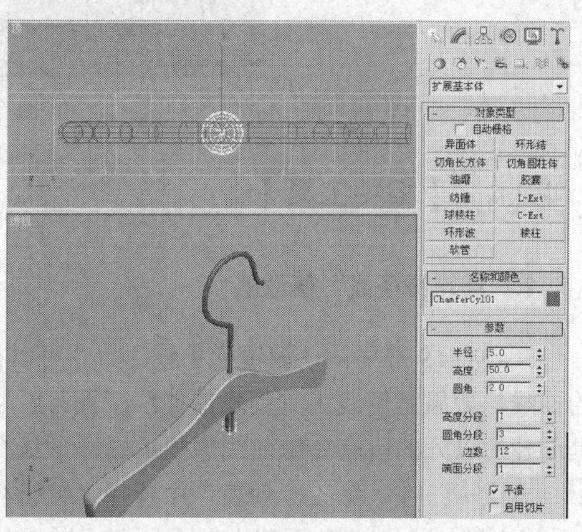

图 4-17

步骤 9 在场景中调整模型的位置，如图 4-18 所示。

步骤 10 选择“（创建）>（图形）> 矩形”工具，在“前”视图中创建可渲染的矩形，在“参数”卷展栏中设置“长度”为 30、“宽度”为 325、“角半径”为 10，如图 4-19 所示。

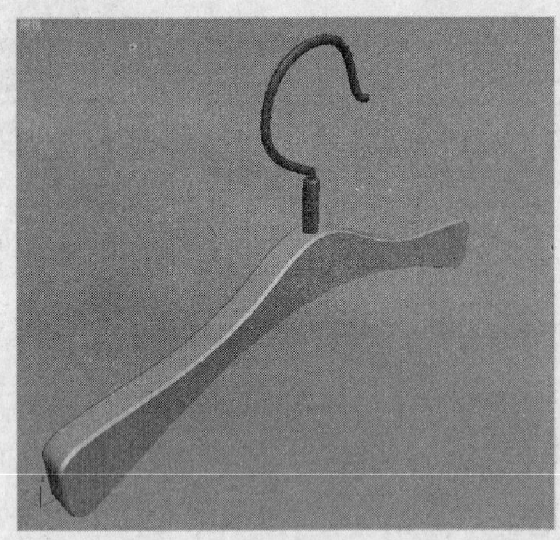

图 4-18

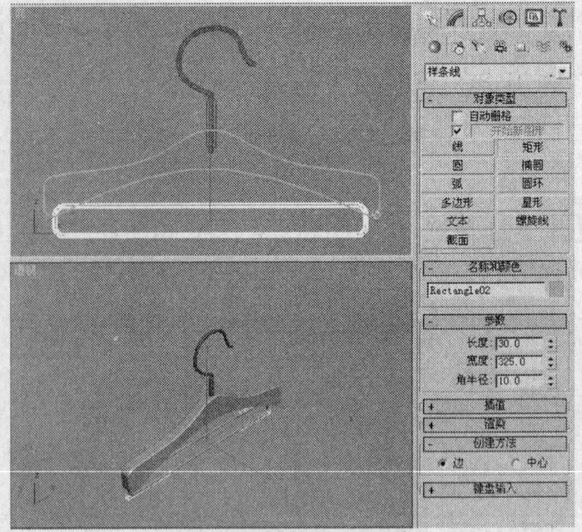

图 4-19

步骤 11 切换到（修改命令面板），在修改器列表中选择“编辑样条线”修改器，将选择集定义为“分段”，在场景中选择并删除分段，如图 4-20 所示。

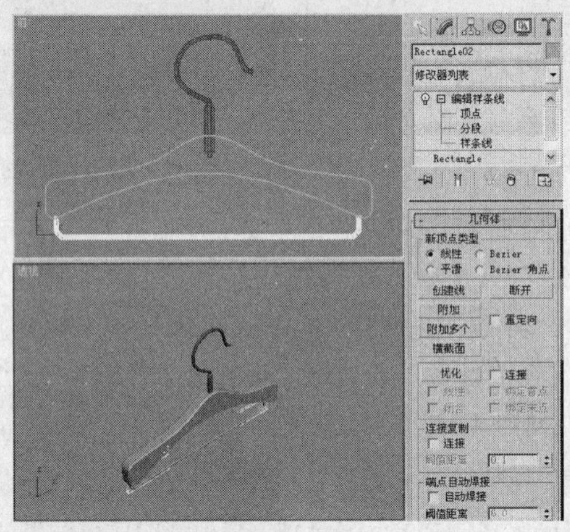

图 4-20

4.2.4 【相关工具】

1.“编辑样条线”修改器

3ds Max 9 提供的“编辑样条线”命令可以很方便地调整曲线，把一个简单的曲线变成复杂的曲线。如果是用线工具创建的曲线或图形，它本身就具有编辑样条线的所有功能，除了该工具创建的以外的所有二维曲线想要编辑样条线有两种方法。

方法一：在“修改器列表”中选择“编辑样条线”修改器。

方法二：在创建的图形上单击鼠标右键，在弹出的快捷菜单中选择“转换为>转换为可编辑样条线”命令。

编辑样条线命令可以对曲线的“顶点”、“线段”和“样条线”3 个子物体进行编辑，在“几何体”卷展栏中根据不同子物体将有相应的编辑功能，下面的介绍对任意子物体都可以使用。

“创建线”：可以在当前二维曲线的基础上创建新的曲线，被创建出的曲线与操作之前所选

择的曲线结合在一起。

“附加”：可以将操作之后选择的曲线结合到操作之前所选择的曲线中，勾选“重定向”复选框，可以将操作之后所选择的曲线移动到操作之前所选择曲线的位置。

“附加多个”：单击“附加多个”按钮，打开“附加多个”对话框，可以将场景中所有二维曲线结合到当前选中的二维曲线中。

“插入”：可以在选择的线条中插入新的点，不断单击鼠标左键，便不断插入新点，单击鼠标右键即可停止插入，但插入的点会改变曲线的形态。

◎顶点

在“顶点”子物体选择集的编辑状态下，“几何体”卷展栏中有一些针对该物体的编辑功能，大部分比较常用，要熟练掌握，如图 4-21 所示。

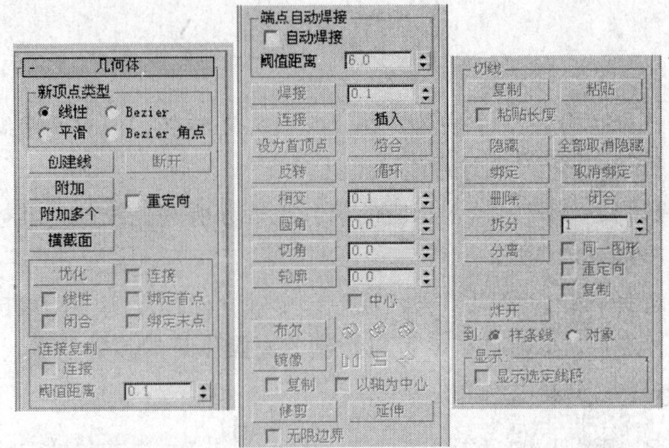

图 4-21

“断开”：可以将选择顶点端点打断，原来由该端点连接的线条在此处断开，产生两个顶点。

“优化”：可以在选择的线条中需要加点处加入新的点，且不会改变曲线的形状，此操作常用来圆滑局部曲线。

“焊接”，可以将两个或多个顶点进行焊接，该功能只能焊接开放性的顶点，焊接的范围由该按钮后面的数值决定。

“连接”：可以将两个顶点进行连接，在两个顶点中间生成一条新的连接线。

“圆角”：可以将选中的顶点进行圆角处理，选中顶点后，通过该按钮后面的数值框来圆角，如图 4-22 所示。

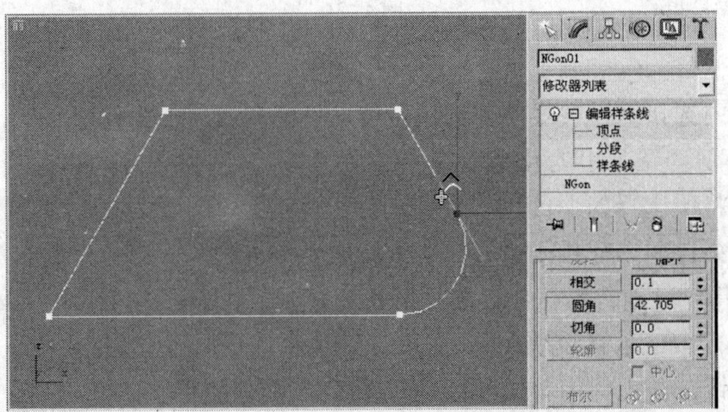

图 4-22

“切角”：可以将选中的顶点进行切角处理，如图 4-23 所示。

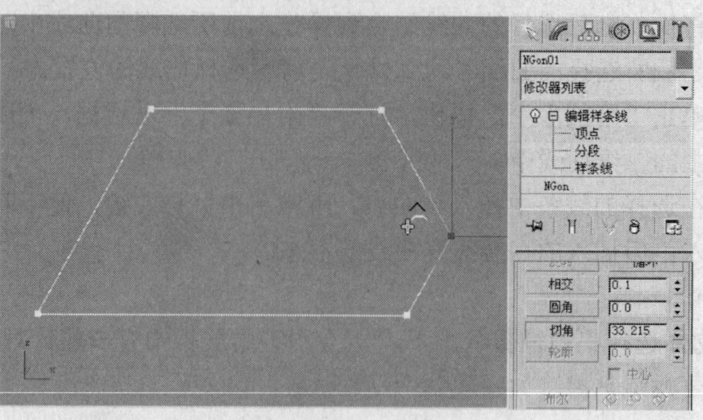

图 4-23

◎分段

在修改器堆栈中选择“分段”子物体，在“几何体”卷展栏中有两个编辑功能针对该子物体，如图 4-24 所示，下面将介绍常用的几种工具。

“拆分”：可在所选择的线段中插入相应的等分点等分所选的线段，其插入点的个数可以在该按钮之后的数值框中进行输入。

“分离”：可以将选择的线段分离出去，成为一个独立的图形实体，该按钮之后的“同一图形”、“重定向”和“复制”3 个复选框，可以控制分离操作时的具体情况。

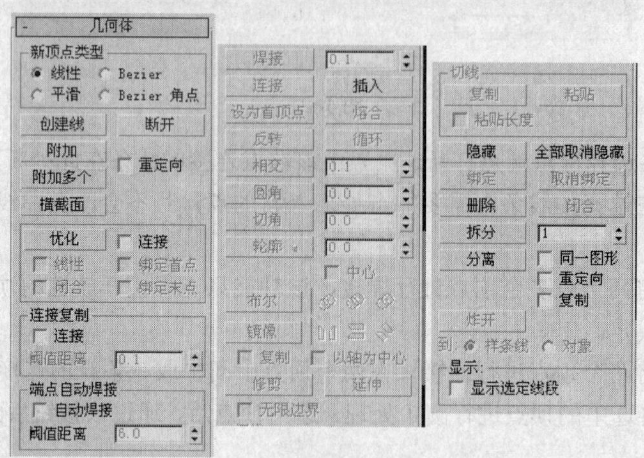

图 4-24

◎样条线

在修改器堆栈中选择“样条线”子物体，进入“样条线”子物体层级后，“几何体”卷展栏如图 4-25 所示，下面介绍常用的几个工具。

“轮廓”：可以将所选择的曲线进行双线勾边以形成轮廓，如果选择的曲线为非封闭曲线，则系统在加轮廓时会自动进行封闭。

“布尔”：可以将经过结合操作的多条曲线进行运算，其中有（并集）、（差集）、（交集）运算按钮。进行布尔运算必须在同一条二维曲线之内进行，选择要留下的样条线，选择运算方式后单击该按钮，在视图中单击想要运算掉的样条线即可。

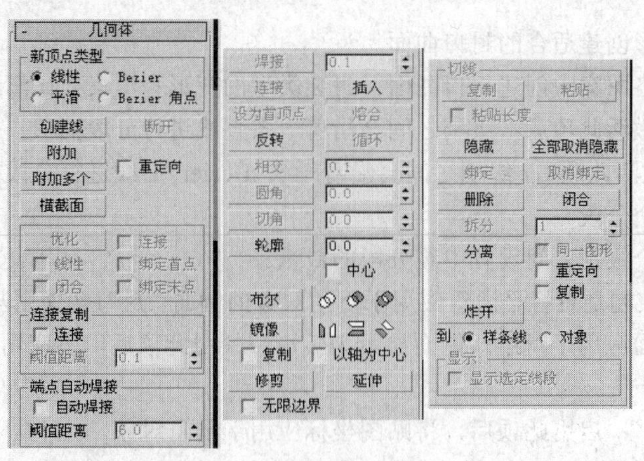

图 4-25

对于如图 4-26 所示的图形，“并集”后的效果如图 4-27 所示，“差集”后的效果如图 4-28 所示，“交集”后的效果如图 4-29 所示。

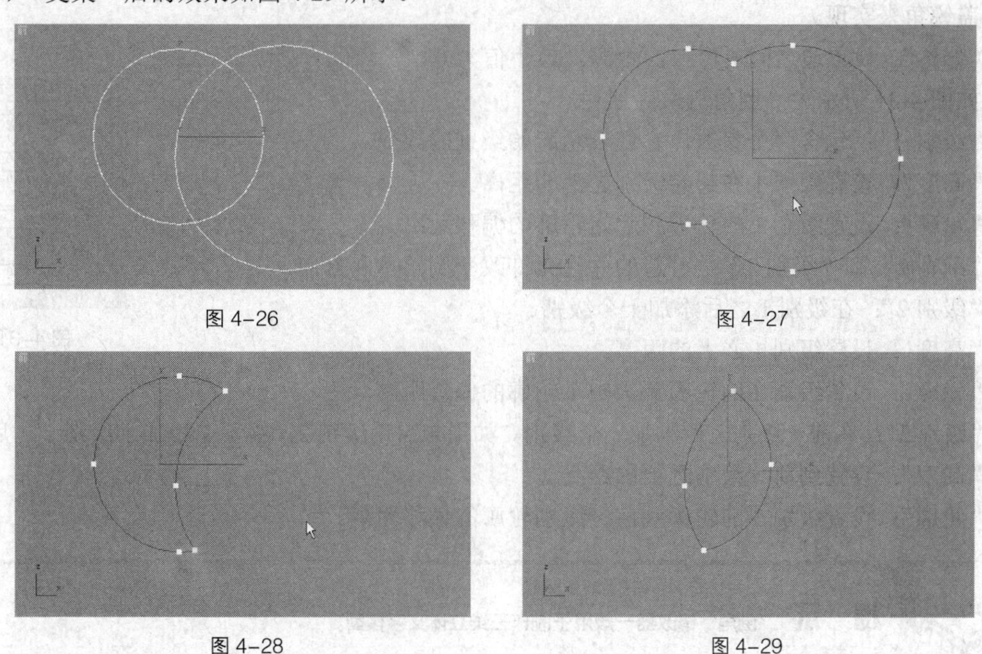

图 4-26　　图 4-27

图 4-28　　图 4-29

“修剪”：可以将经过结合操作的多条相交样条线进行修剪。

2.“倒角”修改器

“倒角”修改器是“挤出”修改器（具体介绍请参照下面的内容）的延伸，它可以在挤出来的三维物体边缘产生一个倒角效果，如图 4-30 所示为倒角的“参数”卷展栏。

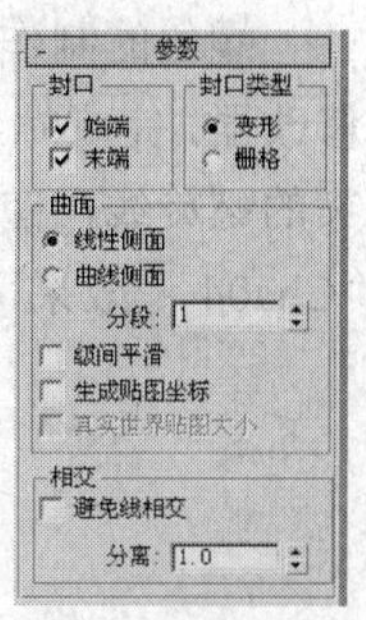

图 4-30

封口“始端”：用对象的最低局部 Z 值（底部）对末端进行封口。禁用此项后，底部为打开状态。

封口“末端”：用对象的最高局部 Z 值（底部）对末端进行封口。禁用此项后，底部不再打开。

“变形”：为变形创建适合的封口曲面。

“栅格”：在栅格图案中创建封口曲面。封装类型的变形和渲染要比渐进变形封装效果好

“线性侧面”：激活此项后，级别之间会沿着一条直线进行分段插值。

“曲线侧面”：激活此项后，级别之间会沿着一条 Bezier 曲线进行分段插值。对于可见曲率，使用曲线侧面的多个分段。

“分段”：在每个级别之间设置中级分段的数量。

“级间平滑”：控制是否将平滑组应用于倒角对象的侧面。封口会使用与侧面不同的平滑组。启用此项后，对侧面应用平滑组，侧面显示为弧形；禁用此项后，不应用平滑组，侧面显示为平面倒角。

“生成贴图坐标”：启用此项后，将贴图坐标应用于倒角对象。

“真实世界贴图大小”：控制应用于该对象的纹理贴图材质所使用的缩放方法。缩放值由位于应用材质的“坐标”卷展栏中的“使用真实世界比例”设置控制。默认设置为启用。

“避免线相交”：防止轮廓彼此相交。它通过在轮廓中插入额外的顶点，并用一条平直的线段覆盖锐角来实现。

“分离”：设置边之间所保持的距离。最小值为 0.01。

如图 4-31 所示为“倒角值”卷展栏。

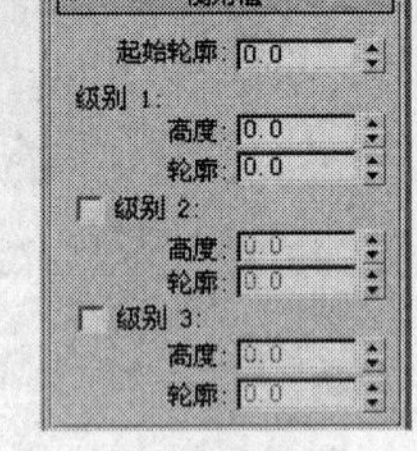

图 4-31

“级别 1”：包含两个参数，它们表示起始级别的改变。

“高度”：设置级别 1 在起始级别之上的距离。

“轮廓”：设置级别 1 的轮廓到起始轮廓的偏移距离。

“级别 2”和“级别 3”是可选的并且允许改变倒角量和方向。

“级别 2”：在级别 1 之后添加一个级别。

“高度”：设置级别 1 之上的距离。

“轮廓”：设置级别 2 的轮廓到级别 1 轮廓的偏移距离。

“级别 3”：在前一级别之后添加一个级别。如果未启用级别 2，级别 3 添加于级别 1 之后。

“高度”：设置到前一级别之上的距离。

“轮廓”：设置级别 3 的轮廓到前一级别轮廓的偏移距离。

提　示　“倒角”修改器一般用于制作三维立体文字模型。

4.2.5 【实战演练】螺丝

螺丝的制作主要是创建多边形图形，为其施加“倒角”修改器，完成螺丝帽；创建圆柱体并在圆柱体上创建可渲染的螺旋线，完成的螺丝模型。（最终效果参看光盘中的“Cha04 > 效果 > 螺丝.max”，如图 4-32 所示）。

图 4-32

4.3 苹果

4.3.1 【案例分析】

苹果，果实圆形，味甜，是普通的水果，通常为红色。

4.3.2 【设计理念】

创建球体和圆柱体，为模型施加“编辑网格”修改器，通过对“顶点”的调整完成苹果模型。（最终效果参看光盘中的“Cha04 > 效果 > 苹果.max”，如图4-33所示。）

图 4–33

4.3.3 【操作步骤】

步骤 1 选择“（创建）>（几何体）> 球体”工具，在“顶”视图中创建球体，在“参数”卷展栏中设置“半径”为50，如图4-34所示。

步骤 2 切换到（修改命令面板），在修改器列表中选择“编辑网格”修改器，将选择集定义为“顶点”，在“软选择”卷展栏中勾选“使用软选择”复选项，设置“衰减”为50，如图4-35所示。

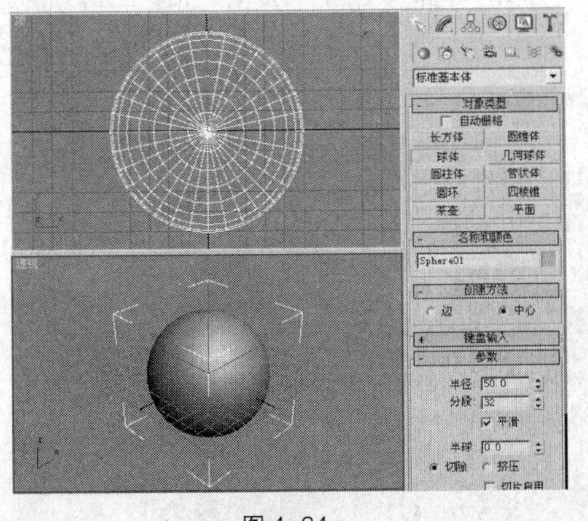

图 4–34

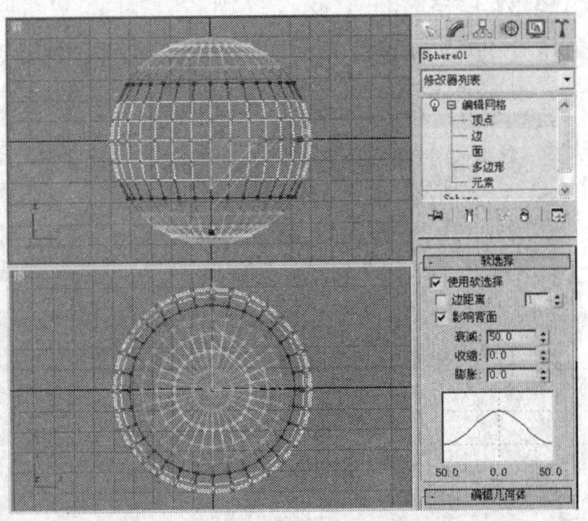

图 4–35

步骤 3 在“前”视图中沿Y轴缩放顶点，如图4-36所示。

步骤 4 设置“衰减”为35，在“前”视图中沿Y轴缩放顶点，如图4-37所示。

步骤 5 设置“衰减”为 20，在场景中选择“顶点”，如图 4-38 所示。

步骤 6 在场景中调整顶点的位置，如图 4-39 所示。

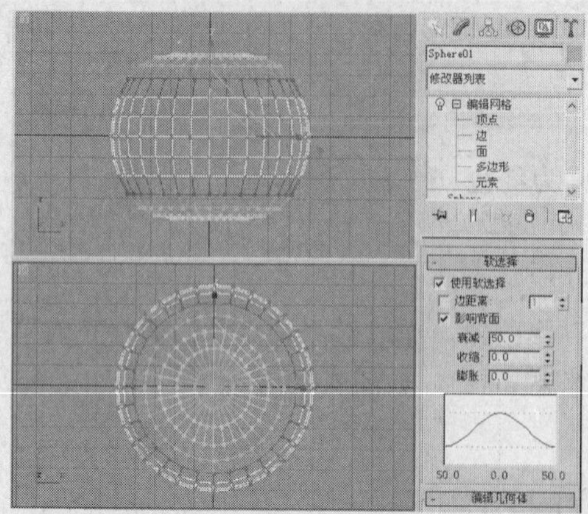

图 4-36

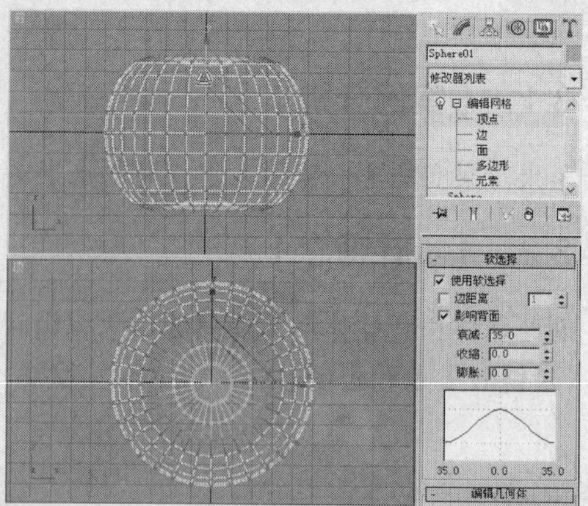

图 4-37

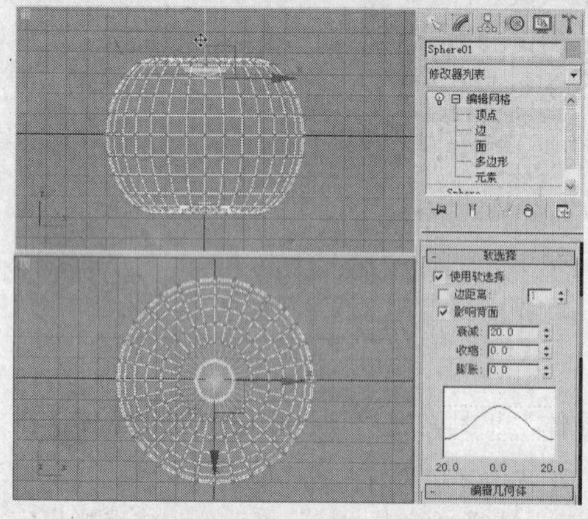

图 4-38

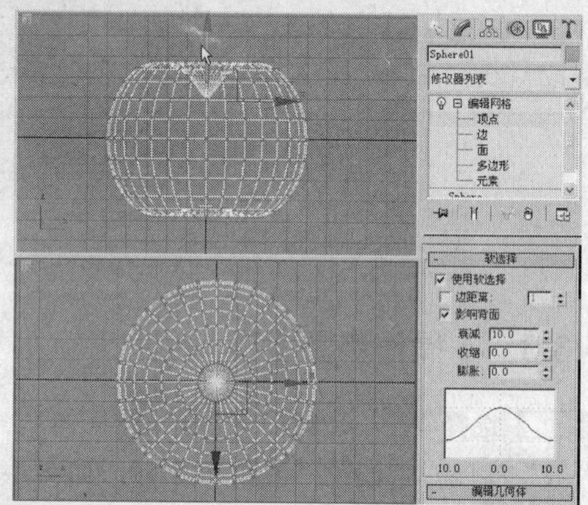

图 4-39

步骤 7 选择“（创建）>（几何体）> 圆柱体”工具，在“顶”视图中创建圆柱体，在“参数”卷展栏中设置“半径”为 2、“高度”为 30、“高度分段”为 5，如图 4-40 所示。

步骤 8 切换到（修改命令面板），在修改器列表中选择“编辑网格”修改器，将选择集定义为“顶点”，在场景中调整顶点，如图 4-41 所示。

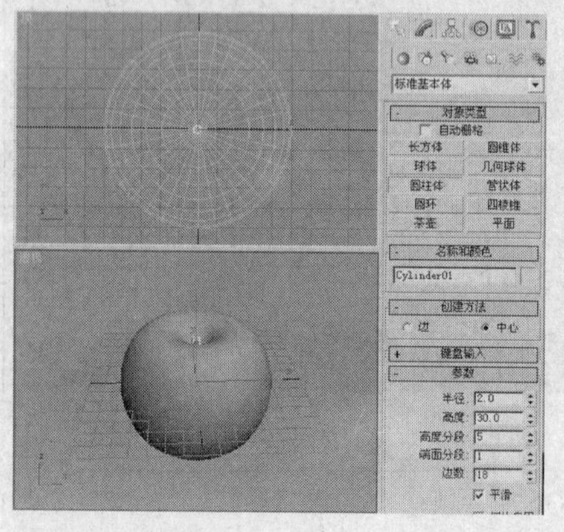

图 4-40

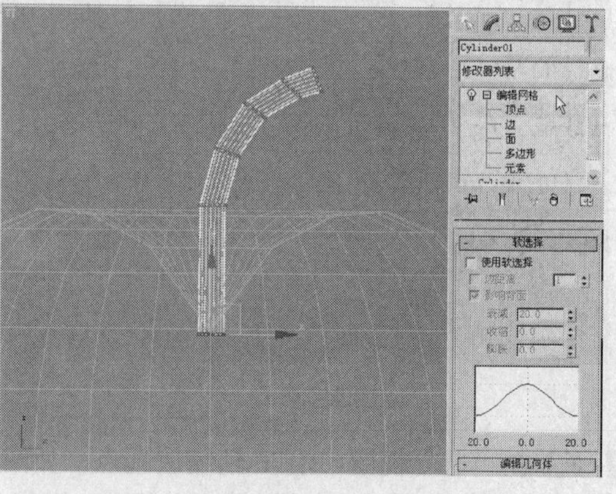

图 4-41

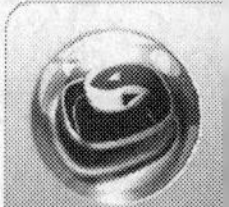

步骤 9 在“软选择”卷展栏中勾选“使用软选择”复选项，设置“衰减”参数为 20，如图 4-42 所示。

步骤 10 取消“使用软选择”选项，在场景中调整顶点，如图 4-43 所示。

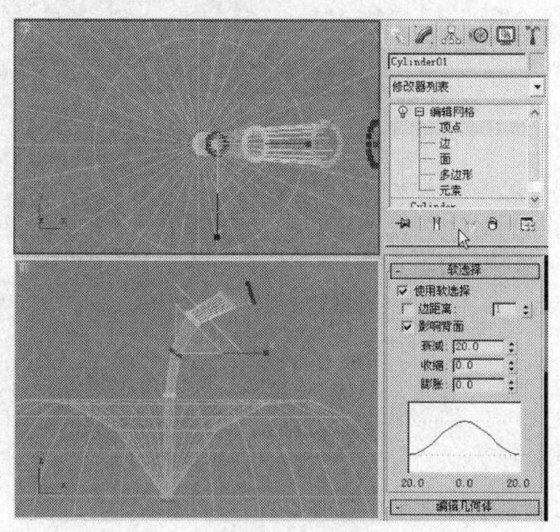

图 4-42

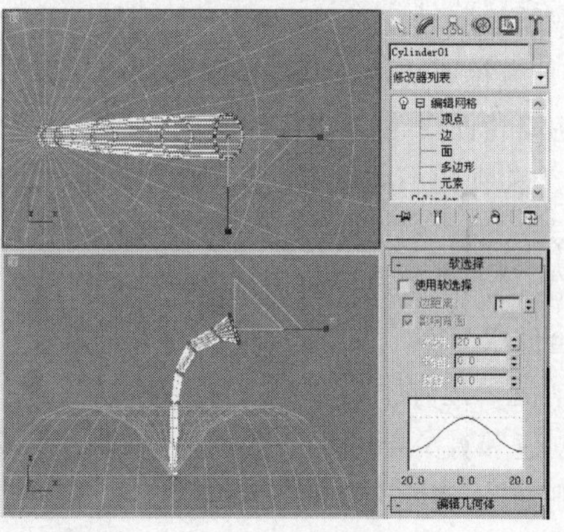

图 4-43

步骤 11 关闭选择集，为模型施加“网格平滑”，使用默认参数，如图 4-44 所示。

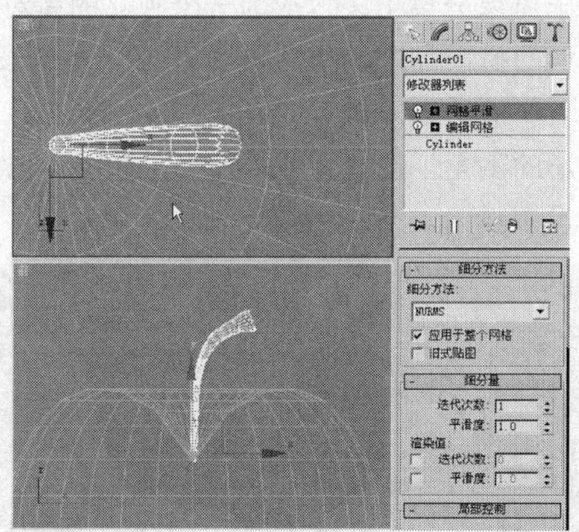

图 4-44

4.3.4 【相关工具】

“编辑网格”修改器

“编辑网格”修改器是 3ds Max 的传统建模工具，其功能非常强大，利用该命令可以创建非常复杂的三维模型。

“编辑网格”命令和“可编辑网格”功能均可以对三维模型的“顶点”、“边”、“面”、“多边形”和“元素”5 个子物体进行编辑，当进入各个子物体时，会出现一个新的“曲面属性”卷展栏，子物体不同，新卷展栏中的内容也就不同，如图 4-45 所示，下面介绍几种常用的工具。

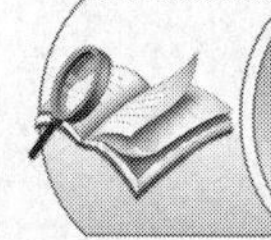

提 示 在场景中选择模型，并单击鼠标右键，在弹出的对话框中选择“转换为 > 可编辑网格”命令。

在场景中选择模型，并单击鼠标右键，在弹出的对话框中选择“转换为 > 可编辑网格”命令。

1.“选择”卷展栏

“按顶点”：勾选此复选项，在选择一个顶点时，与这个顶点相连的边或面会一同被选择。

“忽略背面”：由于表面法线的原因，对象表面有可能在当前视角不被显示，看不到的表面一般情况是不能被选择的。勾选此项时，可对其进行操作。

“隐藏”：隐藏选择的子对象。

“全部取消隐藏”：显示隐藏的子对象。

2.“编辑几何体”卷展栏

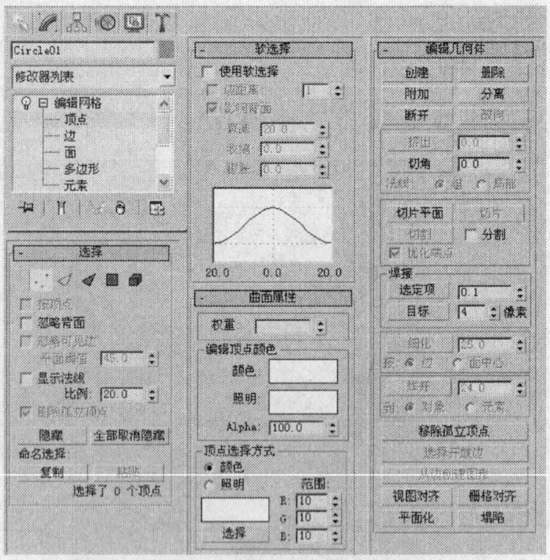

“创建”：建立新的单个顶点、面、多边形或元素。

图 4-45

“删除”：删除选择的子对象。

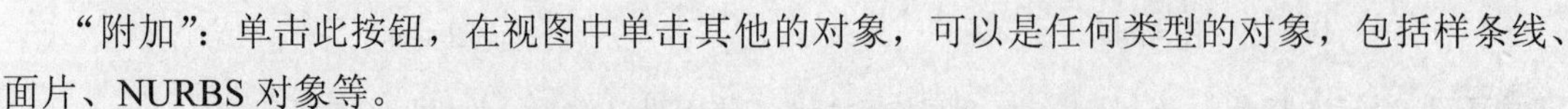

“附加”：单击此按钮，在视图中单击其他的对象，可以是任何类型的对象，包括样条线、面片、NURBS 对象等。

“分离”：将当前选择的子对象分离出去，成为一个独立的新对象。

“挤出”：设置面和多边形的挤出高度，如图 4-46 所示，在场景中选择面或多边形，移动鼠标，设置挤出参数。

“倒角”：设置面和多边形的倒角，选择面或多边形，如图 4-47 所示，拖动鼠标，设置挤出的高度，松开并移动鼠标，设置倒角。

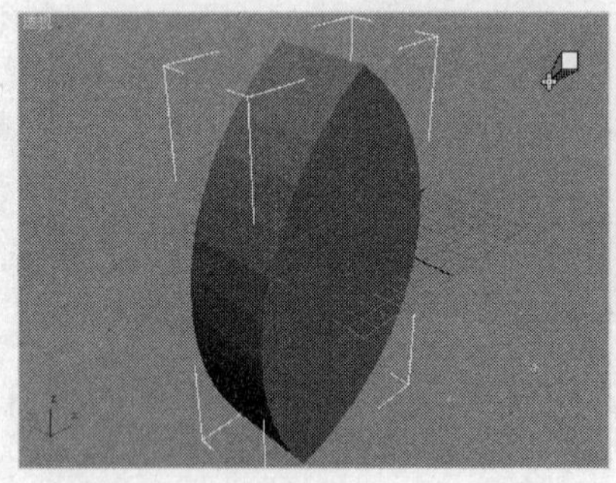

图 4-46

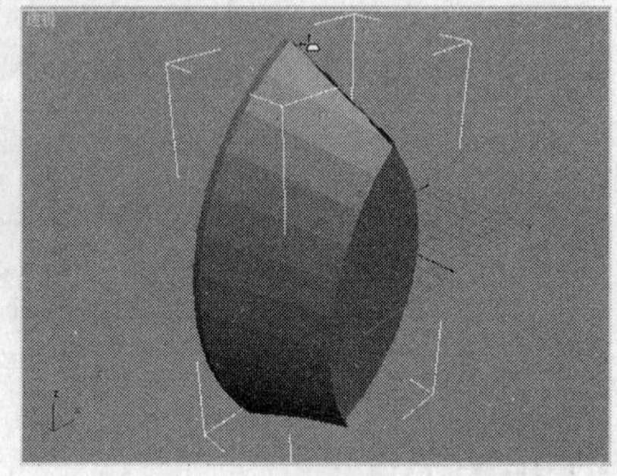

图 4-47

“切角”：对点或线进行切角处理，通过右侧的数值框可调节切角的大小，如图 4-48 所示。

“切割”：通过在边上添加点来细分子对象。选择后，在需要细分的边上点击，移动鼠标到下一边，一次点击，完成切割，如图 4-49 所示。

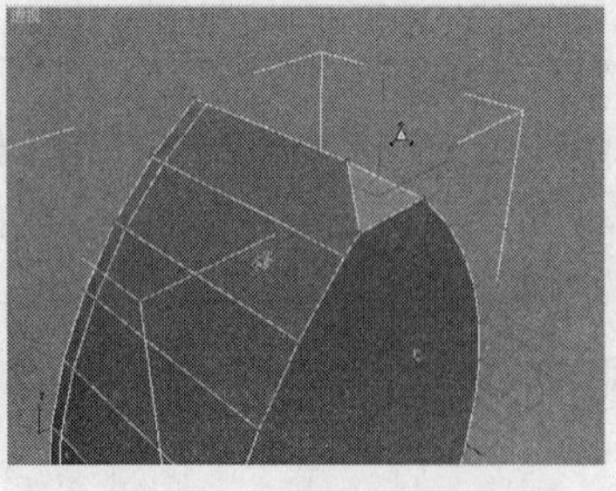

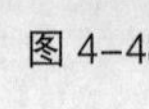

图 4-48

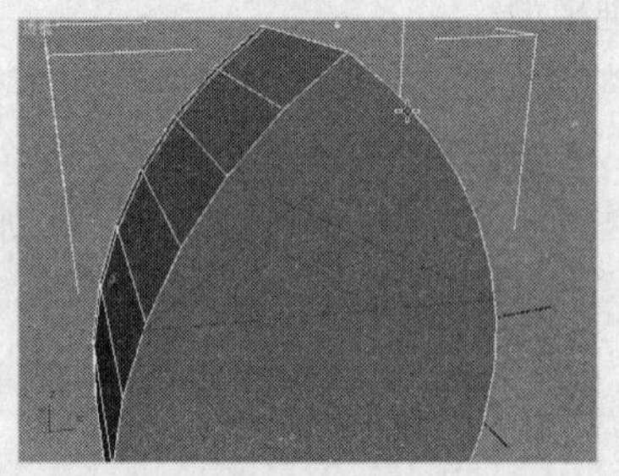

图 4-49

“目标”：用于设置顶点的焊接，在视图中将选择的点拖动到要焊接的顶点上，这样会自动进行焊接。

3.“曲面属性”卷展栏

如图 4-50 所示为选择了“多边形”后的“曲面属性”卷展栏。

“翻转”：将选择的面的法线方向进行反向，如图 4-51 所示。

“设置 ID”：在此为选择的表面指定新的 ID 号，如果对象使用多维材质，将会按材质 ID 号分配材质。

“选择 ID”：按当前 ID 号。将所有与此 ID 相同的表面进行选择。

“按平滑组选择”按钮：将所有具有当前平滑组号的表面进行平滑处理。

“清除全部”：删除对面片对象指定的平滑组。

“自动平滑”：根据后面文本框中阈值进行表面自动平滑处理。

图 4-50

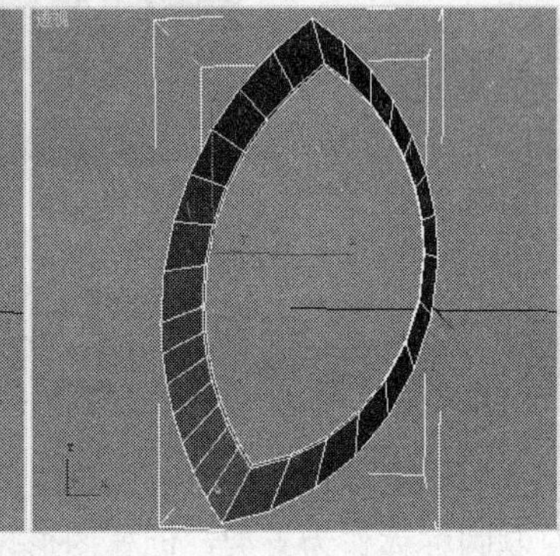

图 4-51

4.3.5 【实战演练】叶子

本例介绍叶子模型的制作，在场景中创建长方体，为其施加“编辑网格”修改器，调整模型的形状，完成叶子模型。（最终效果参看光盘中的“Cha04 > 效果 > 叶子.max”，如图 4-52 所示。）

图 4-52

4.4 综合演练——烟灰缸的制作

本例介绍烟灰缸的制作，首先创建圆柱体，为模型施加“编辑网格”修改，设置“多边形”的“挤出”和“倒角”，再为模型施加“网格平滑”修改器，完成烟灰缸模型。（最终效果参看光盘中的“Cha04 > 效果 > 烟灰缸.max”，如图 4-53 所示。）

图 4-53

4.5 综合演练——中式落地灯的制作

本例介绍创建球体，并为球体施加“锥化”修改器，并创建可渲染的样条线，完成灯罩模型；创建并复制圆柱体作为支架；创建图形，并施加“挤出”修改器制作中式花纹，这样就完成中式落地灯的模型，如图 4-54 所示。（最终效果参看“Cha04 > 效果 > 中式落地灯.max”，如图 4-54 所示。）

图 4-54

第5章 复合对象的创建

3ds Max 的基本内置模型是创建复合物体的基础，可以将多个内置模型组合在一起，从而产生出千变万化的模型。布尔运算工具和放样工具曾经是 3ds Max 的主要建模手段。虽然这两个建模工具已渐渐退出主要地位，但仍然是快速创建一些相对复杂物体的好方法。

课堂学习目标

- 布尔运算建模
- 放样命令建模

5.1 骰子

5.1.1 【案例分析】

骰子，通常作为桌上游戏的小道具，最常见的骰子是六面骰，是一颗正四方体，上面分别有一到六个孔。

5.1.2 【设计理念】

骰子的制作首先是在场景中创建切角长方体和球体，复制球体，选择切角长方体，使用 ProBoolean 工具将球体布尔完成。（最终效果参看光盘中的“Cha05 > 效果 > 骰子.max”，如图 5-1 所示。）

图 5-1

中等职业教育数字艺术类规划教材

5.1.3 【操作步骤】

步骤 1 选择“（创建）>（几何体）> 扩展基本体 > 切角长方体”工具，在“顶”视图中创建切角长方体，在“参数”卷展栏中设置“长度”为 150、“宽度”为 150、“高度”为 150、“圆角”为 5，如图 5-2 所示。

步骤 2 选择“（创建）>（几何体）> 球体”工具，在“顶”视图中创建球体，如图 5-3 所示。

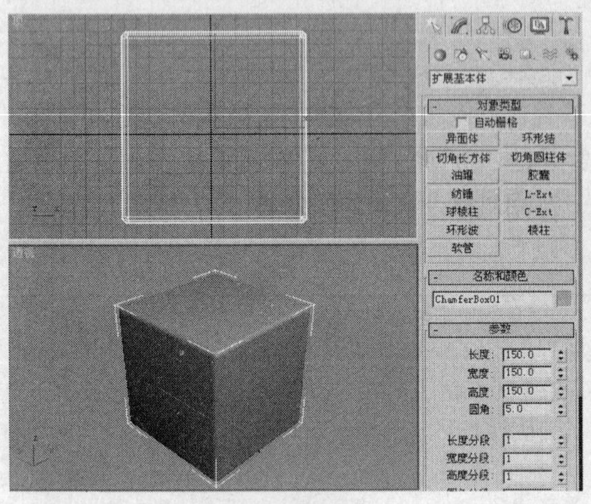

图 5-2

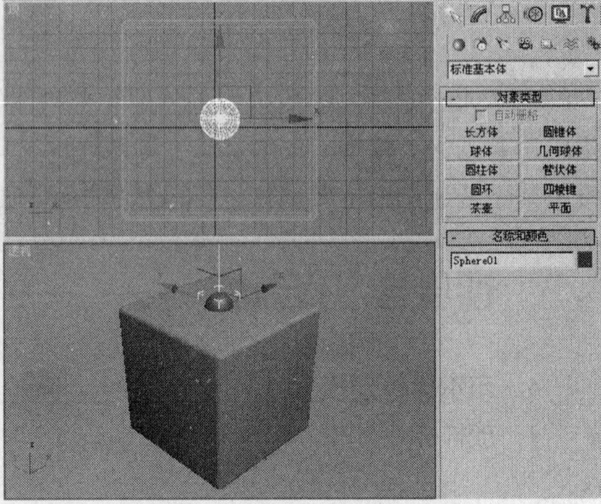

图 5-3

步骤 3 在场景中复制球体，如图 5-4 所示。

步骤 4 在场景中复制并调整球体，如图 5-5 所示。

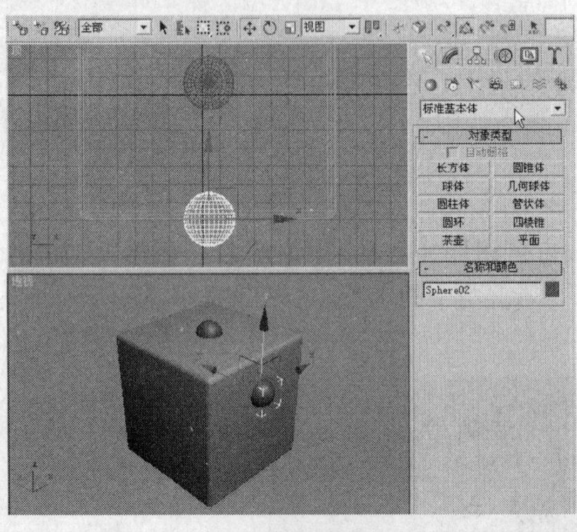

图 5-4

图 5-5

步骤 5 在场景中选择切角长方体，选择“（创建）>（几何体）> 复合对象 > ProBoolean”工具，如图 5-6 所示。

步骤 6 在“拾取布尔对象”卷展栏单击“开始拾取”按钮，按 H 键，在弹出的对话框中选择复制的球体，如图 5-7 所示。

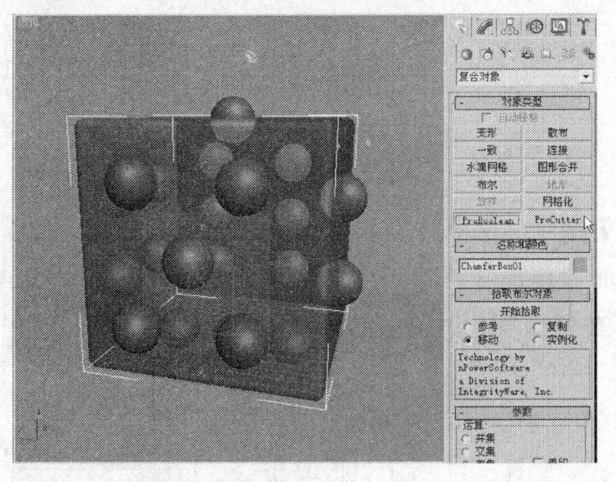

图 5-6

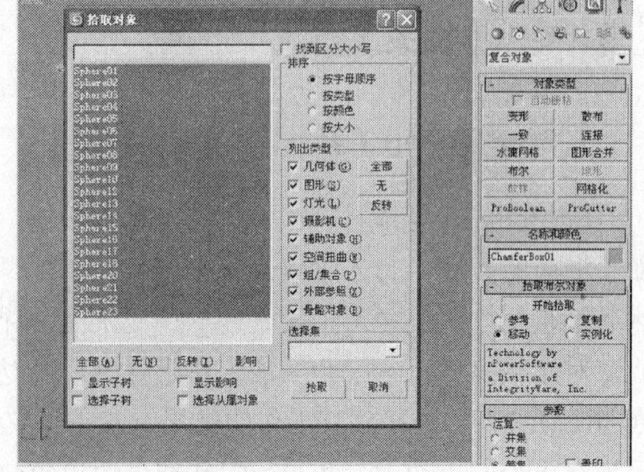

图 5-7

步骤 7 布尔后的模型效果，如图 5-8 所示。

步骤 8 为模型施加“编辑多边形”修改器，将选择集定义为“多边形”，选择如图 5-9 所示的多边形，在“多边形属性”卷展栏中设置“设置 ID”为 1。

图 5-8

图 5-9

步骤 9 在菜单栏中选择“编辑 > 反选”命令，反选多边形，设置“设置 ID”为 2，如图 5-10 所示。

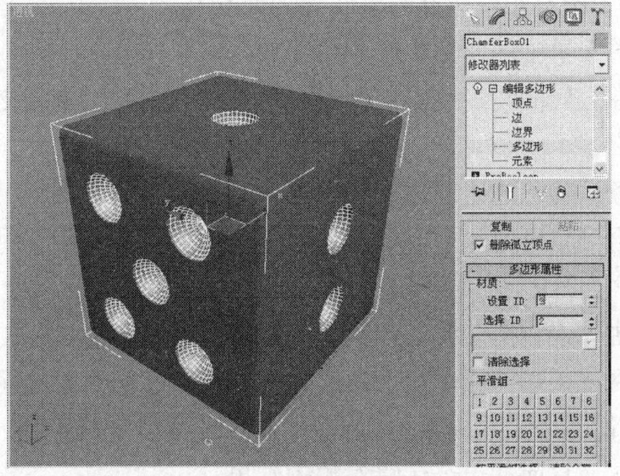

图 5-10

5.1.4 【相关工具】

1. ProBlooean 工具

图 5-11

ProBoolean 复合对象在执行布尔运算之前，采用了 3ds Max 网格，并增加了额外的智能。首先它组合了拓扑，再确定共面三角形并移除附带的边，然后不是在这些三角形上而是在 N 多边形上执行布尔运算。完成布尔运算之后，对结果执行重复三角算法，然后在共面的边隐藏的情况下，将结果发送回 3ds Max 中。这样额外工作的结果有双重意义：布尔对象的可靠性非常高，因为有更少的小边和三角形，因此结果输出更清晰，如图 5-11 所示“拾取布尔对象”卷展栏。

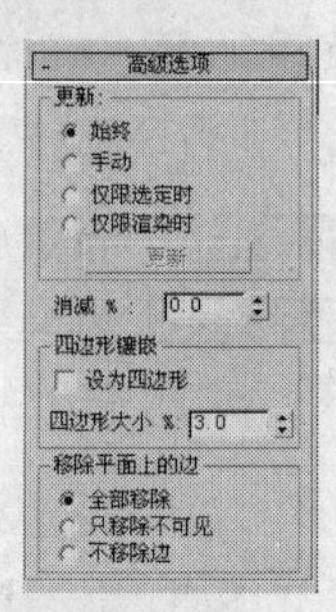

图 5-12

“开始拾取”：在场景中拾取操作对象。

“高级选项”卷展栏如图 5-12 所示。

“更新”组：这些选项确定在进行更改后，何时在布尔对象上执行更新。

“始终”：只要更改了布尔对象，就会进行更新。

“手动”：仅在单击“更新”按钮后进行更新。

“仅限选定时”：不论何时，只要选定了布尔对象，就会进行更新。

“仅限渲染时”：仅在渲染或单击“更新”按钮时，才将更新应用于布尔对象。

“更新”：对布尔对象应用更改。

“消减%”：从布尔对象中的多边形上移除边，从而减少多边形数目的边百分比。

“四边形镶嵌”：这些选项启用布尔对象的四边形镶嵌。

“设为四边形”：启用时，会将布尔对象的镶嵌从三角形改为四边形。

“四边形大小%”：确定四边形的大小作为总体布尔对象长度的百分比。

“移除平面上的边”：此选项确定如何处理平面上的多边形。

“全部移除”：移除一个面上的所有其他共面的边，这样该面本身将定义多边形。

“只移除不可见”：移除每个面上的不可见边。

“不移除边”：不移除边。

“参数”卷展栏如图 5-13 所示。

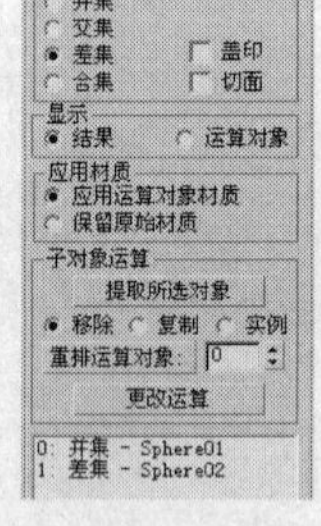

图 5-13

“运算”组：这些设置确定布尔运算对象实际如何交互。

“并集”：将两个或多个单独的实体组合到单个布尔对象中。

“交集”：从原始对象之间的物理交集中创建一个新对象；移除未相交的体积。

“差集”：从原始对象中移除选定对象的体积。

“合并”：将对象组合到单个对象中，而不移除任何几何体。在相交对象的位置创建新边。

“盖印”：将图形轮廓（或相交边）打印到原始网格对象上。

“切面”：切割原始网格图形的面，只影响这些面。选定运算对象的面未添加到布尔结果中。

“显示”组：选择下面一个显示模式。

“结果”：只显示布尔运算而非单个运算对象的结果。

“运算对象”：显示定义布尔结果的运算对象。使用该模式编辑运算对象并修改结果。

“应用材质”组：选择下面一个材质应用模式。

“应用运算对象材质”：布尔运算产生的新面获取运算对象的材质。

“保留原始材质”：布尔运算产生的新面保留原始对象的材质。

“子对象运算”组：这些函数对在层次视图列表中高亮显示的运算对象进行运算。

“提取所选对象”：对在层次视图列表中高亮显示的运算对象应用运算。

“移除”：从布尔结果中移除在层次视图列表中高亮显示的运算对象。它本质上撤销了加到布尔对象中的高亮显示的运算对象，提取的每个运算对象都再次成为顶层对象。

“复制”：提取在层次视图列表中高亮显示的一个或多个运算对象的副本。原始的运算对象仍然是布尔运算结果的一部分。

“实例”：提取在层次视图列表中高亮显示的一个或多个运算对象的一个实例。对提取的这个运算对象的后续修改也会修改原始的运算对象，因此会影响布尔对象。

“重排运算对象”：在层次视图列表中更改高亮显示的运算对象的顺序。将重排的运算对象移动到“重排运算对象”按钮旁边的文本字段中列出的位置。

“更改运算”：为高亮显示的运算对象更改运算类型。

2.“可编辑多边形”修改器

“可编辑多边形”修改器提供用于选定对象的不同子对象层级的显式编辑工具：顶点、边、边界、多边形和元素。“可编辑多边形”修改器包括基础“可编辑多边形”对象的大多数功能，但“顶点属性”、“细分曲面”、“细分置换”卷展栏除外。

“可编辑多边形”是在“修改器列表”中为对象指定的修改器；“可编辑多边形”是在对象上右击鼠标，在弹出的快捷菜单中选择“转换为>转换为可编辑多边形”命令，将模型转换为“可编辑多边形”的，如图 5-14 所示。

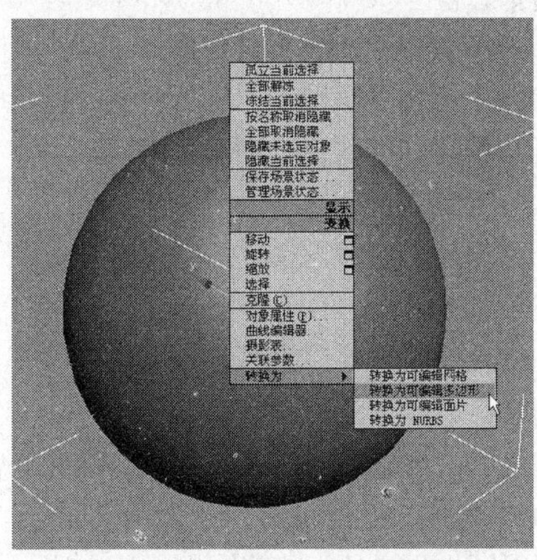

图 5-14

◎“编辑顶点”卷展栏

“可编辑多边形”是建模中最为常用的修改器，所以这里单独介绍常用的卷展栏中的命令的应用；将当前选择集定义为“顶点”时，会出现如图 5-15 所示“编辑顶点”卷展栏。

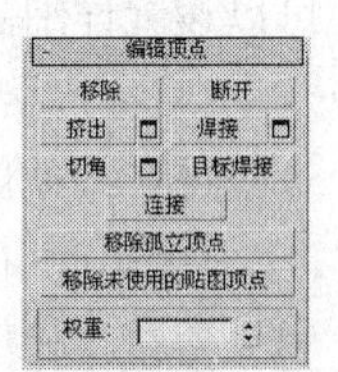

图 5-15

“移除”：删除选中的顶点，并接合起使用它们的多边形，快捷键为 Backspace。

“断开”：在与选定顶点相连的每个多边形上，都创建一个新顶点，这可以使多边形的转角相互分开，使它们不再相连于原来的顶点上。如果顶点是孤立的，或者只有一个多边形使用，则顶点将不受影响。

“挤出”：可以手动挤出顶点，方法是在视口中直接操作。单击此按钮，然后垂直拖动到任何顶点上，就可以挤出此顶点。单击□（设置）按钮，在弹出的对话框中可以精确设置挤出参数。

“焊接”：对“焊接顶点”对话框中指定值，对选中的顶点进行合并。单击□（设置）按钮，在弹出的“焊接顶点”对话框中设置焊接值。

“切角”：单击此按钮，然后在活动对象中拖动顶点，如图 5-16 所示。在视图中选择需要设置切角的顶点，单击□（设置）按钮，在弹出的对话框中可以设置详细的参数。

图 5-16

“目标焊接”：可以选择一个顶点，并将它焊接到相邻目标顶点。

“连接”：在选中的顶点对之间创建新的边。

“移除孤立顶点”：将不属于任何多边形的所有顶点删除。

“移除未使用的贴图顶点”按钮：某些建模操作会留下未使用的（孤立）贴图顶点，它们会显示在展开 UVW 编辑器中，但是不能用于贴图。

“权重”参数：设置选定顶点的权重。供 NURMS 细分选项和“网格平滑”修改器使用。

◎“编辑边”卷展栏

将当前选择集定义为“边”，则会出现“编辑边”卷展栏，如图 5-17 所示。

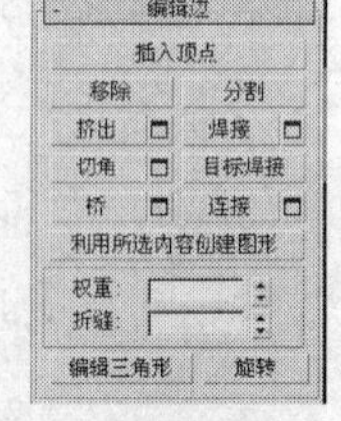

图 5-17

“插入顶点”：用于手动细分可视的边。

“移除”：删除选定边，并组合使用这些边的多边形。

“分割”：沿着选定边分割网格。

“挤出”：直接在视口中操纵时，可以手动挤出边。单击□（设置）按钮，在弹出的对话框中设置详细的参数。

“焊接”：组合“焊接边”对话框指定的阈值范围内的选定边。

“切角”：单击该按钮，然后拖动活动对象中的边。单击□（设置）按钮，在弹出的对话框中可以设置详细的参数。

“目标焊接”：用于选择边并将其焊接到目标边。

“桥”：使用多边形的“桥”连接对象的边。

“连接”：使用当前的“连接边”对话框中的设置，在每对选定边之间创建新边。单击□（设置）按钮，弹出“连接边”对话框。

“利用所选内容创建图形”：选择一个或多个边后，请单击该按钮，以便通过选定的边创建样条线形状。

“权重”参数：设置选定边界的权重，它可以供“NURMS 细分”选项使用。

“折缝”参数：指定对选定边或边执行的折缝操作量，供 NURMS 细分选项和“网格平滑”修改器使用。

“编辑三角剖分”：用于修改绘制内边或对角线时多边形细分为三角形的方式。

“旋转”：用于通过单击对角线修改多边形细分为三角形的方式。

◎“编辑边界”卷展栏

将当前选择集定义为“边界”，会出现“编辑边界”卷展栏，如图 5-18 所示。

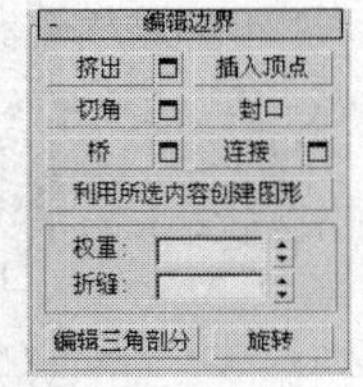

图 5-18

“挤出”：通过直接在视口中操纵，对边界进行手动挤出处理。单击此按钮，然后垂直拖动任何边界，以便将其挤出。单击□（设置）按钮，在弹出的对话框中设置详细的参数。

“插入顶点”：用于手动细分边界边。

“切角”：单击该按钮，然后拖动活动对象中的边界，不需要先选中该边界。单击□（设置）按钮，在弹出的对话框中设置详细的参数。

“封口”：使用单个多边形封住整个边界环。

“桥”：使用多边形的“桥”连接对象的两个边界。单击□（设置）按钮，在弹出的对话框中可以设置详细的参数。

“连接”：在选定边界边对之间创建新边。这些边可以通过其中点相连。

“利用所选内容创建图形”：选择一个或多个边界后，请单击该按钮，以便通过选定的边创建样条线形状。

“权重”：设置选定边界的权重，它可以供“NURMS 细分”选项使用。

“折缝”：指定对选定边界或边界执行的折缝操作量，它可以供“NURMS 细分”选项使用。

◎“编辑多边形”卷展栏

将当前选择集定义为“多边形”时，“编辑多边形”卷展栏就会显示出来，如图 5-19 所示。

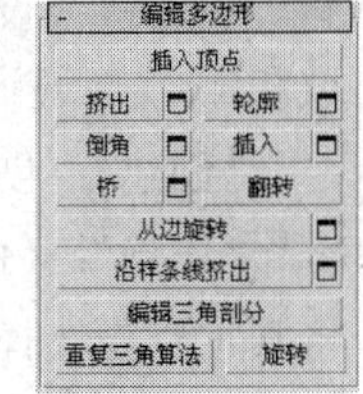

图 5-19

“插入顶点”：用于手动细分多边形。即使处于元素子对象层级，同样适用于多边形。

“挤出”：直接在视口中操纵时，可以执行手动挤出操作。单击此按钮，然后垂直拖动任何多边形，以便将其挤出。单击□（设置）按钮，在弹出的对话框中可以设置详细的参数。

“轮廓”：用于增加或减小每组连续的选定多边形的外边，设置的内收的轮廓。单击□（设置）按钮，在弹出的对话框中可以设置详细的参数。

“倒角”：通过直接在视口中操纵执行手动倒角操作。单击□（设置）按钮，在弹出的对话框中可以设置详细的参数。

“插入”：执行没有高度的倒角操作，即在选定多边形的平面内执行该操作。单击此按钮，然后垂直拖动任何多边形，以便将其插入。单击□（设置）按钮，在弹出的对话框中可以设置详细的参数。

“桥”：使用多边形的“桥”连接对象上的两个多边形或选定多边形。单击□（设置）按钮，在弹出的对话框中可以设置详细的参数。

“翻转”：反转选定多边形的法线方向，从而使其面向自己。

“从边旋转”：通过在视口中直接操纵，执行手动旋转操作。选择多边形，并单击该按钮，然后沿着垂直方向拖动任何边，以便旋转选定多边形。如图 5-20 所示。

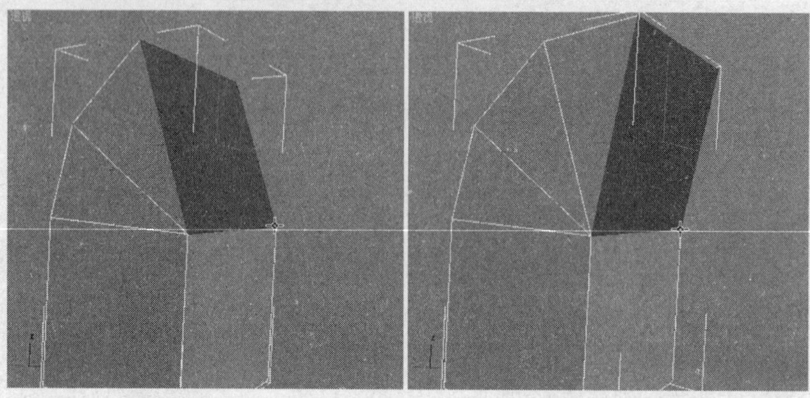

图 5-20

◎“编辑元素”卷展栏

将当前选择集定义为“元素”时，“编辑元素”卷展栏就会显示出来，如图 5-21 所示，该卷展栏中的命令与上面其他层级卷展栏的命令相同，参见上面介绍的即可。

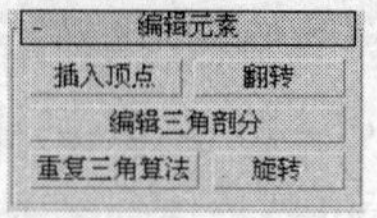

图 5-21

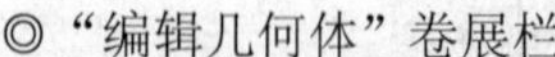

◎“编辑几何体”卷展栏

“编辑几何体”卷展栏提供了用于更改多边形网格几何体的全局控制，如图 5-22 所示。

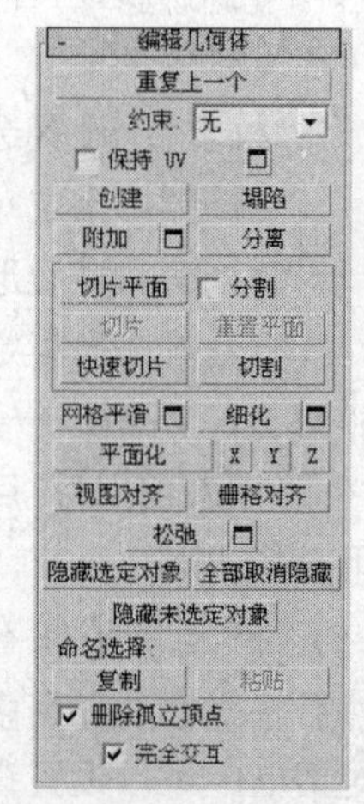

图 5-22

“重复上一个”：重复最近使用的命令。

“约束”：可以使用现有的几何体约束子对象的变换。

“保持 UV”：启用此选项后，可以编辑子对象，而不影响对象的 UV 贴图。单击 （设置）按钮，使用该对话框，可以指定要保持的顶点颜色通道和/或纹理通道（贴图通道）。

“创建”：创建新的几何体。此按钮的使用方式取决于活动的级别。

“塌陷”：（仅限于“顶点”、“边”、“边界”和“多边形”层级。）通过将其顶点与选择中心的顶点焊接，使连续选定子对象的组产生塌陷。

“附加”：用于将场景中的其他对象附加到选定的可编辑多边形中。单击 （附加列表）按钮，在弹出的对话框中列出场景中能附加到该对象中的模型。

“切片平面”：(仅限子对象层级）为切片平面创建 Gizmo，可以定位和旋转它，来指定切片位置。

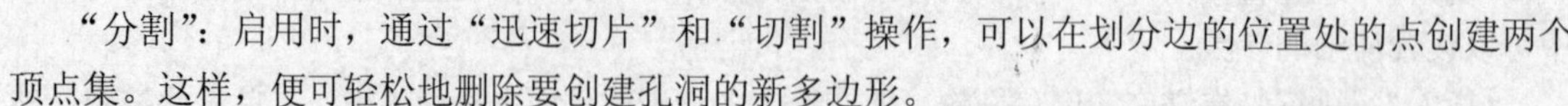

“分割”：启用时，通过“迅速切片”和“切割”操作，可以在划分边的位置处的点创建两个顶点集。这样，便可轻松地删除要创建孔洞的新多边形。

“切片”：（仅限子对象层级。）在切片平面位置处执行切片操作。只有启用“切片平面”时，才能使用该选项。

“重置平面”：（仅限子对象层级。）将“切片”平面恢复到其默认位置和方向。只有启用“切

片平面”时，才能使用该选项。

“快速切片”：可以将对象快速切片，而不操纵 Gizmo。进行选择，并单击“快速切片”按钮，然后在切片的起点处单击一次，再在其终点处单击一次。激活命令时，可以继续对选定内容执行切片操作。

“切割”：用于创建一个多边形到另一个多边形的边，或在多边形内创建边。单击起点，并移动鼠标光标，然后再单击，再移动和单击，以便创建新的连接边。用鼠标右键单击一次退出当前切割操作，然后可以开始新的切割，再次用鼠标右键单击，退出“切割”模式。

“网格平滑”：使用当前设置平滑对象。它与“网格平滑”修改器中的“NURMS 细分”类似，但是与“NURMS 细分”不同的是，它立即将平滑应用到控制网格的选定区域上。

“细化”：根据细化设置细分对象中的所有多边形。

“平面化”：强制所有选定的子对象成为共面。

“X、Y、Z”：平面化选定的所有子对象，并使该平面与对象的局部坐标系中的相应平面对齐。

“视图对齐”：使对象中的所有顶点与活动视口所在的平面对齐。

“松弛”：使用“松弛”对话框设置，可以将“松弛”功能应用于当前的选定内容。“松弛”可以规格化网格空间，方法是朝着邻近对象的平均位置移动每个顶点。其工作方式与“松弛”修改器相同。

“隐藏选定对象”：（仅限于顶点、多边形和元素级别。）隐藏任意所选子对象。

“全部取消隐藏”：（仅限于顶点、多边形和元素层级。）还原任何隐藏子对象使之可见。

“隐藏未选定对象”：（仅限于顶点、多边形和元素级别。）隐藏未选定的任意子对象。

“复制”：打开一个对话框，使用该对话框，可以指定要放置在复制缓冲区中的命名选择集。

“粘贴”：从复制缓冲区中粘贴命名选择。

“删除孤立顶点”：（仅限于边、边框、多边形和元素层级。）启用时，在删除连续子对象的选择时删除孤立的顶点。禁用时，删除子对象会保留所有顶点。默认设置为启用。

“完全交互”：切换“快速切片”和“切割”工具的反馈层级，以及所有的设置对话框。

◎“选择”卷展栏

“选择”卷展栏如图 5-23 所示。

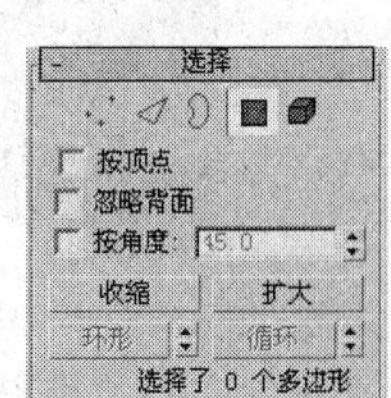

图 5-23

（顶点）：访问“顶点”子对象层级，从中可选择光标下的顶点；区域选择会选择该区域中的顶点。

（边）：访问“边”子对象层级，从中可选择光标下的多边形边；区域选择会选择该区域中的多条边。

（边界）：访问“边框”子对象层级，从中可选择组成网格孔洞的边框的一系列边。边框总是由仅在一侧带有面的边组成，并总是为完整循环。例如，长方体一般没有边界，但茶壶对象有多个边框：在壶盖上、壶身上、壶嘴上以及在壶柄上的两个。如果创建一个圆柱体，然后删除一端，这一端的一行边将组成圆形边界。

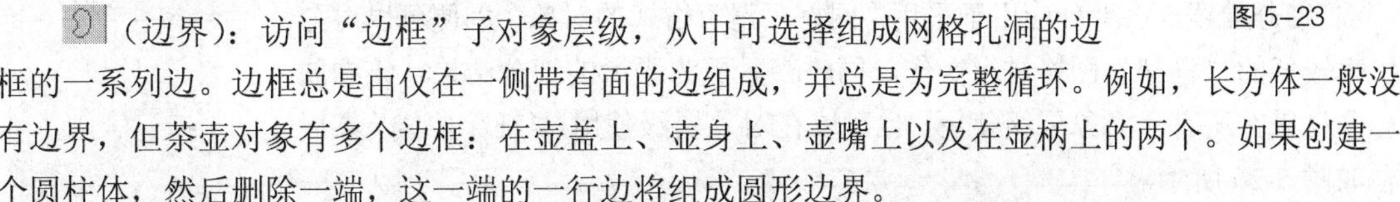

（多边形）：访问“多边形”子对象层级，从中选择光标下的多边形。区域选择选中区域中的多个多边形。

（元素）：启用“元素”子对象层级，从中选择对象中的所有连续多边形。区域选择用于选择多个元素。

“按顶点”：启用时，只有通过选择所用的顶点，才能选择子对象。单击顶点时，将选择使用该选定顶点的所有子对象。

"忽略背面"：启用后，选择子对象将只影响朝向你的那些对象。

"按角度"：启用并选择某个多边形时，该软件也可以根据复选框右侧的角度，设置选择邻近的多边形。该值可以确定要选择的邻近多边形之间的最大角度。仅在"多边形"子对象层级可用。

"收缩"：通过取消选择最外部的子对象缩小子对象的选择区域。如果不再减少选择大小，则可以取消选择其余的子对象。

"扩大"：朝所有可用方向外侧扩展选择区域。

"环形"：通过选择所有平行于选中边的边来扩展边选择。圆环只应用于边和边界选择，如图 5-24 所示。

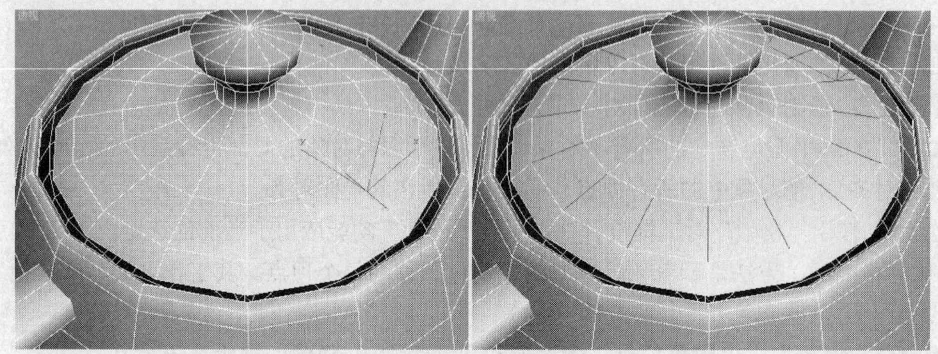

图 5-24

"循环"：在与选中边相对齐的同时，尽可能远地扩展选择，如图 5-25 所示。

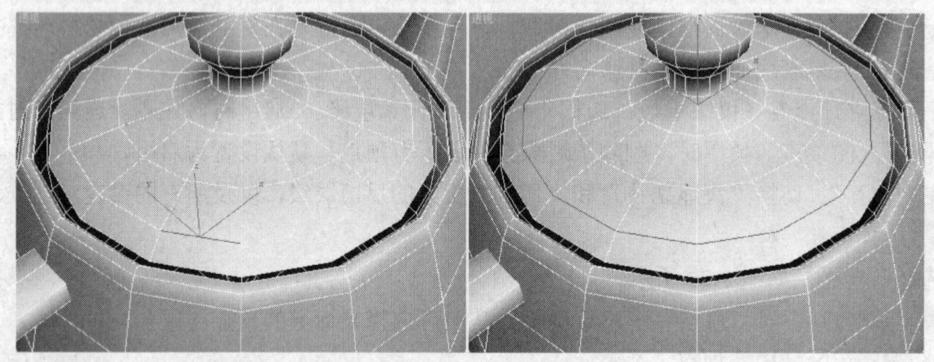

图 5-25

◎"细分曲线"卷展栏

"细分曲线"将细分应用于采用"网格平滑"格式的对象，以便可以对分辨率较低的"框架"网格进行操作，同时查看更为平滑的细分结果。该卷展栏既可以在所有子对象层级使用，也可以在对象层级使用。"细分曲线"卷展栏如图 5-26 所示。

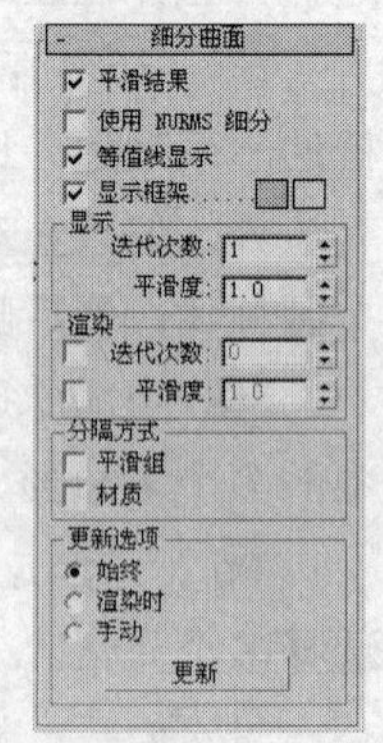

图 5-26

"平滑结果"：对所有的多边形应用相同的平滑组。

"使用 NURMS 细分"：通过 NURMS 方法应用平滑。

"等值线显示"：启用时，该软件只显示等值线，如图 5-27 所示左图为勾选"等值线显示"复选项，右图为取消选中"等值线显示"复选项。

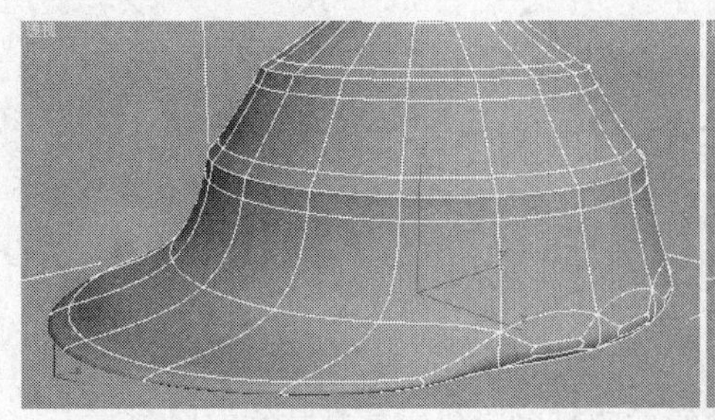
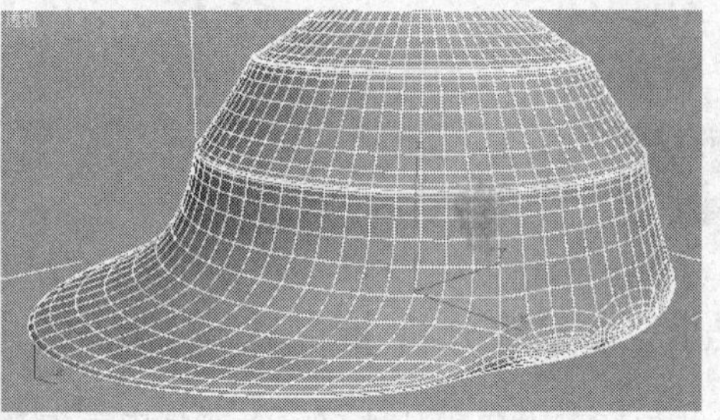

图 5-27

“显示框架”：在修改或细分之前，切换显示可编辑多边形对象的两种颜色线框的显示，框架颜色显示为复选框右侧的色样。第一种颜色表示未选定的子对象，第二种颜色表示选定的子对象。通过单击其色样更改颜色。

“迭代次数”：设置平滑多边形对象时所用的迭代次数。每个迭代次数都会使用上一个迭代次数生成的顶点生成所有多边形。

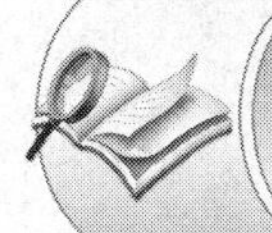

提 示 “迭代次数”越高，物体表面越光滑，对计算机而言，就要花费很长的时间来进行计算。如果计算机计算时间太长，可以按 ESC 键停止计算。

“平滑度”：确定添加多边形使其平滑前转角的尖锐程度。

“迭代次数”：用于选择不同的平滑迭代次数，以便在渲染时应用于对象。启用“迭代次数”，然后使用其右侧的微调器设置迭代次数。

“平滑度”：用于选择不同的“平滑度”值，以便在渲染时应用于对象。启用“平滑度”，然后使用其右侧的微调器设置平滑度的值。

设置手动或渲染时更新选项，适用于平滑对象的复杂度过高而不能应用自动更新的情况。

“始终”：更改任意“平滑网格”设置时自动更新对象。

“渲染时”：只在渲染时更新对象的视口显示。

“手动”：启用“手动更新”。启用“手动更新”时，改变的任意设置直到单击“更新”按钮时才起作用。

“更新”：更新视口中的对象，使其与当前的“网格平滑”设置，仅在选择“渲染”或“手动”单选项时才起作用。

5.1.5 【实战演练】时尚凳

创建球体、圆柱体，调整模型作为布尔对象，创建切角长方体作为坐垫。（最终效果参看光盘中的“Cha05 > 效果 > 时尚凳.max”，如图 5-28 所示。）

图 5-28

5.2 盆栽

5.2.1 【案例分析】

盆栽起源于古代园林造景，主要是用来观赏的，还可以净化空气和装饰家居。

5.2.2 【设计理念】

创建星形图形，为图形设置“轮廓”作为放样的图形，并创建线作为放样路径，创建放样模型后，为模型设置“缩放”变形，并使用“可编辑多边形”缩放顶点。（最终效果参看光盘中的“Cha05 > 效果 > 盆栽.max”，如图 5-29 所示。）

图 5-29

5.2.3 【操作步骤】

步骤 1 选择“（创建）> （图形）>星形”工具，在“顶”视图中创建星形，在“参数”卷展栏中设置“半径 1”为 160、“半径 2”为 120、“点”为 6、“圆角半径 1”为 50、“圆角半径 2”为 20，如图 5-30 所示。

步骤 2 切换到到（修改命令面板），在修改器列表中选择“编辑样条线”修改器，将选择集定义为“样条线”，在“几何体”卷展栏中单击“轮廓”按钮，在场景中移动样条线，设置出轮廓效果，作为放样图形，如图 5-31 所示。

步骤 3 选择“（创建）> （图形）> 线”工具，在“前”视图中创建样条线作为放样路径，如图 5-32 所示。

步骤 4 在场景中选择放样路径，选择“（创建）> （几何体）> 复合对象 > 放样”工具，在“创建方法”卷展栏中单击“获取图形”按钮，在场景中拾取图形，如图 5-33 所示。

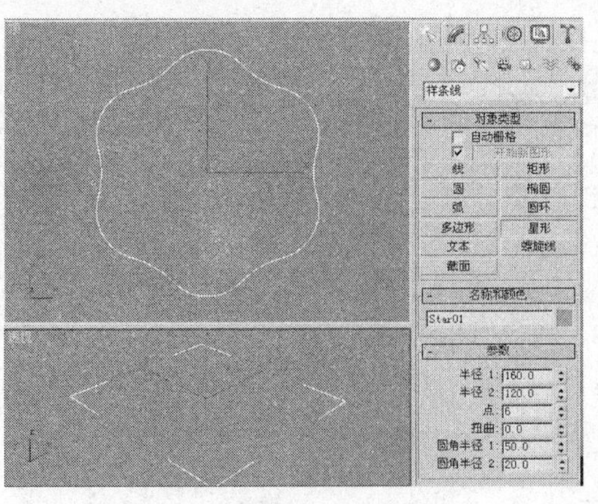

图 5-30

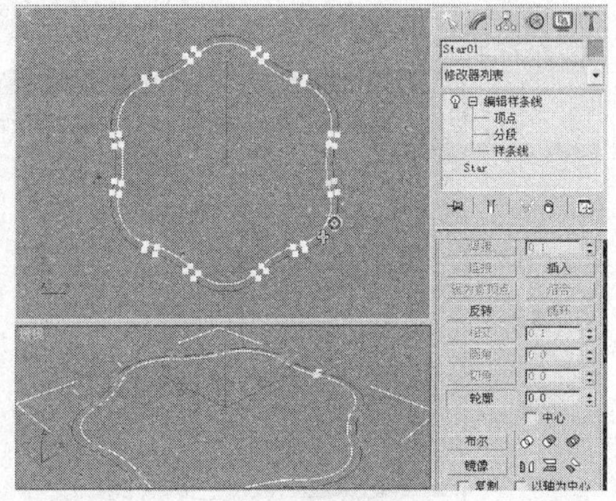

图 5-31

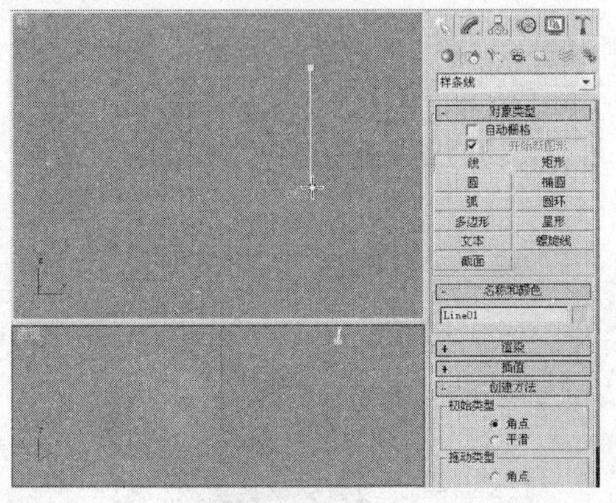

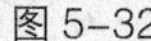

图 5-32

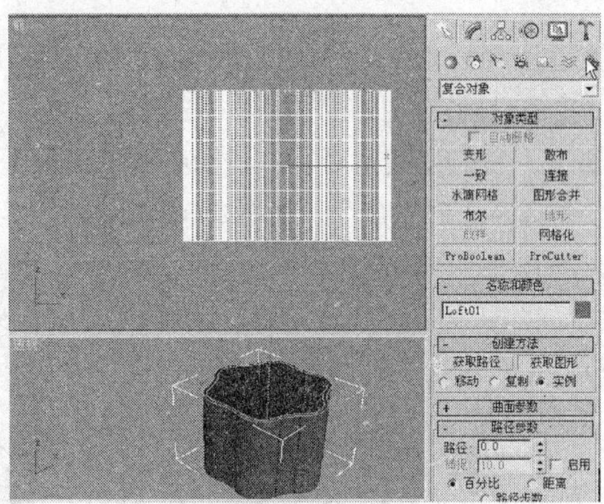

图 5-33

步骤 5 在“透视”图中观察模型，法线出现问题后，在场景中选择星形，修改星形的参数“半径 1”为 160、“半径 2”为 120、“点”为 6、“圆角半径”为 30、“圆角半径 2”为 10，如图 5-34 所示。

步骤 6 切换到（修改命令面板），在修改器列表中选择“编辑样条线”修改器，将选择集定义为“样条线”修改器，在“几何体”卷展栏中单击“轮廓”按钮，重新修改图形，如图 5-35 所示。

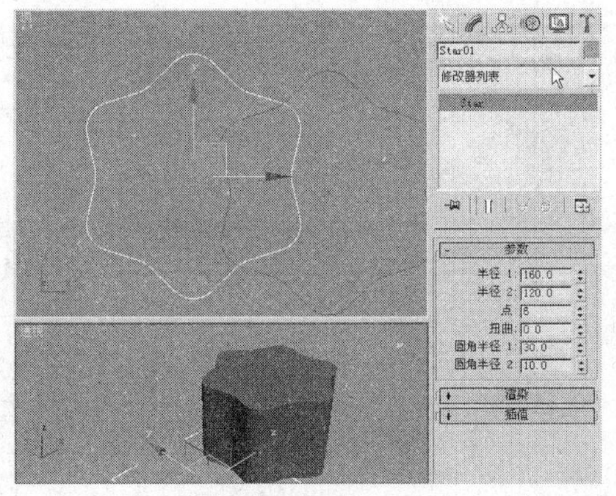

图 5-34

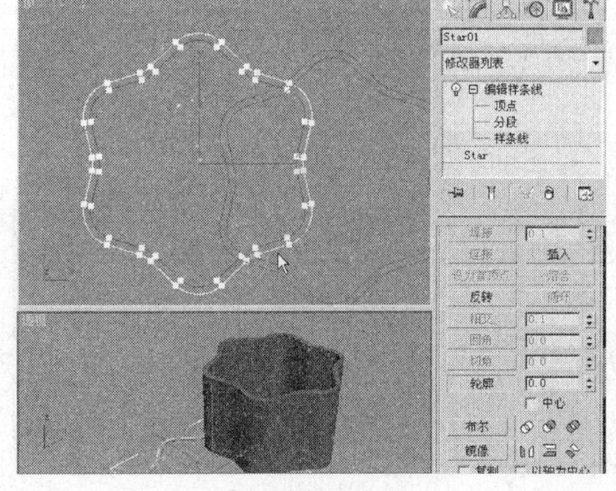

图 5-35

步骤 7 在“变形”卷展栏中单击“缩放”按钮，在弹出的对话框中单击（插入角点）按钮插入点，使用（移动控制点）按钮，调整控制点，如图 5-36 所示。

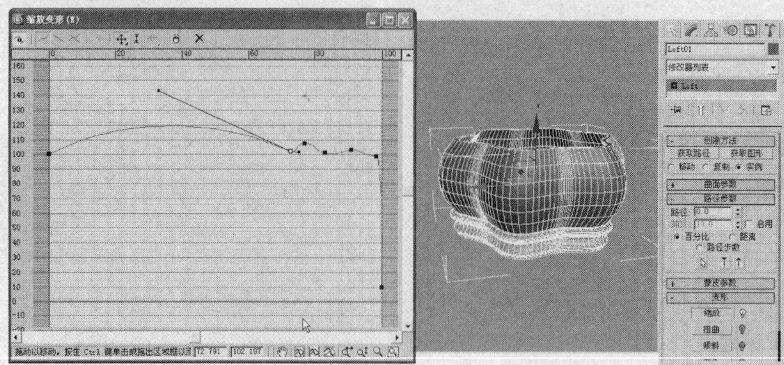

图 5-36

步骤 8 在场景中选择放样模型，按【Ctrl+V】快捷键，在弹出的对话框中选中“复制”单选项，单击“确定”按钮，如图 5-37 所示。

步骤 9 复制出模型后，用鼠标右键单击模型，在弹出的快捷菜单中选择“转换为 > 转换为可编辑多边形”命令，如图 5-38 所示。

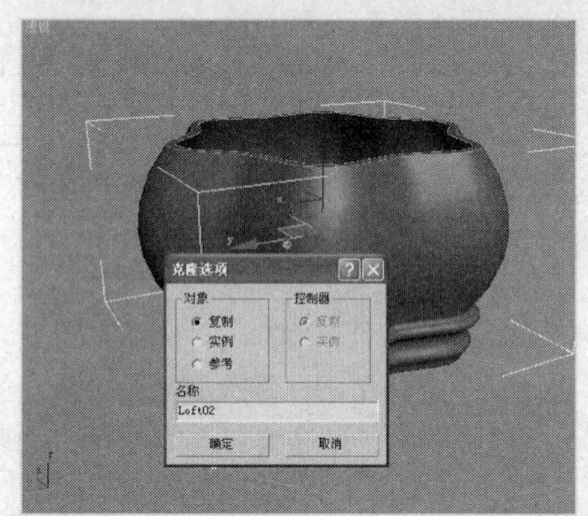

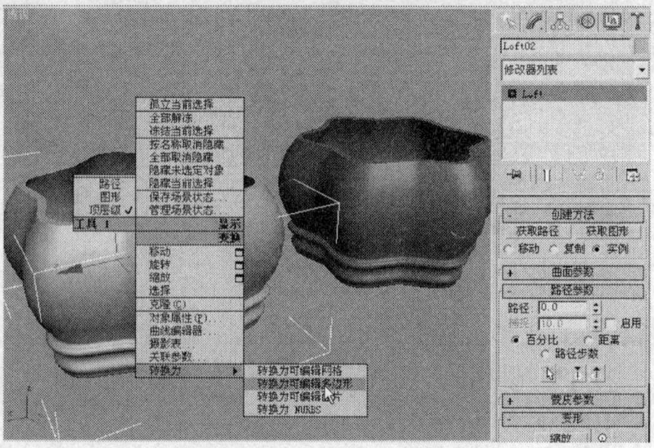

图 5-37

图 5-38

步骤 10 在场景中修改放样图形，将选择集定义为“样条线”，将外侧的图形删除，如图 5-39 所示。

步骤 11 将模型转换为“可编辑多边形”，如图 5-40 所示。

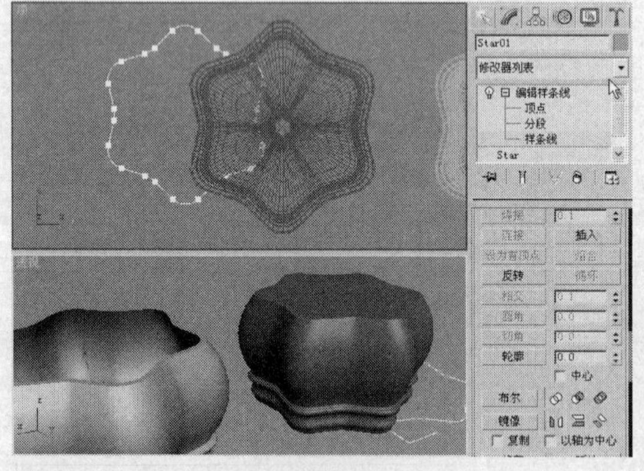

图 5-39

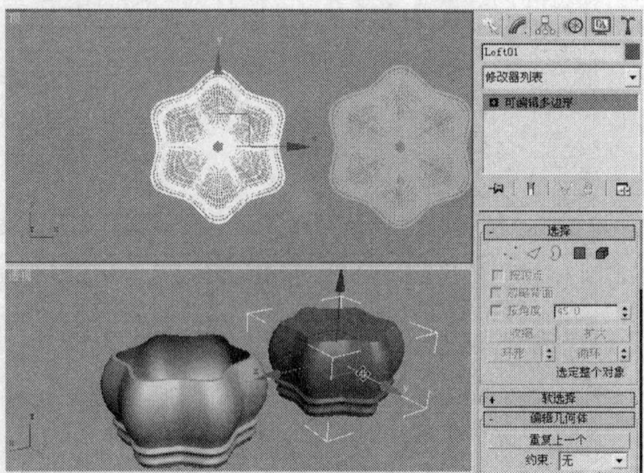

图 5-40

步骤 12 调整模型的位置，如图 5-41 所示。

步骤 13 在场景中选择调整后的模型，将选择集定义为"顶点"，在场景中缩放顶点，如图 5-42 所示。

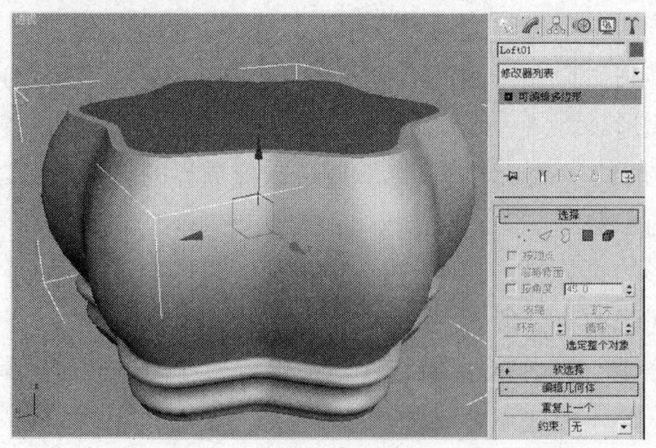

图 5-41

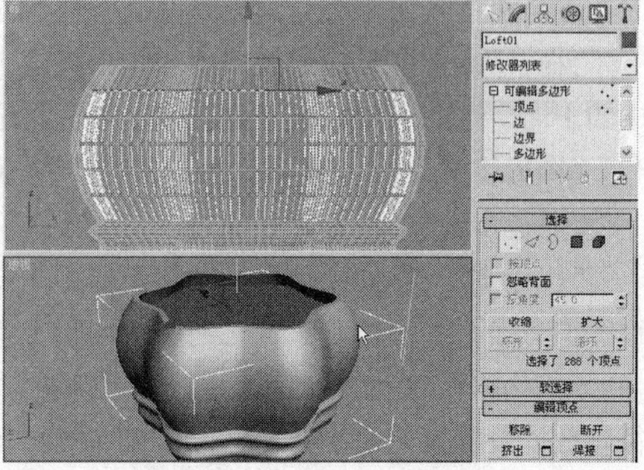

图 5-42

步骤 14 创建可渲染的样条线作为植株，如图 5-43 所示。

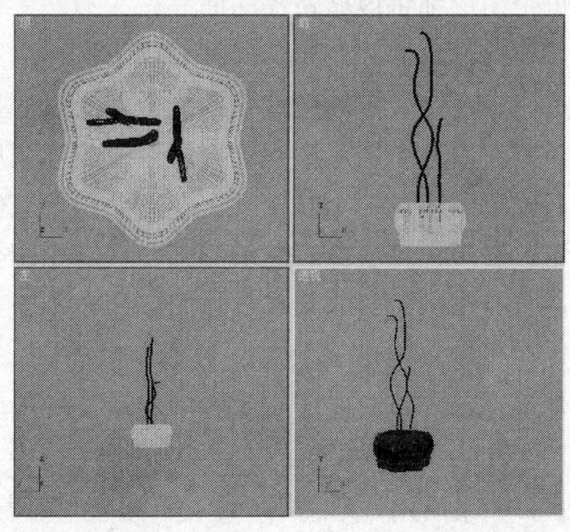

图 5-43

5.2.4 【相关工具】

"放样"工具

3d 放样对象是沿着第三个轴挤出的二维图形。从两个或多个现有样条线对象中创建放样对象，这些样条线之一会作为路径，其余的样条线会作为放样对象的横截面或图形。

如图 5-44 所示为放样的"创建方法"卷展栏。

图 5-44

"获取路径"：将路径指定给选定图形或更改当前指定的路径。

"获取图形"：将图形指定给选定路径或更改当前指定的图形。

如图 5-45 所示为"表皮参数"卷展栏。

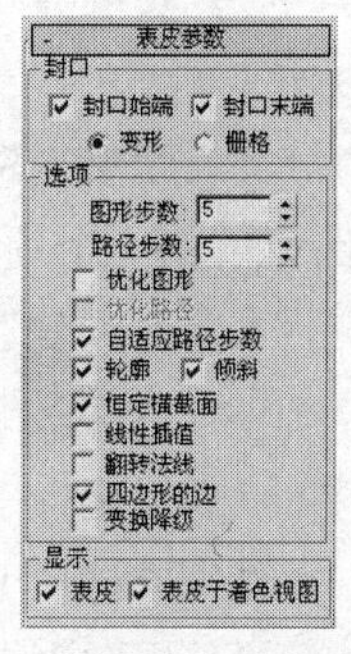

图 5-45

"封口始端"：如果启用，则路径第一个顶点处的放样端被封口。如果禁用，则放样端为打开或不封口状态。默认设置为启用。

"封口末端"：如果启用，则路径最后一个顶点处的放样端被封口。如果

禁用，则放样端为打开或不封口状态。

“变形”：按照创建变形目标所需的可预见且可重复的模式排列封口面。变形封口能产生细长的面，与那些采用栅格封口创建的面一样，这些面也不进行渲染或变形。

“栅格”：在图形边界处修剪的矩形栅格中排列封口面。此方法将产生一个由大小均等的面构成的表面，这些面可以被其他修改器很容易地变形。

“图形步数”：设置横截面图形的每个顶点之间的步数。该值会影响围绕放样周界的边的数目。

“路径步数”：设置路径的每个主分段之间的步数。

“优化图形”：如果启用，则对于横截面图形的直分段，忽略 Shape Steps（图形步数）。如果路径上有多个图形，则只优化在所有图形上都匹配的直分段。

“优化路径”：如果启用，则对于路径的直分段，忽略 Path Steps（路径步数）。Path Steps（路径步数）设置仅适用于弯曲截面，仅在“路径步数”模式下才可用。

“自适应路径步数”：如果启用，则分析放样，并调整路径分段的数目，以生成最佳蒙皮。主分段将沿路径出现在路径顶点、图形位置和变形曲线顶点处。

“轮廓”：如果启用，则每个图形都将遵循路径的曲率。

“倾斜”：如果启用，则只要路径弯曲并改变其局部 Z 轴的高度，图形便围绕路径旋转。

“恒定横截面”：如果启用，则在路径中的角处缩放横截面，以保持路径宽度一致。

“线性插值”：如果启用，则使用每个图形之间的直边生成放样蒙皮。

“翻转法线”：如果启用，则将法线翻转 180 度。可使用此选项来修正内部外翻的对象。

“四边形的边”：如果启用该选项，且放样对象的两部分具有相同数目的边，则将两部分缝合到一起的面将显示为四方形。具有不同边数的两部分之间的边将不受影响，仍与三角形连接。

“变换降级”：使放样蒙皮在子对象图形/路径变换过程中消失。

“蒙皮”：如果启用，则使用任意着色层在所有视图中显示放样的蒙皮，并忽略“明暗处理视图中的蒙皮”设置。

“明暗处理视图中的蒙皮”：如果启用，则忽略“蒙皮”设置，在着色视图中显示放样的蒙皮。

“曲面参数”卷展栏如图 5-46 所示。

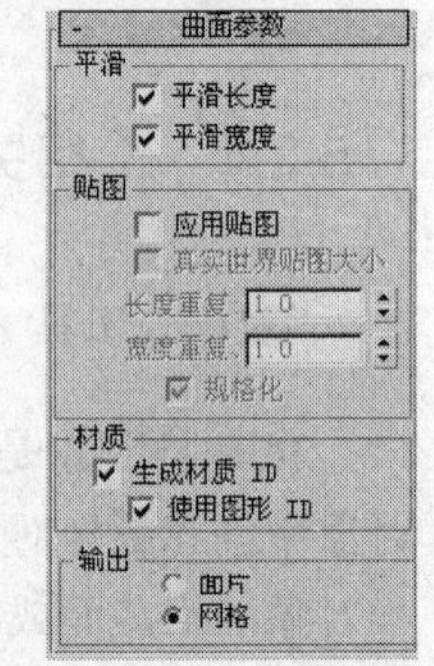

图 5-46

“平滑长度”：沿着路径的长度提供平滑曲面。当路径曲线或路径上的图形更改大小时，这类平滑非常有用。

“平滑宽度”：围绕横截面图形的周界提供平滑曲面。当图形更改顶点数或更改外形时，这类平滑非常有用。

“应用贴图”：启用和禁用放样贴图坐标。必须启用 Apply Mapping（应用贴图）才能访问其余的项目。

“真实世界贴图大小”：控制应用于该对象的纹理贴图材质所使用的缩放方法。

“长度重复”：设置沿着路径的长度重复贴图的次数。贴图的底部放置在路径的第一个顶点处。

“宽度重复”：设置围绕横截面图形的周界重复贴图的次数。贴图的左边缘将与每个图形的第一个顶点对齐。

“规格化”：决定沿着路径长度和图形宽度路径顶点间距如何影响贴图。

“生成材质 ID”：在放样期间生成材质 ID。

“使用图形 ID”：提供使用样条线材质 ID 来定义材质 ID 的选项。

“面片”：放样过程可生成面片对象。

“网格”：放样过程可生成网格对象。

“变形”对话框中的选项功能介绍如下。

变形曲线首先作为使用常量值的直线。要生成更精细的曲线，可以插入控制点，并更改它们的属性。使用变形对话框工具栏中间的按钮，可以插入和更改变形曲线控制点。

（均衡）：均衡是一个动作按钮，也是一种曲线编辑模式，可以用于对轴和形状应用相同的变形。

（显示 X 轴）：仅显示红色的 X 轴变形曲线。

（显示 Y 轴）：仅显示绿色的 Y 轴变形曲线。

（显示 XY 轴）：同时显示 X 轴和 Y 轴变形曲线，各条曲线使用各自的颜色。

（变换变形曲线）：在 X 轴和 Y 轴之间复制曲线。此按钮在启用 Make Symmetrical（均衡）时是禁用的。

（移动控制点）：更改变形的量（垂直移动）和变形的位置（水平移动）。

（缩放控制顶点）：更改变形的量，而不更改位置。

（插入角点）：单击变形曲线上的任意处，可以在该位置插入角点控制点。

（删除控制点）：删除所选的控制点，也可以通过按 Delete 键来删除所选的点。

（重置曲线）：删除所有控制点（但两端的控制点除外），并恢复曲线的默认值。

数值字段：仅当选择了一个控制点时，才能访问这两个字段。第一个字段提供了点的水平位置，第二个字段提供了点的垂直位置（或值）。可以使用键盘编辑这些字段。

P（平移）：在视图中拖动，向任意方向移动。

（最大化显示）：更改视图放大值，使整个变形曲线可见。

（水平方向最大化显示）：更改沿路径长度进行的视图放大值，使得整个路径区域在对话框中可见。

（垂直方向最大化显示）：更改沿变形值进行的视图放大值，使得整个变形区域在对话框中显示。

（水平缩放）：更改沿路径长度进行的放大值。

（垂直缩放）：更改沿变形值进行的放大值。

（缩放）：更改沿路径长度和变形值进行的放大值，保持曲线纵横比。

（缩放区域）：在变形栅格中拖动区域，区域会相应放大，以填充变形对话框。

5.2.5 【实战演练】牵牛花

创建星形作为放样图形，创建线作为放样路径，创建出放样模型，使用“缩放”变形调整模型的形状，创建可渲染的样条线和螺旋线作为茎。（最终效果参看光盘中的“Cha05 > 效果 > 牵牛花.max”，如图 5-47 所示。）

图 5-47

5.3 综合演练——坝的制作

本例介绍坝的制作，首先创建图形，为图形施加“车削”，做出坝的原始模型，创建圆柱体作为布尔对象，制作坝上面的孔。（最终效果参看“Cha05 > 效果 > 坝.max”，如图 5-48 所示。）

图 5-48

5.4 综合演练——钻头的制作

本例介绍创建矩形作为放样图形，创建样条线作为放样路径，创建放样模型，并调整模型的“扭曲”变形，创建切角长方体作为钻头把。（最终效果参看光盘中的“Cha05 > 效果 > 钻头.max”，如图 5-49 所示。）

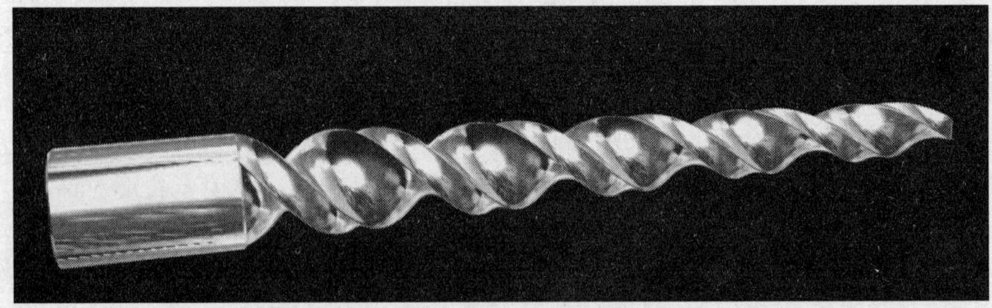

图 5-49

第6章 材质与贴图

材质是三维世界的一个重要概念，是对现实世界中各种材料视觉效果的模拟。本章将主要讲解材质编辑器和材质参数设置。读者通过本章的学习，可以掌握材质编辑器的使用方法，了解材质制作的流程，充分认识材质与贴图的联系及其重要性。

课堂学习目标

- 材质编辑器
- 材质的参数设置
- 常用材质简介
- 常用贴图

6.1 白色瓷器质感

6.1.1 【案例分析】

瓷器是日常生活中最为常见的一种材质，瓷器的形成主要是通过窑内高温烧纸。

6.1.2 【设计理念】

本例介绍白色瓷器材质的制作方法，首先，设置“环境光”和“漫反射”的颜色，然后为“反射”设置“光线跟踪”的贴图。（最终效果参看光盘中的“Cha06 > 效果 > 白色瓷器质感.max”，如图 6-1 所示。）

图 6–1

6.1.3 【操作步骤】

步骤 1 首先打开场景文件（光盘中的“Cha06 > 效果 >白色瓷器质感 o.max”），如图 6-2 所示。

步骤 2 在场景中选择花盆，在工具栏中单击（材质编辑器）按钮，打开材质编辑器，从中选择一个新的材质样本球，如图 6-3 所示。在“Blinn 基本参数”卷展栏中设置“环境光”和“漫反射”的 RGB 值为（255，255，255）；在“反射高光”组中设置“高光级别”和“光泽度”分别为 100 和 40；在“自发光”组中设置参数为 20。

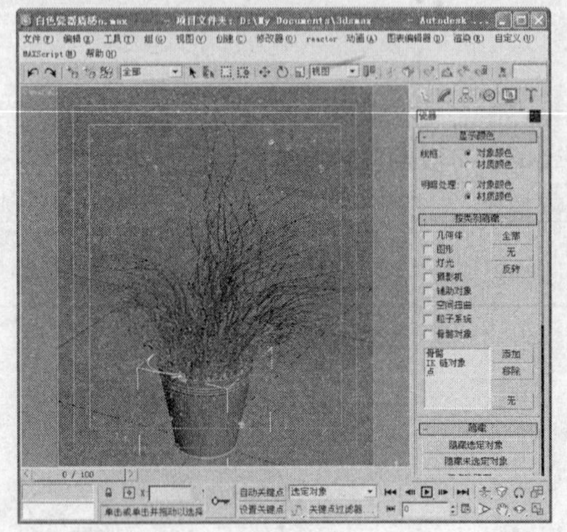

图 6-2

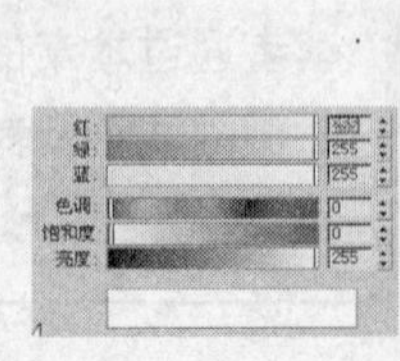

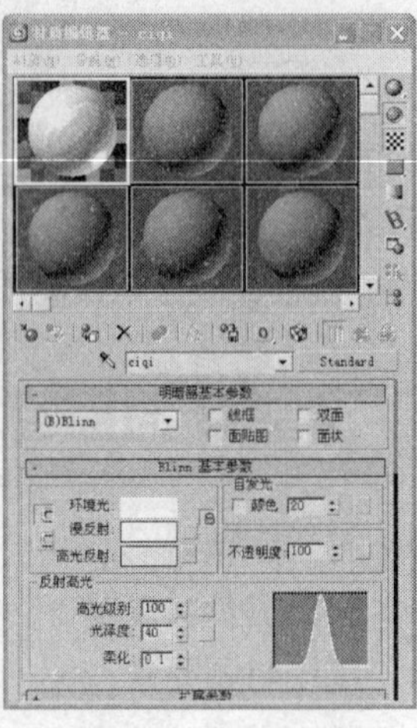

图 6-3

步骤 3 在“贴图”卷展栏中单击“反射”后的 None 按钮，在弹出的“材质/贴图浏览器”中选择“光线跟踪”选项，单击“确定”按钮，如图 6-4 所示，制定贴图后进入贴图层级，单击（转到父对象）按钮。

步骤 4 回到主材质面板，单击（将材质制定给选定对象）按钮，将材质指定给场景中的花盆，如图 6-5 所示。

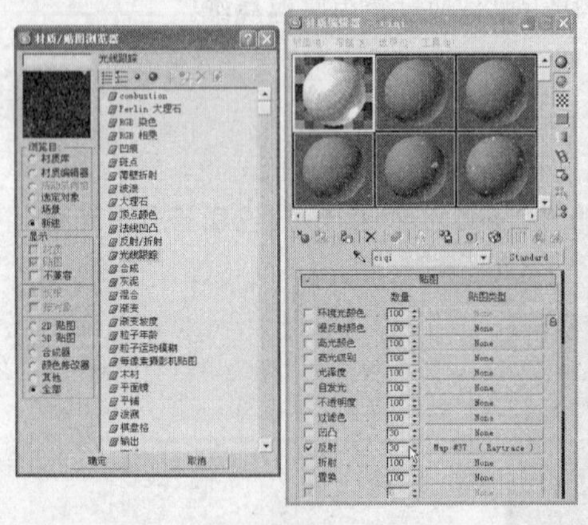

图 6-4

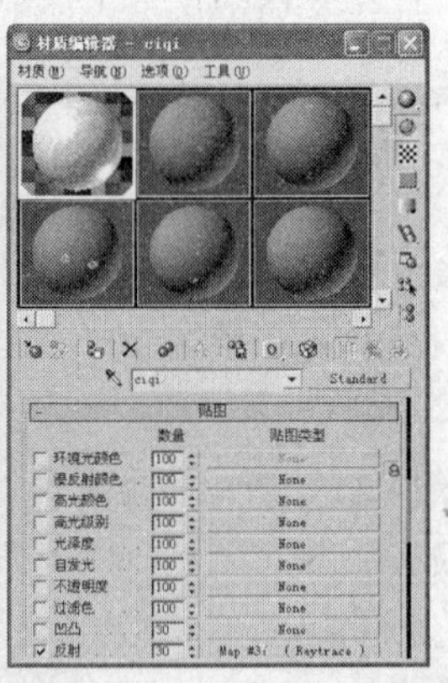

图 6-5

步骤 5 在工具栏中单击（快速渲染）按钮，渲染场景，如图 6-6 所示，渲染出图形后单击（保存位图）按钮，在弹出的对话框中为图形命名，并选择“保存类型”。

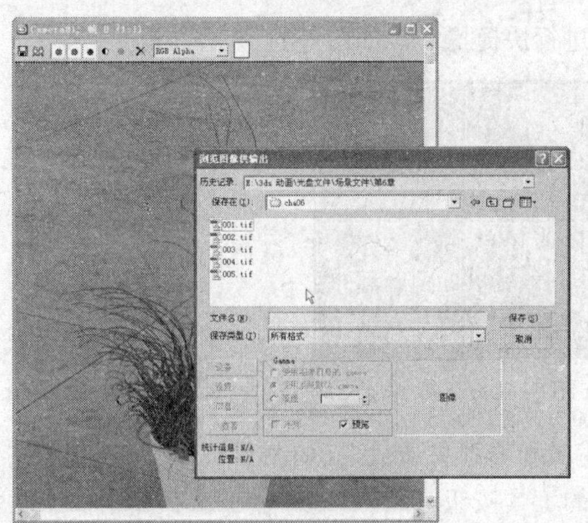

图 6-6

6.1.4 【相关工具】

1.认识“材质编辑器”

3ds Max 9 的材质编辑器是一个独立的模块，可以通过“渲染 > 材质编辑器”命令打开材质编辑器，也可以在工具栏中单击 （材质编辑器）按钮（或使用快捷键 M），打开材质编辑器，如图 6-7 所示。

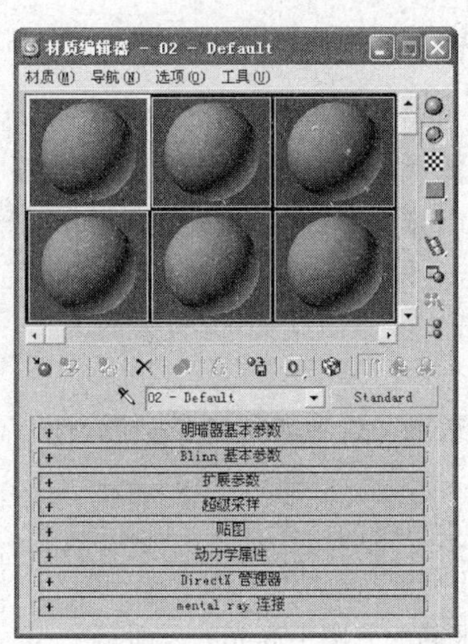

图 6-7

材质编辑器各部分功能如下所述。

（1）标题栏用于显示当前材质的名称，如图 6-8 所示。

（2）菜单栏将最常用的材质编辑命令放在其中，如图 6-9 所示。

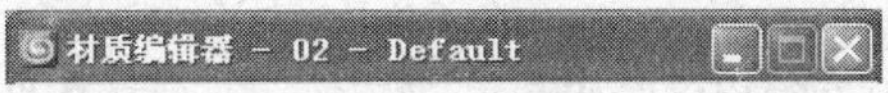

材质编辑器 - 02 - Default

图 6-8

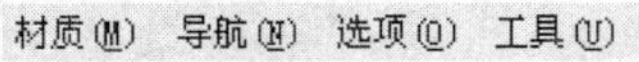

材质(M) 导航(N) 选项(O) 工具(U)

图 6-9

（3）实例窗用于显示材质编辑的情况，如图 6-10 所示。

（4）工具按钮行用于进行快捷操作，如图 6-11 所示。

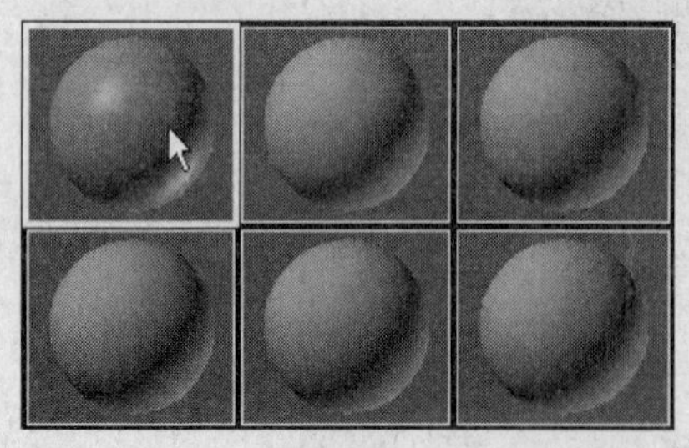

图 6-10

图 6-11

（5）参数控制区用于编辑和修改材质效果，如图 6-12 所示。

02 - Default　Standard
明暗器基本参数
Blinn 基本参数
扩展参数
超级采样
贴图
动力学属性
DirectX 管理器
mental ray 连接

图 6-12

下面简单地介绍常用的工具按钮。

（获取材质）按钮：用于从材质库中获取材质，材质库文件为.mat 文件。

（将材质指定给选定对象）按钮：用于指定材质。

（在视口中显示贴图）按钮：用于在视图中显示贴图。

（转到父对象）按钮：用于返回材质上一层。

（转到下一个同级项）按钮：用于从当前材质层转到同一层的另一个贴图或材质层。

（转到父对象）按钮：用于增加方格背景，常用于编辑透明材质。

（按材质选择）按钮：用于根据材质选择场景物体。

2.“明暗器基本参数”卷展栏

“明暗器基本参数”卷展栏可用于选择要用于标准材质的明暗器类型，选择一个明暗器。材质的“基本参数”卷展栏可更改为显示所选明暗器的控件。默认明暗器为 Blinn，如图 6-13 所示。

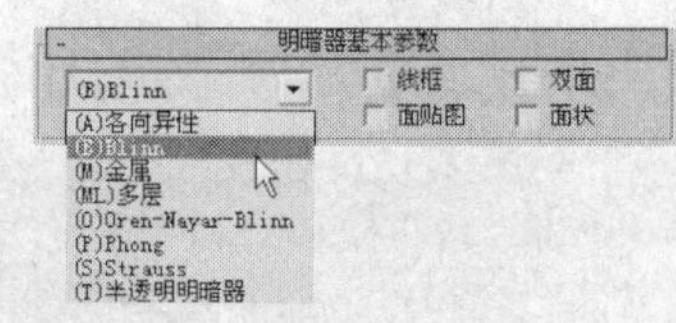

图 6-13

“Blinn”：适用于圆形物体，这种情况高光要比 Phong 着色柔和。

“金属”：适用于金属表面。

“各向异性”：适用于椭圆形表面，这种情况有“各向异性”高光。如果为头发、玻璃或磨沙金属建模，这些高光很有用。

“多层”：适用于比各向异性更复杂的高光。

“Oren-Nayar-Blinn”：适用于无光表面（如纤维或赤土）。

“Phong”：适用于具有强度很高的、圆形高光的表面。

“Strauss”：适用于金属和非金属表面。Strauss 明暗器的界面比其他明暗器的简单。

“半透明”：与 Blinn 着色类似，“半透明”明暗器也可用于指定半透明，这种情况下光线穿过材质时会散开。

“线框”选项：以线框模式渲染材质。用户可以在扩展参数上设置线框的大小，如图 6-14 所示。

“双面”选项：使材质成为 2 面。将材质应用到选定面的双面，如图 6-15 所示，左图为未使用双面选项，右图为勾选双面选项。

图 6-14

图 6-15

“面贴图”选项：将材质应用到几何体的各面。如果材质是贴图材质，则不需要贴图坐标。贴图会自动应用到对象的每一面，如图 6-16 所示，左图为未使用“面贴图”效果，右图使用了“面贴图”效果。

“面状”选项：就像表面是平面一样，渲染表面的每一面。

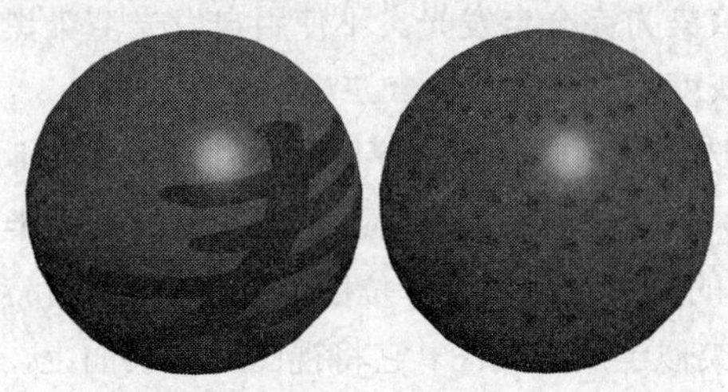

图 6-16

3.“基本参数”卷展栏

“基本参数”卷展栏因所选的明暗器而异，下面以“Blinn 基本参数”卷展栏为例，介绍常用的工具和命令，如图 6-17 所示。

“环境光”：控制“环境光”颜色。“环境光”颜色是位于阴影中的颜色（间接灯光）。

“漫反射”：控制“漫反射”颜色。“漫反射”颜色是位于直射光中的颜色。

“高光反射”：控制“高光反射”颜色。“高光反射”颜色是发光物体高亮显示的颜色。

“自发光”：“自发光”使用漫反射颜色替换曲面上的阴影，从而创建白炽效果。当增加“自发光”时，“自发光”颜色将取代环境光，如图 6-18 所示左图的“自发光”参数为 0，右图的“自发光”参数为 80。

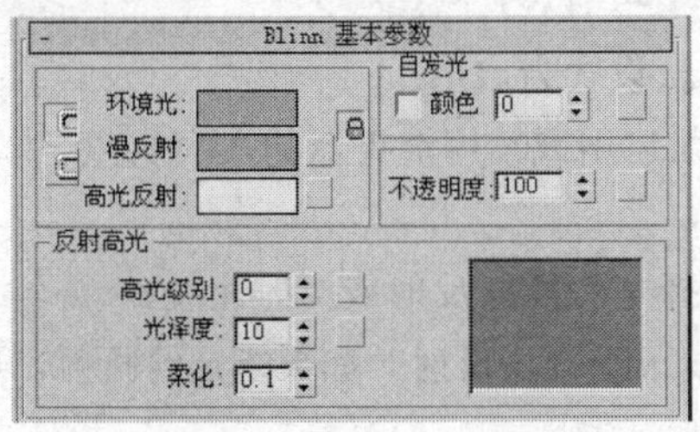

图 6-17

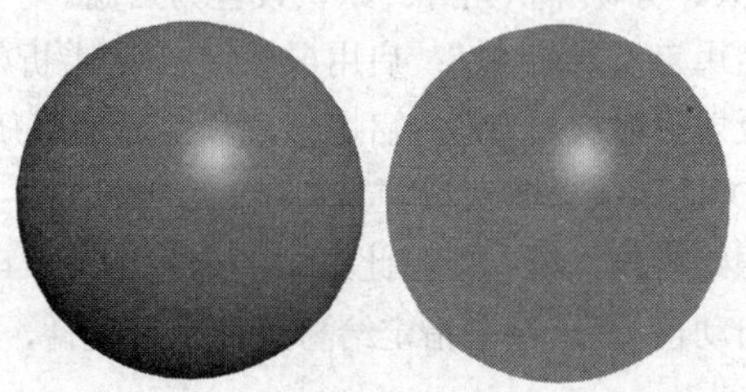

图 6-18

“不透明度”：控制材质是不透明、透明，还是半透明。

“高光级别”参数：影响反射高光的强度。随着该值的增大，高光将越来越亮。

“光泽度”参数：影响反射高光的大小。随着该值的增大，高光将越来越小，材质将变得越来越亮。

"柔化"参数：柔化反射高光的效果。

4. "贴图"卷展栏

"贴图"卷展栏包含每个贴图类型的宽按钮。单击此按钮，可选择磁盘上存储的位图文件，或者选择程序性贴图类型。选择位图之后，它的名称和类型会出现在按钮上。使用按钮左边的复选框，禁用或启用贴图效果，如图 6-19 所示，介绍常用的集中贴图类型。

图 6-19

"漫反射颜色"贴图：可以选择位图文件或程序贴图，以将图案或纹理指定给材质的漫反射颜色。

"自发光"贴图：可以选择位图文件或程序贴图来设置自发光值的贴图，这样将使对象的部分出现发光。贴图的白色区域渲染为完全自发光。不使用自发光渲染黑色区域。灰色区域渲染为部分自发光，具体情况取决于灰度值。

"不透明度"贴图：可以选择位图文件或程序贴图来生成部分透明的对象。贴图的浅色（较高的值）区域渲染为不透明；深色区域渲染为透明；之间的值渲染为半透明。

"反射"贴图：设置贴图的反射，可以选择位图文件设置金属和瓷器的反射图像。

"折射"贴图：折射贴图类似于反射贴图。它将视图贴在表面上，这样图像看起来就像透过表面所看到的一样，而不是从表面反射的样子。

5. "光线跟踪"贴图

使用"光线跟踪"贴图可以提供全部光线跟踪反射和折射。生成的反射和折射比反射/折射贴图的更精确。渲染光线跟踪对象的速度比使用"反射/折射"的速度低。另一方面，光线跟踪对渲染 3ds max 场景进行优化，并且通过将特定对象或效果排除于光线跟踪之外，可以进一步优化场景。

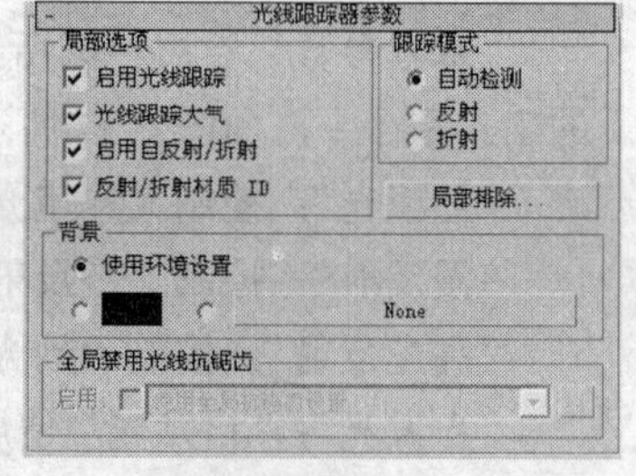

图 6-20

"光线跟踪器参数"卷展栏如图 6-20 所示。

"启用光线跟踪"：启用或禁用光线跟踪器。默认设置为启用。

"光线跟踪大气"：启用或禁用大气效果的光线跟踪。大气效果包括火、雾、体积光等。默认设置为启用。

"启用自反射/折射"：启用或禁用自反射/折射。默认设置为启用。

"反射折射材质 ID"：启用该选项之后，材质将反射启用或禁用渲染器的 G 缓冲区中指定给材质 ID 的效果。默认设置为启用。

"跟踪模式"组：使用此组中的这些选项，可以选择是否投射反射或折射光线。

"自动检测"：如果指定给材质的反射组件，则光线跟踪器将反射。如果指定给折射，则将进行折射。

"反射"：向对象曲面投射反射光线（离开对象）。

"折射"：向对象曲面折射反射光线（进入或穿过对象）。

"局部排除"：单击可显示局部排除/包含对话框。

"使用环境设置"：涉及当前场景的环境设置。

色块：使用指定颜色覆盖环境设置。None 贴图按钮，指定贴图覆盖环境设置。

"全局禁用光线抗锯齿"：使用此组中的控件可以覆盖光线跟踪贴图和材质的全局抗锯齿设置。

"启用"：启用此选项之后将使用抗锯齿。

下拉列表：选择要使用的抗锯齿设置。

"衰减"卷展栏如图 6-21 所示。

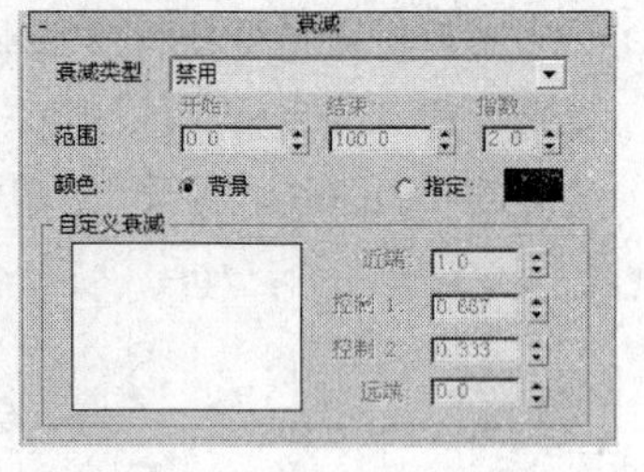

图 6-21

"衰减类型"：选择要用的衰减。

"范围"：设置以世界单位计的衰减。

"开始"：以世界单位计的衰减开始的距离。

"结束"：设置以世界单位计的光线完全衰减的距离。

"指数"：设置指数衰减使用的指数。

"颜色"：这些控件影响光线衰减时的行为方式。默认情况下，随着光线的衰减，它会渲染为背景色。可以设置自定义颜色。

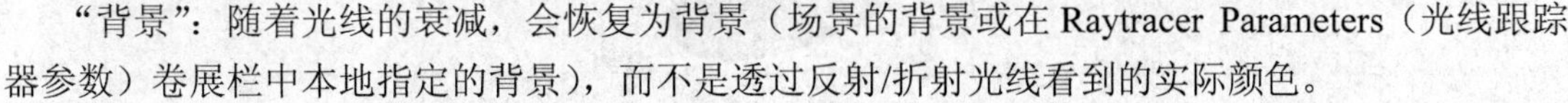

"背景"：随着光线的衰减，会恢复为背景（场景的背景或在 Raytracer Parameters（光线跟踪器参数）卷展栏中本地指定的背景），而不是透过反射/折射光线看到的实际颜色。

"指数"：设置光线衰减后恢复为的颜色。

"自定义衰减"：使用衰减曲线来确定开始范围和结束范围之间的衰减。

"近端"：设置开始范围距离处的反射/折射光线的强度。

"控制 1"：控制接近曲线开始处的曲线形状。

"控制 2"：控制接近曲线开始处的曲线形状。

"远端"：设置结束范围距离处的反射/折射光线的强度。

"基本材质扩展"卷展栏中如图 6-22 所示。

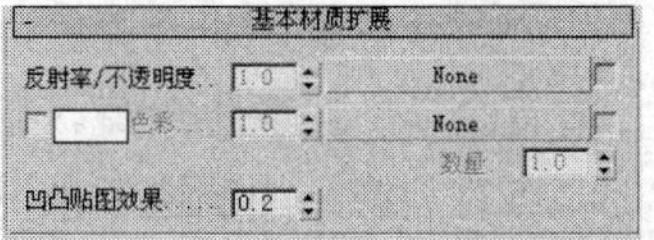

图 6-22

"反射率/不透明度"：这些控件影响光线跟踪器效果的强度。

"色彩"：使用这些控件可以对光线跟踪器返回的颜色进行染色。染色只适用于反射的颜色，其并不影响材质的漫反射组件。

"数量"：设置使用的色彩数量。

"凹凸贴图效果"：控制曲面反射和折射光线上的凹凸贴图效果。

"折射材质扩展"卷展栏如图 6-23 所示。

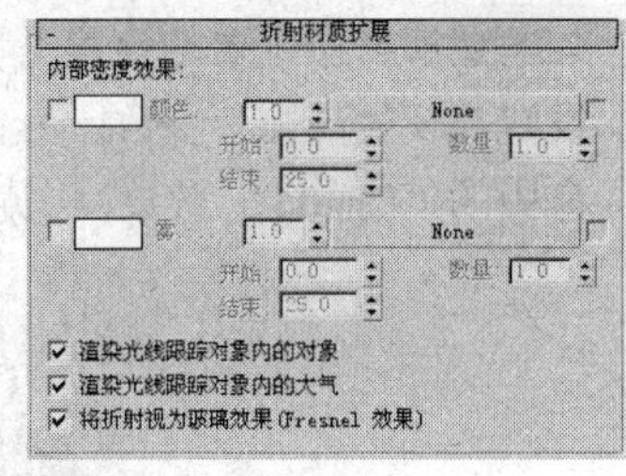

图 6-23

"颜色"：使用这些控件，可以基于厚度指定过渡色。密度颜色指定对象自身的颜色外观，如染色的玻璃。

"开始"：是对象中开始出现密度颜色的位置。

"结束"：是对象中密度颜色达到其完全"数量"值的位置。为了获得更明亮的效果，应该增加"结束"值。

"数量"：控制密度颜色的数量。

"雾"：密度雾也是基于厚度的效果，其使用不透明和自发光的雾填充对象。这种效果类似于在玻璃中弥漫的烟雾或在蜡烛顶部的蜡。管状对象中的彩色雾类似于霓虹管。

"渲染光线跟踪对象内的对象"：启用或禁用光线跟踪对象内部的对象渲染。

"渲染光线跟踪对象内的大气"：启用或禁用光线跟踪对象内部大气效果的渲染。

"将折射视为玻璃效果(Fresnel 效果)"：启用此选项之后，将向折射应用 Fresnel 效果。从而可以向折射对象添加一点反射效果，具体情况取决于对象的查看角度。如果禁用此选项，则只折射对象。默认设置为启用。

6.1.5 【实战演练】塑料质感

塑料材质与瓷器材质基本相同，不同的是塑料材质没有指定“光线跟踪”贴图，只要调整“环境光”和“漫反射”的颜色，以及“反射高光”的参数即可，如图 6-24 所示。（最终效果参看光盘中的“Cha06 > 效果 > 塑料质感.max”，如图 6-24 所示。）

图 6-24

6.2 黄金金属质感

6.2.1 【案例分析】

黄金的颜色为金黄色，可以与太阳相比，纯金有着极好看的草黄色的金属光泽,可以说黄金在所有金属中，颜色最黄。在纯金上用指甲可划出痕迹，这种柔软性使黄金非常易于加工，然而这一点对装饰品的制造者来说，又很不理想，因为这样很容易使装饰品蹭伤，使其失去光泽，以至影响美观。所以在用黄金制作首饰时，一般都要添加铜和银，以提高其硬度。

6.2.2 【设计理念】

金属材质主要是设置“明暗器基本参数”为“金属”；设置“环境光”和“漫反射”的颜色，设置“反射高光”参数；为“反射”和“凹凸”指定“位图”，完成黄金质感。（最终效果参看光盘中的“Cha06 > 效果 > 黄金金属质感.max”，如图 6-25 所示。）

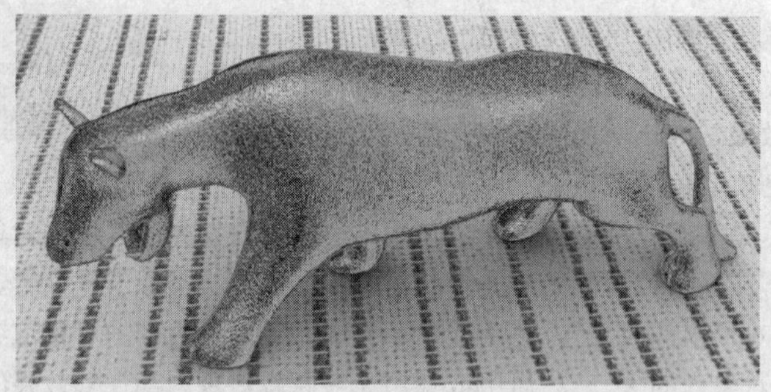

图 6-25

6.2.3 【操作步骤】

步骤 1 首先打开场景文件（光盘中的“Cha06 > 效果 > 黄金金属质感 o.max”），如图 6-26 所

示，在场景中选择装饰模型。

步骤 2 在工具栏中单击（材质编辑器）按钮，打开材质编辑器，从中选择一个新的材质样本球，如图 6-27 所示。在“明暗器基本参数”卷展栏中选择明暗类型为“金属”。在“金属基本参数”卷展栏中取消“环境光”和“漫反射”的关联，按下“关联”按钮，使其弹起“取消关联”状态，设置“环境光”的 RGB 值为（0，0，0）、“漫反射”的 RGB 值为（238，194，0），在“反射高光”组中设置“高光反射”为 100、“光泽度”为 80。

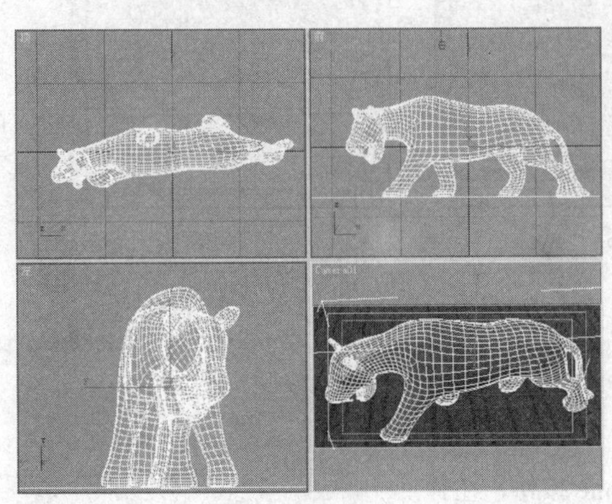

图 6-26

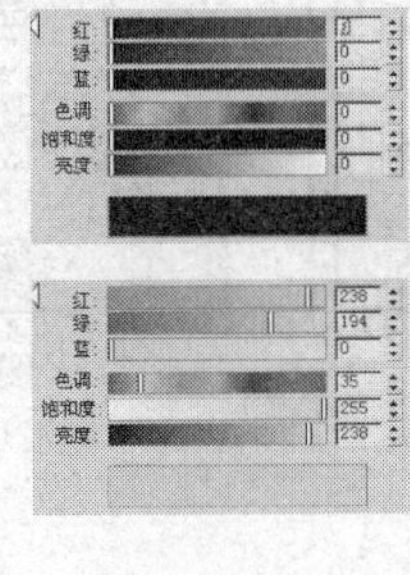

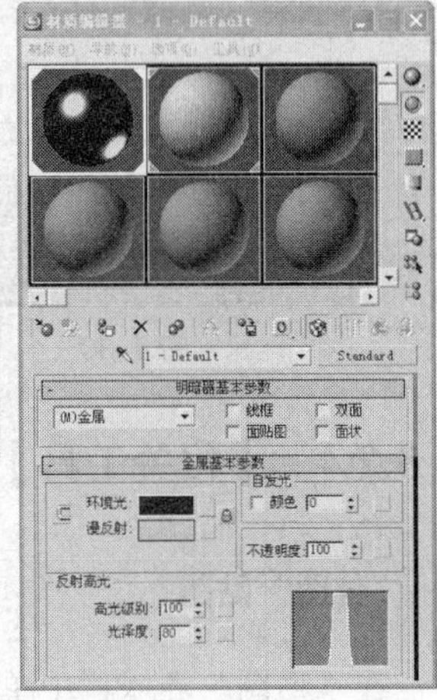

图 6-27

步骤 3 在“贴图”卷展栏中单击“反射”后的 None 按钮，在弹出的“材质/贴图浏览器”中选择“位图”贴图，单击“确定”按钮，如图 6-28 所示。再在弹出的对话框中选择贴图文件（贴图位于随书附带光盘“Cha06 > 素材 > 黄金质感 > CHROMIC.jpg”文件），单击“打开”按钮，如图 6-29 所示。

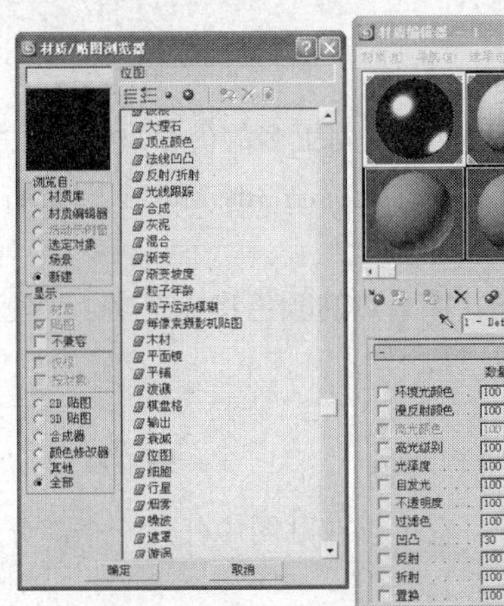

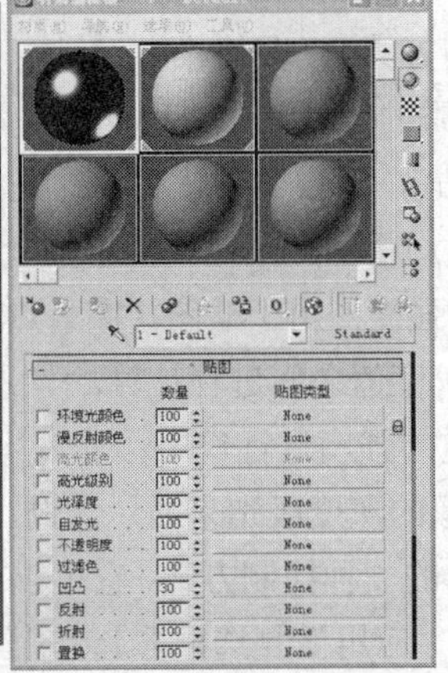

图 6-28

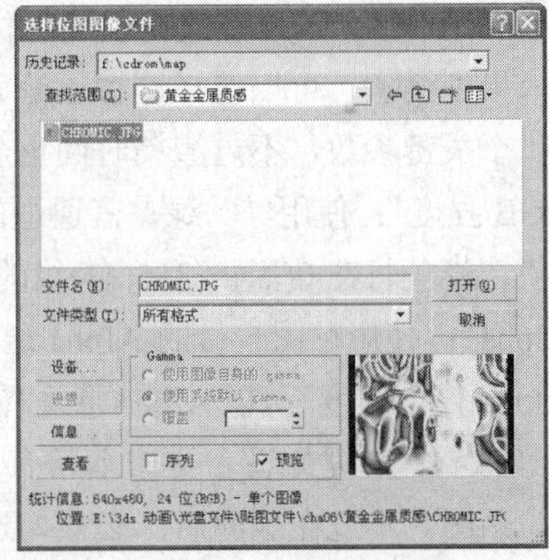

图 6-29

步骤 4 进入贴图层级，如图 6-30 所示，使用默认参数。

步骤 5 回到主材质面板，为“凹凸”指定位图，选择位图（贴图位于随书附带光盘“Cha06 > 素材 > 黄金质感 > CHROMIC.jpg”文件），单击“打开”按钮，如图 6-31 所示。

步骤 6 进入贴图层级，在“坐标”参数卷展栏中设置“平铺”下的 UV 为 5，如图 6-32 所示。

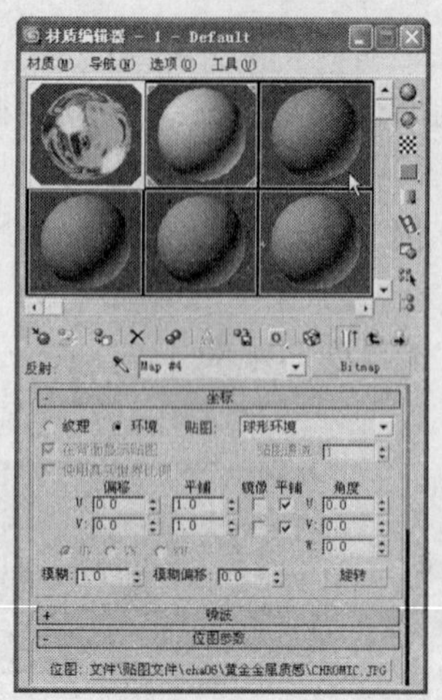

图 6-30

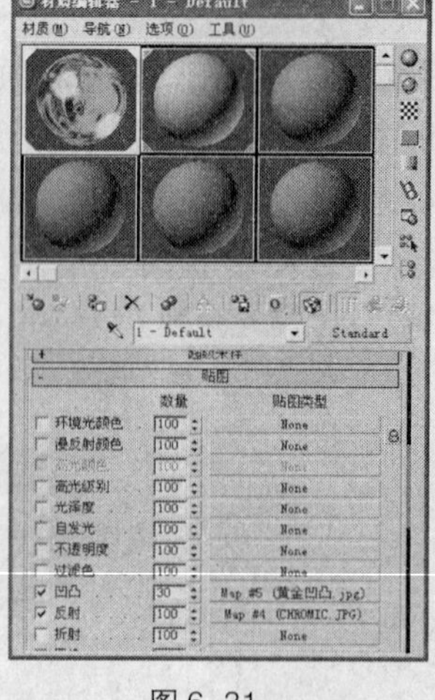

图 6-31

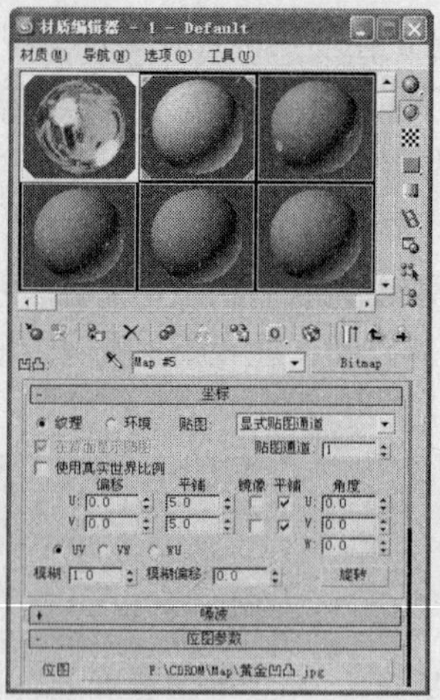

图 6-32

6.2.4 【相关工具】

“位图”贴图

在“贴图”卷展栏中单击“位图”后的 None 按钮，在弹出的对话框中选择“位图”贴图，再在弹出的对话框中选择 3ds Max 9 支持的位图文件，进入位图贴图设置面板，如图 6-33 所示。

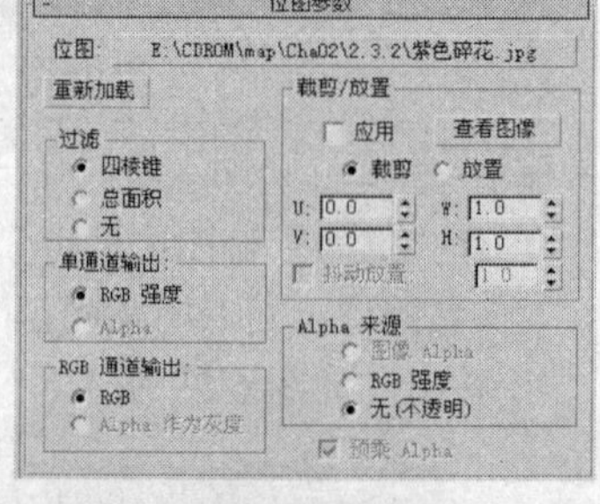

图 6-33

“重新加载”：按照相同的路径和名称重新将上面的位图调入，这主要是因为在其他软件中对该图做了改动，重加载它才能使修改后的效果生效。

过滤组是确定对位图进行抗锯处理的方式，“四棱椎”过滤方式已经足够了。过滤方式提供更加优秀的过滤效果。只是会占用更多的内存，如果对“凹凸”贴图的效果不满意，可以选择这种过滤方式，效果非常优秀，这是提高 3ds Max 9 凹凸贴图渲染品质的一个关键参数，不过渲染时间也会大幅增长。

“RGB 强度”：使用红、绿、蓝通道的强度作用于贴图。像素点的颜色将被忽略，只使用它的明亮度值，彩色将在 0(黑)～255(白)级的灰度值之间进行计算。

“Alpha”：使用贴图自带的 Alpha 通道的强度进行作用。

“Alpha 作为灰度”：以 Alpha 通道图像的灰度级别来显示色调。

裁剪/放置区域是贴图参数中非常有力的一种控制方式，它可以在贴图中任意一个部分进行裁剪，作为贴图。不过在裁剪后，必须勾选“应用”复选框才起作用。

“裁剪”：允许在位图内裁剪局部图像用于贴图，其下的 UV 值控制局部图像的相对位置，WH 值控制局部图像的宽度和高度。

“放置”：其下的 UV 值控制缩小后的位图在原位图上的位置，这同时影响贴图在物体表面的位置，WH 值控制位图缩小的长宽比例。

“抖动放置”：针对“放置”方式起作用，这时缩小位图的比例和尺寸，由系统提供的随机值来控制。

“查看图像”：单击该按钮，会弹出一个虚拟图像设置框，可以直观地进行剪切和放置操作，如图 6-34 所示，如果“应用”复选框启用，可以在样本球上看到裁剪的部分被应用。

“图像 Alpha”：如果该图像具有 Alpha 通道，将使用它的 Alpha 通道。

“RGB 强度”：将彩色图像转化的灰度图像作为透明通道的来源。

“无(不透明)”：不使用透明信息。

“预乘 Alpha”：确定以何种方式来处理位图的 Alpha 通道，默认为开启状态，如果将它关闭，RGB 值将被忽略，只有发现不重复贴图不正确时再将它关闭。

如图 6-35 所示为“坐标”参数卷展栏。

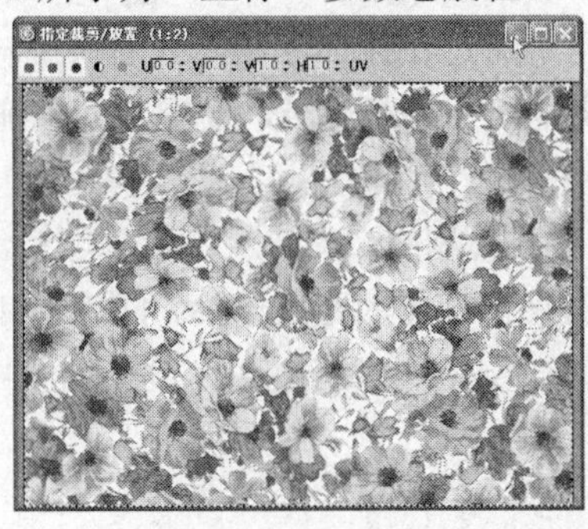

图 6-34

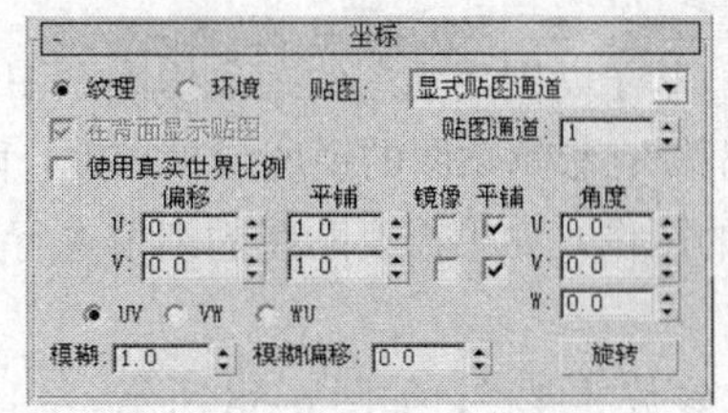

图 6-35

“纹理”：将该贴图作为纹理应用于表面。从“贴图”列表中选择坐标类型。

“环境”：使用贴图作为环境贴图。从“贴图”列表中选择坐标类型。

“贴图”：列表条目因选择“纹理”贴图或“环境”贴图而异，如图 6-36 所示。

“显式贴图通道”：使用任意贴图通道。如选中该字段，贴图通道字段将处于活动状态，可选择从 1 到 99 的任意通道。

“顶点颜色通道”：顶点颜色通道使用指定的顶点颜色作为通道。可以使用顶点绘制修改器、指定顶点颜色工具指定顶点颜色，也可以使用可编辑网格顶点控件、可编辑多边形顶点控件或者可编辑多边形顶点控件指定顶点颜色。

“对象 XYZ 平面”：使用基于对象的本地坐标的平面贴图（不考虑轴点位置）。用于渲染时，除非启用“在背面显示贴图”，否则平面贴图不会投影到对象背面。

“世界 XYZ 平面”：使用基于场景的世界坐标的平面贴图（不考虑对象边界框）。用于渲染时，除非启用“在背面显示贴图”，否则平面贴图不会投影到对象背面。

“球形环境”、“圆柱形环境”、“收缩包裹环境”：将贴图投影到场景中，就像将其贴到背景中的不可见对象上一样，如图 6-37 所示。

图 6-36

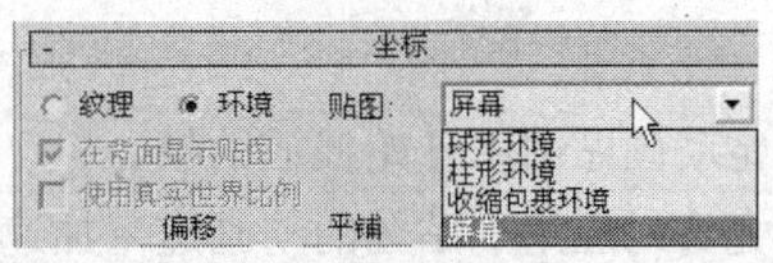

图 6-37

“屏幕”：屏幕投影为场景中的平面背景。

“在背面显示贴图”：启用此选项后，平面贴图（对象 XYZ 平面或者带有“UVW 贴图”修改器）将被投影到对象的背面，并且能对其进行渲染。禁用此选项后，不能在对象背面对平面贴图进行渲染。默认设置为启用。

“使用真实世界比例”：启用此选项之后，使用真实宽度和高度值而不是 UV 值，将贴图应用于对象。默认设置为禁用。

“偏移”：在 UV 坐标中更改贴图的位置，移动贴图以符合它的大小。

“平铺”：决定贴图沿每根轴平铺（重复）的次数。

“镜像”：从左至右（U 轴）和/或从上至下（V 轴）镜像贴图。

“角度”：通过 UVW 设置贴图旋转的角度。

UV、VW、WU：更改贴图使用的贴图坐标系。默认的 UV 坐标将贴图作为幻灯片投影到表面。VW 坐标与 WU 坐标用于对贴图进行旋转，使其与表面垂直。

“旋转”：显示图解的旋转贴图坐标对话框，用于通过在弧形球图上拖动来旋转贴图（与用于旋转视口的弧形球相似，虽然在圆圈中拖动是绕全部 3 个轴旋转，而在其外部拖动则仅绕 W 轴旋转）。

“模糊”：基于贴图离视图的距离影响贴图的锐度或模糊度。

“模糊偏移”：影响贴图的锐度或模糊度，而与贴图离视图的距离无关。“模糊偏移”模糊对象空间中自身的图像。如果需要贴图的细节进行软化处理或者散焦处理以达到模糊图像的效果时，使用此选项。

“噪波”参数卷展栏，如图 6-38 所示。

“启用”：决定“噪波”参数是否影响贴图。

“数量”：设置分形功能的强度值，以百分比表示。如果数量为 0，则没有噪波。如果数量为 100，贴图将变为纯噪波。默认设置为 1.0。

“级别”：“级别”或迭代次数应用函数的次数。数量值决定了层级的效果。数量值越大，增加层级值的效果就越强。范围为 1 至 10；默认设置为 1。

“大小”：设置噪波函数相对于几何体的比例。如果值很小，那么噪波效果相当于白噪声。如果值很大，噪波尺度可能超出几何体的尺度。如果出现这样的情况，将不会产生效果或者产生的效果不明显。

“动画”：决定动画是否启用噪波效果。如果要将噪波设置为动画，必须启用此参数。

“相位”：控制噪波函数的动画速度。

“时间”参数卷展栏，如图 6-39 所示。

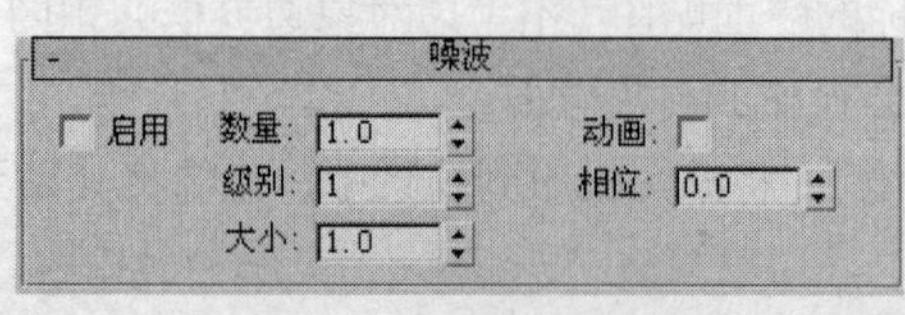

图 6-38

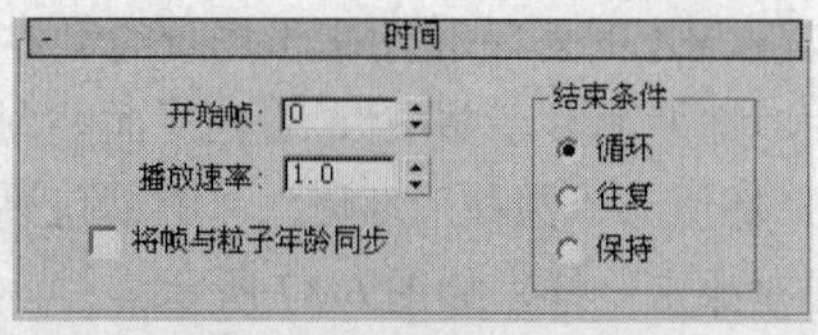

图 6-39

“开始帧”：指定动画贴图将开始播放的帧。

“播放速率”：允许对应用于贴图的动画速率加速或减速。

“将帧与粒子年龄同步”：启用此选项后，3ds Max 会将位图序列的帧与贴图应用到的粒子的年龄同步。利用这种效果，每个粒子从出生开始显示该序列，而不是被指定于当前帧。默认设置为禁用状态。

“结束条件”：如果位图动画比场景短，则确定其最后一帧后所发生的情况。

“循环”：使动画反复循环播放。

“往复”：反复地使动画向前播放，然后向回播放，从而使每个动画序列平滑循环。

“保持”：冻结位图动画的最后一帧。

“输出”参数卷展栏，如图 6-40 所示。

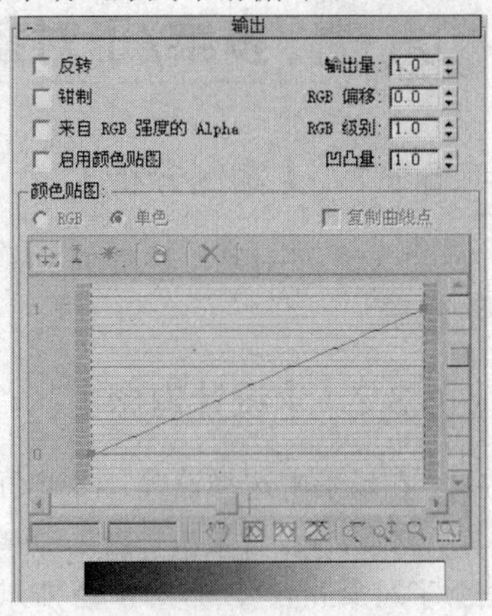

图 6-40

“反转”：反转贴图的色调，使之类似彩色照片的底片。默认设置为禁用状态。

“输出量”：控制要混合为合成材质的贴图数量。

“钳制”：启用该选项之后，此参数限制比 1.0 小的颜色值。当增加 RGB 级别时，启用此选项，但此贴图不会显示出自发光。默认设置为禁用状态。

“RGB 偏移”：根据微调器所设置的量增加贴图颜色的 RGB 值，此项对色调的值产生影响。最终贴图会变成白色并有自发光效果。降低这个值减少色调，使之向黑色转变。

“来自 RGB 强度的 Alpha”：启用此选项后，会根据在贴图中 RGB 通道的强度生成一个 Alpha 通道。黑色变得透明，而白色变得不透明。中间值根据它们的强度变得半透明。

“RGB 级别”：根据微调器所设置的量使贴图颜色的 RGB 值加倍，此项对颜色的饱和度产生影响。

“启用颜色贴图”：启用此选项来使用颜色贴图。请参见“颜色贴图”组默认设置为禁用状态。

“凹凸量”：调整凹凸的量。

“颜色贴图”：当“启用颜色贴图”选项处于启用状态。

“单色”：将贴图曲线分别指定给每个 RGB 过滤通道（RGB）或合成通道（单色）。

“复制曲线点”：启用此选项后，当切换到 RGB 图时，将复制添加到单色图的点。如果是对 RGB 图进行此操作，这些点会被复制到单色图中。

6.2.5 【实战演练】不锈钢质感

不锈钢质感材质的设置与黄金金属质感的设置基本相同，不同在于没有了“凹凸”贴图和“漫反射”的颜色，不同的场景“反射”的“位图”不同。（最终效果参看“Cha06 > 效果 > 不锈钢质感.max”，如图 6-41 所示。）

图 6-41

中等职业教育数字艺术类规划教材

6.3 多维/子对象

6.3.1 【案例分析】

"多维/子对象"材质在 3ds Max 中应用广泛，主要应用于对几何体的子对象级别分配不同的材质。

6.3.2 【设计理念】

在场景中选择设置"多维/子对象"的模型，设置模型的材质 ID，并为其设置"多维/子对象"材质，"设置数量"为 2，并单独设置子材质。（最终效果参看光盘中的"Cha06 > 效果 > 多维/子对象.max"，如图 6-42 所示。）

图 6-42

6.3.3 【操作步骤】

步骤 1 首先打开场景文件（光盘中的"Cha06 > 效果 >多维/子对象 o.max"），如图 6-43 所示，在场景中选择模型。

步骤 2 当前模型的修改器为"编辑多边形"，将选择集定义为"元素"，在场景中选择如图 6-44 所示的元素，在"多边形属性"卷展栏中，设置"设置 ID"为 1。

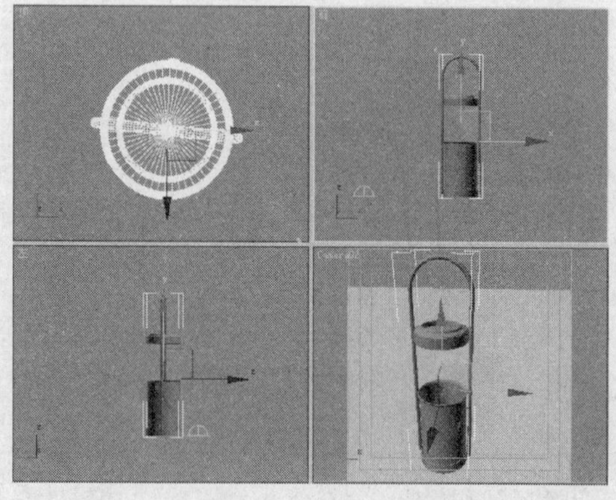

图 6-43

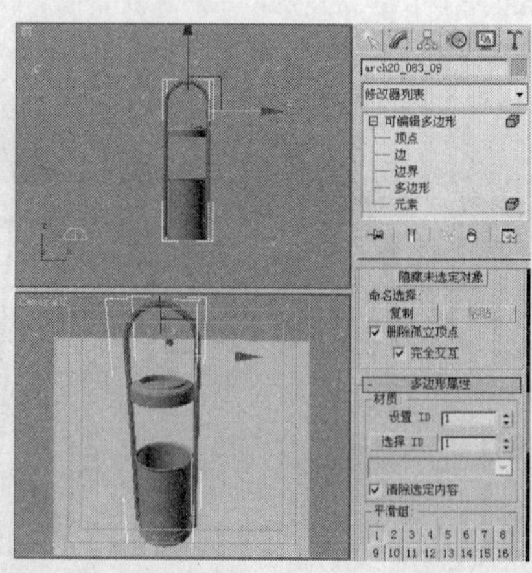

图 6-44

步骤 3 选择如图 6-45 所示的元素，设置“设置 ID”为 2。

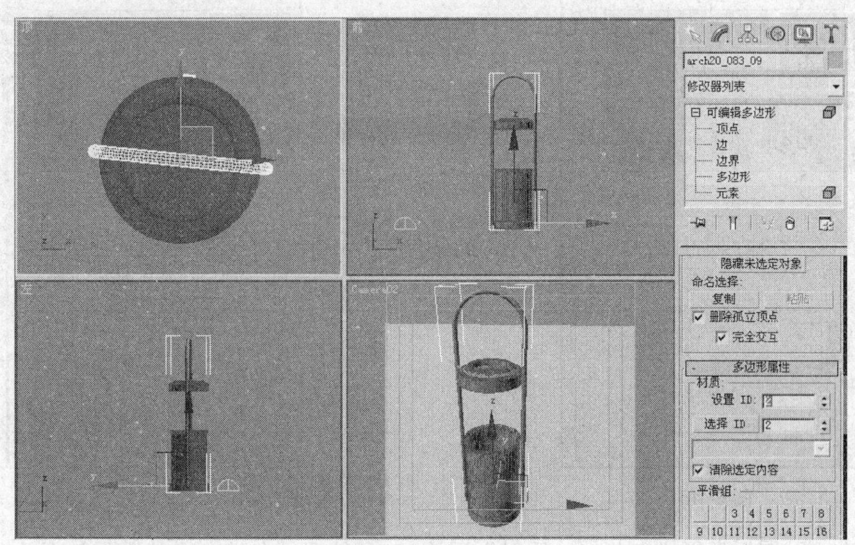

图 6-45

步骤 4 在工具栏中单击 （材质编辑器）按钮，打开材质编辑器，从中选择一个新的材质样本球，如图 6-46 所示，单击 Standard 按钮，在弹出的对话框中选择“多维/子对象”材质，单击“确定”按钮。

步骤 5 在“多维/子对象基本参数”卷展栏中单击“设置数量”按钮，在弹出的对话框中设置“材质数量”为 2，单击“确定”按钮，如图 6-47 所示。

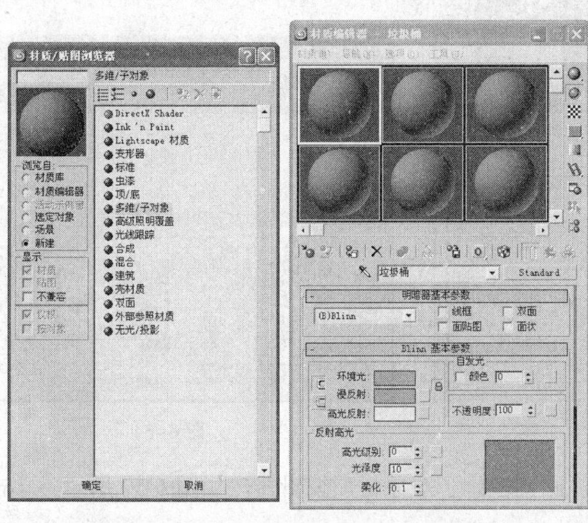

图 6-46

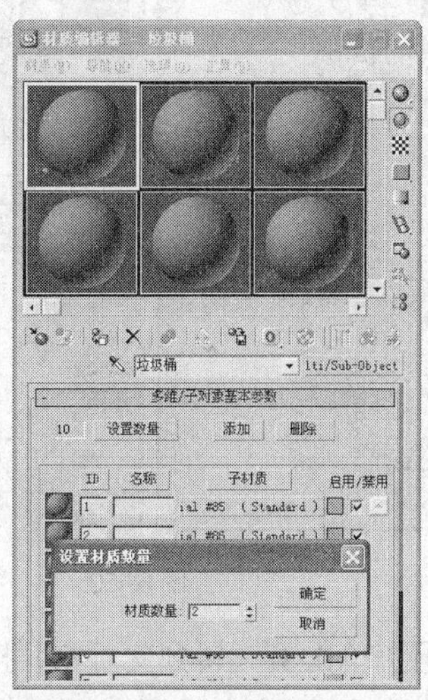

图 6-47

步骤 6 设置数量后的多维/子对象面板，如图 6-48 所示。

步骤 7 单击（1）号材质后的灰色按钮，进入（1）号材质编辑器面板，在“明暗器基本参数”卷展栏中选择明暗器类型为“金属”。

步骤 8 在“金属基本参数”卷展栏中设置“环境光”的 RGB 值为（0，0，0）、“漫反射”的 RGB 值为（255，255，255），在“反射高光”组中设置“高光级别”为 100、“光泽度”为 80，如图 6-49 所示。

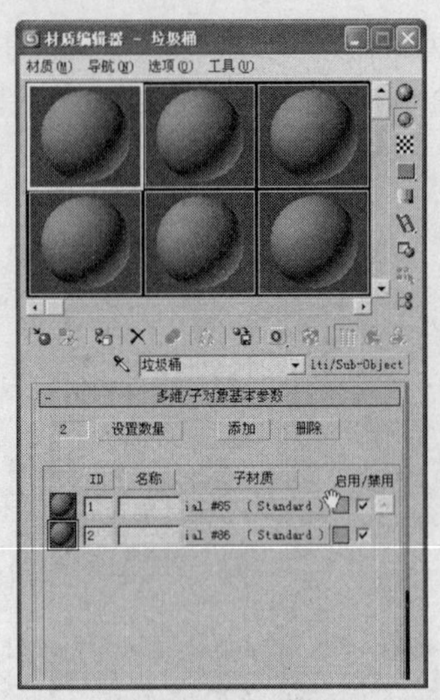

图 6-48

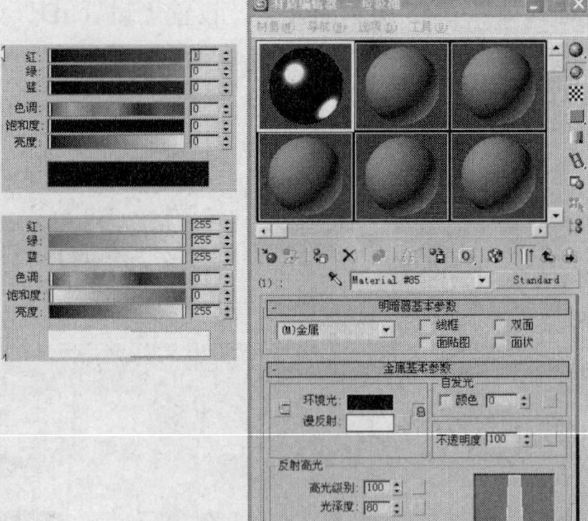

图 6-49

步骤 9 在“贴图”卷展栏中单击“反射”后的 None 按钮，在弹出的对话框中选择“位图”贴图，如图 6-50 所示。

步骤 10 再在弹出的对话框中选择位图（贴图位于随书附带光盘“Cha06 > 素材 > 多维子对象 > CHROMIC.jpg”文件），单击“打开”按钮，如图 6-51 所示。

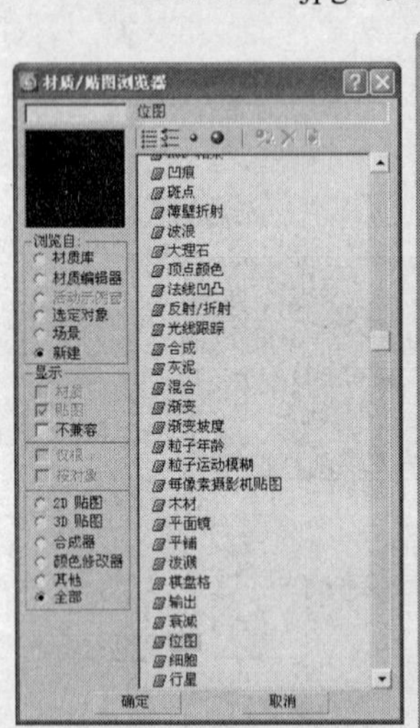

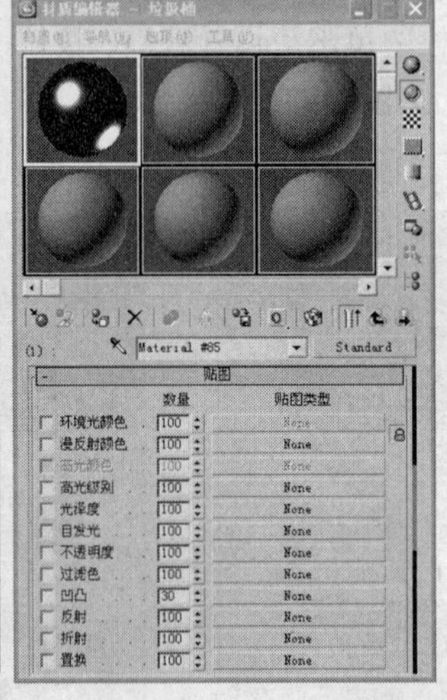

图 6-50

图 6-51

步骤 11 单击（转到父对象）按钮，回到多维子对象材质编辑器，如图 6-52 所示，单击（2）号材质后的灰色贴图按钮。

步骤 12 进入（2）材质设置面板，在“明暗器基本参数”卷展栏中选择明暗器为“各向异性”。

步骤 13 在“各向异性基本参数”卷展栏中设置“环境光”和“漫反射”的 RGB 值为（199，0，0）；在“反射高光”组中设置“高光光泽度”为 127、“光泽度”为 49、“各向异性”为 83，如图 6-53 所示。

步骤 14 回到主材质面板，单击（将材质制定给选定对象）按钮，将材质指定给场景中的选择对象。

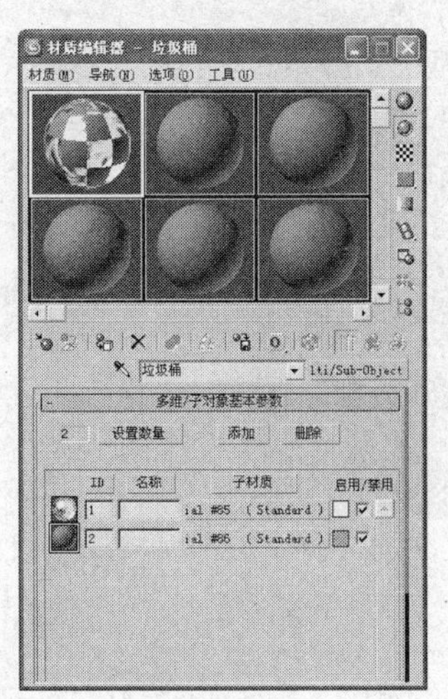

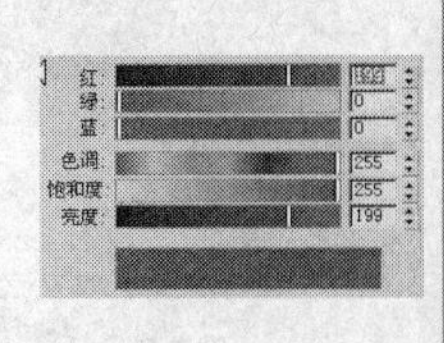

图 6-52

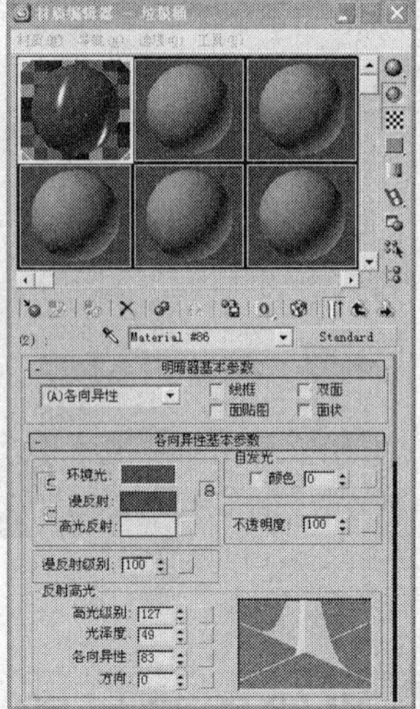

图 6-53

6.3.4 【相关工具】

"多维/子对象"材质

使用"多维/子对象"材质可以采用几何体的子对象级别分配不同的材质。创建多维材质，将其指定给对象，并使用网格选择修改器选中面，然后选择多维材质中的子材质指定给选中的面，或者为选定的面指定不同的材质 ID 号，并设置对应 ID 号的材质，如图 6-54 所示为"多维/子对象基本参数"卷展栏。

"设置数量"按钮：单击该按钮，在弹出的对话框中设置子材质的数量。

"添加"按钮：单击可将新子材质添加到列表中。

多维/子对象基本参数

10 设置数量 添加 删除

ID	名称	子材质	启用/禁用
1		ial #36 (Standard)	☑
2		ial #37 (Standard)	☑
3		ial #38 (Standard)	☑
4		ial #39 (Standard)	☑
5		ial #40 (Standard)	☑
6		ial #41 (Standard)	☑
7		ial #42 (Standard)	☑
8		ial #43 (Standard)	☑
9		ial #44 (Standard)	☑
10		ial #45 (Standard)	☑

图 6-54

6.3.5 【实战演练】果盘材质

打开场景文件，在场景中选择果盘模型，为果盘设置材质 ID 号，并为模型设置多维/子对象材质。（最终效果参看光盘中的"Cha06 > 效果 > 果盘材质.max"，如图 6-55 所示。）

图 6-55

6.4 光线跟踪材质

6.4.1 【案例分析】

光线跟踪材质是一种比 Standard（标准）材质更高级的材质类型，它不仅包括了标准材质具备的全部特性，还可以创建真实的反射和折射效果，并且还支持雾、颜色浓度、半透明、荧光灯等其他特殊效果。

6.4.2 【设计理念】

本例介绍玻璃杯效果，其中玻璃杯的材质使用了“光线跟踪”材质，设置“光线跟踪基本参数”中的颜色即可制作出玻璃杯效果，如图 6-56 所示。(最终效果参看光盘中的“Cha06 > 效果 > 玻璃杯.max”，如图 6-56 所示)。

图 6-56

6.4.3 【操作步骤】

步骤 1 首先打开场景文件（光盘中的“Cha06 > 效果 >玻璃杯 o.max”），如图 6-57 所示，在场景中选择模型。

步骤 2 在工具栏中单击（材质编辑器）按钮，打开材质编辑器，从中选择一个新的材质样本球，如图 6-46 所示，单击 Standard 按钮，在弹出的对话框中选择“光线跟踪”材质，单击“确定”按钮。

步骤 3 在“光线跟踪基本参数”卷展栏中选择“明暗处理”为“各向异性”；设置“环境光”和“反射”的 RGB 值为（55，0，48）；设置“漫反射”和“透明度”的 GRB 值为（187，0，150）；设置“高光颜色”的 RGB 值为（255，255，255）；在“发射高光”组中设置“高光级别”为 468、“光泽度”为 77、“各向异性”为 96，如图 6-58 所示，单击（将材质制定给选定对象）按钮，将材质指定给场景中的选择对象。

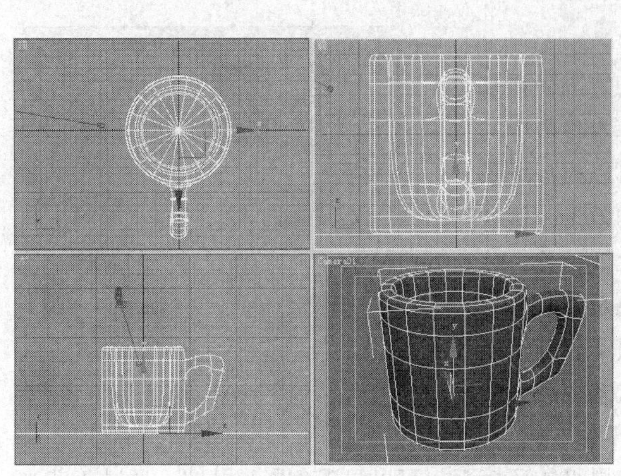

图 6-57

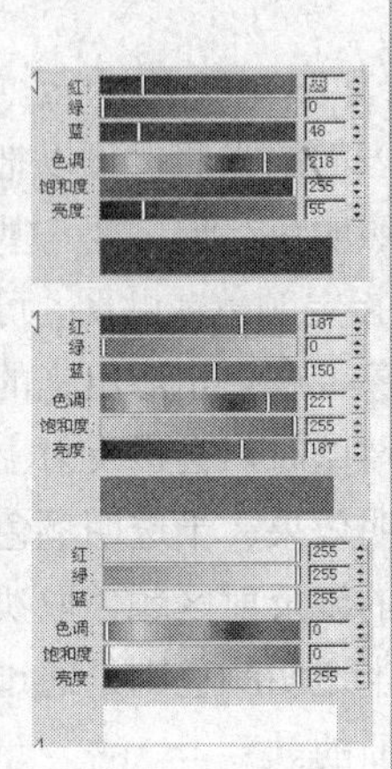

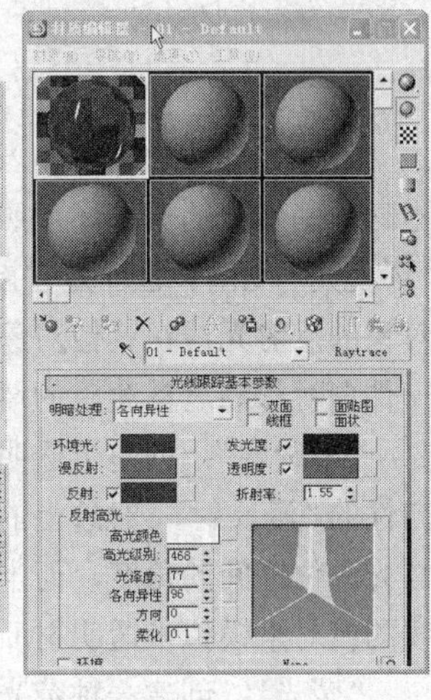

图 6-58

6.4.4 【相关工具】

“光线跟踪”材质

“光线跟踪基本参数”卷展栏如图 6-59 所示。

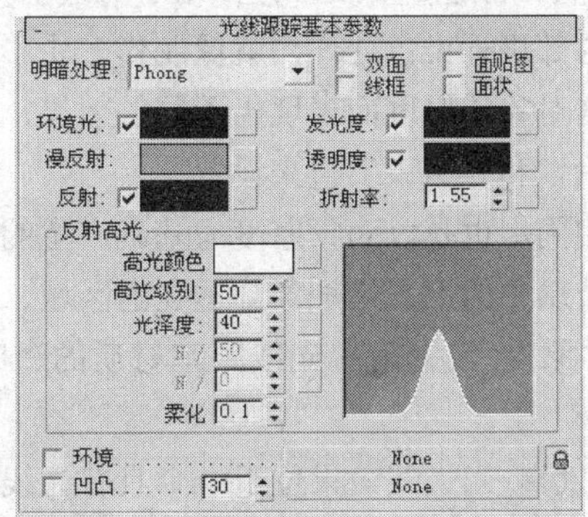

图 6-59

“明暗处理”：这里提供了 5 种着色方式，它们是 Phong、Blinn、金属、Oren-Nayar-Blinn 和各向异性。

“发光度”：与标准材质中的自发光设置近似。

“折射率”：设置材质折射光线的强度。

“环境”：允许特殊指定一张环境贴图，超越全局的环境贴图设置。默认的反射和透明都使用场景的环境贴图，一旦在这里进行环境贴图的设置，将会取代原来的设置。利用这个特性，可以单独为场景中的对象指定不同的环境贴图，或者在一个没有环境的场景中为对象指定虚拟的环境贴图。

“凹凸”：与标准材质类型的凹凸贴图相同。

提　示 相同的参数及命令参照前面的介绍。

“扩展参数”卷展栏，如图 6-60 所示。

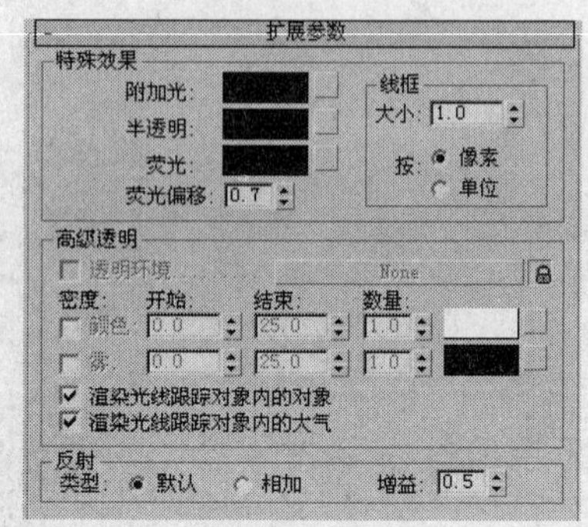

图 6-60

“附加光”：增减对象表面的光照，可以把它当做在基本材质基础上的一种环境照明色，但不要与基本参数中的“环境光”混淆。通过为它指定颜色或贴图，可以模拟场景对象的反射光线在其他对象上产生出渗出光的效果。例如一件白衬衫靠近橘黄色的墙壁时，会被反射上橘黄色。

“半透明”：创建半透明效果。半透明颜色是一种无方向性的“漫反射”，对象上的漫反射区颜色取决于表面法线与光源位置间的角度，而半透明颜色则是通过忽视表面法线的校对来模拟半透明材质的。

“荧光”：创建一种荧光材质效果，使得在黑暗的环境下也可以显现色彩和贴图，通过“荧光偏移”值可以调节荧光的强度。

“线框”：当指定材质为“线框”效果时，从该组中设置线框的属性。

“高级照明”：这里提供了更多的透明效果控制。

“透明环境”：环境贴图，但专为透明折射服务，用指定的环境贴图替代场景原有的环境贴图。

“密度”：专用于透明材质的控制，如果对象不透明，则不会产生效果。

“颜色”：根据对象厚度设置传播颜色。“过滤颜色”用于对透明对象背后的景物进行染色处理，而此处的密度颜色是对透明体内部进行染色处理，就像制作一块彩色玻璃。使用“数量”值控制密度颜色的强度。密度颜色根据对象的厚度而表现出不同的效果，厚的玻璃摇浑浊一些，薄的玻璃摇透亮一些，这些依靠“开始”和“结束”值来设置。

“雾”：密度雾与密度颜色相同，也是以对象厚度为基础产生的影响，用一种不透明自发光的雾填充在透明体内部，就好像玻璃中的烟、蜡烛顶部透亮的区域、氖管中发光的雾气等。

“渲染光线跟踪对象内的对象”：设置附有光线跟踪材质的透明对象内部是否进行光线跟踪计算。

“渲染光线跟踪对象内的大气”：当大气效果位于一个具有光线跟踪材质的对象内部时，确定是否进行内部的光线跟踪计算。

“反射”：提供在反射之外更好的控制。

“默认”：在默认状态下，反射与漫反射是分层的。

“增加”：反射附加在漫反射之上。这种状态下，漫反射总是可视的。

“增益”：控制反射的亮度。增益值越低，反射亮度越高。

“光线跟踪器控制”卷展栏如图 6-61 所示。

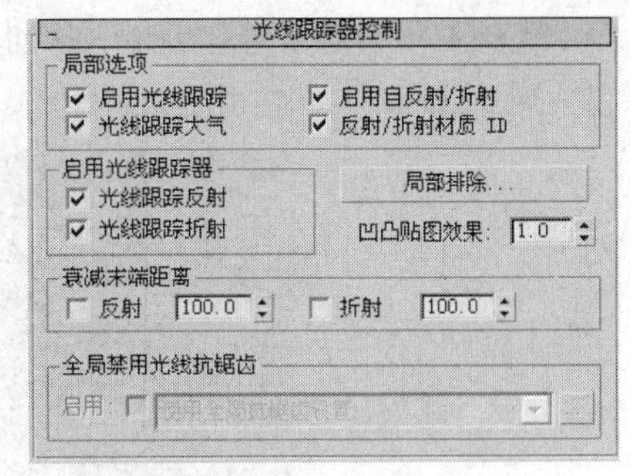

图 6–61

“启用光线跟踪”：设置是否进行光线跟踪计算。

“光线跟踪大气”：设置是否对场景中的大气效果进行光线跟踪计算。

“启用自反射/折射”：设置是否使用自身反射/折射。不同的对象要区别对待，有些对象不需要自身反射/折射。

“反射/折射材质 ID 号”：如果为一个光线跟踪材质指定了材质 ID 号，并且在“视频合成器”或者特效编辑器中根据其材质 ID 号指定特殊效果，这个设置就是控制是否对其反射和折射的图像也进行特技处理，即对 ID 号的设置也进行反射/折射。

“启用光线跟踪器”：这里提供两项开关控制，可以确定光线跟踪材质是否进行反射和折射的计算，默认时都为开启状态，对于不需要的效果，关闭它的选项以节省渲染时间。

“光线跟踪反射”：控制进行光线跟踪反射计算的开关。

“光线跟踪折射”：控制进行光线跟踪折射计算的开关。

“局部排除”：显示“自身排除/包含”对话框，允许指定场景中的对象不进入光线跟踪计算，被自身排除的对象只从当前的材质中排除。使用排除方法是加速光线跟踪最简单的方法之一。

“凹凸贴图效果”：调节凹凸贴图在光线跟踪反射与光线跟踪折射上的效果。

“反射”：在当前距离上暗淡反射效果至黑色。

“折射”：在当前距离上暗淡折射效果至黑色。

“全部禁用光线抗锯齿”：忽略全局抗锯齿设置，为当前光线跟踪材质和贴图设置自身的抗锯齿方式。

6.4.5 【实战演练】荧光材质

打开场景文件，在场景中选择锁模型，设置材质为“光线跟踪”，设置“光线跟踪基本参数”中的颜色即可制作出荧光锁效果。（最终效果参看光盘中的“Cha06 > 效果 > 果盘材质.max”，如图 6-62 所示。）

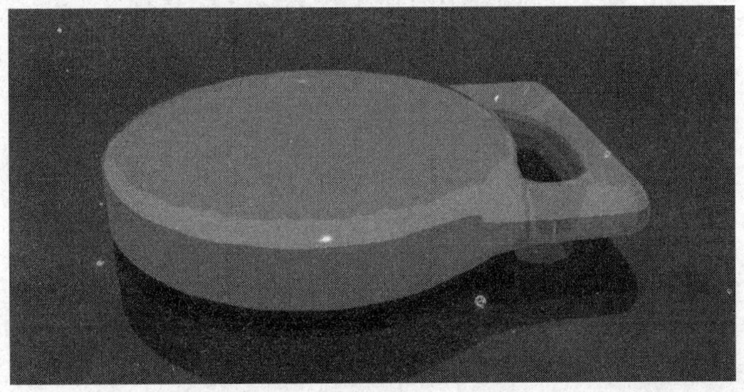

图 6–62

6.5 综合演练——木纹和大理石材质

本例介绍木纹和大理石两种材质的设置，其中木纹材质主要为“漫反射”指定“位图”贴图；大理石材质可以为其设置一种凹凸效果。（最终效果参看光盘中的“Cha06 > 效果 > 木纹和大理石.max”，如图 6-63 所示。）

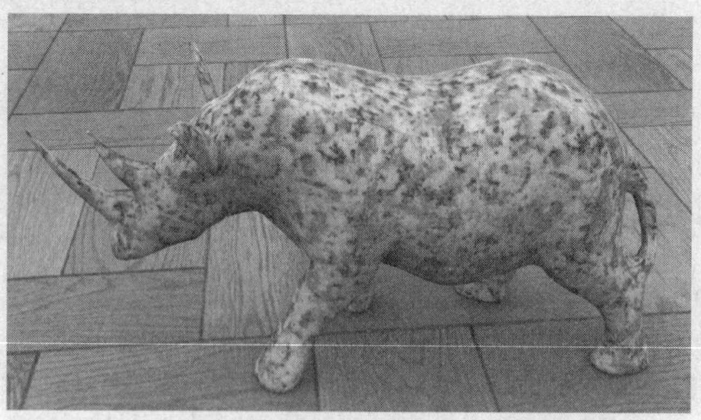

图 6-63

6.6 综合演练——装饰盘的制作

本例介绍装饰盘材质的设置，其中支架为灰木颜色的木材质，为装饰盘设置“漫反射”为“位图”，并指定“凹凸”为“位图”。（最终效果参看光盘中的“Cha06 > 效果 > 钻头.max”，如图 6-64 所示。）

图 6-64

第7章 灯光与摄影机

灯光的主要目的是对场景产生照明、烘托场景气氛和产生视觉冲击，产生照明是由灯光的亮度决定的，烘托气氛是由灯光的颜色、衰减和阴影决定的；产生视觉冲击是结合前面建模和材质，并配合灯光摄影机的运用来实现的。

一幅好的效果图需要好的观察角度，让人一目了然，因此调节摄影机是进行工作的基础。

课堂学习目标

- 场景的布光
- 摄影机的创建

7.1 天光的应用

7.1.1 【案例分析】

“天光”灯光建立日光的模型，意味着与光跟踪器一起使用。

7.1.2 【设计理念】

打开场景后为场景创建“天光”，并结合使用“高级照明>光跟踪器”命令来完成。（最终效果参看光盘中的“Cha07 > 效果 > 天光的应用.max”，如图 7-1 所示。）

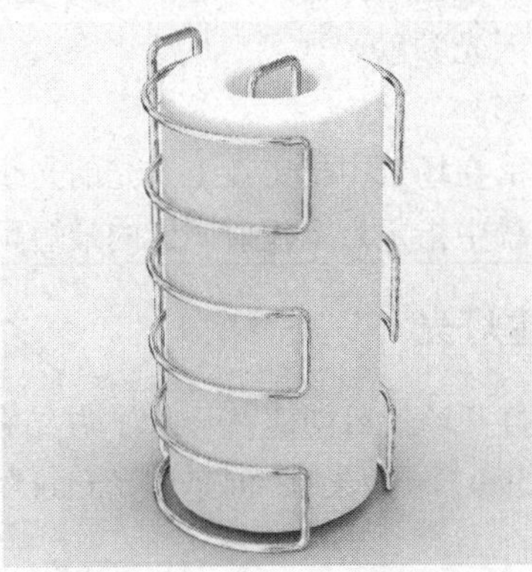

图 7–1

7.1.3 【操作步骤】

步骤 1 首先打开场景文件（光盘中的“Cha07 > 效果 > 天光的应用 o.max”），选择“（创建）> （灯光）> 天光”工具，在“顶”视图中创建天光，如图 7-2 所示。

步骤 2 在菜单栏中选择“渲染>高级照明>光跟踪器”命令，指定“光跟踪器”，使用默认参数，如图 7-3 所示。

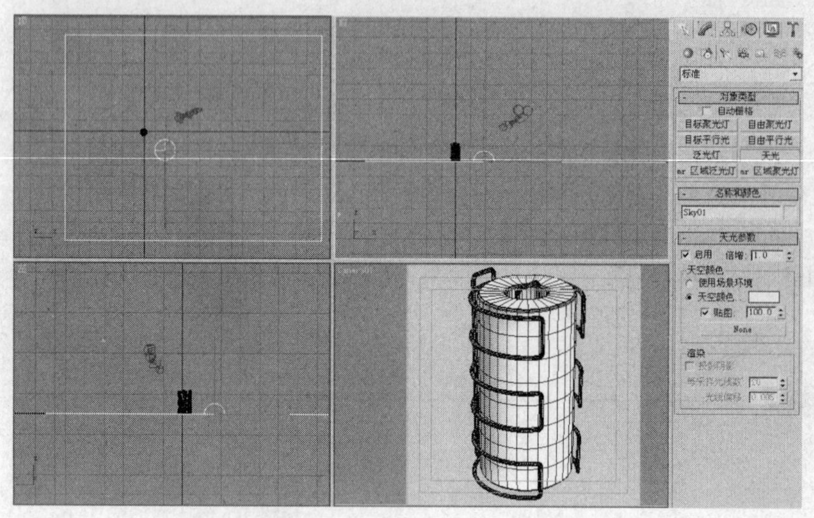

图 7-2

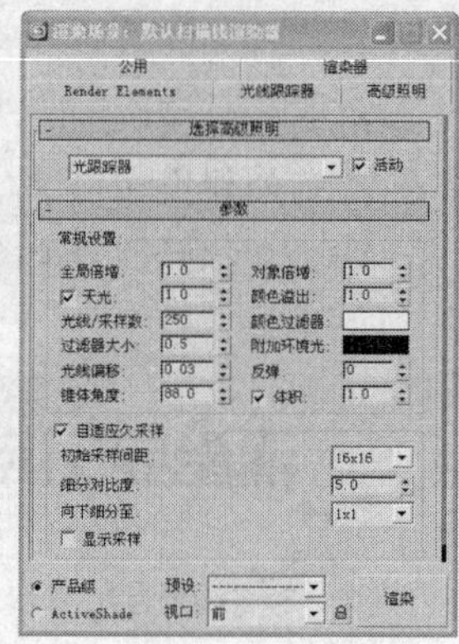

图 7-3

7.1.4 【相关工具】

“天光”工具

“天光”灯光建立日光的模型，意味着与“光跟踪器”一起使用。

“天光参数”卷展栏如图 7-4 所示。

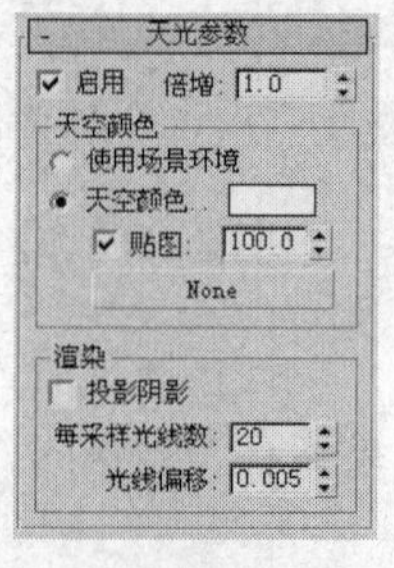

图 7-4

“启用”：启用和禁用灯光。

“倍增”参数：将灯光的功率放大一个正或负的量。

“使用场景环境”选项：使用“环境”面板上的环境设置的灯光颜色。

“天空颜色”：单击色样可显示颜色选择器，并选择为天光染色。

“贴图”：可以使用贴图影响天光颜色。

“投影阴影”：使天光投射阴影。

“每采样光线数”：用于计算落在场景中指定点上天光的光线数。

“光线偏移”：对象可以在场景中指定点上投射阴影的最短距离。

7.1.5 【实战演练】创建灯光

本例介绍为盘子创建灯光，打开场景后创建“天光”，并结合使用“光跟踪器”设置场景来完成。（最终效果参看光盘中的“Cha07 > 效果 > 创建灯光.max”，如图 7-5 所示。）

图 7–5

7.2 场景布光

7.2.1 【案例分析】

在一个场景完成后，要结合材质、灯光和摄影机，这个场景效果才能够完整，下面介绍场景中摄影机和灯光的布置。

7.2.2 【设计理念】

打开场景后，调整视图，以“从视图创建摄影机”的方式创建摄影机，创建“目标聚光灯”作为主光源，创建“泛光灯”作为场景的补光。（最终效果参看光盘中的“Cha07 > 效果 > 场景布光.max”，如图 7-6 所示。）

图 7–6

7.2.3 【操作步骤】

步骤 1 首先打开场景文件（光盘中的“Cha07 > 效果 > 场景布光 o.max”），如图 7-7 所示。

步骤 2 在场景中选择调料瓶，按 Z 键，在视窗中最大化显示调料瓶，并在“透视”图中调整模型的角度，如图 7-8 所示。

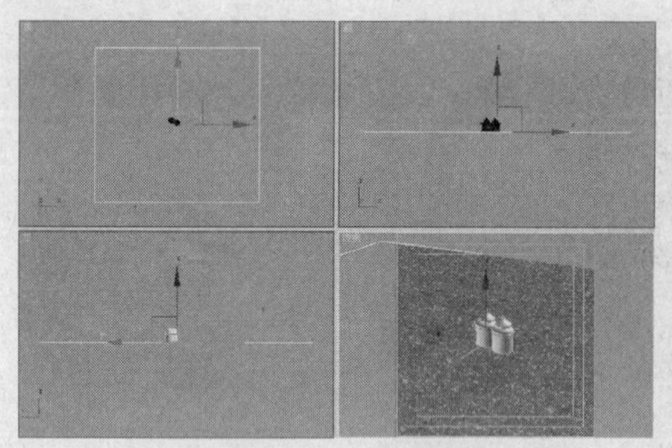

图 7–7

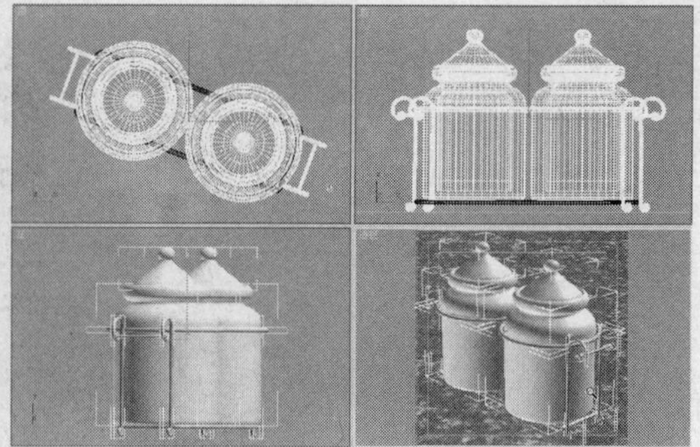

图 7–8

步骤 3 调整好视图后，在菜单栏中选择“视图 > 从视图创建摄影机”命令，或按【Ctrl+C】快捷键，创建摄影机，如图 7-9 所示。

步骤 4 创建摄影机后的场景，如图 7-10 所示。

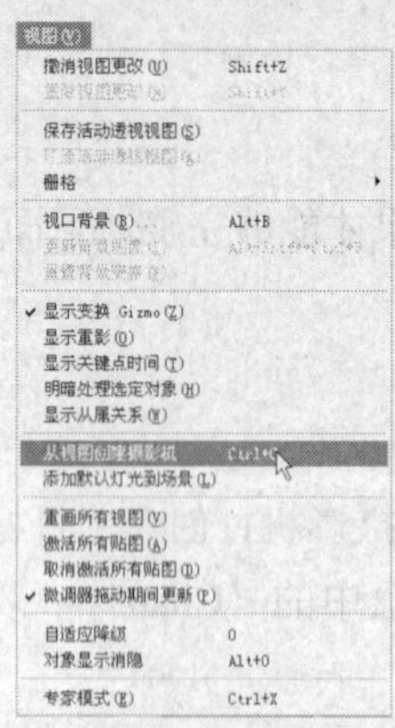

图 7–9

图 7–10

步骤 5 选择“（创建）>（灯光）> 目标聚光灯”工具，在“前”视图中创建目标聚光灯，如图 7-11 所示。在“常规参数”卷展栏中勾选“启用”复选项，选择阴影类型为“区域阴影”。在“聚光灯参数”卷展栏中设置“聚光区/光束”和“衰减区/区域”的参数分别为 0.5 和 100。在“区域阴影”卷展栏中设置“区域灯光尺寸”的“长度”为 30、“宽度”为 30。

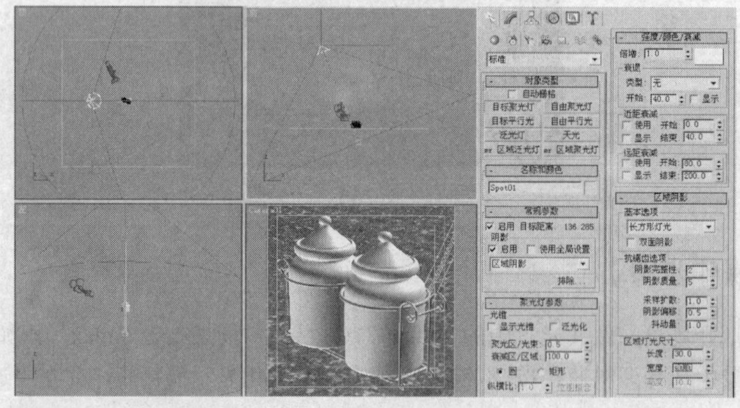

图 7–11

步骤 6 在场景中调整灯光的照射角度，如图 7-12 所示。

步骤 7 渲染当前场景的效果如图 7-13 所示。

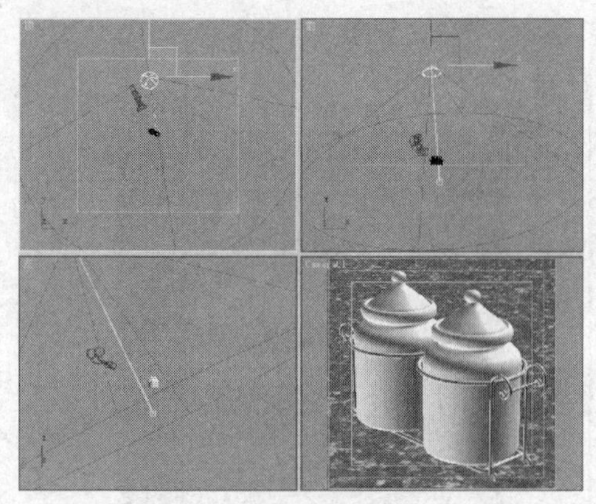

图 7-12

图 7-13

步骤 8 选择“（创建）>（灯光）> 泛光灯”工具，在场景中创建并调整泛光灯。切换到（修改命令面板），在“强度/颜色/衰减”卷展栏中设置“倍增”为 0.4，设置灯光的颜色为（212，255，255），如图 7-14 所示。

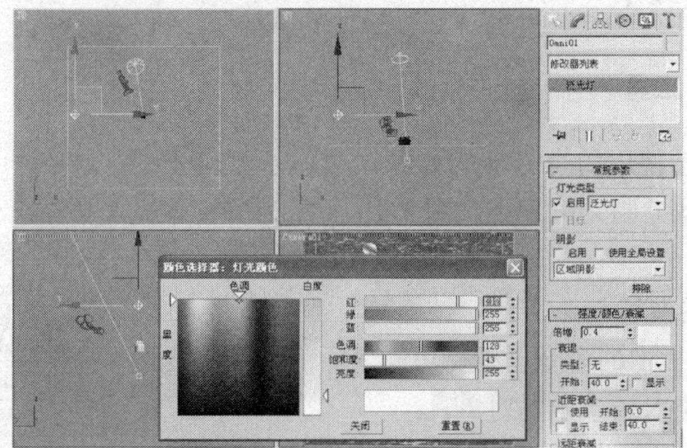

图 7-14

步骤 9 在场景中移动复制灯光，如图 7-15 所示。

步骤 10 渲染当前场景，如图 7-16 所示。

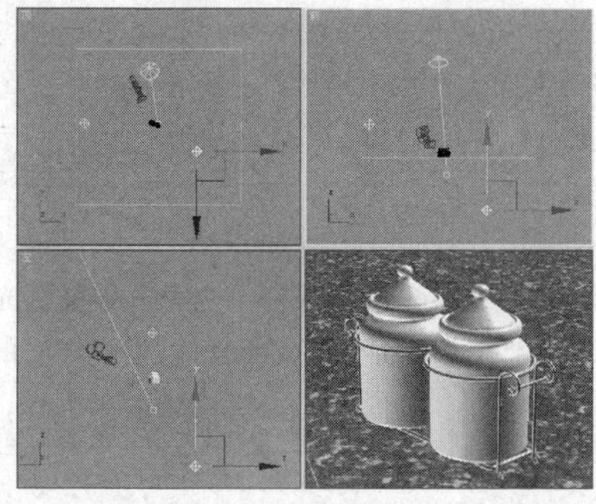

图 7-15

图 7-16

步骤 11 设置场景中调料瓶材质的“自发光”为 40，如图 7-17 所示。

步骤 12 渲染场景，完成场景的布光，如图 7-18 所示。

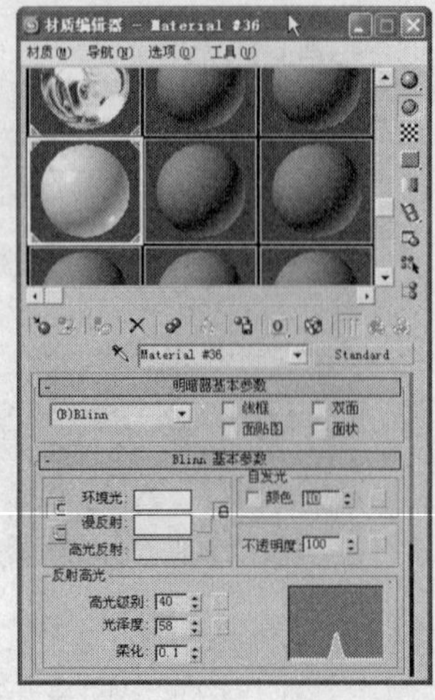
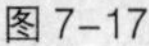

图 7-17

图 7-18

7.2.4 【相关工具】

1. “目标聚光灯”工具

聚光灯是一种经常使用的有方向的光源，类似于舞台上的强光灯。它可以准确地控制光束大小。图 7-19 所示为目标聚光灯的一些参数卷展栏。

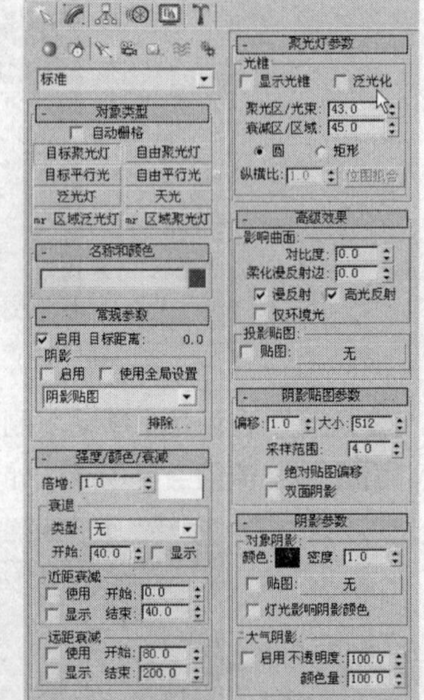

图 7-19

◎“常规参数”卷展栏

“常规参数”卷展栏中的命令用于启用和禁用灯光和灯光阴影，并且排除或包含照射场景中的对象。

◎“聚光灯参数”卷展栏

“聚光灯参数”卷展栏中的参数用来控制聚光灯的聚光区和衰减区。

“显示光锥”：启用或禁用圆锥体的显示。

“泛光化”：当设置泛光化时，灯光将在各个方向投射灯光。但是，投影和阴影只发生在其衰减圆锥体内。

“聚光区/光束”：调整灯光圆锥体的角度。

“衰减区/区域”：调整灯光衰减区的角度。

◎“强度/颜色/衰减”卷展栏

使用“强度/颜色/衰减参数”卷展栏可以设置灯光的颜色和强度，也可以定义灯光的衰减。

“倍增”参数：控制灯光的光照强度。单击“倍增”后的色块，可以设置灯光的光照颜色。

“近距衰减”选项组

“开始”：设置灯光开始淡入的距离。

“结束”：设置灯光达到其全值的距离。

“使用”：启用灯光的近距衰减。

“显示”：在视口中显示近距衰减范围设置。

“远距衰减”选项组

“开始”：设置灯光开始淡出的距离。

“结束”：设置灯光减为 0 的距离。

“使用”：启用灯光的远距衰减。

“显示”：在视口中显示远距衰减范围设置。

◎“高级效果”卷展栏

“高级效果”卷展栏提供影响灯光、影响曲面方式的控件，也包括很多微调和投影灯的设置。这些控件使光度学灯光进行投影。

“贴图”：启用该复选项，可以通过“贴图”按钮投射选定的贴图。禁用该复选项，可以禁用投影。

“贴图”：命名用于投影的贴图。可以从“材质编辑器”中指定的任何贴图拖动，或从任何其他贴图按钮（如“环境”面板上）拖动，并将贴图放置在灯光的“贴图”按钮上。单击“贴图”显示“材质/贴图浏览器”，使用浏览器可以选择贴图类型，然后将按钮拖动到“材质编辑器”，并且使用“材质编辑器”选择和调整贴图。

2.“泛光灯”工具

“泛光灯”为正八面体图标，向四处发散光线。标准的泛光灯用来照亮场景，它的优点是易于建立和调节，不用考虑是否有对象在范围外部被照射；缺点是不能创建太多，否则效果显得平淡而无层次。泛光灯的参数与聚光灯参数大致相同，也可以投影和图像。它与聚光灯的差别在于照射范围，一盏投影泛光灯相当于 6 盏聚光灯所产生的效果。另外，泛光灯还常用来模拟灯泡、台灯等光源对象。

7.2.5 【实战演练】厨房用具

首先打开场景，为厨房用具场景布置摄影机和灯光。（最终效果参看光盘中的“Cha07>效果>厨房用具.max”，如图 7-20 所示。）

图 7-20

7.3 摄影机跟随

7.3.1 【案例分析】

摄影机跟随动画，在三维动画中是最为常用的，例如片头动画就灵活运用了摄影机跟随动画。

7.3.2 【设计理念】

打开场景后，创建“目标摄影机”，通过添加关键帧创建摄影机移动的动画。（最终效果参看光盘中的“Cha07 > 效果 > 摄影机跟随.max”，如图 7-21 所示。）

图 7-21

7.3.3 【操作步骤】

步骤 1 首先打开场景文件（光盘中的“Cha07 > 效果 >摄影机跟随 o.max”），选择“（创建）> （摄像机）> 目标”工具，在场景中创建并调整摄影的照射角度，选择透视图，按 C 键，将其切换为摄影机视图，如图 7-22 所示。在“参数”卷展栏中设置“镜头”参数为 35。

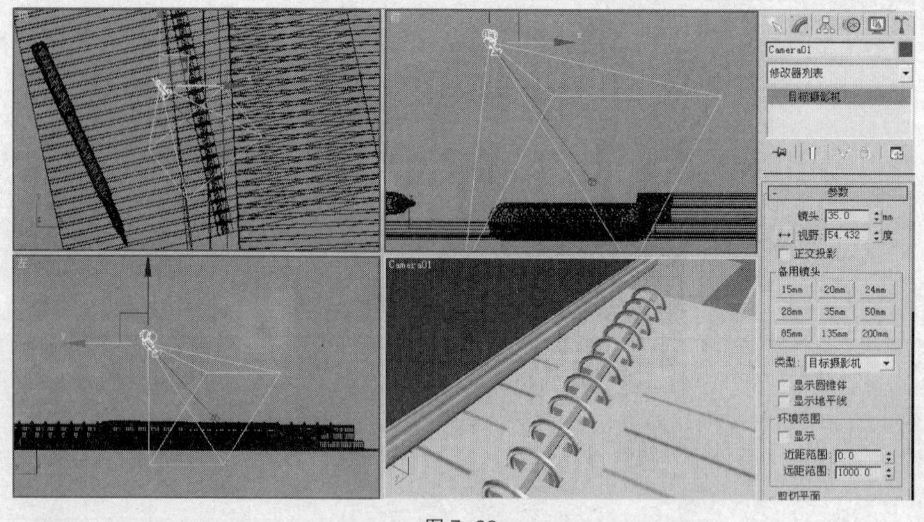

图 7-22

步骤 2 打开“自动关键点”，拖曳时间滑块至 30 帧位置，并在场景中调整摄影机，在摄影机视

图中观察效果，如图 7-23 所示。

步骤 3 拖曳时间滑块至 50 帧位置，并在场景中调整摄影机，在摄影机视图中观察效果，如图 7-24 所示。

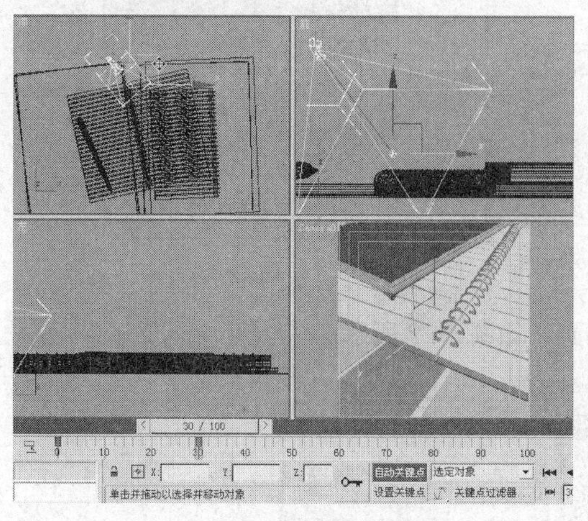

图 7-23

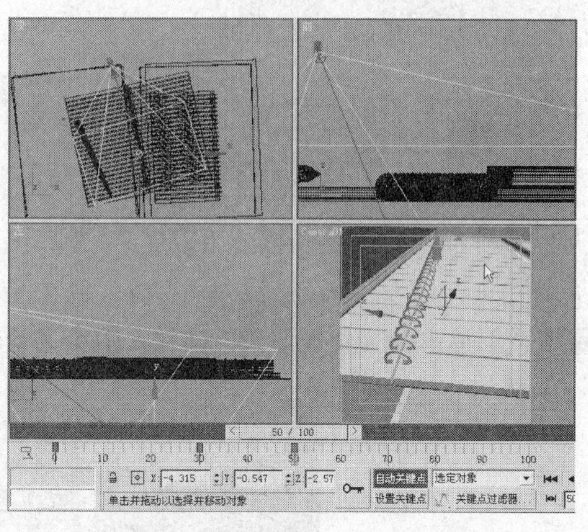

图 7-24

步骤 4 拖曳时间滑块至 70 帧位置，并在场景中调整摄影机，在摄影机视图中观察效果，如图 7-25 所示。

步骤 5 在工具栏中单击（渲染场景）按钮，在弹出的对话框中选择“公用”选项卡，在“公用参数”卷展栏中选择“范围”为 0 到 100 帧，设置“输出大小”为 800*800，如图 7-26 所示。

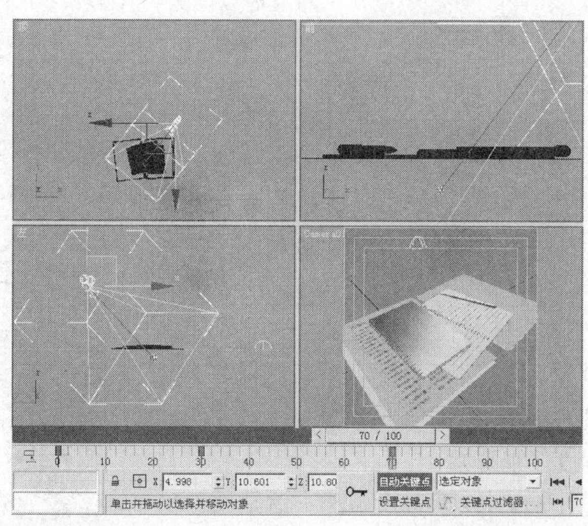

图 7-25

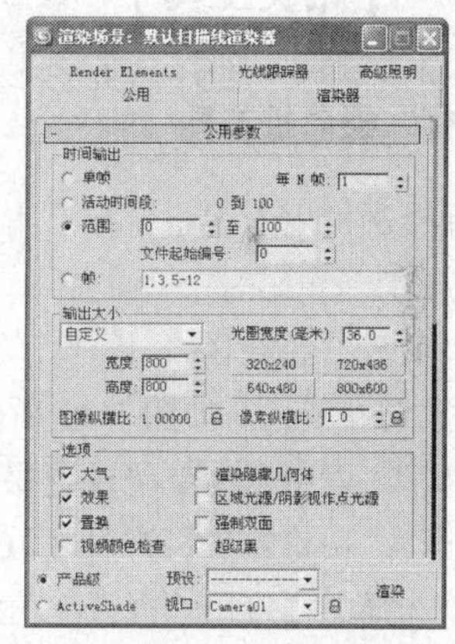

图 7-26

步骤 6 在“渲染输出”中单击“文件”按钮，在弹出的对话框中选择存储路径，并为文件命名，选择“保存类型”为 AVI，单击“保存”按钮，如图 7-27 所示。

步骤 7 再在弹出的对话框中选择 AVI 视频类型，如图 7-28 所示。

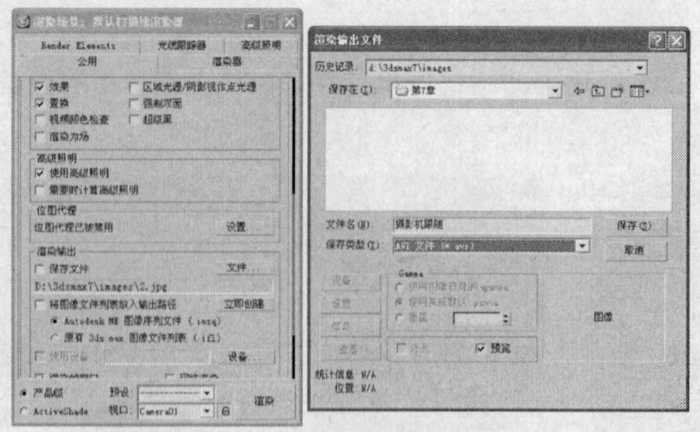

图 7-27

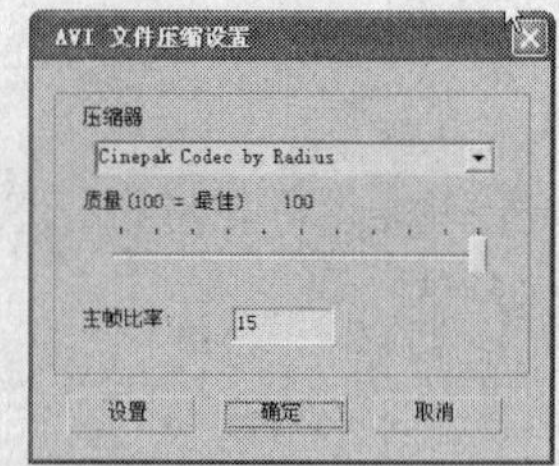

图 7-28

步骤 8 单击（快速渲染）按钮，渲染场景动画，如图 7-29 所示。

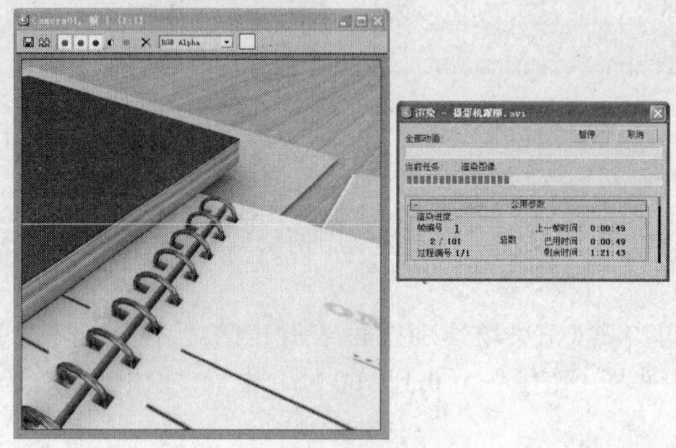

图 7-29

7.3.4 【相关工具】

“目标”摄影机工具

目标摄影机用于观察目标点附近的场景内容，与自由摄影机相比，它更容易定位。

◎“参数”卷展栏

“参数”卷展栏，如图 7-30 所示。

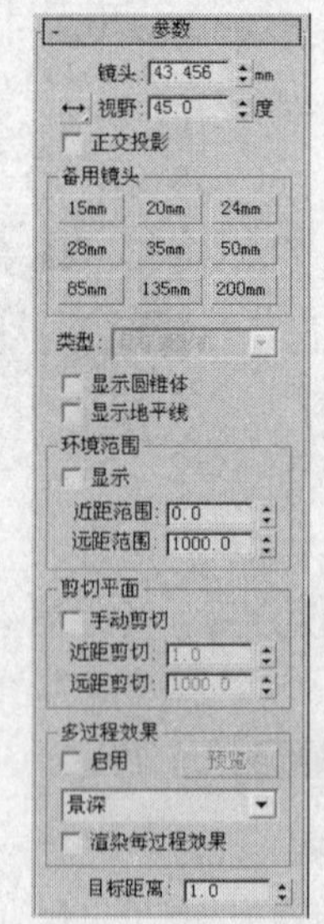

图 7-30

“镜头”：以毫米为单位设置摄影机的焦距。

“视野”：决定摄影机查看区域的宽度（视野）。

可以选择怎样应用“视野”值：使用↔工具水平应用视野。这是设置和测量“视野”的标准方法。使用↕工具垂直应用视野。使用⤢工具在对角线上应用视野，从视口的一角到另一角。

“正交投影”：启用此选项后，摄影机视图看起来就像用户视图。禁用此选项后，摄影机视图好像标准的透视视图。当“正交投影”有效时，视口导航按钮的行为如同平常操作一样，透视图除外。透视图功能仍然移动摄影机，并且更改“视野”，但“正交投影”功能取消执行这两个操作，以便禁用“正交投影”后，可以看到所做的更改。

“备用镜头”：这些预设值设置摄影机的焦距（以毫米为单位）。

“类型”：将摄影机类型从“目标摄影机”更改为“自由摄影机”，反之亦然。

“显示圆锥体”：显示摄影机视野定义的锥形光线（实际上是一个四棱锥）。锥形光线出现在其他视口，但是不出现在摄影机视口中。

“显示地平线”：在摄影机视口中的地平线层级显示一条深灰色的线条。

“环境范围 > 显示”：显示在摄影机锥形光线内的矩形，以显示“近距范围”和“远距范围”的设置。

“近距范围”、“远距范围”：确定在环境面板上设置大气效果的近距范围和远距范围限制。在两个限制之间的对象消失在远端%和近端%值之间。

“剪切平面”：设置选项来定义剪切平面。在视口中，剪切平面在摄影机锥形光线内显示为红色的矩形（带有对角线）。

“手动剪切”：启用该选项可定义剪切平面。

“近距剪切”、“远距剪切”：设置近距和远距平面。

“多过程效果”：使用这些控件可以指定摄影机的“景深”或“运动模糊”效果。当由摄影机生成时，通过使用偏移以多个通道渲染场景，这些效果将生成模糊，它们增加渲染时间。

“启用”：启用该选项后，使用效果预览或渲染。禁用该选项后，不渲染该效果。

“预览”：单击该选项，可在活动摄影机视口中预览效果。如果活动视口不是摄影机视图，则该按钮无效。

效果下拉列表：使用该选项可以选择生成哪个多重过滤效果、景深或运动模糊。这些效果相互排斥。

“渲染每过程效果”：启用此选项后，如果指定任何一个，则将渲染效果应用于多重过滤效果的每个过程（景深或运动模糊）。禁用此选项后，将在生成多重过滤效果的通道之后，只应用渲染效果。默认设置为禁用状态。

“目标距离”：使用自由摄影机，将点设置为用作不可见的目标，以便可以围绕该点旋转摄影机。使用目标摄影机，表示摄影机和其目标之间的距离。

◎“景深参数”卷展栏

“景深参数”卷展栏如图 7-31 所示。

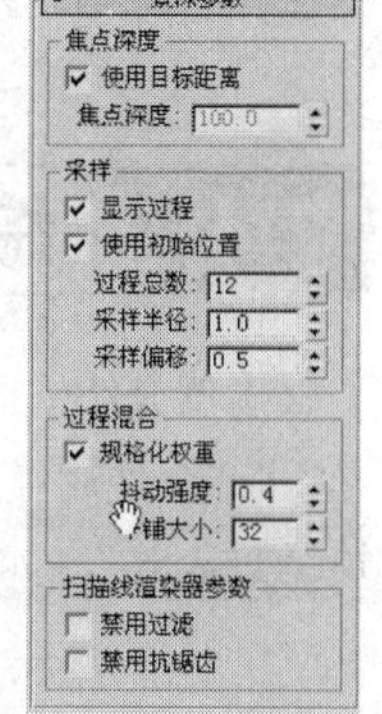

图 7-31

“使用目标距离”：启用该选项后，将摄影机的目标距离用作每过程偏移摄影机的点。

“焦点深度”：当“使用目标距离”处于禁用状态时，设置距离偏移摄影机的深度。

“显示过程”：启用此选项后，渲染帧窗口显示多个渲染通道。禁用此选项后，该帧窗口只显示最终结果。此控件对于在摄影机视口中预览景深无效。

“使用初始位置”：启用此选项后，第一个渲染过程位于摄影机的初始位置。禁用此选项后，与所有随后的过程一样偏移第一个渲染过程。

“过程总数”：用于生成效果的过程数。增加此值可以增加效果的精确性，却以渲染时间为代价。

“采样半径”：通过移动场景生成模糊的半径。增加该值，将增加整体模糊效果。减小该值，将减少模糊。

“采样偏移”：模糊靠近或远离采样半径的权重。增加该值，将增加景深模糊的数量级，提供更均匀的效果。减小该值，将减小数量级，提供更随机的效果。

“过程混合”：由抖动混合的多个景深过程可以由该组中的参数控制。这些控件只适用于渲染景深效果，不能在视口中进行预览。

“规格化权重”：使用随机权重混合的过程可以避免出现诸如条纹这些人工效果。当启用“规格化权重”后，将权重规格化，会获得较平滑的结果。当禁用此选项后，效果会变得清晰一些，但通常颗粒状效果更明显。

“抖动强度”：控制应用于渲染通道的抖动程度。增加此值会增加抖动量，并且生成颗粒状效果，尤其在对象的边缘上。

“平铺大小”：设置抖动时图案的大小。此值是一个百分比，0 是最小的平铺，100 是最大的平铺。

“扫描线渲染器参数”：使用这些控件，可以在渲染多重过滤场景时，禁用抗锯齿或锯齿过滤。禁用这些渲染通道可以缩短渲染时间。

“禁用过滤”：启用此选项后，禁用过滤过程。默认设置为禁用状态。

“禁用抗锯齿”：启用此选项后，禁用抗锯齿。

7.3.5 【实战演练】文字标版

首先打开场景，为盘子场景布置摄影机和灯光。（最终效果参看光盘中的“Cha07 > 效果 > 文字标版.max”，如图 7-32 所示。）

图 7-32

7.4 综合演练——室外建筑场景的制作

本例介绍室外建筑场景模型中摄影机和灯光的创建，其中灯光是使用了“目标聚光灯”和“天光”，结合使用“光跟踪器”渲染器渲染场景。（最终效果参看光盘中的“Cha07 > 效果 > 室外建筑场景.max”，如图 7-33 所示。）

图 7-33

7.5 综合演练——室内灯光的创建

本例介绍室内场景中灯光的创建，在该场景中使用“目标聚光灯”作为同等射灯，创建泛光灯照亮场景。(最终效果参看光盘中的“Cha07 > 效果 > 室内灯光的创建.max”，如图 7-34 所示。)

图 7-34

第8章 基础动画

在 3ds Max 9 中可以轻松地制作动画，可以将想像到的宏伟画面通过 3ds Max 9 来实现。本章将对 3ds Max 9 中常用的动画工具进行讲解，如关键帧的设置、轨迹视图、运动命令面板、常用到的修改器等。读者通过本章的学习，可以了解并掌握 3ds Max 9 基础的动画应用知识和操作技巧。

课堂学习目标

- 关键帧动画的设置
- 认识“轨迹视图”
- 运动命令面板
- 动画约束

8.1 关键帧动画

8.1.1 【案例分析】

关键帧动画通过单击“自动关键点”按钮的情况下，设置一个时间点，然后读者可以在场景中对需要设置动画的对象进行移动、缩放、旋转等变换操作，也可以调节对象所有的设置和参数，系统会自动将场景中这些操作记录为动画关键点。

8.1.2 【设计理念】

本例介绍使用关键帧设置“倒角”的参数，以及模型的位置，来制作关键帧动画。（最终效果参看光盘中的“Cha08 > 效果 > 关键这动画.max”，如图 8-1 所示。）

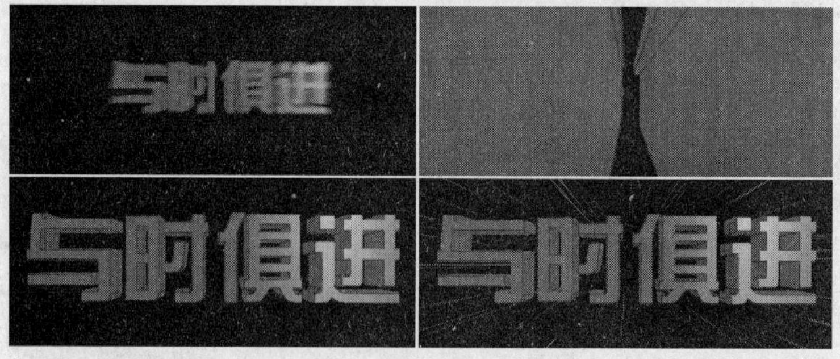

图 8-1

8.1.3 【操作步骤】

步骤 1 选择“（创建）>（图形）> 文本”工具，在“前”视图中创建文本，在“参数”卷展栏中选择字体，在 Text 文本框中输入“与时俱进”，其他参数使用默认设置即可，如图 8-2 所示。

步骤 2 为文本施加“倒角”修改器，如图 8-3 所示。

图 8–2

图 8–3

步骤 3 打开“自动关键点”，拖动时间滑块到 20 帧，在“倒角值”卷展栏中设置“级别 1”的“高度”为 1000，如图 8-4 所示。

步骤 4 拖动时间滑块到 0 帧，在场景中调整透视图，并按【Ctrl+C】快捷键，创建摄影机，如图 8-5 所示。

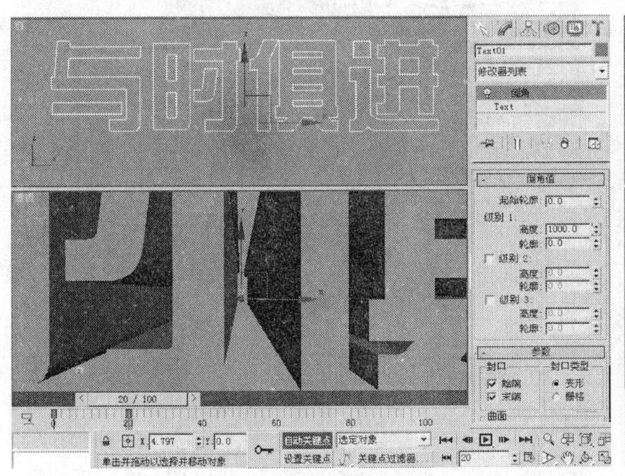

图 8–4

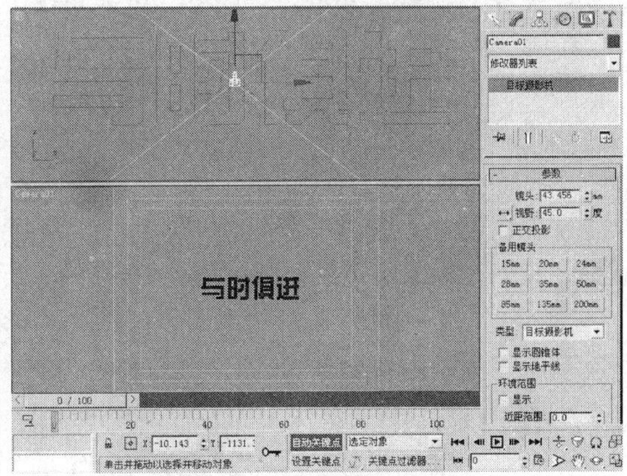

图 8–5

步骤 5 在第 21 帧，选择模型，设置“级别 1”的“高度”为 50，并在场景中调整模型，如图 8-6 所示。

步骤 6 拖动时间滑块到 25 帧，勾选“级别 2”复选项，设置其“高度”为 5、“轮廓”为-1，如图 8-7 所示。

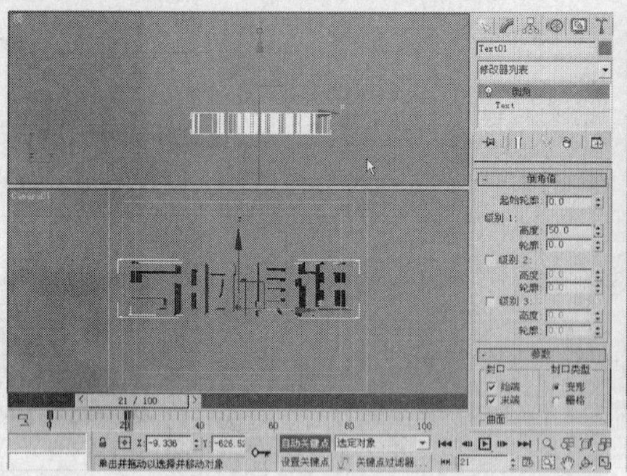
图 8-6

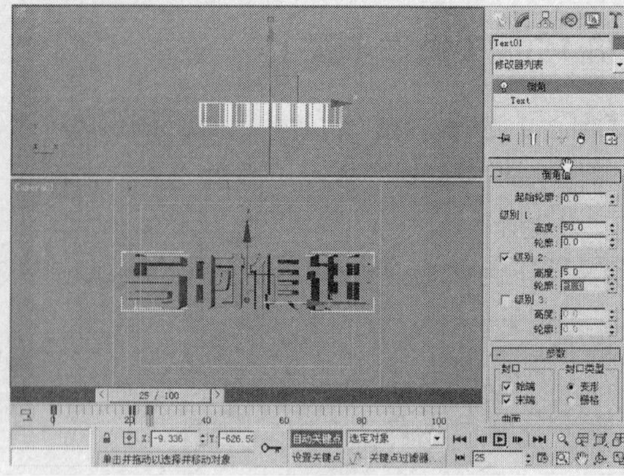
图 8-7

步骤 7 在场景中创建可渲染的样条线，并在场景中复制并调整模型的位置，如图 8-8 所示。

步骤 8 拖动时间滑块到 26 帧，并在场景中选择可渲染的样条线，用鼠标右键单击 （选择并均匀缩放）按钮，在弹出的对话框中设置“偏移：屏幕”的百分比值为“0”，如图 8-9 所示。

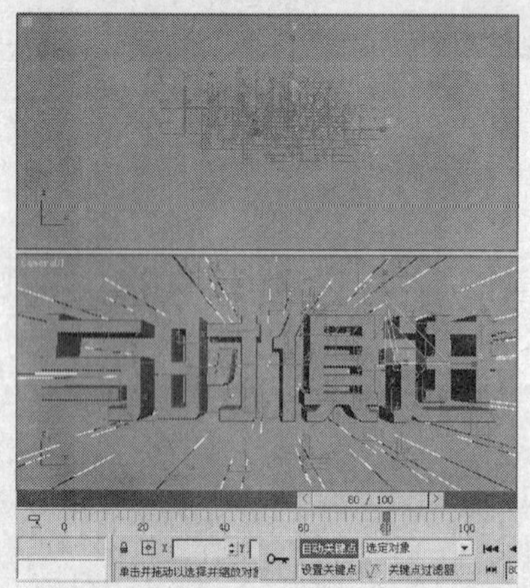
图 8-8

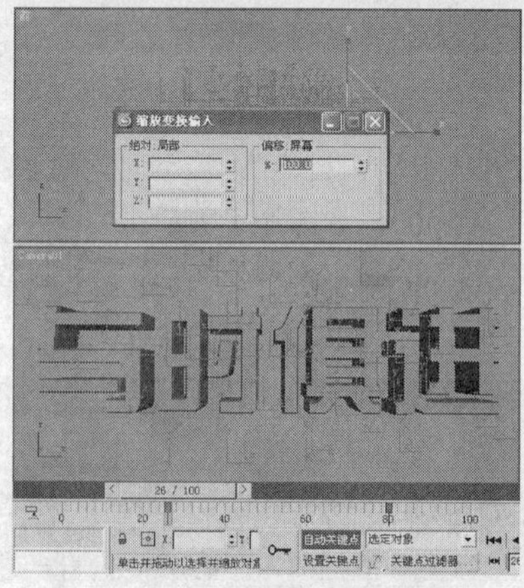
图 8-9

步骤 9 在场景中调整样条线的位置，将 20 帧的关键点拖动到 26 帧，拖动 80 帧的关键点到 40 帧，如图 8-10 所示。

步骤 10 拖动使滑块到 60 帧，在场景中移动样条线，如图 8-11 所示。

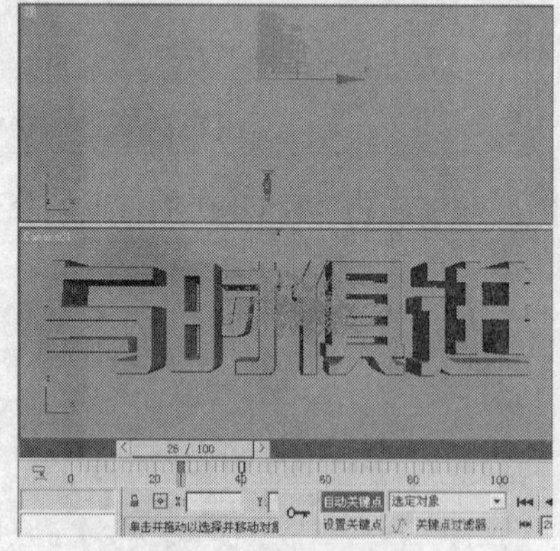
图 8-10

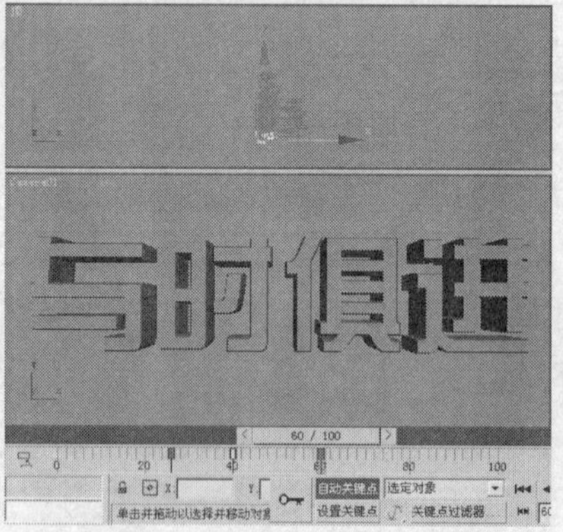
图 8-11

步骤 11 为文本模型设置一个光线跟踪材质，设置其颜色即可，如图 8-12 所示。

步骤 12 为场景中的样条线设置一个自发光黄色的材质，如图 8-13 所示。

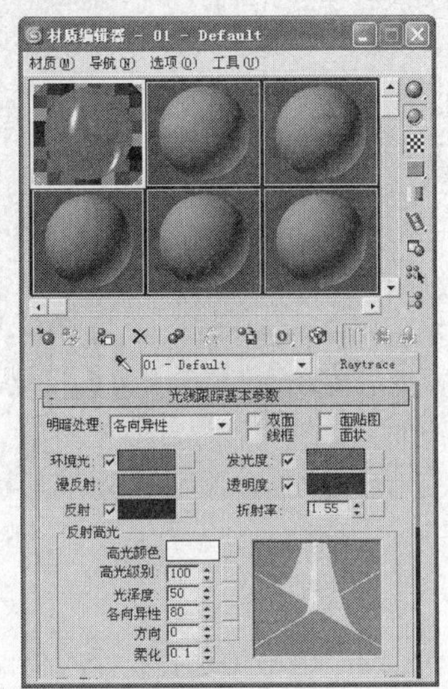

图 8–12

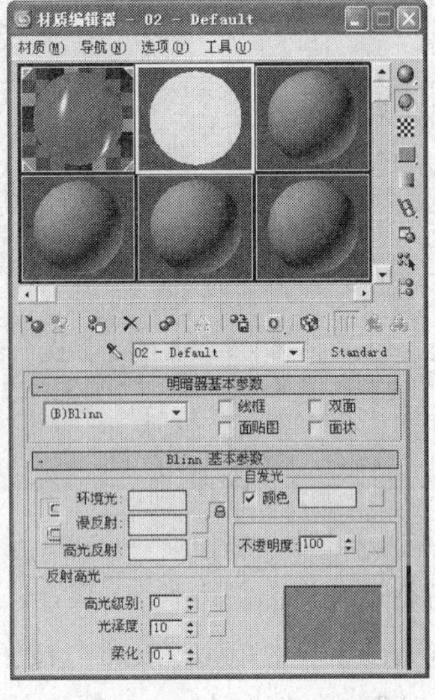

图 8–13

步骤 13 在场景中选择文本模型，按【Ctrl+V】快捷键，复制模型，并为其指定一个黑色线框材质，如图 8-14 所示。

步骤 14 在工具栏中单击（渲染场景对话框）按钮，在弹出的对话框中设置渲染的“宽度”和“高度”，如图 8-15 所示。

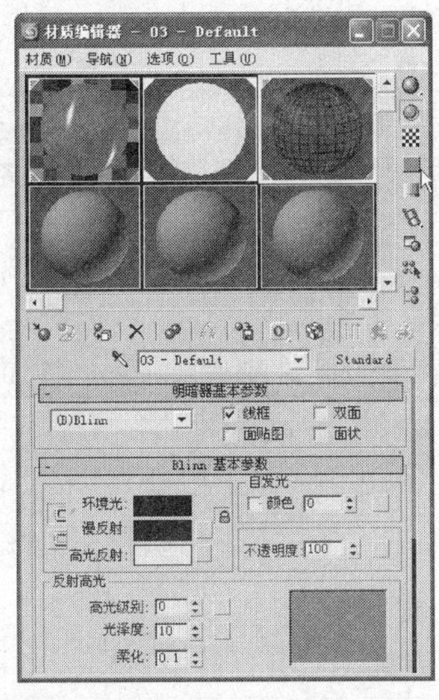

图 8–14

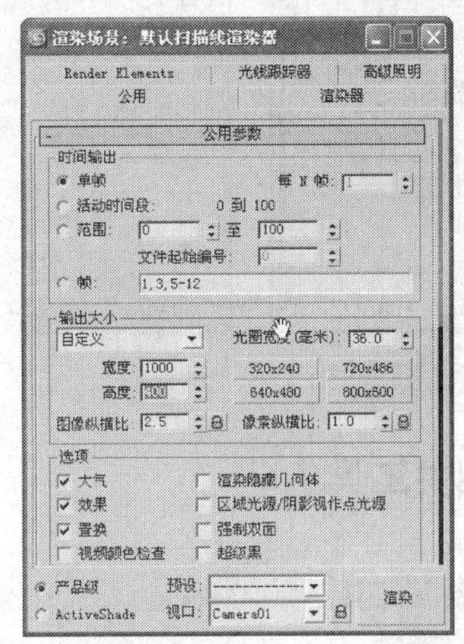

图 8–15

步骤 15 在场景中选择模型，用鼠标右键单击模型，在弹出的快捷菜单中选择“对象属性”命令，在弹出的对话框中选择“运动模糊”中的“图形”选项，设置“倍增”为 2，如图 8-16 所示。

步骤 16 可以在场景中对模型进行复制，可以调整模型，如图 8-17 所示。

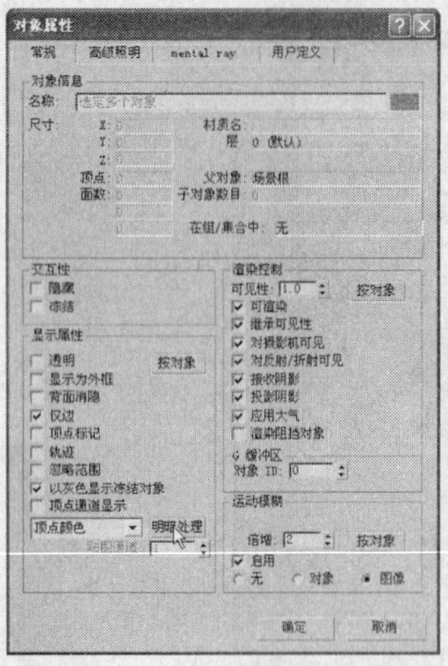

图 8-16

图 8-17

步骤 17 在“渲染设置”面板中选择“范围”选项，如图 8-18 所示。

步骤 18 在“渲染输出”中单击“文件”按钮，在弹出的对话框中选择一个存储路径，选择“保存类型”为 AVI，单击“保存”按钮，对视频进行存储，如图 8-19 所示，对动画进行渲染即可。

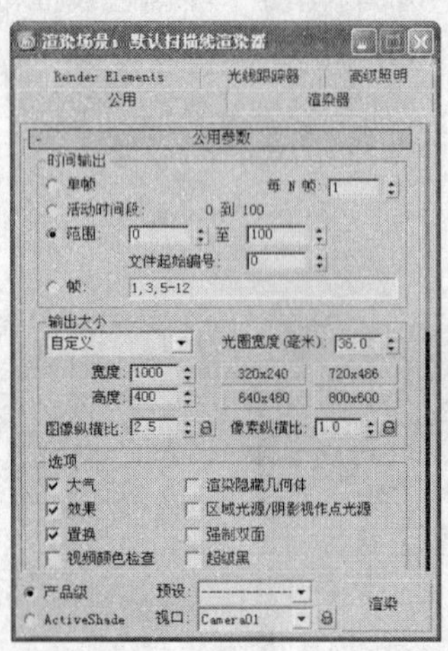

图 8-18

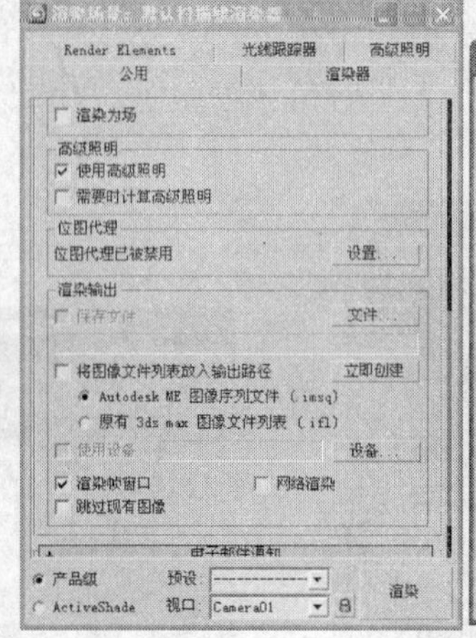

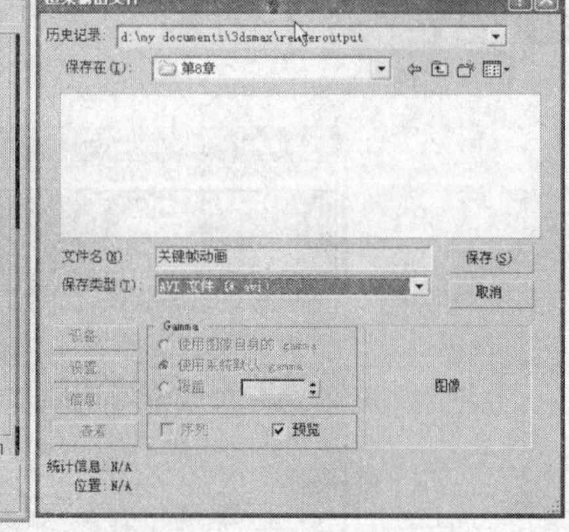

图 8-19

8.1.4 【相关工具】

1.“动画控制”工具

如图 8-20 所示的界面，可以控制视图中的时间显示；时间控制包括时间滑块、播放按钮以及动画关键点的控制等。

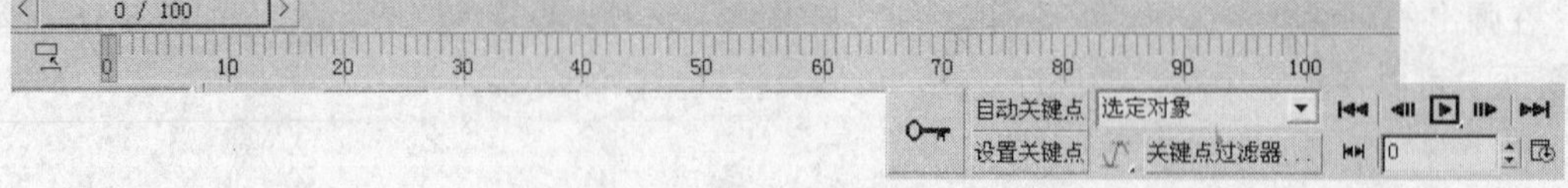

图 8-20

时间滑块：移动该滑块，显示当前帧号和总帧号，拖动该滑块，可观察视图中的动画效果。

“设置关键点”：在当前时间滑块处于的帧位置创建关键点。

“自动关键点”：自动关键点模式。单击该按钮呈现红色，将进入自动关键点模式，并且激活的视图边框也以红色显示。

“设置关键点”：手动关键点模式。单击该按钮呈现红色，将进入手动关键点模式，并且激活的视图边框也以红色显示。

（新建关键点的默认入\出切线）：为新的动画关键点提供快速设置默认切线类型的方法，这些新的关键点是用“设置关键点”或者“自动关键点”创建的。

Key Filters（关键点过滤器）：用于设置关键帧的项目。

（转到开头）：单击该按钮可将时间滑块恢复到开始帧。

（上一帧）按钮：单击该按钮可将时间滑块向前移动一步。

（播放动画）按钮：单击该按钮可在视图中播放动画。

（下一帧）按钮：单击该按钮可将时间滑块向后移动一帧。

（转到结尾）按钮：单击该按钮可将时间滑块移动到最后一帧。

（关键点模式切换）按钮：单击该按钮，可以在前一帧和后一帧之间跳动。

显示当前帧号：当时间滑块移动时，可显示当前所在帧号，可以直接输入数值以快速到达指定帧号。

（时间配置）：用于设置帧频、播放和动画等参数。

2.动画时间的设置

单击状态栏上的（时间配置）按钮，出现“时间配置”对话框，如图 8-21 所示。

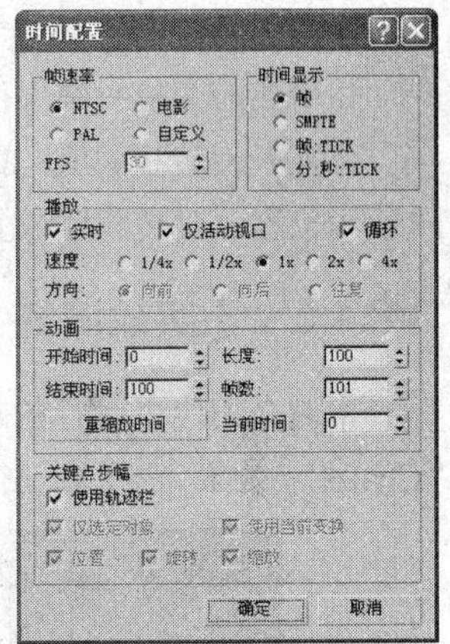

图 8-21

NTSC：是北美、大部分中南美国家和日本所使用的电视标准的名称。帧速率为每秒 30 帧（fps）或者每秒 60 场，每场相当于电视屏幕上的隔行插入扫描线。

电影：电影胶片的计数标准，它的帧速率为每秒 24 帧。

PAL：根据相位交替扫描线制定的电视标准，在我国和欧洲大部分国家中使用，它的帧速率为每秒 25 帧（fps）或每秒 50 场。

自定义：选择该单选按钮，可以在其下的（FPS）文本框中输入自定义的帧速率，它的单位为帧/秒。

FPS：采用每秒帧数来设置动画的帧速率。视频使用 30 fps 的帧速率，电影使用 24 fps 的帧速率，而 Web 和媒体动画则使用更低的帧速率。

帧：默认的时间显示方式，单个帧代表的时间长度取决于所选择的当前帧速率，如每帧为 1/30 秒。

SMPTE：这是广播级编辑机使用的时间计数方式，对电视录像带的编辑都是在该计数下进行的，标准方式为 00：00：00（分：秒：帧）。

“帧：TICK”：使用帧和 3ds Max 内定的时间单位——十字叉（TICK）显示时间，十字叉是 3ds Max 查看时间增量的方式。因为每秒有 4800 个十字叉，所以访问时间实际上可以减少到每秒的 1/4800。

“分：秒：TICK”：与 SMPTE 格式相似，以分钟（min）、秒钟（s）和十字叉（TICK）显示时间，其间用冒号分隔。例如，0.2：16：2240 表示 2 分钟 16 秒和 2240 十字叉。

实时：勾选此复选框，在视图中播放动画时，会保证真实的动画时间；当达不到此要求时，系统会跳格播放，省略一些中间帧来保证时间的正确。可以选择 5 个播放速度，即 1x 是正常速度，1/2x 是半速等。速度设置只影响在视口中的播放。

仅活动视口：可以使播放只在活动视口中进行。禁用该复选项后，所有视口都将显示动画。

循环：控制动画只播放一次，还是反复播放。

速度：设置播放时的速度。

方向：将动画设置为向前播放、反转播放或往复播放。

“开始时间”和“结束时间”：分别设置动画的开始时间和结束时间。默认设置开始时间为 0，根据需要可以设为其他值，包括负值。有时可能习惯于将开始时间设置为第 1 帧，这比 0 更容易计数。

长度：设置动画的长度，它其实是由“开始时间”和“结束时间”设置得出的结果。

帧数：被渲染的帧数，通常是设置数量再加上一帧。

重缩放时间：对目前的动画区段进行时间缩放，以加快或减慢动画的节奏，这会同时改变所有的关键帧设置。

当前时间：显示和设置当前所在的帧号码。

使用轨迹栏：使关键点模式能够遵循轨迹栏中的所有关键点。其中包括除变换动画之外的任何参数动画。

仅选定对象：在使用关键点步幅时，只考虑选定对象的变换。如果取消勾选该复选框，则将考虑场景中所有未隐藏对象的变换。默认设置为启用。

使用当前变换：禁用位置、旋转和缩放，并在关键点模式中使用当前变换。

位置、旋转和缩放：指定关键点模式所使用的变换。取消勾选“使用当前变换”复选框，即可使用位置、旋转和缩放复选框。

8.1.5 【实战演练】飞机飞行

本例介绍飞机飞行的动画，其中将主要为飞机的移动设置关键点。（最终效果参看光盘中的“Cha08 > 效果 > 飞机飞行.max”，如图 8-22 所示。）

图 8-22

8.2 跳动的小球

8.2.1 【案例分析】

轨迹视图对于管理场景和动画制作功能非常强大，下面以一个非常经典的案例 — 跳动的小球介绍轨迹视图的应用。

8.2.2 【设计理念】

通过“自由关键点”按钮，制作一个跳动小球效果，然后进行“轨迹视图”的进一步调整。（最终效果参看光盘中的“Cha08 > 效果 > 跳动的小球.max”，如图 8-23 所示。）

图 8-23

8.2.3 【操作步骤】

步骤 1 在场景中创建长方体和球体，并为其设置一个自己喜欢的材质，如图 8-24 所示，将球体放置到模板的左侧。

步骤 2 选中球体，将时间滑块移至 90 帧处，单击“自动关键点”按钮，使用（选择并移动）工具，在“顶”视图中将小球沿 X 轴，移至木板的右侧，如图 8-25 所示。

图 8-24

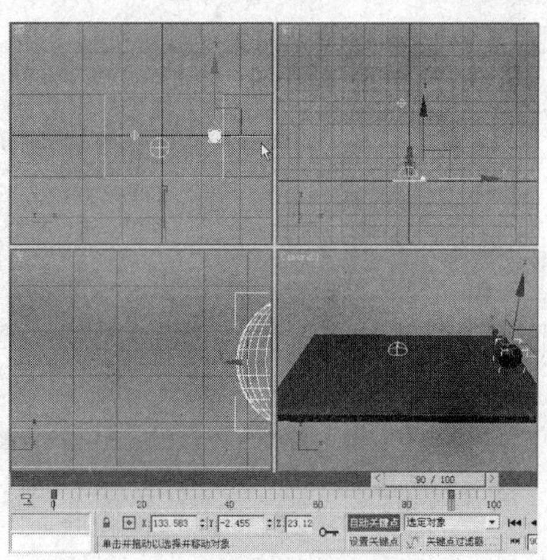

图 8-25

步骤 3 将时间滑块移至 30 帧处，单击（运动）命令面板，在“PRS 参数”卷展栏中，单击“创建关键点”区域下的“位置”按钮，添加一处位移关键帧，如图 8-26 所示。

步骤 4 将时间滑块移至 60 帧处，单击“创建关键点”区域下的“位置”按钮，添加一处位移关键帧，如图 8-27 所示。

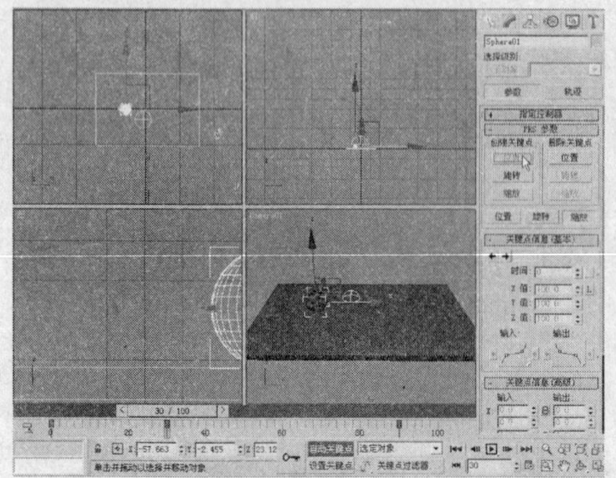

图 8-26

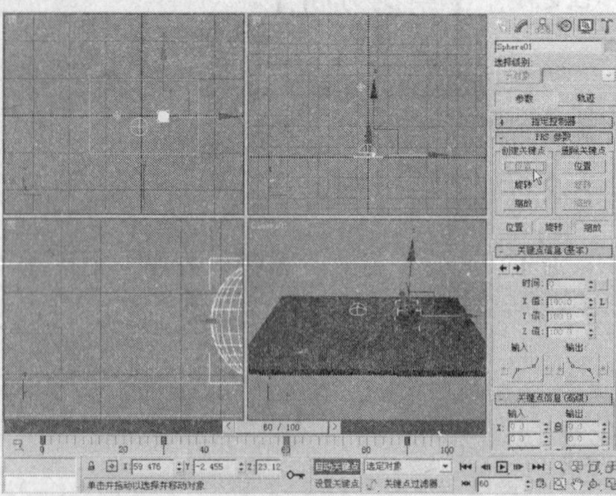

图 8-27

步骤 5 选择 0 帧处的关键帧，按住 Shift 键，将它移至 5 帧的位置处，对该关键帧进行移动复制，如图 8-28 所示。

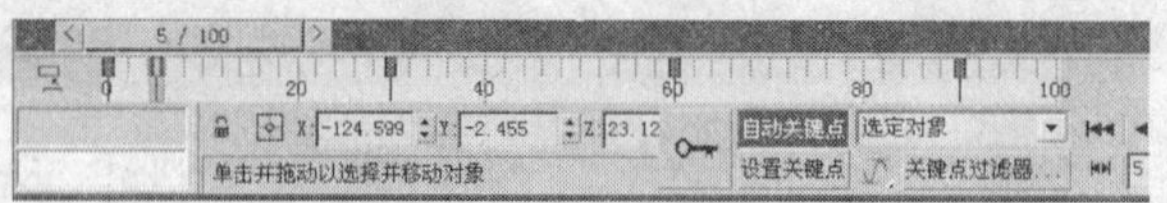

图 8-28

步骤 6 选择 30 帧处的关键帧，按住 Shift 键，复制到第 25 帧处一个关键点，再将 30 帧处的关键帧移动复制到 35 帧处一个关键帧，如图 8-29 所示。

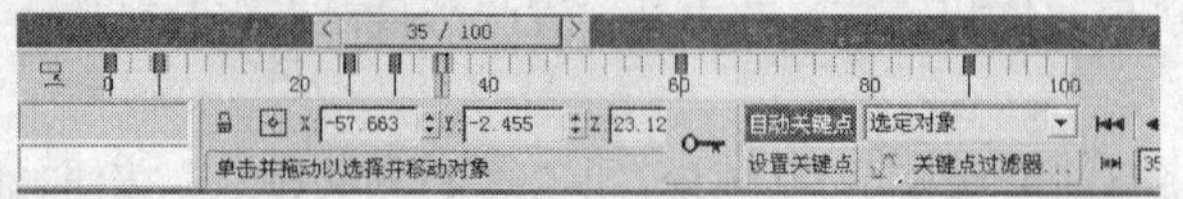

图 8-29

步骤 7 选择 60 帧处的关键帧，按住 Shift 键，复制到第 55 帧处一个关键点，再将 60 帧处的关键帧复制一个到 65 帧处，如图 8-30 所示。

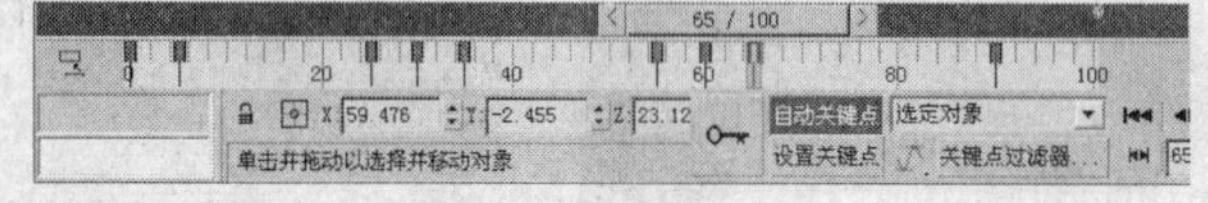

图 8-30

步骤 8 选择 90 帧处的关键帧，按住 Shift 键，将它移至 85 帧的位置处，对该关键帧移动和复制，如图 8-31 所示。

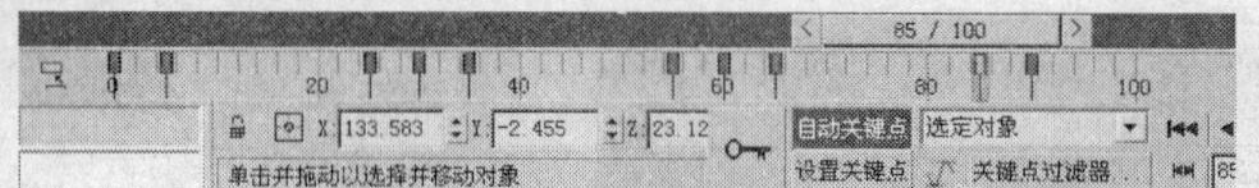

图 8-31

步骤 9 将时间滑块移至 15 帧处，在相对坐标显示区域中 Z 轴文本框内输入 80，如图 8-32 所示。

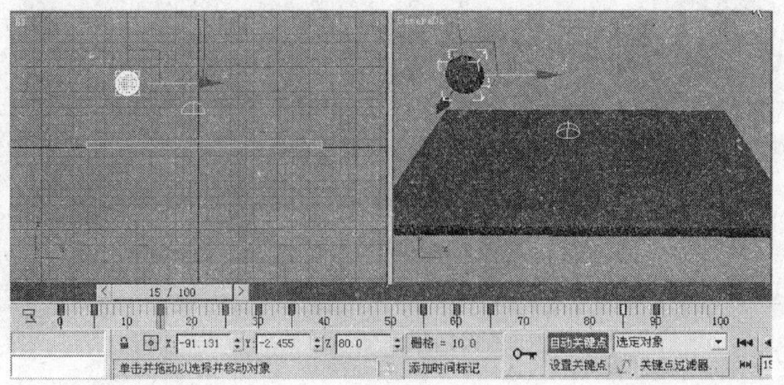

图 8-32

步骤 10 将时间滑块移至 45 帧处，在相对坐标显示区域中 Z 轴文本框内输入 80，如图 8-33 所示。

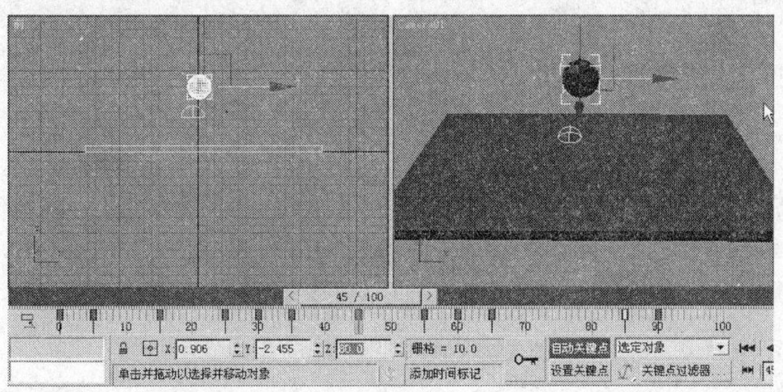

图 8-33

步骤 11 再将时间滑块移至 75 帧处，在相对坐标显示区域中 Z 轴文本框内输入 80，如图 8-34 所示。

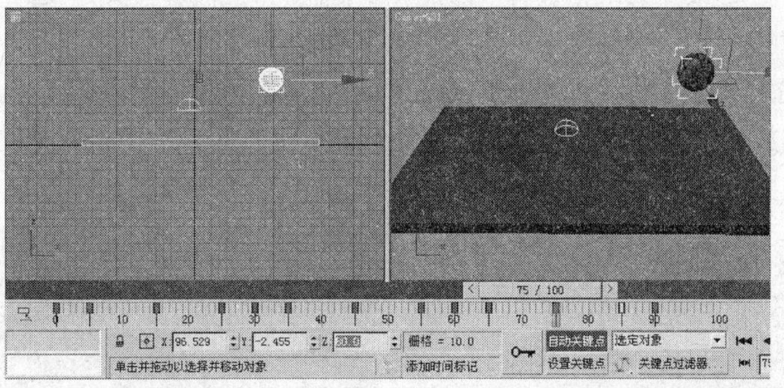

图 8-34

步骤 12 单击工具栏中的（曲线编辑器）按钮，打开“轨迹视图”对话框，在左侧的“项目窗口”中选择“对象 > Sphere01 > 变换 > 位置 > Z 位置”选项，在右侧显示 Z 轴的位置变换动画曲线，选择曲线底部的所有关键点，然后在关键点上单击鼠标右键，在打开的“Sphere01/Z 位置”对话框中，将“输入”、“输出”分别定义为和按钮，将关键点的类型设置为“线性”，如图 8-35 所示，关闭该对话框。

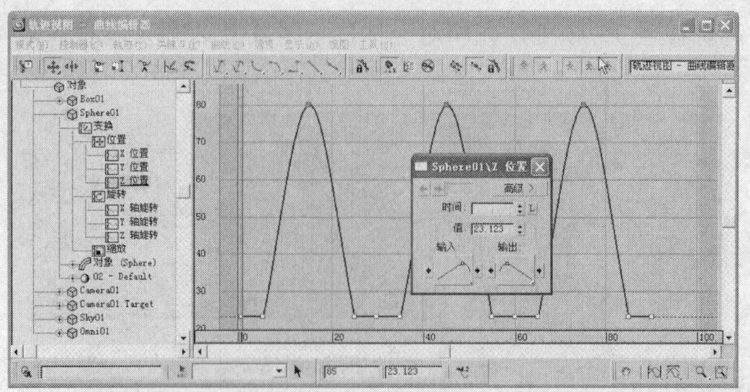

图 8-35

步骤 13 在右侧“项目窗口”中选择“对象 > Sphere01 > 变换 > 位置 > X 位置”选项，再选择右侧面板中所有的关键点，在关键点上单击鼠标右键，将它们的类型设置为线性，如图 8-36 所示，关闭该对话框。

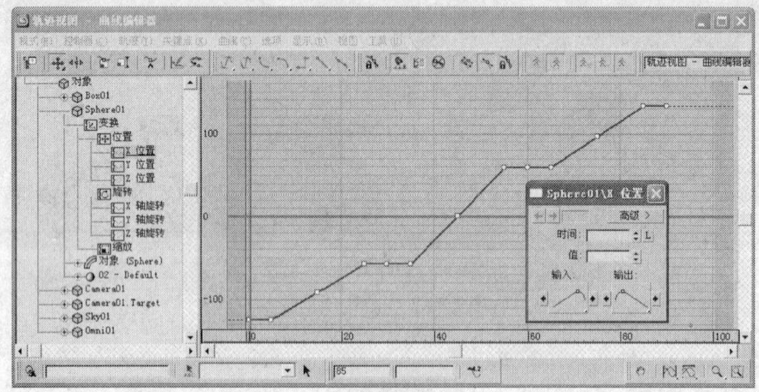

图 8-36

步骤 14 关闭“轨迹视图”对话框，关闭“自动关键点”按钮。在场景中选择球体，切换到（修改命令面板），在修改器列表中选择“拉伸”修改器，将当前选择集定义为“中心”，激活“前”视图，将拉伸的中心沿 Y 轴移至“小球”的底部，如图 8-37 所示。

步骤 15 将当前选择集定义为“Gizmo”，在工具栏中用鼠标右键单击（选择并均匀缩放）按钮，打开“缩放变换输入”对话框，在“偏移：屏幕”区域中，将百分比值设置为 170%，按回车键，如图 8-38 所示，关闭该对话框。

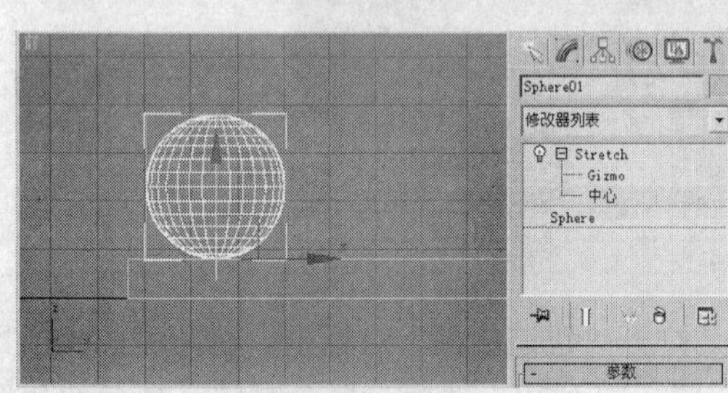

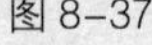
图 8-37

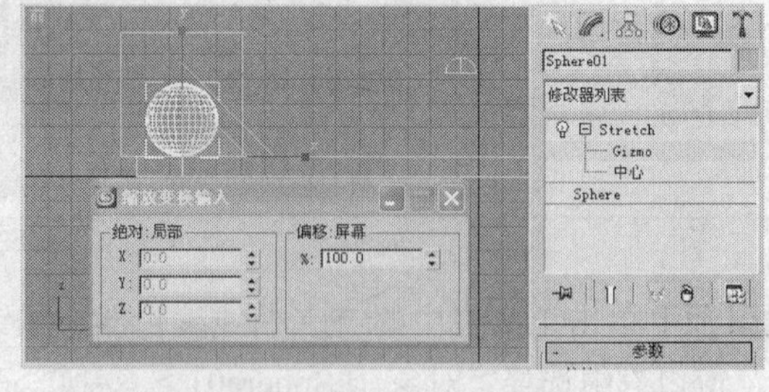

图 8-38

步骤 16 关闭当前选择集，将时间滑块移至 0 帧处，打开“自动关键点”按钮，在“参数”卷展栏中，将“拉伸”值设置为-0.6，如图 8-39 所示。

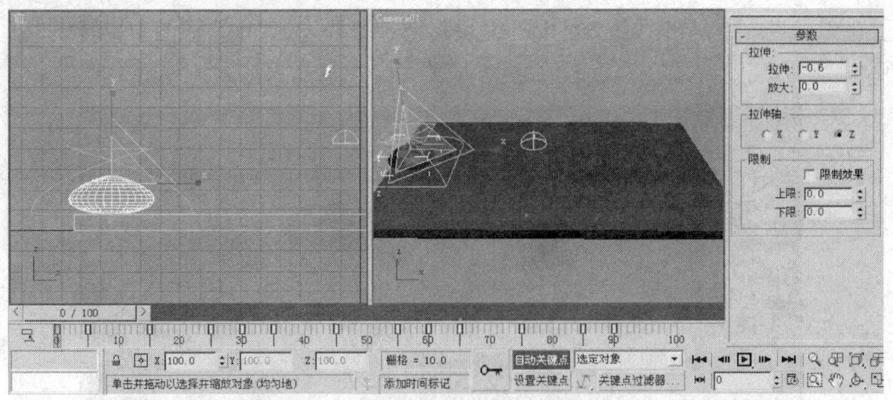

图 8-39

步骤 17 将时间滑块移至 15 帧处，将“参数”卷展栏中的“拉伸”设置为 1，如图 8-40 所示。

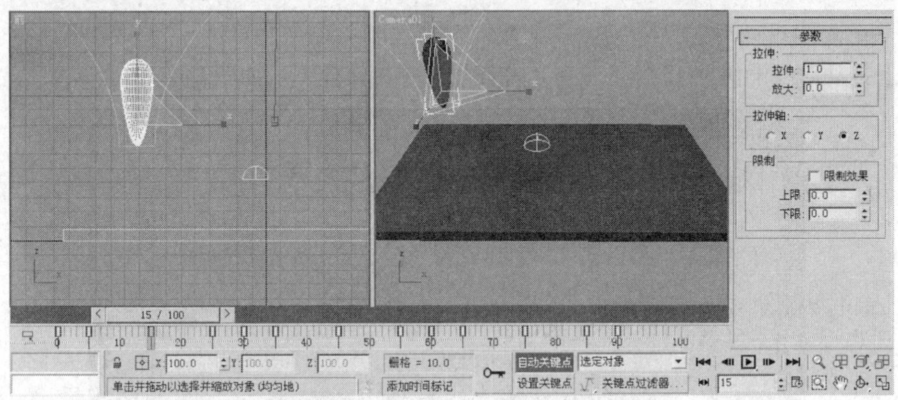

图 8-40

步骤 18 将时间滑块移至 30 帧处，将“参数”卷展栏中的“拉伸”设置为-0.6，如图 8-41 所示。

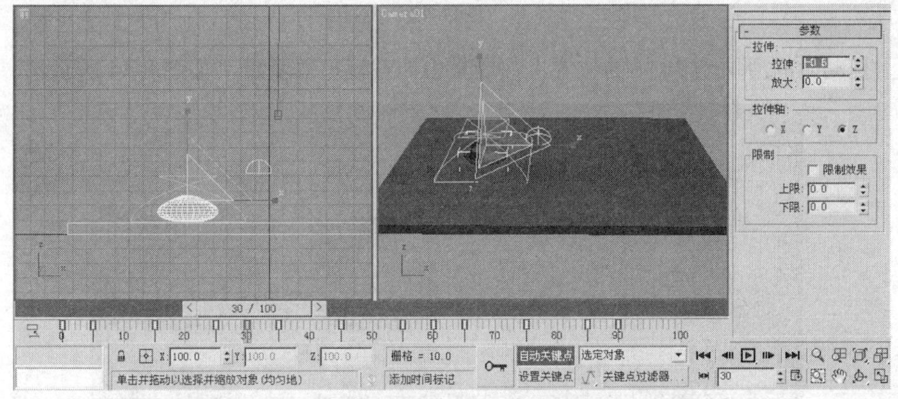

图 8-41

步骤 19 将时间滑块移至 45 帧处，在“参数”卷展栏中将“拉伸”设置为 1；再将时间滑块移至 60 帧处，将“参数”卷展栏中的“拉伸”设置为-0.6。

步骤 20 将时间滑块移至 75 帧处，在“参数”卷展栏中，将“拉伸”设置为 1；将时间滑块移至 90 帧处，将“参数”卷展栏中的“拉伸”设置为-0.6。

步骤 21 在工具栏中单击按钮，将时间滑块移至 5 帧处，在“前”视图中旋转模型，如图 8-42 所示。

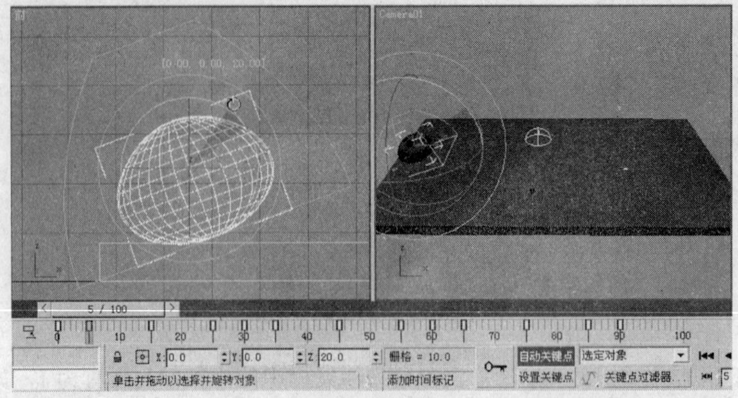

图 8-42

步骤 22 拖动时间滑块到 15 帧的位置，并在场景中旋转模型，如图 8-43 所示。

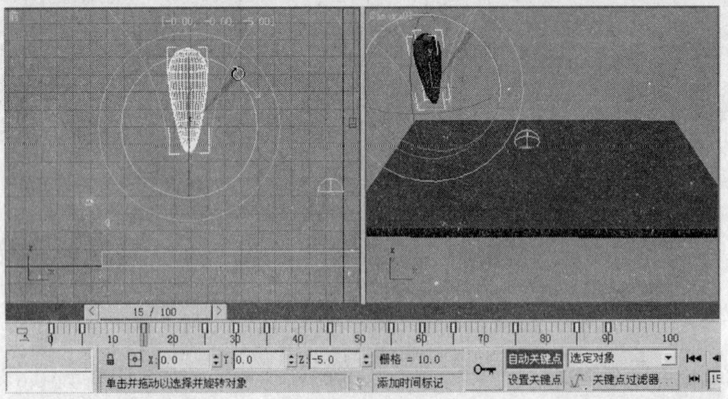

图 8-43

步骤 23 拖动时间滑块到 30 帧的位置，在场景中调整模型的角度，如图 8-44 所示。

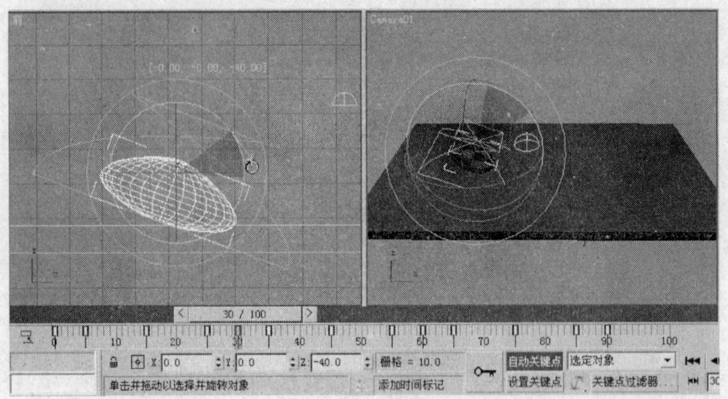

图 8-44

步骤 24 拖动时间滑块到 45 帧的位置，并在场景中调整模型的位置，如图 8-45 所示。

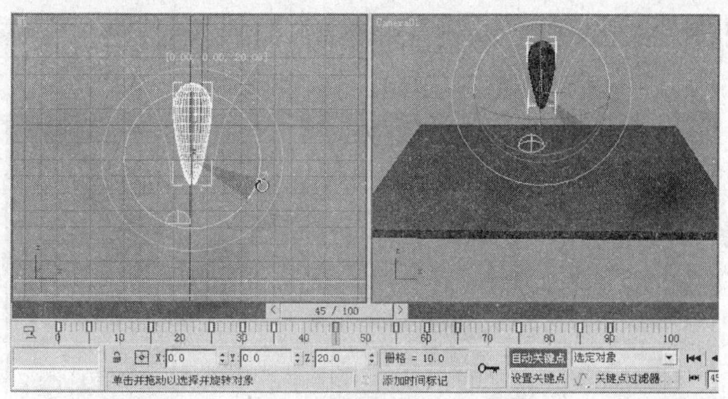

图 8-45

步骤 25 拖动时间滑块到 60 帧，在场景中调整模型的角度，如图 8-46 所示。

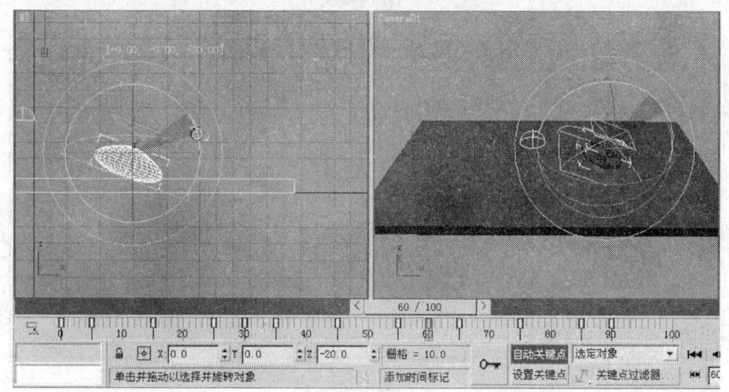

图 8-46

步骤 26 拖动时间滑块到 75 帧，在场景中调整模型的角度，如图 8-47 所示。

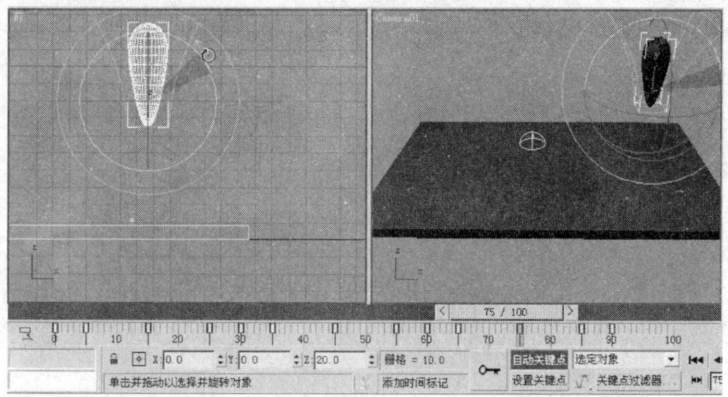

图 8-47

8.2.4 【相关工具】

轨迹视图

“轨迹视图”可以提供精确修改动画的能力。“轨迹视图”两种不同的模式为“曲线编辑器”、“摄影表”。“曲线编辑器”窗口如图 8-48 所示。

在“曲线编辑器”窗口中选择“模式 > 摄影表”命令，就可以进入到“摄影表”窗口中，如图 8-49 所示。

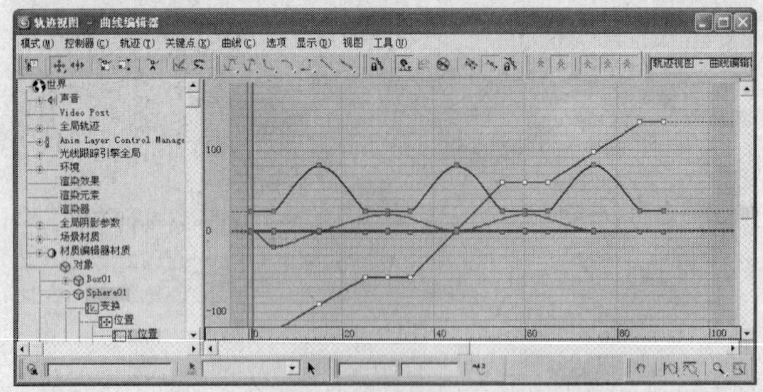

图 8-48

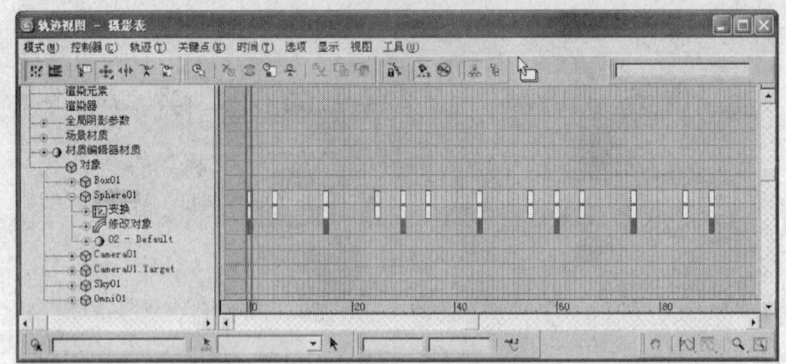

图 8-49

“摄影表”窗口将动画的所有关键点和范围显示在一张数据表格上，可以很方便地编辑关键点、子帧等。轨迹视图是动画制作中最强大的工具，可将轨道视图停靠在视图窗口的下方，或者用作浮动窗口。轨迹视图的布局可以命名后保存在轨迹视口缓冲区内，再次使用时，可以方便地调出，其布局将与 max 文件一起保存。

“轨迹视图”主要由菜单栏、工具栏、项目窗口、编辑窗口、状态行和视图控制工具 5 部分组成，下面主要介绍 “曲线编辑器”对话框。

◎菜单栏

菜单栏显示在“轨迹视图”对话框的最上方，它对各种命令进行了归类，既可以容易地浏览一些工具，也可对当前操作模式下的命令进行辨识。工具行中的绝大数工具都在菜单栏中可以看到，它分为“模式”、“控制器”、“轨迹”、“关键点”、“曲线”、“选项”、“显示”、“视图”和“工具”9 个菜单栏。

◎工具行

工具行位于菜单栏下方，如图 8-50 所示，用于各种编辑操作，它们只能用于轨迹视图内部，不要将它们与屏幕的工具栏混淆。

图 8-50

（过滤器）：确定哪一项的类别出现在“轨迹视图”中。

（移动关键点）：任意移动选定的关键点，若在移动的同时按【Shift】键，则可以复制关键点。

（滑动关键点）：在"曲线编辑器"中使用"滑动关键点"来移动一组关键点，并根据移动来滑动相邻的关键点。

（缩放关键点）：以当前帧为基准比例缩放选定的关键点。

（缩放值）：改变选定的关键点垂直位置的值。

（添加关键点）：增加一个关键点。

（绘制曲线）：绘制新的曲线或修正当前曲线。

（减少关键点）：减少复杂动画中的关键点数。

（将切线设置为自动）：选中关键点，单击该按钮，可以把切线设置为自动切线，后面的两个按钮可以分别设置入切线和出切线。

（将切线设置为自定义）：将关键点设置为自定义切线。

（将切线设置为快速）：可以将曲线设置为快入、快出或快入快出形。

（将切线设置为慢速）：可以将曲线设置为慢入、慢出或慢入慢出形。

（将切线设置为阶跃）：将切线设置为阶跃形式，也可以分别设置为入点和出点的切线。

（将切线设置为线性）：将切线设置为线性变化。

（将切线设置为平滑）：将切线设置为平滑变化。

（锁定当前选择）：锁定当前选择，这样就不会误进行其他选择。

（捕捉帧）：强迫关键点为单帧增量。按下该按钮时，可以强制改变所有的关键点和范围线，以完成单帧增量的形式，包括多关键点选择集。

（参数曲线超出范围类型）：域外扩展模式，定义在关键点之外的动画范围对象的表现形式，用于在整个动画中重复某一段定义好的动画。

（显示可设置关键点的图标）：在可以编辑关键点的曲线前显示一个图标。

（显示所有切线）：显示或隐藏所有曲线的手柄。

（显示切线）：显示切线的手柄。

（锁定切线）：锁定切线，单击该按钮，拖曳一个切线调整手柄，会影响所有的选定关键点手柄。

◎项目窗口

在"轨迹视图"的左侧空白区域，以树形的方式显示场景中所有可制作动画的项目，如图 8-51 所示，分为 11 种类别，每一种类别中又按不同的层级关系进行排列，每一个项目都对应于右侧的编辑窗口，通过项目窗口，可以指定要进行轨迹编辑的项目，还可以为指定项目加入不同的动画控制器和越界参数曲线。

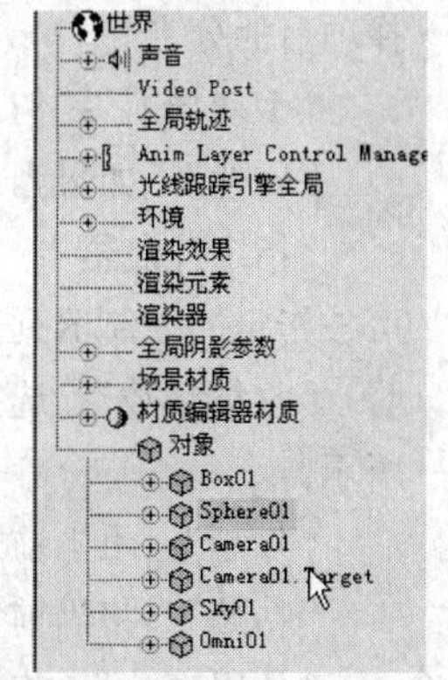

图 8-51

"世界"：它在整个层级树的根部，包含场景中所有的关键帧设置，用于全局快速编辑操作，如清除所有动画的设置、对整个动画时间进行缩放。

"声音"：在轨迹视图中，可以将所做的动画与一个声音文件或计算机的节拍进行同步，完成动画的配音工作，它会在编辑窗口中显示出波形图案。

"全局轨迹"：用于存储动画设置和控制器。可以对其他轨迹的控制器进行复制，然后以关联属性粘贴进全局轨迹，通过在全局轨迹中改变控制器属性，来影响有关联的轨迹。

“Video Post”：对 Video Post 中特效过滤器的参数进行动画控制。

“环境”：对“环境”对话框中的参数进行动画控制，如背景、环境光、雾、体积光的参数等。

“渲染效果”：所包含轨迹的作用是产生“渲染 > 效果”命令中的效果。添加“渲染效果”后，就可以在这里使用轨迹，来为“光晕大小”、“颜色”等效果参数设置动画。

“渲染元素”：用于显示作为分离渲染的独立图像，如在“渲染元素”中指定阴影、Alpha 通道，作为独立的图像渲染导出。

“渲染器”：对渲染参数进行动画控制。

“全局阴影参数”：对场景中灯光的阴影参数进行动画控制。灯光被指定阴影后，并且勾选“使用全局设置”复选项时，在这里可以改变阴影参数。

“场景材质”：包含场景中使用的所有类型材质。场景中没有材质指定时，这个项目中显示是空的。在材质分支中选择一种材质后，调节它的参数，对应场景对象会实时地更新。如果该材质目前列表在材质编辑器的示例窗中，也会同时进行激活，但不是所有材质都显示在示例窗中。

“对象”：对场景中所有对象的动画参数进行控制。

在“项目窗口”中单击鼠标右键，会弹出如图 8-52 所示的快捷菜单。

“全选”：选择全部在“层次”列表中可见的轨迹，注意折叠的项目不会被选中。

“反选”：反选当前“层次”列表选项，即取消当前选择的选项，除当前选项以外的其他选项被选择。

“全部不选”：取消对“层次”列表中所有选项的选择。

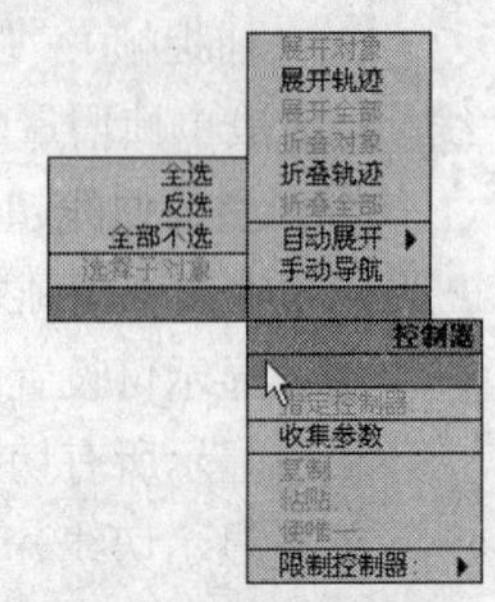

图 8-52

“选择子对象”：高亮显示在“层次”列表中选择对象的全部子级对象，其中包括折叠的子对象。

“展开对象”：仅展开当前选择对象的全部子对象的分支。

“展开轨迹”：展开当前选择项目的全部分支。

“展开全部”：展开当前选择对象所有子对象的全部分支。

“折叠对象”：仅折叠当前选择对象全部子对象的分支。

“折叠轨迹”：折叠选择项的全部分支。

“折叠全部”：折叠选择对象所有子对象的分支。

“自动展开”：用来设置自动展开菜单的选项，系统会根据选择的项目展开“层次”列表中选择项目的分支。

“手动导航”：勾选该复选项，用于手动确定折叠的时间和展开的项目。

“属性”：如果当前选择的对象被指定了控制器，选择该项可以查看控制器属性。

“指定控制器”：为选择的对象指定控制器，选择该项将打开指定控制器窗口，窗口中显示了可被指定的控制器列表。

“收集参数”：选择该命令，将弹出“参数收集器”对话框，如图 8-53 所示。

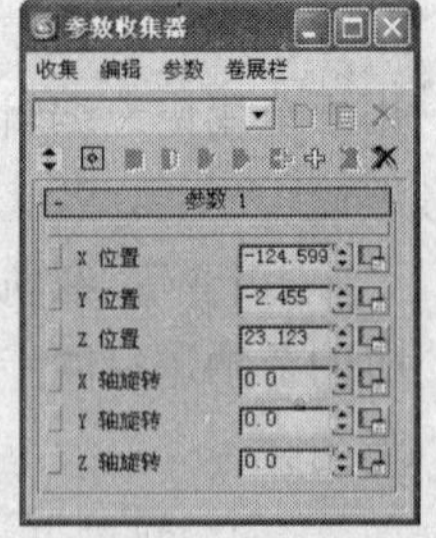

图 8-53

“复制”：将当前选择对象的控制器复制到剪贴板中。

“粘贴”：将当前复制的控制器粘贴到另一对象或轨迹。

“使用唯一”：将实例控制器更改为唯一控制器。对实例控制器所做的更改反映在控制器的所有版本中，可以单独编辑唯一的控制器，从而不影响其他任何控制器。

“限制控制器”：可以指定控制器可用值的上下限，从而限制控制轨

迹的取值范围。

◎编辑窗口

在视图右侧的灰色区域，可以显示出动画关键点、函数曲线或动画区，如图 8-54 所示，以便对各个项目进行轨迹编辑，根据工具的选择，这里的形态也会发生相应的变化，在轨迹视图中的主要工作就是在编辑窗口中进行的。

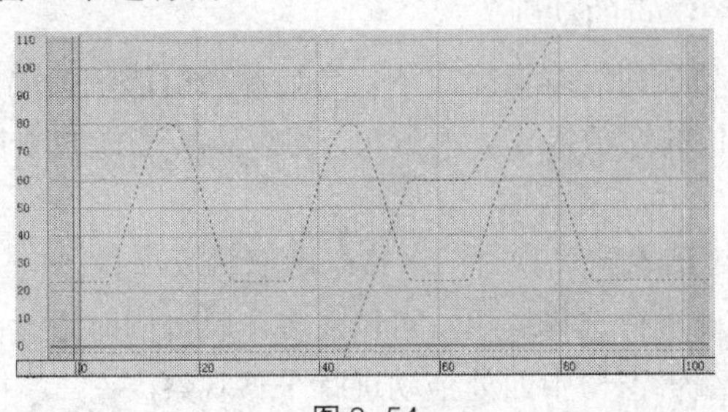

图 8–54

关键点：只要进行了参数修改，并将它记录为动画，就会在动画轨迹上创建一个动画关键点，它以黑色方块表示，可以进行位置的移动和平滑属性的调节。

函数曲线：动画曲线将关键点的动画值和关键点之间的内插值以函数曲线方式显示，可以进行多种多样的控制。

时间标尺：在编辑窗顶部有一个显示时间坐标的标尺，可以将它上下拖动到任何位置，以便进行精确的测量。

当前时间线：在编辑窗口中有一组蓝色的双竖线，代表当前所在帧，可以直接拖动它，调节当前所有帧。

双窗口编辑：在编辑窗口右上角，滑块的上箭头处，有一个小的滑块，将它向上拖动，可以拉出另一个编辑窗口，在对比编辑两个项目的轨迹，而它们又相隔很远时，可以使用拖动的第 2 个窗口进行参考编辑，如图 8-55 所示，如果不使用了，可以将第 2 个窗口顶端横格一直向上拖动到顶部，便可以还原。

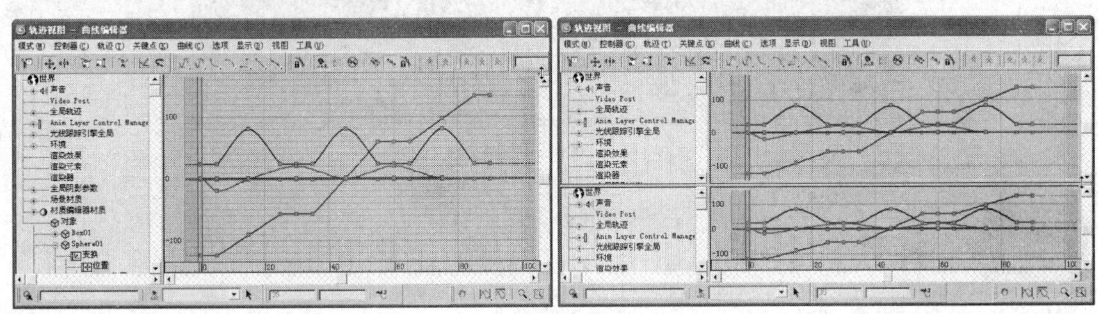

图 8–55

缩放数值坐标原点线。在工具栏选择工具后，编辑窗口中 0 位置处会显示一条橙色的水平线，这个橙色的线是缩放动画值的坐标原点指示器，可以在垂直轴向上自由移动，通常作为缩放数值的参数点。

◎状态行和视图控制工具

在视图底行，为了显示当前状态和工具使用情况，还提供了一些视图控制工具，用于编辑窗口的显示操作，如图 8-56 所示。

图 8-56

关键点时间：用于显示选定关键点的帧数，也可为选择的关键点输入新的帧数或输入一个表达式，以将关键点移至帧。

数值显示：显示选择关键点的动画值。

：单击该按钮，在动画曲线编辑模式下，会显示当前选中关键点的坐标值。

：专用于控制器窗口的缩放操作。单击它，可以将所选择的项目快速显示在轨迹视图左侧窗口的可见区域内。

按名称选择：可以通过键入轨迹项目的名称来选取轨迹项目。

：可以将不同的轨迹进行选择编组，可以对多个轨迹同时进行编辑。

：单击后，可以在编辑窗口中四处拖动进行平移观察。

：水平最大化显示编辑窗口中的曲线。

：最大化显示编辑窗口中的关键点。

：在任意方向上缩放编辑窗口中的显示。

：拖出矩形区域，对视图内容放大。在动画曲线模式下，时间和数值会同时缩放适配到编辑窗口；在其他模式下，只有时间被缩放适配到编辑窗口。

8.2.5 【实战演练】直升飞机动画

使用轨迹窗口制作直升飞机上面的机翼旋转，并为飞机的移动创建关键点，完成直升飞机的运动动画。（最终效果参看“Cha08 > 效果 > 直升飞机动画.max”，如图 8-57 所示。）

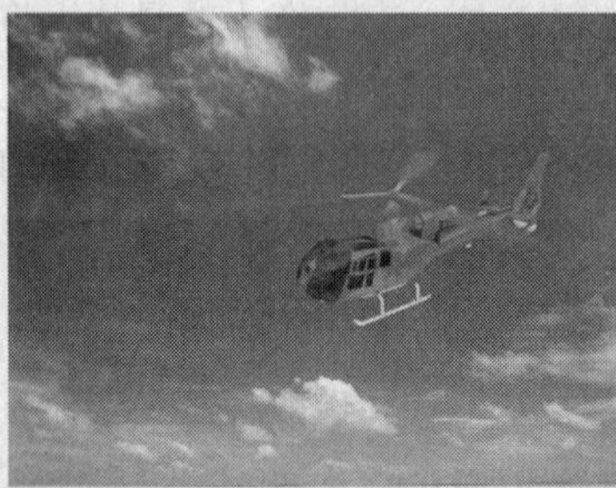

图 8-57

8.3 掉落的叶子

8.3.1 【案例分析】

要想使一个物体沿着一个指定的路径运动，这就要为模型指定路径约束。路径约束动画，在三维动画制作中也是非常重要一部分操作。

8.3.2 【设计理念】

本例介绍使用（运动）命令面板中的为模型指定“运动路径”，并通过对其设置指定路径跟随参数创建掉落的叶子动画，如图 8-58 所示。（最终效果参看光盘中的“Cha08 > 效果 > 摄影

机跟随.max”，如图 8-58 所示。）

图 8–58

8.3.3 【操作步骤】

步骤 1 首先打开场景文件（光盘中的“Cha08 > 效果 > 掉落的叶子 o.max”），如图 8-59 所示。

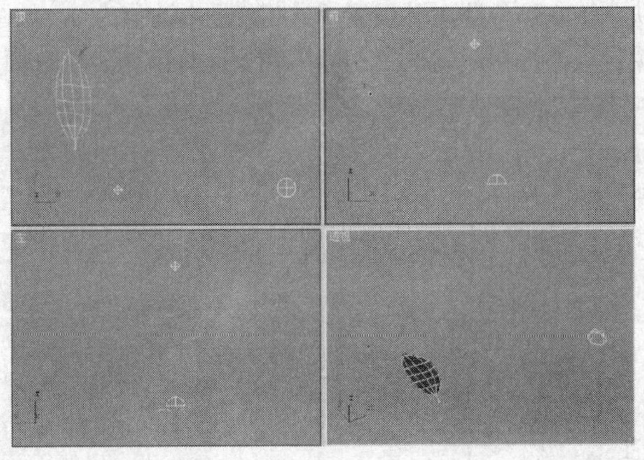

图 8–59

步骤 2 选择“（创建）>（图形）> 螺旋线”工具，在“顶”视图中创建螺旋线，在“参数”卷展栏中设置“半径 1”为 404、“半径 2”为 100、“高度”为 2500，如图 8-60 所示。

步骤 3 切换到（运动）命令面板，选择“参数”选项，再选择“位置”选项，并单击（指定控制器）按钮，在弹出的对话框中选择“路径约束”选项，单击“确定”按钮，如图 8-61 所示。

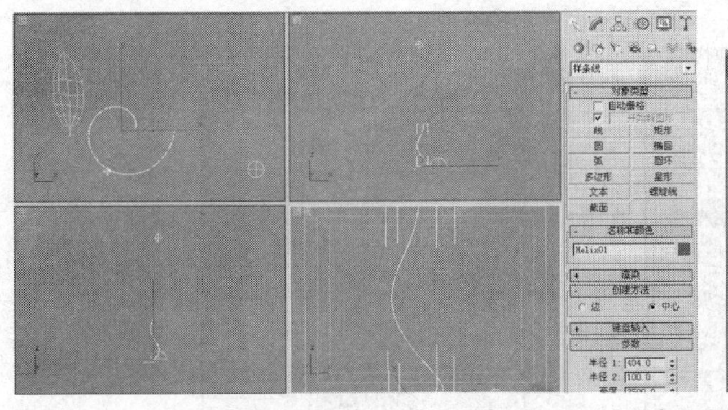

图 8–60

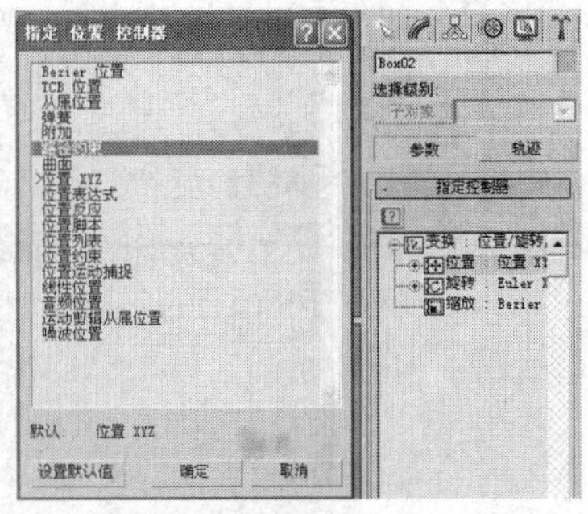

图 8–61

步骤 4 在“路径参数”卷展栏中单击“拾取路径”按钮，在场景中拾取路径，打开自动关键点，确定时间滑块在 0 帧位置，“路径参数”的“%沿路径”为 0，如图 8-62 所示。

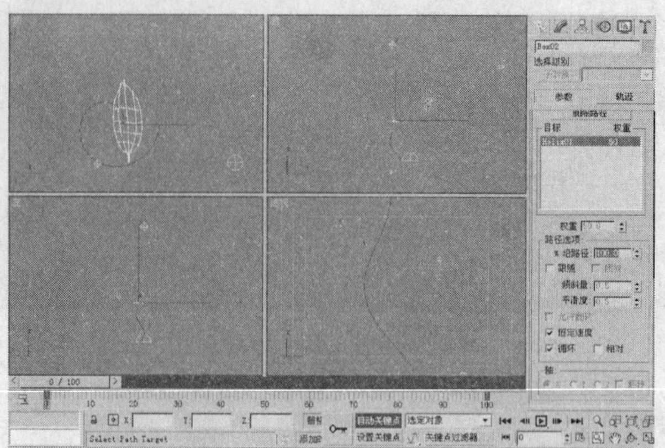

图 8-62

步骤 5 拖动时间滑块到 100 帧位置，并设置“%沿路径”的值为 0，如图 8-63 所示。

步骤 6 关闭“自动关键点”按钮，勾选“跟随”和“允许翻转”复选项，如图 8-64 所示。

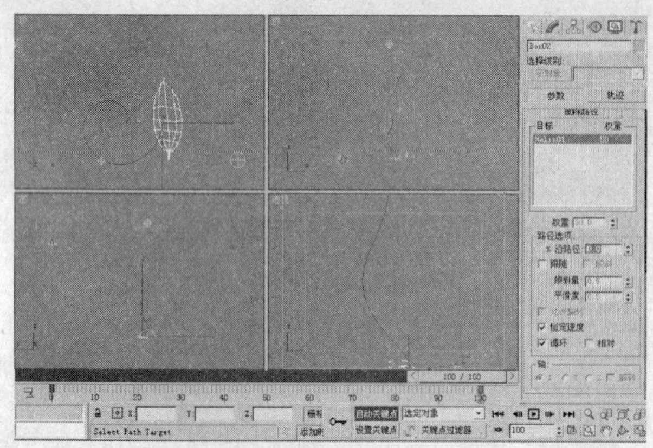

图 8-63

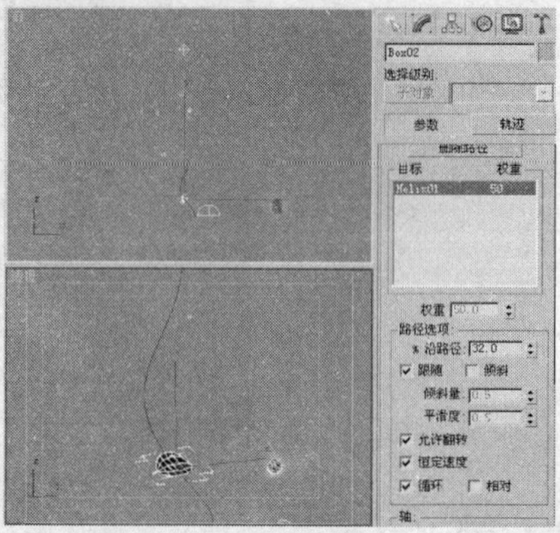

图 8-64

步骤 7 按 8 键，打开“环境和效果”对话框，为“背景”指定“位图”贴图（贴图位于随书附带光盘“Cha08 > 素材 > 掉落的叶子 > background-叶子.jpg”文件），如图 8-65 所示。

步骤 8 按【Alt+B】快捷键，在弹出的对话框中选择“使用环境背景”、“显示背景”选项，如图 8-66 所示。

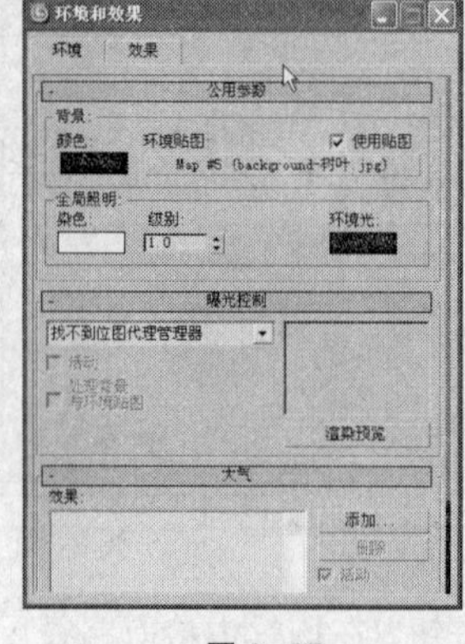

图 8-65

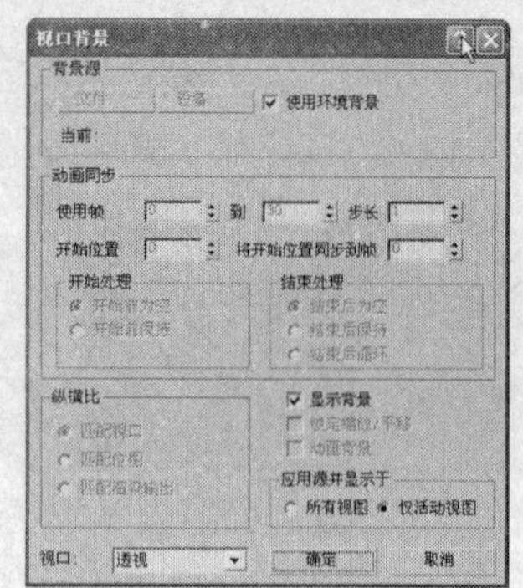

图 8-66

8.3.4 【相关工具】

“运动”面板

在介绍设置动画控制器之前，首先来认识一下运动命令面板，如图 8-67 所示。

运动命令面板主要配合“轨迹视图”来一同完成动作的控制，分别为“参数”、“轨迹”两个部分，下面对“参数”、“轨迹”下的参数进行介绍。

◎参数

指定控制器卷展栏中包括为对象指定的各种动画控制器，如图 8-68 所示，完成不同类型的运动控制。

在列表中可以观察到当前可以指定的动画控制项目，一般是由“变换”带 3 个分支项目“位置”、“旋转”、“缩放”，每个项目可以提供多种不同的动画控制器，使用时首先选择一个项目，这时左上角的按钮变为活动状态，单击该按钮，可以打开控制器对话框，在它下面排列着所有可以用于当前项目的动画控制器；选择一个动画控制器，按下“确定”按钮，此时就指定了新的动画控制器名称。

PRS 参数卷展栏用于建立或删除动画关键点，如图 8-69 所示。

如果选择在某一帧进行变换操作，并且操作的同时打开了“自动关键点”按钮，这时在这一帧就会产生一个变换的关键点；另一种添加关键点的方法是，“创建关键点”项目下的 3 个按钮分别用于创建 3 种变换关键点，只需单击它们即可，如果当前帧某一个变换项目已经有了关键点，那么“创建关键点”下的变换按钮将变为非活动的状态，而右侧的“删除关键点”项目下的按钮被激活，单击其下面的按钮，可以将设定的关键点删除。

关键点信息（基本）卷展栏，如图 8-70 所示。

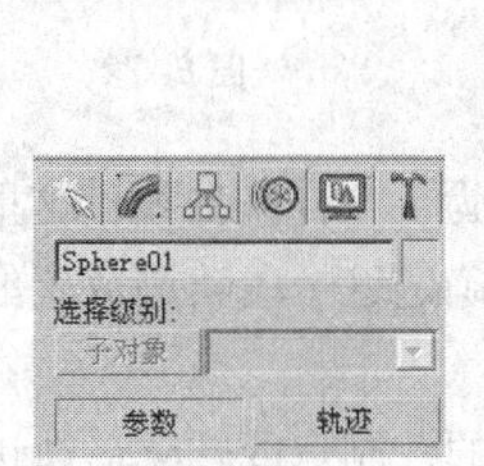

图 8-67

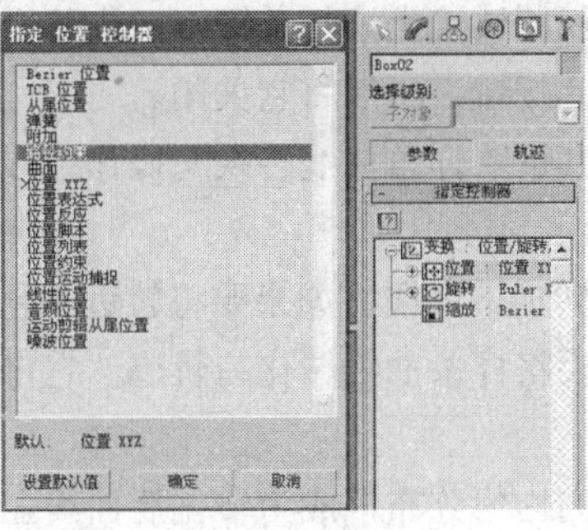

图 8-68

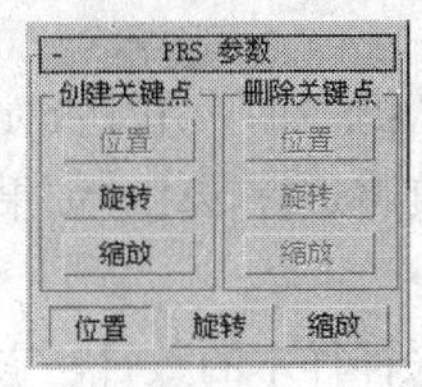

图 8-69

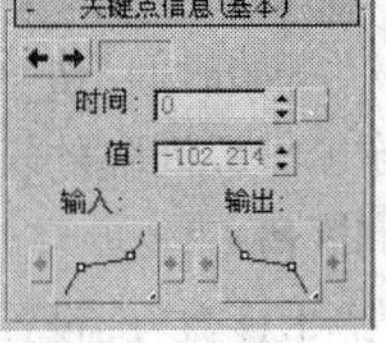

图 8-70

当前关键点：显示出当前所在关键点的编号，通过左右箭头按钮，可以在各关键点之间快速切换。

“时间”：显示当前关键点所处的帧号，通过它可以将当前关键点设置到指定帧。右侧的锁定钮用于禁止在轨迹视图中水平拖动关键点。

“值”：调整当前选择对象在当前关键帧时的动画值。

关键点“输入”、“输出”切线：通过下面两个大的下拉按钮进行选择，“输入”确定入点切线形态，“输出”确定出点切线形态。

平滑：建立平滑的插补值穿过此关键点。

线性：建立线性的插补值穿过此关键点，好像“线性控制器”一样，它只影响靠近此关

键点的曲线。

步骤：将曲线以水平线控制，在接触关键点处垂直切下，好像瀑布一样。

减慢：插补值改变的速度围绕关键点逐渐下降，越接近关键点，插补越慢，曲线越平缓。

加快：插补值改变的速度围绕关键点逐渐增加，越接近关键点，插补越快，曲线越陡峭。

自定义：在曲线关键点两侧显示可调节曲度的滑杆，通过它们随意调节曲线的形态。

关键点信息（高级）卷展栏，如图 8-71 所示。

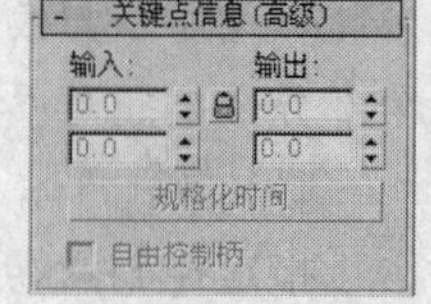

图 8–71

“输入”/“输出”：在“输入”中显示接近关键点时改变的速度，在“输出”中显示离开关键点时改变的速度。只有选择了“自定义”插补方式时，它们才能进行调节，中央的锁定按钮可以使入点和出点数值的绝对值保持相等。

“规格化时间”：将关键点时间进行平均，对一组块状不圆滑的关键点曲线（如连续地加速、减速造成的运动顿点）可以进行很好的平均化处理，得到光滑均衡的运动曲线。

“自由控制柄”：勾选该复选框，切线控制柄根据时间的长度自动更新。取消勾选时，切线控制柄长度被锁定，在移动关键帧时不产生改变。

◎轨迹

在运动命令面板中单击“轨迹”按钮，进入“轨迹”控制面板，如图 8-72 所示，在视图中显示对象的运动轨迹，运动轨迹以红色曲线表示，曲线上白色方框点代表一个关键点，小白点代表过滤帧的位置点。在轨迹面板上可以对轨迹进行自由控制，可以使用变换工具在视图中对关键点进行移动、旋转和缩放操作，从而改变运动轨迹的形状，还可以用任意曲线替换运动轨迹。

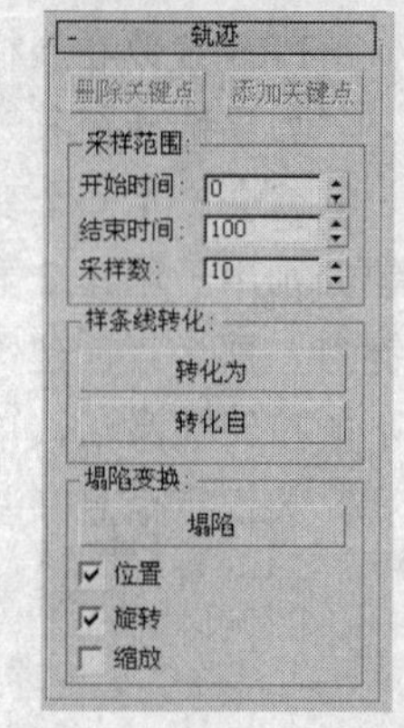

图 8–72

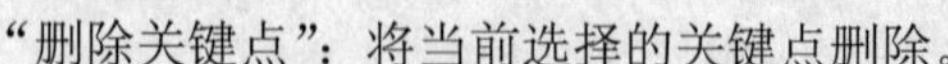

“删除关键点”：将当前选择的关键点删除。

“添加关键点”：单击该按钮，可以在视图轨迹上添加关键点，也可以在不同的位置增加多个关键点，再次单击此按钮，可以将它关闭。

“采样范围”：这里的 3 个项目是针对其下“样条曲线转换”操作进行控制的。

“开始时间”/“结束时间”：用于指定转换的间隔。如果要将轨迹转化为一个样条曲线，这里确定哪一段间隔的轨迹将进行转化。如果要将样条曲线转化为轨迹，它将确定这一段轨迹放置的时间区段。

“采样数”：设置采样样本的数目，它们均匀分布，成为转化后曲线上的控制点或转化后轨迹上的关键点。

“样条线转化”：控制运动轨迹与样条线之间的相互转化。

“转化为”：单击该按钮，将依据上面的区段和间隔设置，把当前选择的轨迹转化为样条曲线。

“转化自”：单击该按钮，将依据上面的区段和间隔设置，允许在视图中拾取一条样条曲线，从而将它转化为当前选择对象的运动轨迹。

“塌陷变换”：在当前选择对象上产生最基本的动画关键点，这对任何动画控制器都适用，主要目的是将变换影响进行塌陷处理，如同将一个轨迹控制器转化为一个标准可编辑的变换关键点。

“塌陷”：将当前选择对象的变换操作进行塌陷处理。

“位置”/“旋转”/“缩放”：决定塌陷所要处理的变换项目。

8.3.5 【实战演练】月亮围绕地球运动

首先创建球体，然后为球体指定路径约束，并设置材质。（最终效果参看光盘中的“Cha08 > 效果 > 月亮围绕地球运动.max”，如图 8-73 所示。）

图 8–73

8.4 综合演练——融化的冰块

本例介绍为冰块设置“融化”修改器，并为其设置参数的动画。（最终效果参看光盘中的“Cha08 > 效果 > 室外建筑场景.max”，如图 8-74 所示。）

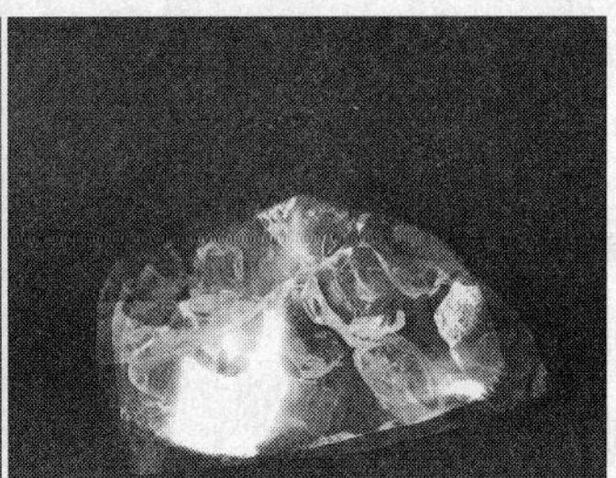

图 8–74

8.5 综合演练——展开的画

“弯曲”修改器用于对物体进行弯曲处理，可以调节弯曲的角度和方向，以及弯曲依据的坐标轴向，还可以限制弯曲在一定的坐标区域之内。（最终效果参看光盘中的“Cha08 > 效果 > 展开的画.max”，如图 8-75 所示。）

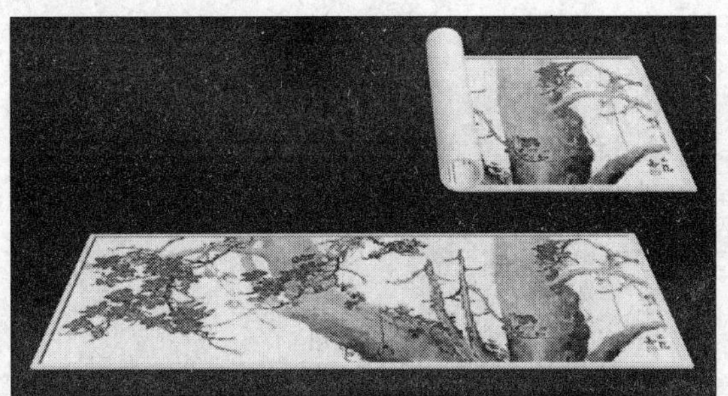

图 8–75

第9章 粒子系统与空间扭曲

使用 3ds Max 9 可以制作各种类型的场景特效，如下雨、下雪、礼花等。要实现这些特殊效果，粒子系统与空间扭曲的应用是必不可少的。本章将对各种类型的粒子系统及空间扭曲进行详细讲解，读者可以通过实际的操作来加深对 3ds Max 9 特殊效果的认识和了解。

课堂学习目标

- 基本粒子系统
- 高级粒子系统
- 常用空间扭曲

9.1 下雨效果

9.1.1 【案例分析】

地球上的水受到太阳光的照射后，就变成水蒸气被蒸发到空气中去了。水汽在高空遇到冷空气便凝聚成小水滴，而这些小水滴降落到地球便是雨，雨滴降落时很像一颗颗晶莹透明的珍珠，非常好看。

9.1.2 【设计理念】

本例介绍使用“喷射”粒子模拟下雨效果。（最终效果参看光盘中的“Cha07 > 效果 > 天光的应用.max”，如图 9-1 所示。）

图 9-1

9.1.3 【操作步骤】

步骤 1 按 8 键打开“环境和效果”面板，单击“背景”中的 None 按钮，在弹出的“材质/贴图浏览器”中选择“位图”贴图，单击“确定”按钮，如图 9-2 所示。

步骤 2 再在弹出的对话框中选择位图文件（光盘中的“Cha09 > 素材 >黄金金属质感 > 小雨背景.jpg”文件），单击“打开”按钮，如图 9-3 所示。

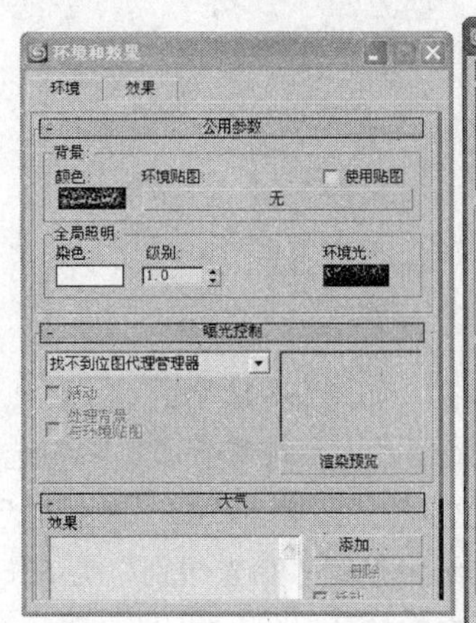

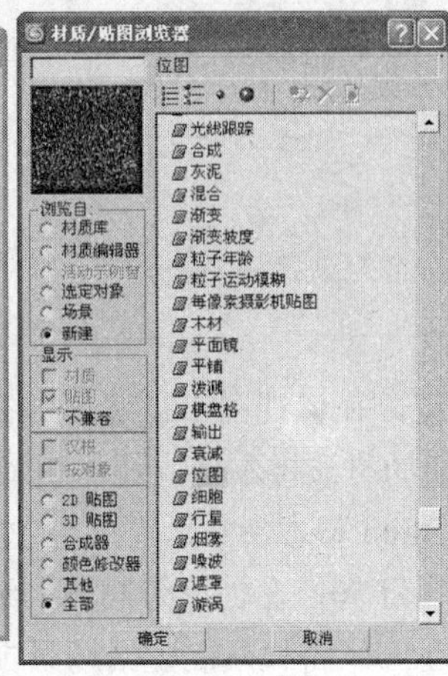

图 9–2

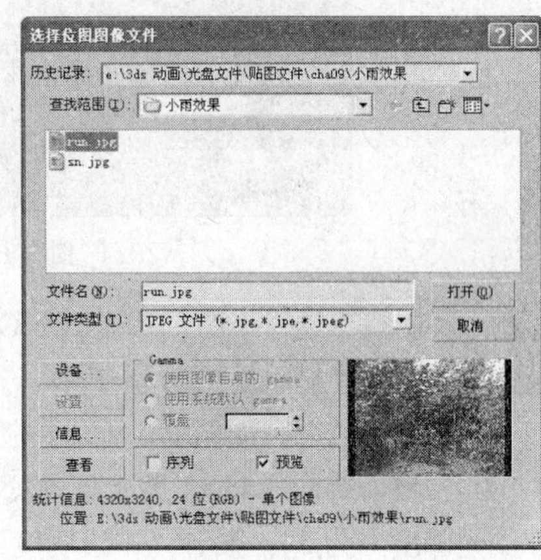

图 9–3

步骤 3 选择透视视图，按【Alt+B】键，在弹出的对话框中选择“使用环境背景”和“显示背景”复选项，单击“确定”按钮，如图 9-4 所示。

步骤 4 显示背景如图 9-5 所示。

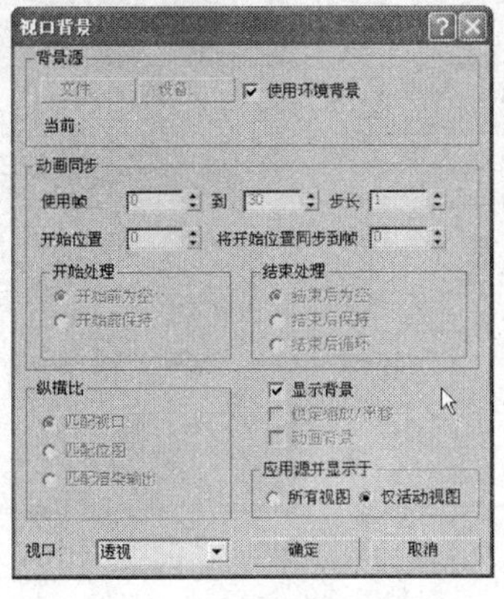

图 9–4

图 9–5

步骤 5 单击“（创建）>（几何体）> 粒子系统 > 喷射”按钮，在“顶”视图中创建“喷射”粒子，如图 9-6 所示。

步骤 6 在“参数”卷展栏的“粒子”组中设置“视口计数”为 1500、“渲染计数”为 1500、“水滴大小”为 6；在“计时”组中设置“开始”为-100、“寿命”为 150；在“发射器”组中设置“宽度”为 300、“长度”为 300，如图 9-7 所示。

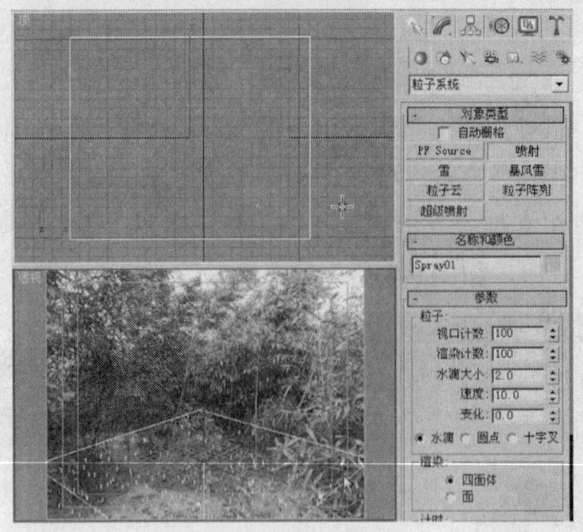

图 9-6

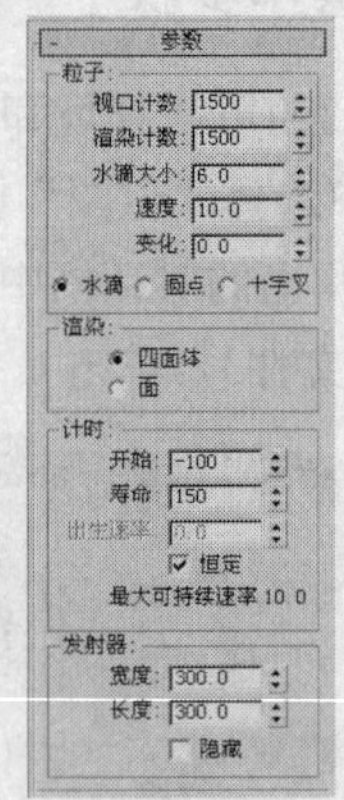

图 9-7

步骤 7 调整“透视”图，按【Ctrl+C】键，在该视图中创建摄影机，如图 9-8 所示。

步骤 8 打开“材质编辑器”，选择一个新的材质样本球，在“明暗器基本参数”卷展栏中勾选“双面”复选项，如图 9-9 所示。在“Blinn 基本参数”卷展栏中设置“环境光”和“漫反射”为（255，255，255），设置“自发光”为 50；在“反射高光”组中设置“高光级别”为 63、“光泽度”为 54；设置“不透明度”为 90。将材质制定给场景中的粒子对象。

图 9-8

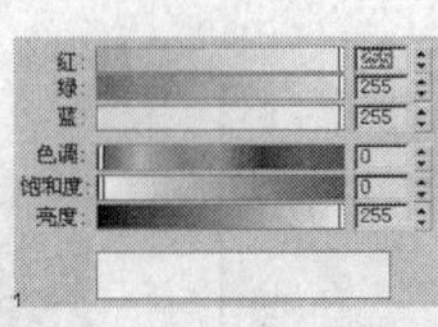

图 9-9

步骤 9 在场景中用鼠标右键单击粒子系统，在弹出的快捷菜单中选择“对象属性”命令，在弹出对话框中选择“运动模糊”组中的“图像”选项，单击“确定”按钮，如图 9-10 所示。

步骤 10 按 8 键，打开“环境和效果”面板，选择“效果”选项卡，单击“添加”按钮，在弹出的对话框中选择“亮度和对比度”效果，添加效果后，在“亮度对比度参数”卷展栏中设置“亮度”为 0.5、“对比度”为 0.7，如图 9-11 所示。

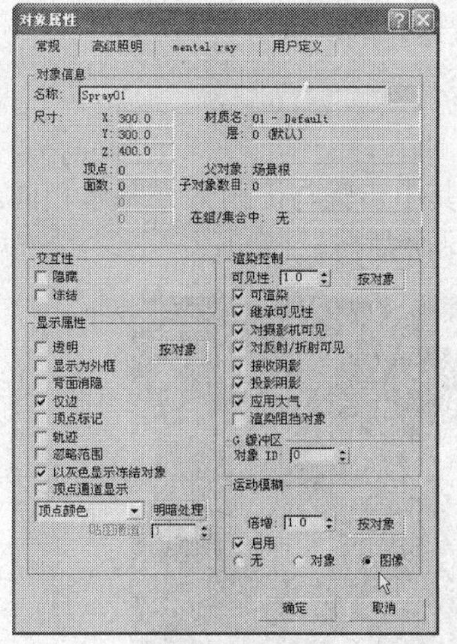

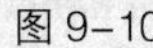

图 9-10

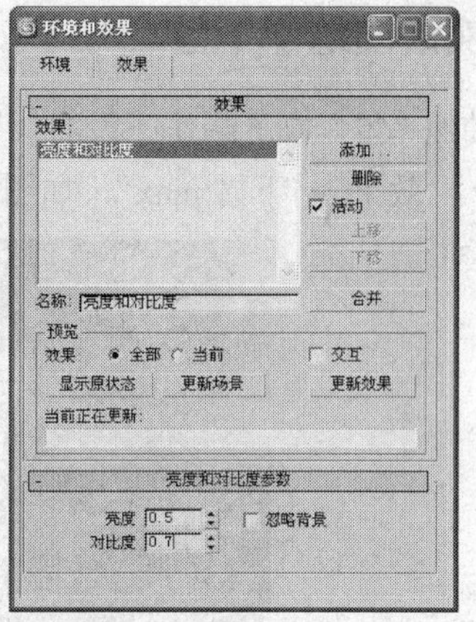

图 9-11

9.1.4 【相关工具】

“喷射”工具

喷射的“参数”卷展栏，如图 9-12 所示。

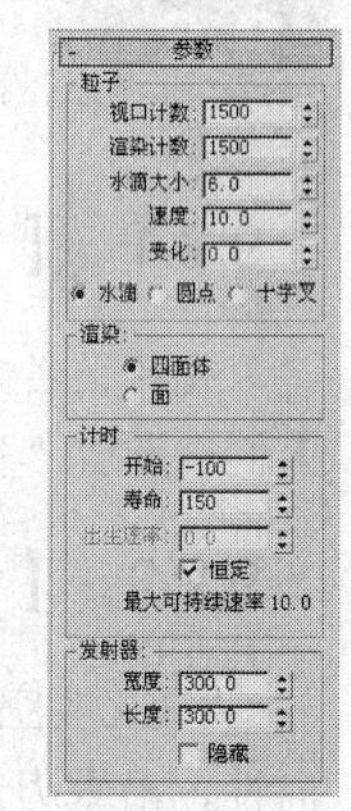

图 9-12

“视口计数”：在给定帧处，视口中显示的最多粒子数。

“渲染计数”：一个帧在渲染时可以显示的最多粒子数。

“水滴大小”：粒子的大小（以活动单位数计）。

“速度”：每个粒子离开发射器时的初始速度。粒子以此速度运动，除非受到粒子系统空间扭曲的影响。

“变化”：改变粒子的初始速度和方向。“变化”的值越大，喷射越强，且范围越广。

“水滴”、“圆点”、“十字叉”：选择粒子在视口中的显示方式。显示设置不影响粒子的渲染方式。水滴是一些类似雨滴的条纹，圆点是一些点，十字叉是一些小的加号。

“四面体”：粒子渲染为长四面体，长度由用户在“水滴大小”参数中指定。四面体是渲染的默认设置，它提供水滴的基本模拟效果。

“面”：粒子渲染为正方形面，其宽度和高度等于“水滴大小”。

“计时”：计时参数控制发射的粒子的出生和消亡速率。

“开始”：第一个出现粒子的帧的编号。

“寿命”：每个粒子的寿命（以帧数计）。

“出生速率”：每个帧产生的新粒子数。

“恒定”：启用该选项后，“出生速率”不可用，所用的出生速率等于最大可持续速率。禁用该选项后，“出生速率”可用。默认设置为启用。

“发射器”：发射器指定场景中出现粒子的区域。

“宽度”、“长度”：在视口中拖动以创建发射器时，即隐性设置了这两个参数的初始值。可以在卷展栏中调整这些值。

"隐藏"：启用该选项可以在视口中隐藏发射器。

9.1.5 【实战演练】下雪

本例介绍使用"雪"粒子制作下雪的效果，其中步骤与下雨效果基本相同。（最终效果参看光盘中的"Cha09 > 效果 > 下雪.max"，如图 9-13 所示。）

图 9–13

9.2 礼花

9.2.1 【案例分析】

礼花又名烟火，生活中，在特定的时间（比如新年），享受胜利的时刻，又或者喜庆的日子，人们会燃放"礼花"，表达心中的祝福与喜悦。

9.2.2 【设计理念】

"重力"空间扭曲可以在粒子系统所产生的粒子上对自然重力的效果进行模拟。重力具有方向性，沿重力箭头方向的粒子加速运动，逆着箭头方向运动的粒子呈减速状。通过"重力"系统可以制作礼花效果。（最终效果参看光盘中的"Cha09 > 效果 > 礼花.max"，如图 9-14 所示。）

图 9–14

9.2.3 【操作步骤】

步骤 1 在场景中创建“超级喷射”，在“基本参数”卷展栏的“粒子分布”组中设置两个“扩散”值分别为 30、90；在“显示图标”组中设置“图标大小”为 17；在“视图显示”组中选择“网格”选项，设置“粒子数百分比”为 100%。

在“粒子生成”卷展栏中选择“使用总数”为 20；在“粒子运动”组中设置“速度”为 3、“变化”为 30；在“粒子计时”组中设置“发射开始”为-50、“发射停止”为 50、“寿命”为 40；在“粒子大小”组中设置“大小”为 0.4。

在“粒子类型”卷展栏中选择“立方体”选项。

在“粒子繁殖”卷展栏中选择“消亡后繁殖”选项，再设置“倍增”为 100；在“方向混乱”组中设置“混乱度”为 100，如图 9-15 所示，拖动鼠标可以观察粒子的运动情况。

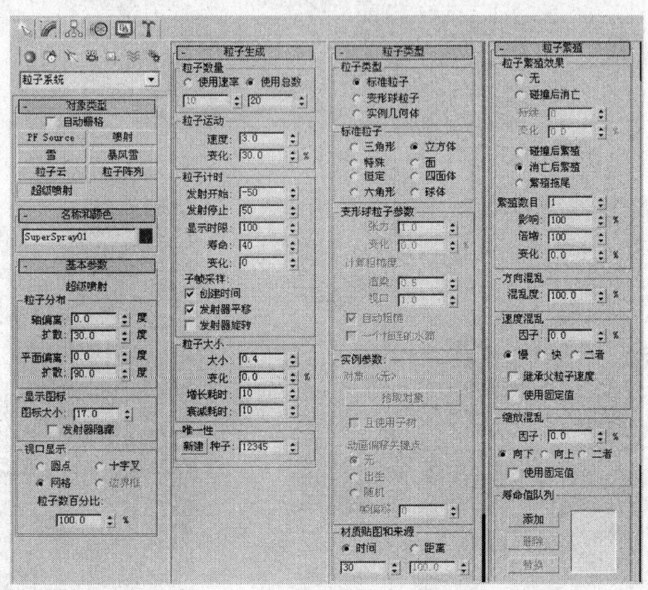

图 9–15

步骤 2 在场景中创建第二个“超级喷射”，在“基本参数”卷展栏的“粒子分布”组中设置两个“扩散”值分别为 180、90；在“视图显示”组中选择“网格”选项，设置“粒子数百分比”为 100%。

在“粒子生成”卷展栏中选择“使用总数”为 20；在“粒子运动”组中设置“速度”为 0.8；在“粒子计时”组中设置“发射开始”为 20、“发射停止”为 40、“显示时限”为 90、“寿命”为 40；在“粒子大小”组中设置“大小”为 0.4。

在“粒子类型”卷展栏中选择“立方体”选项。

在“粒子繁殖”卷展栏中选择“繁殖拖尾”选项，再设置“倍增”为 3；在“方向混乱”组中设置“混乱度”为 3，如图 9-16 所示。

步骤 3 单击“（创建）>（空间扭曲）> 重力”工具，在“顶”视图中创建重力空间扭曲，如图 9-17 所示。

步骤 4 在工具栏中单击（绑定到空间扭曲）按钮，在场景中将两个粒子绑定到重力空间扭曲上，如图 9-18 所示。

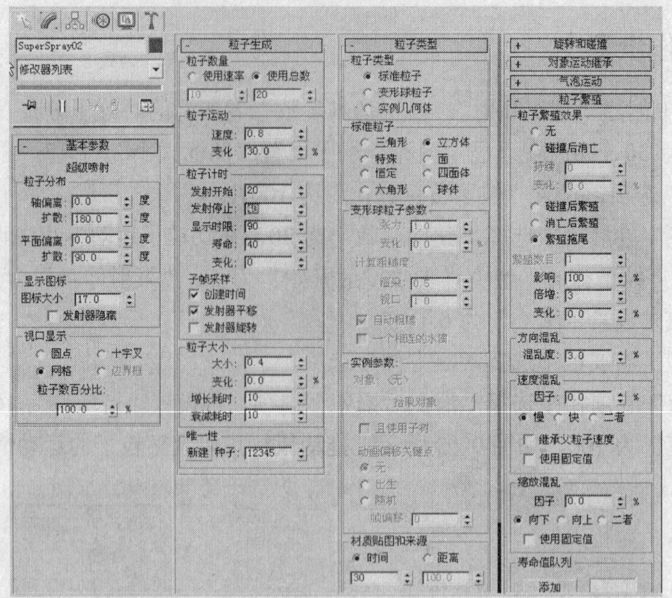

图 9–16

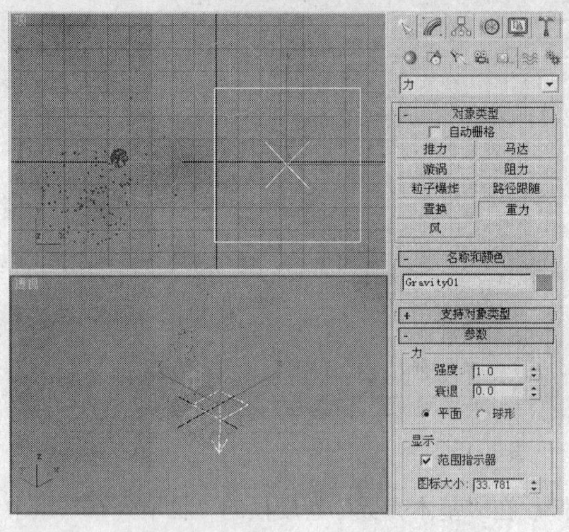

图 9–17

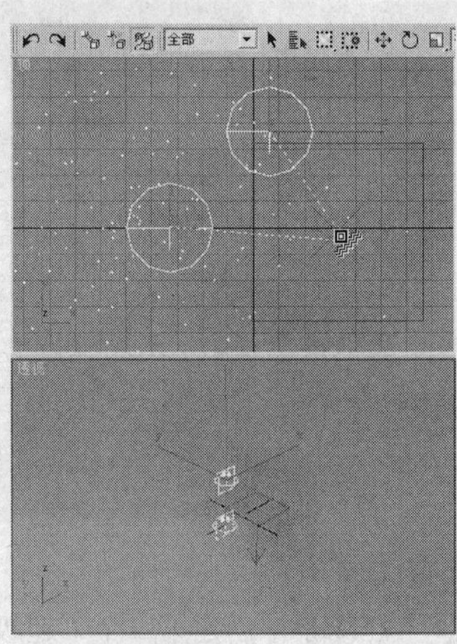

图 9–18

步骤 5 在场景中选择重力空间扭曲，切换到（修改命令面板），在“参数”卷展栏中设置“强度”为 0.01，如图 9-19 所示。

步骤 6 打开“材质编辑器”，选择一个新的材质样本球。在“Blinn 基本参数”中设置“自发光”参数为 100。单击“漫反射”后的灰色按钮，在弹出的“材质/贴图浏览器”中选择“粒子年龄”贴图，单击“确定”按钮，如图 9-20 所示。

步骤 7 进入粒子年龄层级贴图面板，设置粒子年龄的颜色分别为红、黄、绿，将材质指定给场景中的粒子对象，如图 9-21 所示。对场景中第二个粒子进行复制，更改它的发射开始和结束时间。

步骤 8 在场景中选择第一个超级喷射的粒子，用鼠标右键单击该对象，在弹出的快捷菜单中选择“对象属性”命令，在弹出的对话框中设置“G-缓冲区”组中的“对象 ID”为 1，如图 9-22 所示。

步骤 9 在场景中选择第二次创建的超级喷射粒子和复制出的粒子，设置其“G-缓冲区”组中的“对象 ID”为 2，单击“确定”按钮，如图 9-23 所示，在场景中创建摄影机，并切换摄影机视图为激活视图。

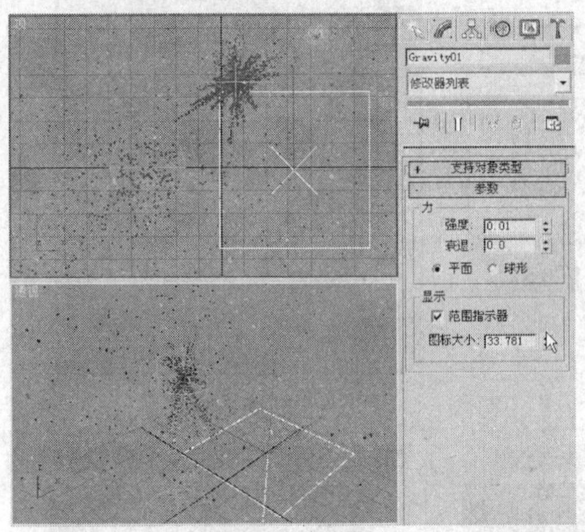

图 9-19

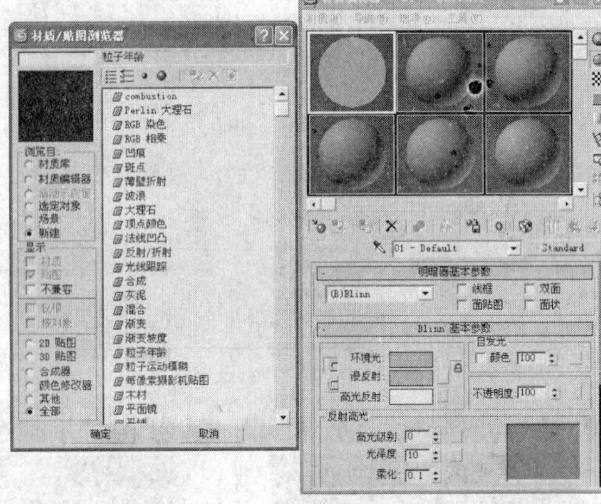

图 9-20

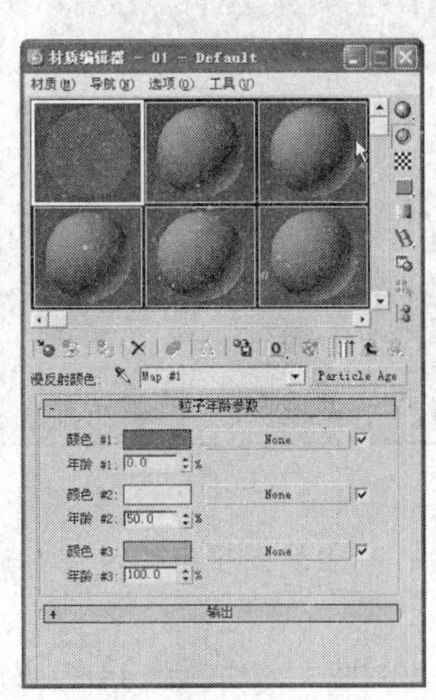

图 9-21

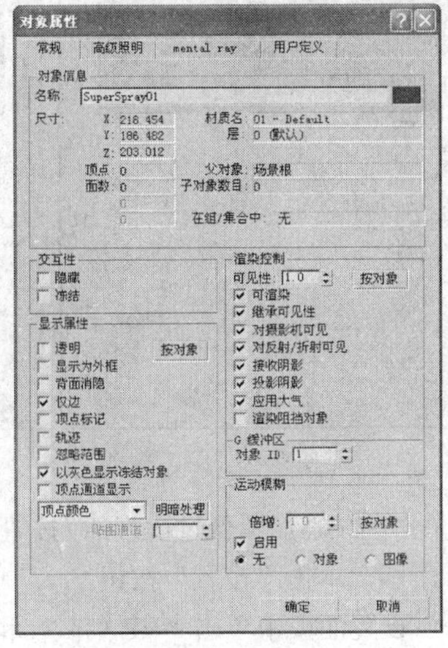

图 9-22

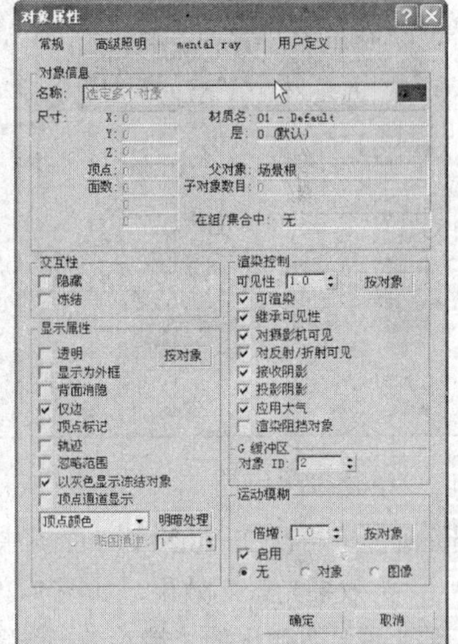

图 9-23

步骤 10 在菜单栏中选择“渲染 > Video Pist”命令，在弹出的 Video Pist 中单击（添加场景事件）按钮，在弹出的“添加场景事件”对话框中使用默认的摄影机视图，如图 9-24 所示。

步骤 11 在 Video Pist 面板中单击（添加图像过滤事件）按钮，在弹出的对话框中选择“镜头效果光晕”选项，如图 9-25 所示，单击“设置”按钮。

步骤 12 在弹出的“镜头效果光晕”设置面板中单击“VP 列队”和“预览”按钮，确定“对象 ID”为 1，如图 9-26 所示。

步骤 13 选择“首选项”选项卡，在“颜色”组中选择“像素”选项，设置“强度”为 60，在“效果”组中设置“大小”为 3，如图 9-27 所示。

步骤 14 选择“澡波”选项卡，勾选“红”、“绿”、“蓝”选项，单击“确定”按钮，如图 9-28 所示。

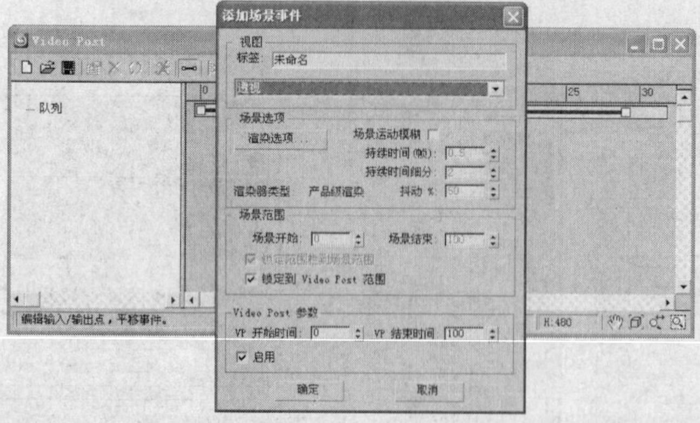

图 9-24

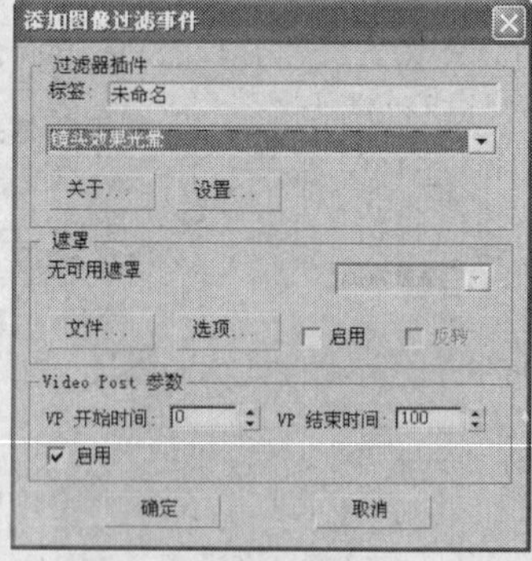

图 9-25

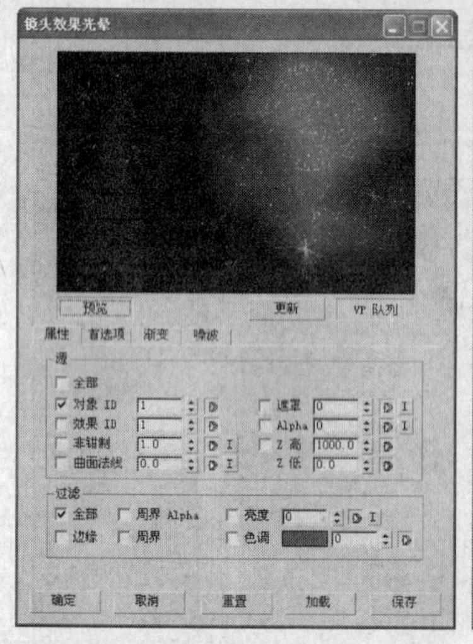

图 9-26

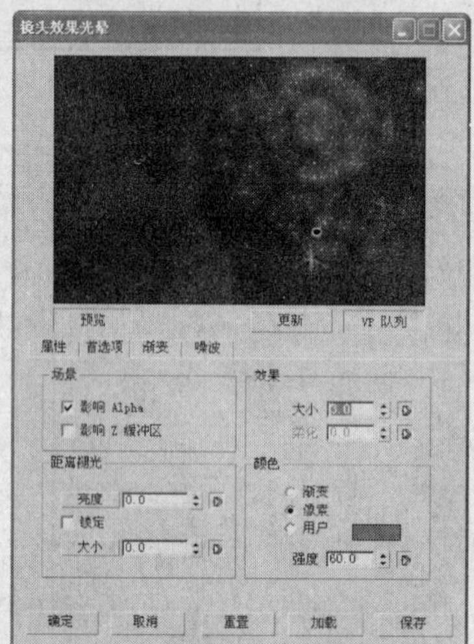

图 9-27

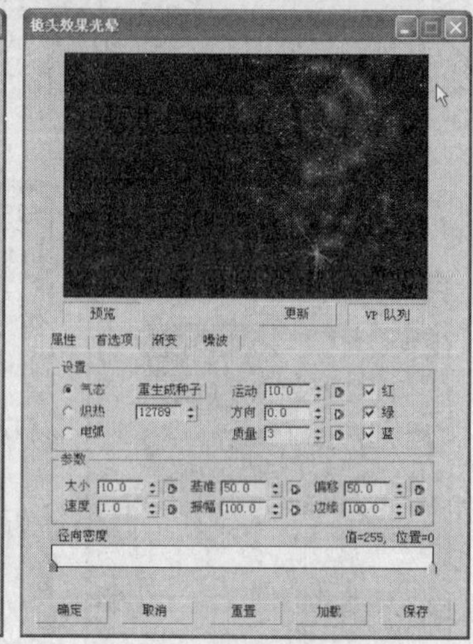

图 9-28

步骤 15 再次在 Video Pist 面板中单击（添加图像过滤事件）按钮，在弹出的对话框中选择“镜头效果光晕”效果，如图 9-29 所示，单击“设置”按钮。

步骤 16 在弹出的“镜头效果光晕”设置面板中单击“VP 列队”和“预览”按钮，确定“对象 ID”为 2，如图 9-30 所示。

步骤 17 选择“首选项”选项卡，在“颜色”组中选择“渐变”选项，在“效果”组中设置“大小”为 3，如图 9-31 所示。

步骤 18 选择“渐变”选项卡，并在“径向透明”色标上添加一个色标，设置其颜色为黑色，设置左侧色块的颜色为灰色，可以再“更新”一下预览窗口，观察效果，灰色合适即可，如图 9-32 所示。

步骤 19 选择“澡波”选项卡，勾选“红”、“绿”、“蓝”选项；在“参数”组中设置“大小”为 5，单击“确定”按钮，如图 9-33 所示。

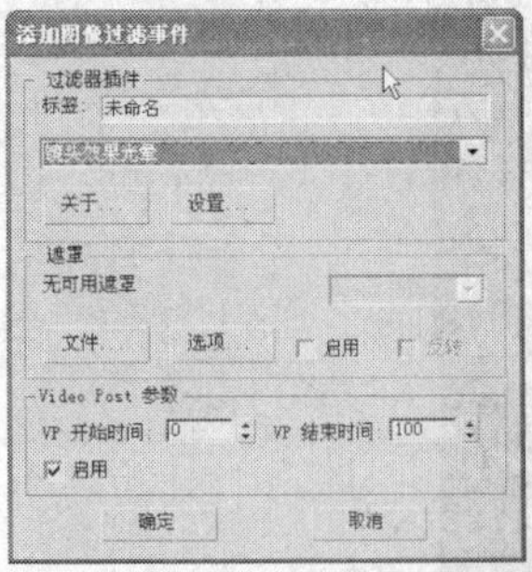

图 9-29

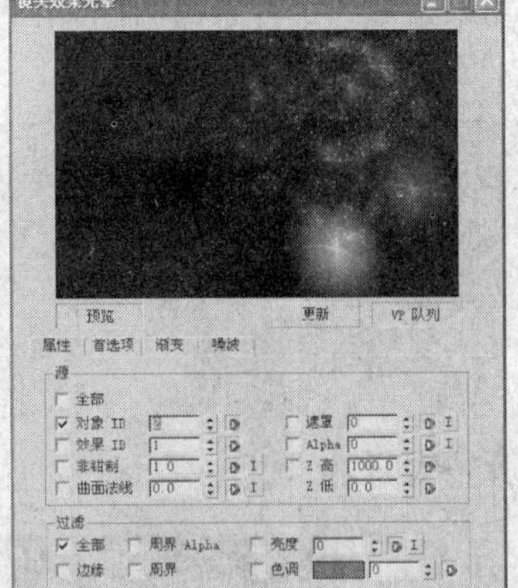

图 9-30

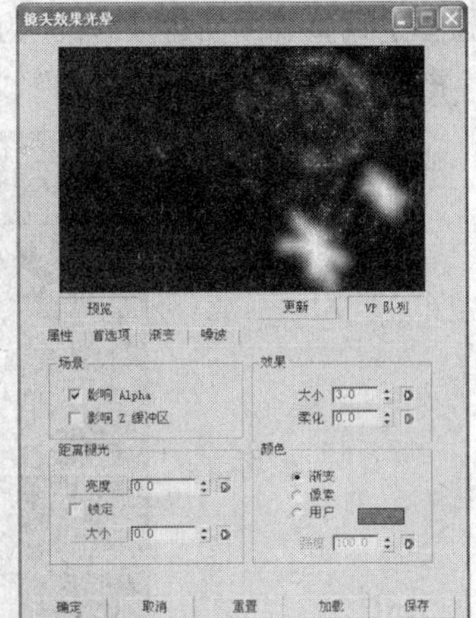

图 9-31

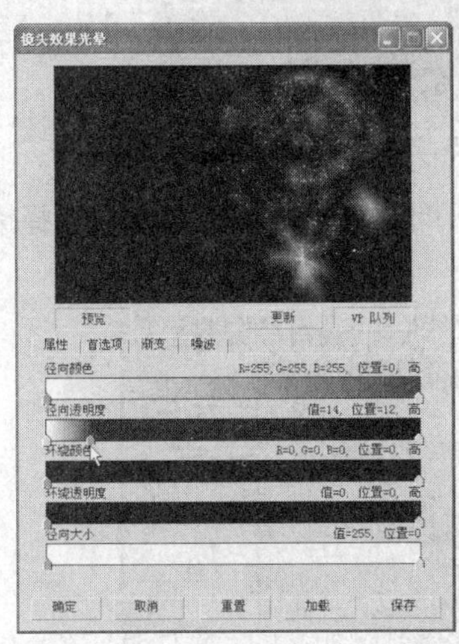

图 9-32

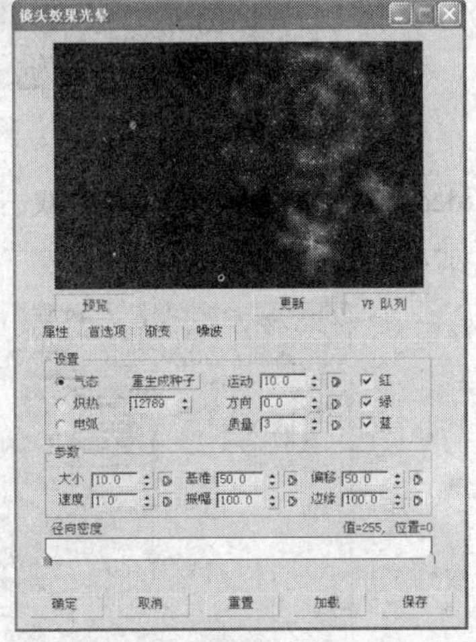

图 9-33

步骤 20 在 Video Pist 面板中单击 (添加图像输出时间) 按钮，在弹出的对话框中单击“文件”按钮，再在弹出的对话框中选择一个文件存储路径，设置保存类型为 avi，单击“保存”按钮，如图 9-34 所示。

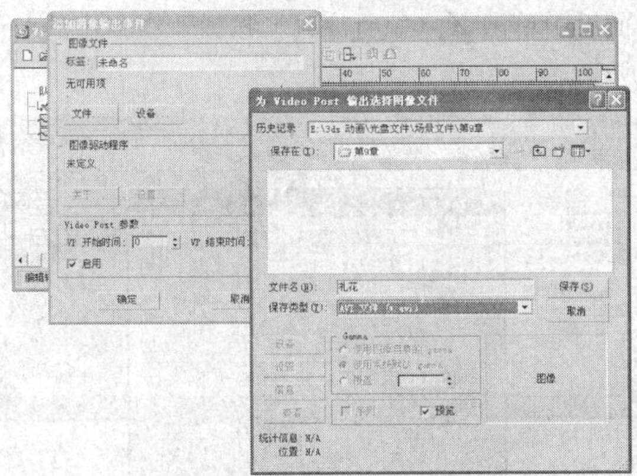

图 9-34

步骤 21 调整视图创建摄影机，为场景指定一个背景贴图，(贴图位于光盘中的“Cha09 > 素材 > 礼花 > Background004.jpg” 文件)，如图 9-35 所示。

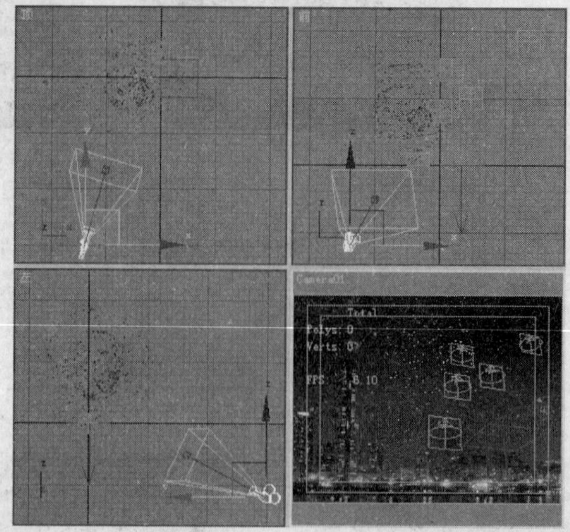

图 9-35

步骤 22 在 Video Pist 面板的左侧列表中双击场景事件，在弹出的对话框中选择摄影机视图，如图 9-36 所示，单击“确定”按钮。

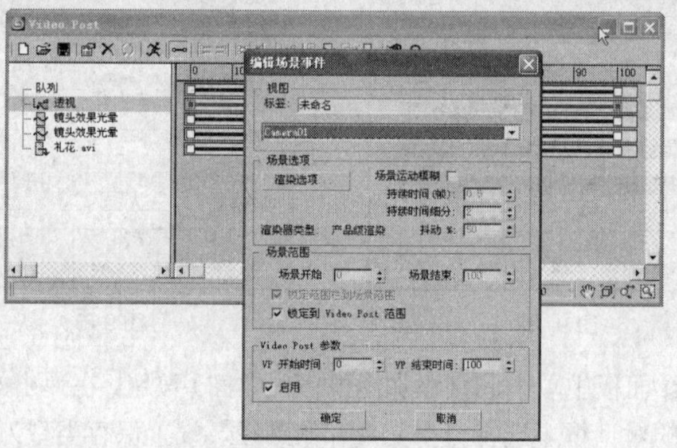

图 9-36

步骤 23 在 Video Pist 面板中单击 （执行序列）按钮，在弹出的对话框中选择输出尺寸和输出范围，如图 9-37 所示。

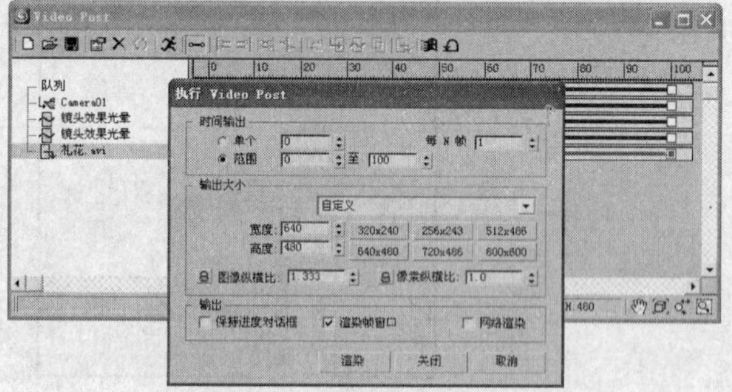

图 9-37

9.2.4 【相关工具】

1. “超级喷射”工具

“超级喷射”发射受控制的粒子喷射。此粒子系统与简单的喷射粒子系统类似，只是增加了所有新型粒子系统提供的功能。

◎“基本参数”卷展栏

“基本参数”卷展栏，如图 9-38 所示。

图 9-38

“偏离轴”：影响粒子流与 Z 轴的夹角（沿着 X 轴的平面）。

“扩散”：影响粒子远离发射向量的扩散（沿着 X 轴的平面）。

“平面偏离”：影响围绕 Z 轴的发射角度。如果“偏离轴”设置为 0，则此选项无效。

“扩散”：影响粒子围绕“平面偏离”轴的扩散。如果“偏离轴”设置为 0，则此选项无效。

“图标大小”：从中设置图标显示的大小。

“发射器隐藏”：隐藏发射器。

“粒子数百分比”：通过百分数设置粒子的多少。

◎“粒子生成”卷展栏

“粒子生成”卷展栏如图 9-39 所示。

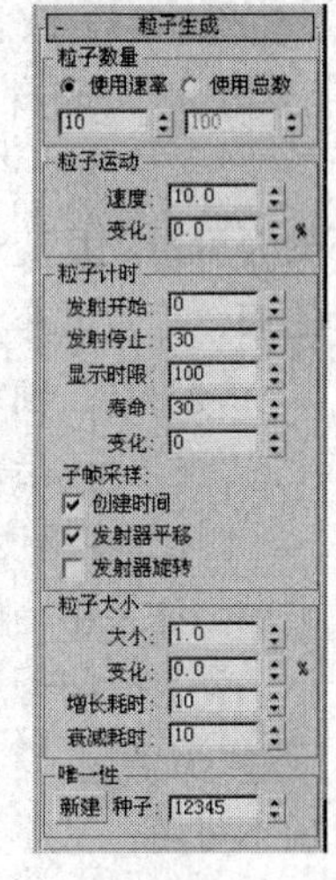

图 9-39

“粒子数量”：在此组中，可以从随时间确定粒子数的两种方法中选择一种。

“使用速率”：指定每帧发射的固定粒子数。使用微调器可以设置每帧产生的粒子数。

“使用总数”：指定在系统使用寿命内产生的总粒子数。使用微调器可以设置每帧产生的粒子数。

“粒子运动”：以下微调器控制粒子的初始速度，方向为沿着曲面、边或顶点法线（为每个发射器点插入）。

“速度”：粒子在出生时沿着法线的速度（以每帧移动的单位数计）。

“变化”：对每个粒子的发射速度应用一个变化百分比。

“粒子计时”：以下选项指定粒子发射开始和停止的时间以及各个粒子的寿命。

“发射开始”：设置粒子开始在场景中出现的帧。

“发射停止”：设置发射粒子的最后一个帧。

“显示时限”：指定所有粒子均将消失的帧。

“寿命”：设置每个粒子的寿命（以从创建帧开始的帧数计）。

“变化”：指定每个粒子的寿命可以从标准值变化的帧数。

“创建时间”：允许向防止随时间发生膨胀的运动等式添加时间偏移。

“发射器平移”：如果基于对象的发射器在空间中移动，在沿着可渲染位置之间的几何体路径的位置上以整数倍数创建粒子，这样可以避免在空间中膨胀。

“发射器旋转”：如果发射器旋转，启用此选项可以避免膨胀，并产生平滑的螺旋形效果。默认设置为禁用状态。

“粒子大小”：以下微调器指定粒子的大小。

“大小”：这个可设置动画的参数根据粒子的类型指定系统中所有粒子的目标大小。

“变化”：每个粒子的大小可以从标准值变化的百分比。

“增长耗时”：粒子从很小增长到“大小”的值经历的帧数。结果受“大小”、“变化”值的影响，因为“增长耗时”在“变化”之后应用。使用此参数可以模拟自然效果，例如气泡随着向表面靠近而增大。

“衰减耗时”：粒子在消亡之前缩小到其“大小”设置的 1/10 所经历的帧数。此设置也在“变化”之后应用。使用此参数可以模拟自然效果，例如火花逐渐变为灰烬。

“唯一性”：通过更改此微调器中的 Seed（种子）值，可以在其他粒子设置相同的情况下，达到不同的结果。

“新建”：随机生成新的种子值。

“种子”：设置特定的种子值。

◎“粒子类型”卷展栏

“粒子类型”卷展栏，如图 9-40 所示。

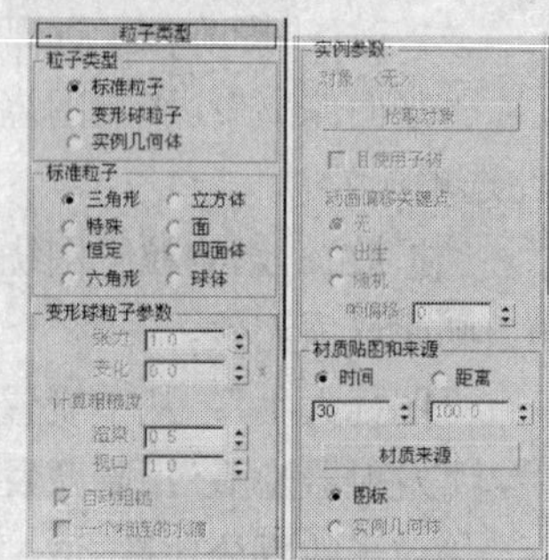

图 9-40

“粒子类型”：使用几种粒子类型中的一种，如“变形球粒子”、“实例几何体”。

“标准粒子”：使用几种标准粒子类型中的一种，如“三角形”、“立方体”、“特殊”、“面”、“恒定”、“四面体”、“六角形”、“球体”。

“变形球粒子参数”：如果在“粒子类型”组中选择了“变形球粒子”选项，则此组中的选项变为可用，且变形球作为粒子使用。变形球粒子需要额外的时间进行渲染，但是对于喷射和流动的液体，效果非常有效。

“张力”：确定有关粒子与其他粒子混合倾向的紧密度。张力越大，聚集越难，合并也越难。

“变化”：指定张力效果的变化的百分比。

“计算粗糙度”：指定计算变形球粒子解决方案的精确程度。粗糙值越大，计算工作量越少。不过，如果粗糙值过大，可能变形球粒子效果很小，或根本没有效果。反之，如果粗糙值设置过小，计算时间可能会非常长。

“渲染”：设置渲染场景中的变形球粒子的粗糙度。如果启用了“自动粗糙度”选项，则此选项不可用。

“视口”：设置视口显示的粗糙度。如果启用了“自动粗糙度”选项，则此选项不可用。

“自动粗糙度”：一般规则是，将粗糙值设置为介于粒子大小的 1/4 到 1/2 之间。如果启用此项，会根据粒子大小自动设置渲染粗糙度，视口粗糙度会设置为渲染粗糙度的大约两倍。

“一个相连的水滴”：如果禁用“默认设置”选项，将计算所有粒子；如果启用该选项，将使用快捷算法，仅计算和显示彼此相连或邻近的粒子。

“实例参数”：在“粒子类型”组中指定“实例几何体”时，使用这些选项。这样，每个粒子作为对象、对象链接层次或组的实例生成。

“对象”：显示所拾取对象的名称。

“拾取对象”：单击此选项，然后在视口中选择要作为粒子使用的对象。

“且使用子树”：如果要将拾取对象的链接子对象包括在粒子中，则启用此选项。如果拾取的对象是组，将包括组的所有子对象。

“动画偏移关键点”：因为可以为实例对象设置动画，此处的选项可以指定粒子的动画计时。

“无”：每个粒子复制原对象的计时。因此，所有粒子的动画的计时均相同。

“出生”：第一个出生的粒子是粒子出生时源对象当前动画的实例。每个后续粒子将使用相同的开始时间设置动画。

“随机”：当“帧偏移”设置为 0 时，此选项等同于“无”。否则，每个粒子出生时使用的动画都将与源对象出生时使用的动画相同，但会基于“帧偏移”微调器的值产生帧的随机偏移。

“帧偏移”：指定从源对象的当前计时的偏移值。

“材质贴图和来源”：指定贴图材质如何影响粒子，并且可以指定为粒子指定的材质的来源。

“时间”：指定从粒子出生开始完成粒子的一个贴图所需的帧数。

“距离”：指定从粒子出生开始完成粒子的一个贴图所需的距离（以单位计）。

“材质来源”：使用此按钮下面的选项指定的来源更新粒子系统携带的材质。

“图标”：粒子使用当前为粒子系统图标指定的材质。

“实例几何体”：粒子使用为实例几何体指定的材质。

◎“旋转和碰撞”卷展栏

“旋转和碰撞”卷展栏如图 9-41 所示。

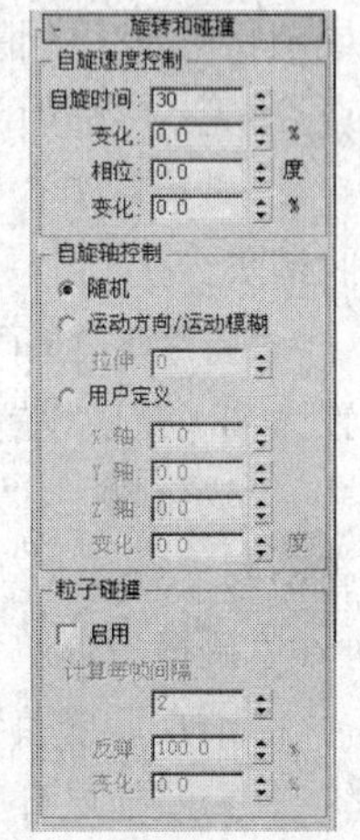

图 9-41

“自旋时间”：粒子一次旋转的帧数。如果设置为 0，则不进行旋转。

“变换”：自旋时间的变化百分比。

“相位”：设置粒子的初始旋转（以度计）。此设置对碎片没有意义，碎片总是从零旋转开始。

“变化”：相位的变化百分比。

“自旋轴控制”：以下选项确定粒子的自旋轴，并提供对粒子应用运动模糊的部分方法。

“随机”：每个粒子的自旋轴是随机的。

“运动方向/运动模糊”：围绕由粒子移动方向形成的向量旋转粒子。利用此选项还可以使用“拉伸”微调器对粒子应用一种运动模糊。

“拉伸”：如果大于 0，则粒子根据其速度沿运动轴拉伸。仅当选择了“运动方向/运动模糊”时，此微调器才可用。

“用户自定义”：使用 X、Y 和 Z 轴微调器中定义的向量。仅当选择了“用户自定义”时，这些微调器才可用。

“变化”：每个粒子的自旋轴可以从指定的 X 轴、Y 轴和 Z 轴设置变化的量（以度计）。仅当选择了“用户自定义”时，这些微调器才可用。

“粒子碰撞”：以下选项允许粒子之间的碰撞，并控制碰撞发生的形式。

“启用”：在计算粒子移动时启用粒子间的碰撞。

“计算每帧间隔”：每个渲染间隔的间隔数，期间进行粒子碰撞测试。值越大，模拟越精确，但是模拟运行的速度将越慢。

“反弹”：设置在碰撞后速度恢复到的程度。

“变化”：应用于粒子的反弹值的随机变化百分比。

◎“对象继承”卷展栏

“对象继承”卷展栏，如图 9-42 所示。

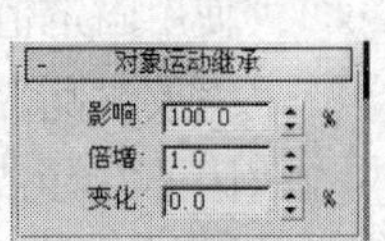

图 9-42

“影响”：在粒子产生时，继承基于对象的发射器的运动的粒子所占的百分比。

"倍增"：修改发射器运动影响粒子运动的量。此设置可以是正数，也可以是负数。

"变化"：提供倍增值的变化百分比。

◎"气泡运动"卷展栏

"气泡运动"卷展栏，如图 9-43 所示。

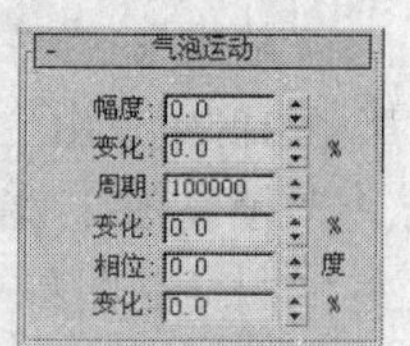

图 9-43

"幅度"：粒子离开通常的速度矢量的距离。

"变化"：每个粒子所应用的振幅变化的百分比。

"周期"：粒子通过气泡"波"的一个完整振动的周期。

"变化"：每个粒子的周期变化的百分比。

"相位"：气泡图案沿着矢量的初始置换。

"变化"：每个粒子的相位变化的百分比。

◎"粒子繁殖"卷展栏

"粒子繁殖"卷展栏如图 9-44 所示。

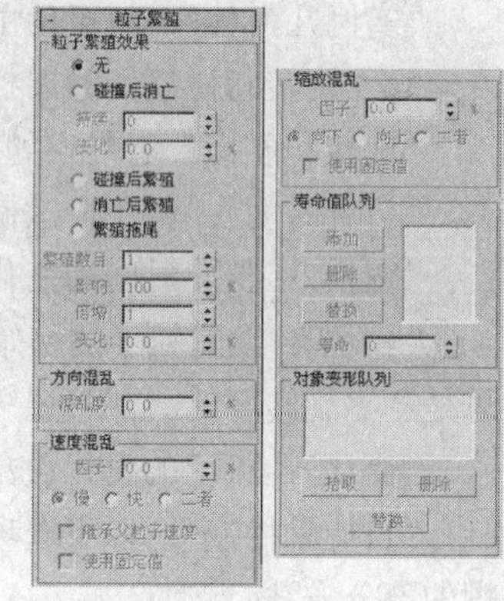

图 9-44

"粒子繁殖效果"：选择以下选项之一，可以确定粒子在碰撞或消亡时发生的情况。

"无"：不使用任何繁殖控件，粒子按照正常方式活动。

"碰撞后消亡"：粒子在碰撞到绑定的导向器（例如导向球）时消失。

"持续"：粒子在碰撞后持续的寿命（帧数）。如果将此选项设置为 0（默认设置），粒子在碰撞后立即消失。

"变化"：当"持续"大于 0 时，每个粒子的"持续"值将各有不同。

"碰撞后繁殖"：在与绑定的导向器碰撞时产生繁殖效果。

"消亡后繁殖"：在每个粒子的寿命结束时产生繁殖效果。

"繁殖拖尾"：在现有粒子寿命的每个帧，从相应粒子繁殖粒子。

"繁殖数目"：除原粒子以外的繁殖数。

"影响"：指定将繁殖的粒子的百分比。如果减小此设置，会减少产生繁殖粒子的粒子数。

"倍增"：倍增每个繁殖事件繁殖的粒子数。

"变化"：逐帧指定"倍增"值将变化的百分比范围。

"方向混乱"：从中设置粒子方向混乱。

"混乱度"：指定繁殖的粒子的方向可以从父粒子的方向变化的量。

"速度混乱"：使用以下选项可以随机改变繁殖的粒子与父粒子的相对速度。

"因子"：繁殖的粒子的速度相对于父粒子的速度变化的百分比范围。

"慢"：随机应用速度因子，减慢繁殖的粒子的速度。

"快"：根据速度因子随机加快粒子的速度。

"两者"：根据速度因子，有些粒子加快速度，有些粒子减慢速度。

"继承父粒子速度"：除了速度因子的影响外，繁殖的粒子还继承母体的速度。

"使用固定值"：将"因子"值作为设置值，而不是作为随机应用于每个粒子的范围。

"缩放混乱"：以下选项对粒子应用随机缩放。

"因子"：为繁殖的粒子确定相对于父粒子的随机缩放百分比范围，这还与以下选项相关。

"向下"：根据"因子"的值随机缩小繁殖的粒子，使其小于父粒子。

“向上”：随机放大繁殖的粒子，使其大于父粒子。

“两者”：将繁殖的粒子缩放为大于或小于其父粒子。

“使用固定值”：将“因子”的值作为固定值，而不是值范围。

“寿命值队列”：以下选项可以指定繁殖的每一代粒子的备选寿命值的列表。

“添加”：将“寿命”微调器中的值加入列表窗口。

“删除”：将“寿命”微调器中的值加入列表窗口。

“替换”：可以使用“寿命”微调器中的值替换队列中的值。使用时先将新值放入“寿命”微调器，再在队列中选择要替换的值，然后单击“替换”按钮。

“寿命”：设置一代粒子的寿命值。

“对象变形队列”：使用此组中的选项，可以在带有每次繁殖“按照‘繁殖数目’微调器设置”的实例对象粒子之间切换。

“拾取”：单击此按钮，然后在视口中选择要加入列表的对象。

“删除”：删除列表窗口中当前高亮显示的对象。

“替换”：使用其他对象替换队列中的对象。

◎“加载/保存预设”卷展栏

“加载/保存预设”卷展栏如图 9-45 所示。

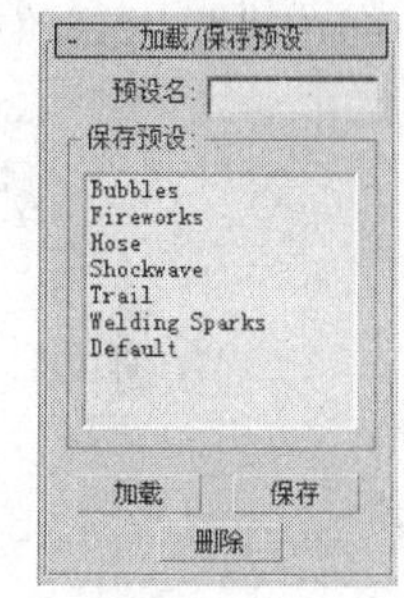

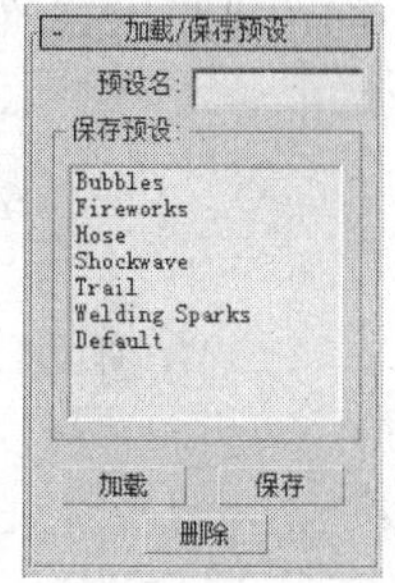

图 9–45

“预设名”：可以定义设置名称的可编辑字段，单击“保存”按钮保存预设名。

“保存预设”：包含所有保存的预设名。

“加载”：加载“保存预设”列表中当前高亮显示的预设。此外，在列表中双击预设名，可以加载预设。

“保存”：保存“预设名”字段中的当前名称，并放入“保存预设”窗口。

“删除”：删除“保存预设”窗口中的选定项。

2.“重力”工具

“重力”空间扭曲可以在粒子系统所产生的粒子上对自然重力的效果进行模拟。重力具有方向性，沿重力箭头方向的粒子加速运动，逆着箭头方向运动的粒子呈减速状，如图 9-46 所示为“基本参数”卷展栏。

图 9–46

“强度”：增加“强度”会增加重力的效果，即对象的移动与重力图标的方向箭头的相关程度。

“衰退”：设置“衰退”为 0.0 时，重力空间扭曲用相同的强度贯穿于整个世界空间。增加“衰退”值，会导致重力强度从重力扭曲对象的所在位置开始随距离的增加而减弱。

“平面”：重力效果垂直于贯穿场景的重力扭曲对象所在的平面。

“球形”：重力效果为球形，以重力扭曲对象为中心。该选项能够有效地创建喷泉或行星效果。

9.2.5 【实战演练】水龙头

本例介绍水龙头流水的效果，其中水龙头为背景图片，而水则是使用“超级喷射”粒子，然后设置粒子参数来完成的。（最终效果参看光盘中的“Cha09 > 效果 > 水龙头.max”，如图 9-47 所示。）

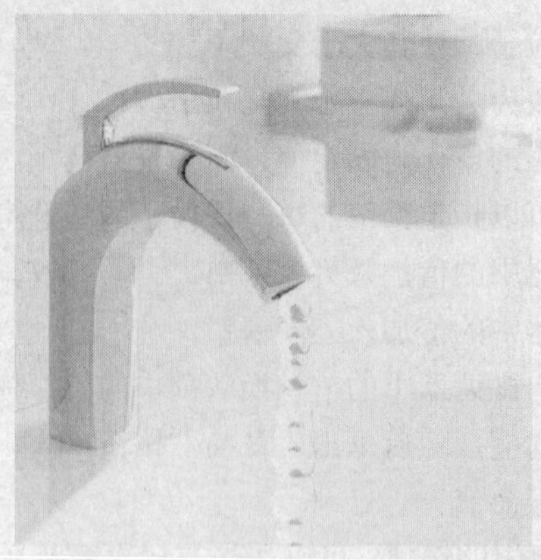

图 9-47

9.3 综合演练——火焰拖尾

本例介绍火焰拖尾动画，其中将使用“超级喷射”粒子，并将粒子指定路径约束，设置 Video Post 效果。（最终效果参看光盘中的“Cha07 > 效果 > 火焰拖尾.max”，如图 9-48 所示。）

图 9-48

9.4 综合演练——花瓣雨

本例介绍使用“雪”粒子，并设置其粒子类型为“面”，将其指定为花瓣材质，制作花瓣雨。（最终效果参看光盘中的“Cha07 > 效果 > 花瓣雨.max”，如图 9-49 所示。）

图 9-49

第10章 动力学系统

动力学和 reactor 能够帮助用户控制并模拟 3ds Max 9 中复杂的物理场景。reactor 支持整合的刚体和软体动力学、布料模拟以及流体模拟，也可以模拟关节对象的约束和关节活动，并支持风力、马达驱动等对象行为。同时“柔体”修改器在制作动画时也是非常重要的工具。本章将对 3ds Max 9 的动力学系统进行详细的讲解。

课堂学习目标

- “动力学”程序
- “柔体”变形修改器的介绍
- reactor 系统参数设置

10.1 掉落的玻璃球

10.1.1 【案例分析】

本例主要讲述一些玻璃球从高处掉落，碰撞盒子的效果。

10.1.2 【设计理念】

本例介绍使用刚体制作掉落的玻璃球，从中设置模型的模拟几何体属性，设置完成动画后预览动画，然后创建动画。（最终效果参看光盘中的“Cha07 > 效果 > 掉落的玻璃球.max”，如图 10-1 所示。）

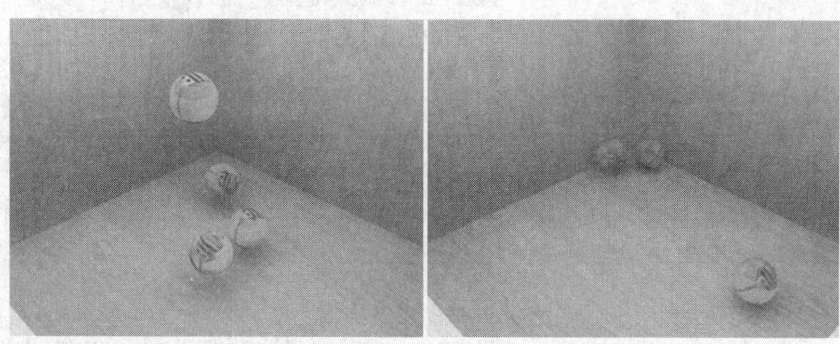

图 10–1

10.1.3 【操作步骤】

步骤 1 选择“ > 长方体”工具，在“顶”视图中创建长方体，在“参数”卷展栏中设置“长度”为200、“宽度”为200、“高度”为200，设置“长度分段”、“宽度分段”为3，如图10-2所示。

步骤 2 在场景中用鼠标右键单击长方体，在弹出的快捷菜单中选择“转换为 > 转换为可编辑多边形”命令，将选择集定义为“顶点”，在场景中缩放顶点，如图10-3所示。

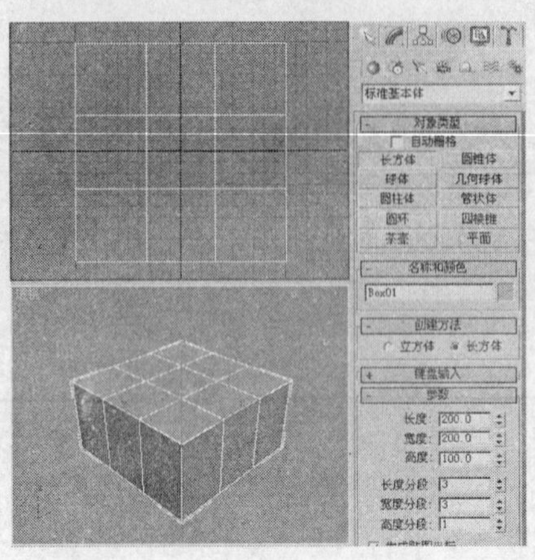

图 10-2

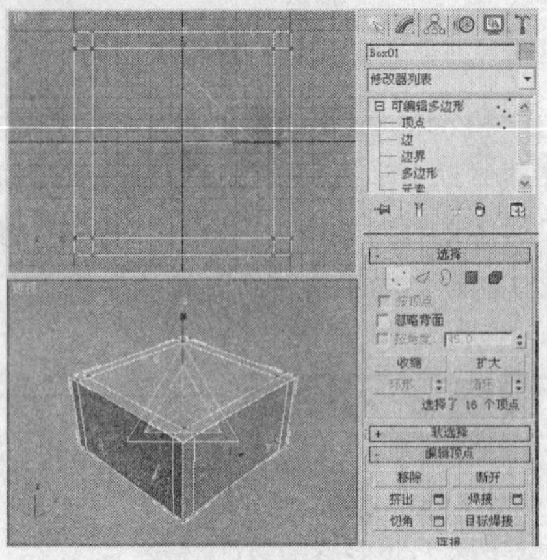

图 10-3

步骤 3 将选择集定义为“多边形”，在场景中选择多边形，设置“挤出高度”为-90，单击“确定”按钮，如图10-4所示。

步骤 4 为制作的盒子模型设置材质，打开“材质编辑器”，选择一个新的材质样本球，如图10-5所示。在“Blinn 基本参数”卷展栏中单击“漫反射”后的灰色按钮，在弹出的“材质/贴图浏览器”中选择“位图”贴图，单击“确定”按钮，再在弹出的对话框中选择位图贴图文件，（贴图位于随书附带光盘“Cha10 > 素材 > 掉落的玻璃球 > 107_untile.jpg”文件），单击“打开”按钮。进入贴图层级，使用默认参数。

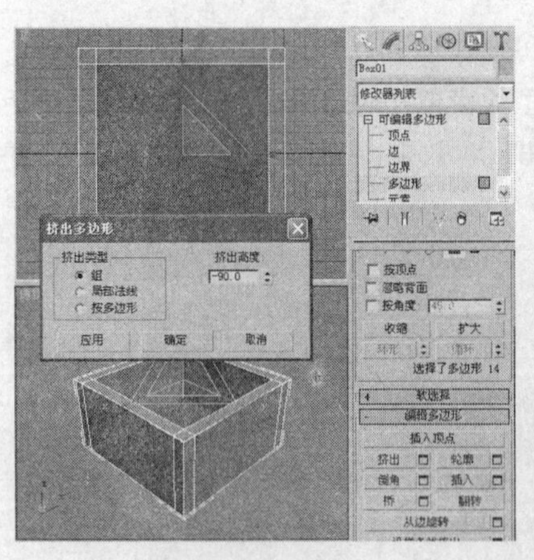

图 10-4

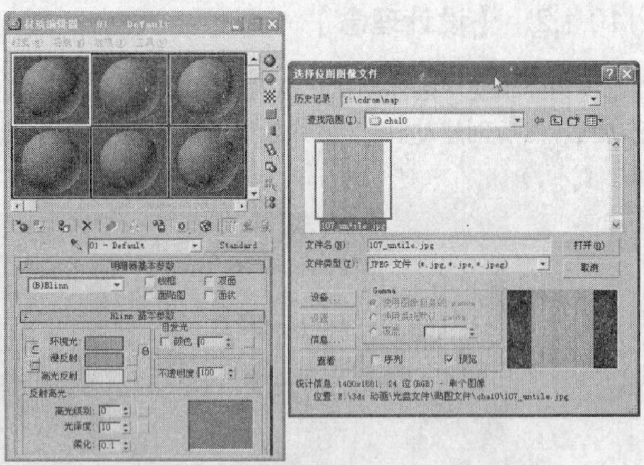

图 10-5

步骤 5 单击（转到父对象）按钮，设置“Blinn 基本参数”卷展栏中的“自发光”参数为20，如图10-6所示，单击（将材质制定给选定对象）按钮，将材质指定给场景中的盒子。

步骤 6 为盒子模型指定“UVW 贴图”修改器，在“参数”卷展栏中选择“长方体”，设置“长度”和“宽度”为 200.2，设置“高度”为 100.1，如图 10-7 所示。

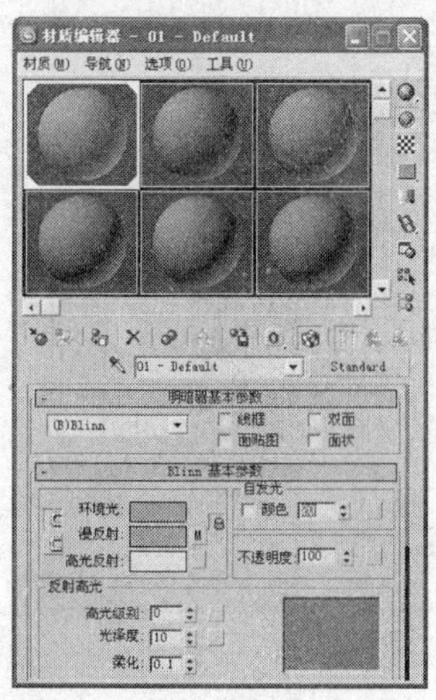

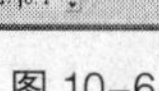

图 10-6

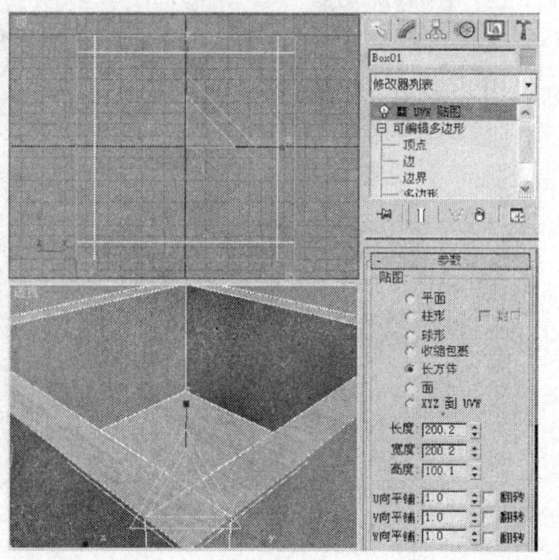

图 10-7

步骤 7 选择“（创建）>（几何体）> 球体”工具，在“顶”视图中创建球体，在“参数”卷展栏中设置“半径”为 8，如图 10-8 所示。

步骤 8 打开“材质编辑器”，选择一个新的材质样本球，在“贴图”卷展栏中为“漫反射”颜色指定位图（贴图位于随书附带光盘“Cha10 > 素材 > 掉落的玻璃球 > yu.jpg”文件）。为“不透明度”指定为位图（贴图位于随书附带光盘“Cha10 > 素材 > 掉落的玻璃球 > yu-bum.jpg”文件），如图 10-9 所示。

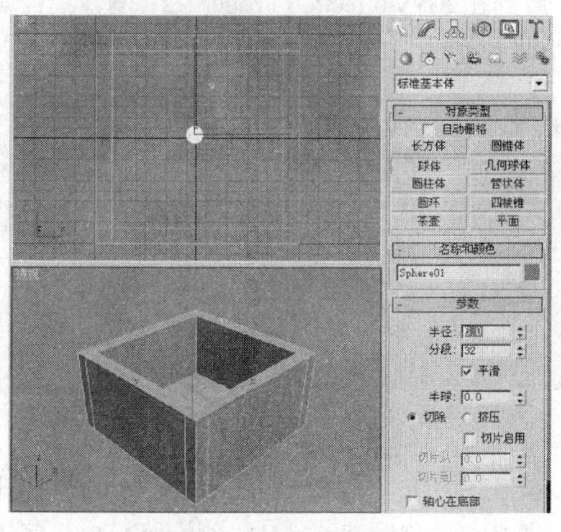

图 10-8

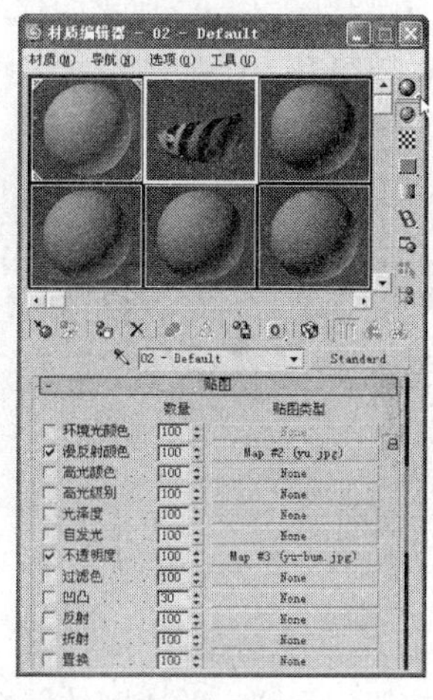

图 10-9

步骤 9 设置“反射”的数量为 20，并为其指定“光线跟踪”贴图。设置“折射”的数量为 30，为其指定“反射/折射”贴图，如图 10-10 所示，单击（将材质制定给选定对象）按钮，将材质指定给场景中的球体。

步骤 10 在场景中复制并调整球体，如图 10-11 所示。

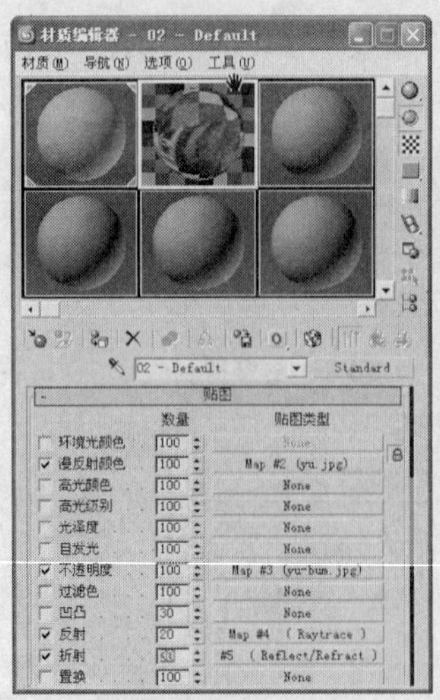

图 10-10

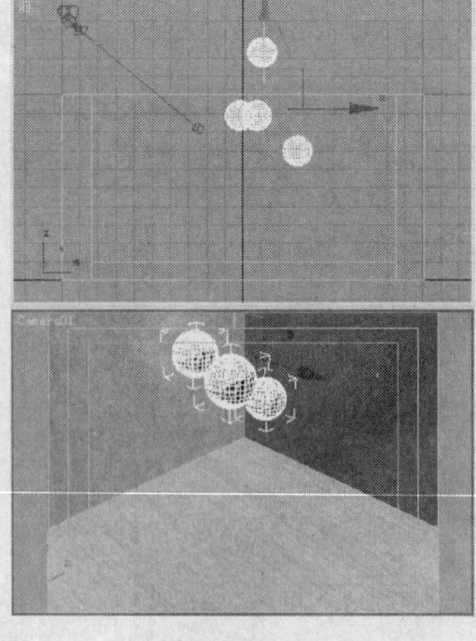

图 10-11

步骤 11 在菜单栏中选择“自定义 > 显示 UI > 显示浮动工具”命令，显示出浮动工具，保留 Reactor 工具栏，如图 10-12 所示。

图 10-12

步骤 12 在场景中选择盒子模型，在 Reactor 工具栏单击 Create Rigid Body Collection（创建刚体集合）按钮，在场景中创建刚体集合，如图 10-13 所示。

步骤 13 切换到（修改命令面板），可以看到在 RB Collection Properties（刚体集合属性）卷展栏中已经将盒子添加到列表中，如图 10-14 所示。

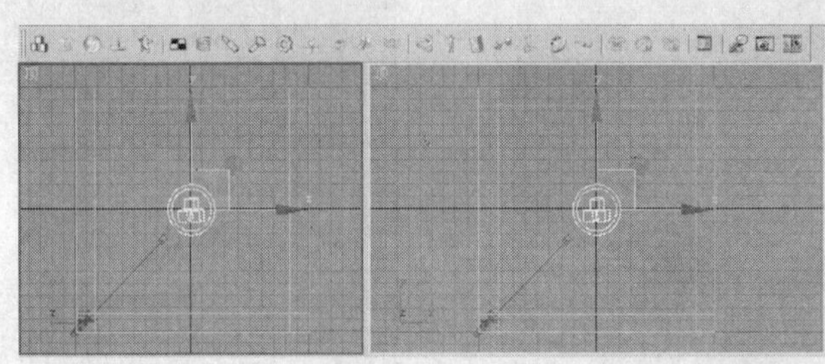

图 10-13

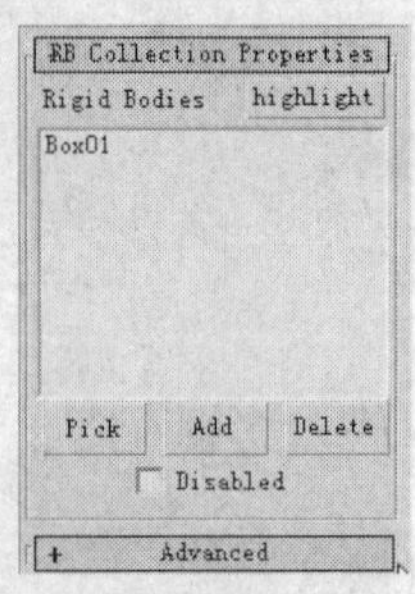

图 10-14

步骤 14 在场景中选择盒子模型，在 Reactor 工具栏单击 Open Property Editor（打开属性对话框）按钮，在弹出的“刚体属性”对话框中，在 Simulation Geometry（模拟几何体）组中选择 Concave Mesh（凹面网格）选项，如图 10-15 所示。

步骤 15 在场景中选择球体，在 Reactor 工具栏单击 Create Rigid Body Collection（创建刚体集合）按钮，在场景中创建刚体集合，在 RB Collection Properties（刚体集合属性）卷展栏中已经将盒子添加到列表中，如图 10-16 所示。

步骤 16 在场景中选择球体模型，在 Reactor 工具栏单击 Open Property Editor（打开属性对话框）按钮，在弹出的“刚体属性”对话框中，设置 Mass（质量）为 10，如图 10-17 所示。

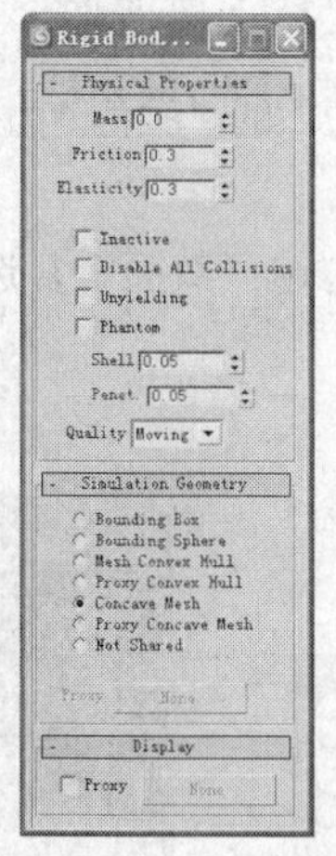

图 10-15

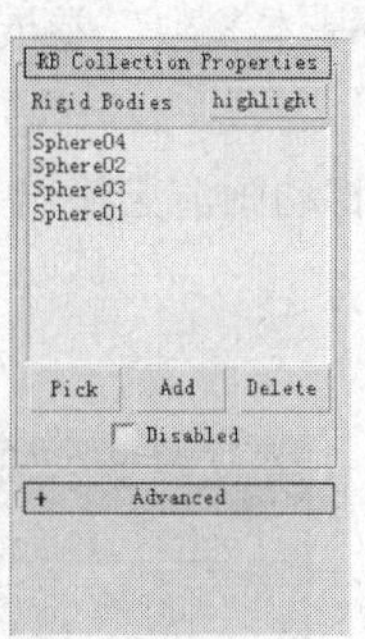

图 10-16

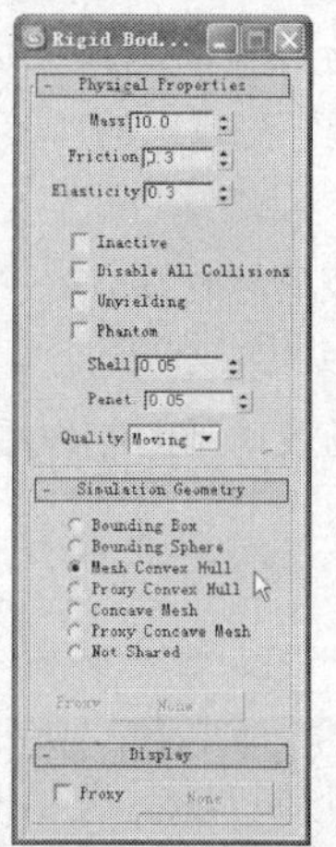

图 10-17

步骤 17 在 Reactor 工具栏单击 Preview Animation（预览动画）按钮，在打开的预览窗口中按 P 键，运行动画，操作鼠标可以调整视口角度，如图 10-18 所示。

步骤 18 在 Reactor 工具栏中的 Create Animation（创建动画）按钮，如图 10-19 所示，创建动画。

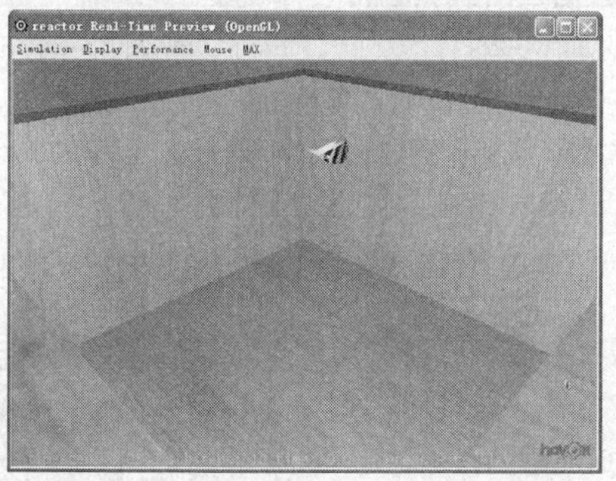

图 10-18

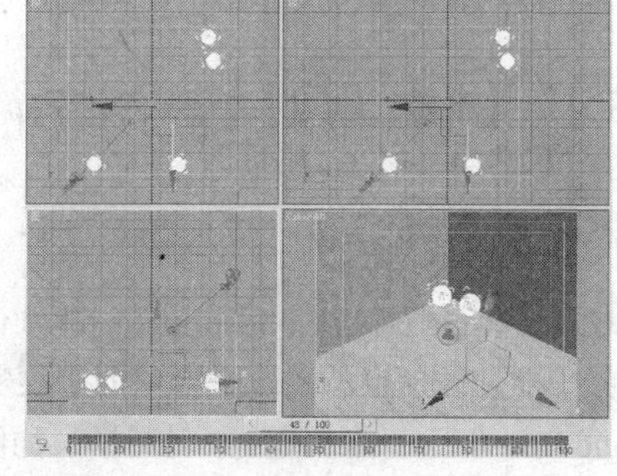

图 10-19

步骤 19 在场景中创建“天光”，并将渲染器指定为“光跟踪器”，如图 10-20 所示。

步骤 20 创建灯光后，设置玻璃球的“折射”为 40，如图 10-21 所示。

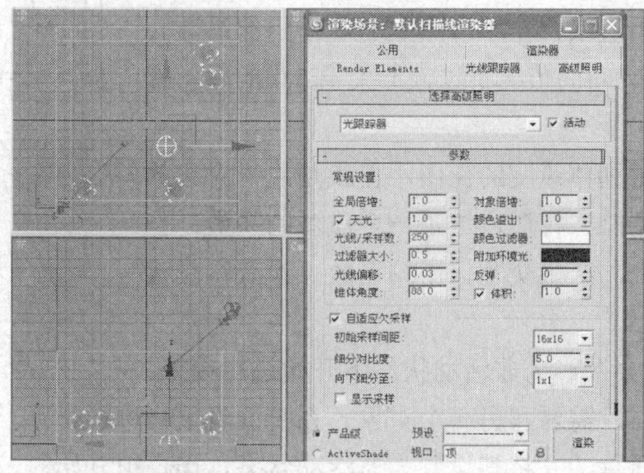

图 10-20

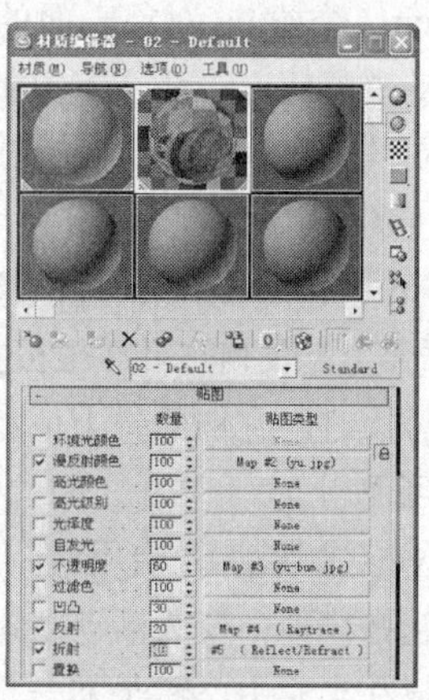

图 10-21

步骤 21 渲染场景，如图 10-22 所示。

步骤 22 按 8 键，在弹出的“环境和效果”对话框中设置“背景”的“颜色”为白色，如图 10-23 所示。

步骤 23 选择玻璃球材质，在“明暗器基本参数”卷展栏中勾选“双面”复选项，如图 10-24 所示。

步骤 24 完成场景动画的制作后，可以将动画渲染输出。

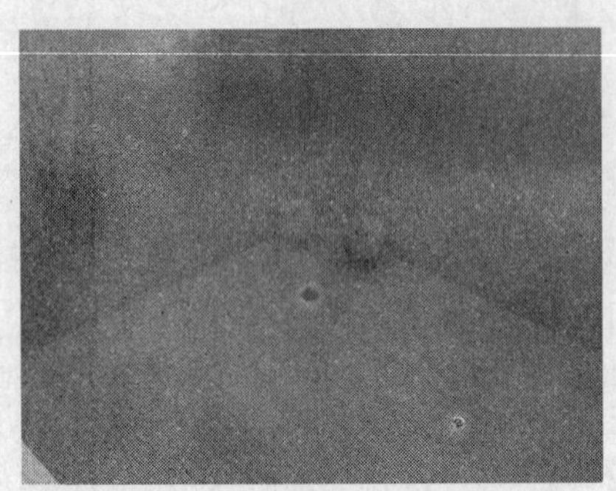

图 10-22

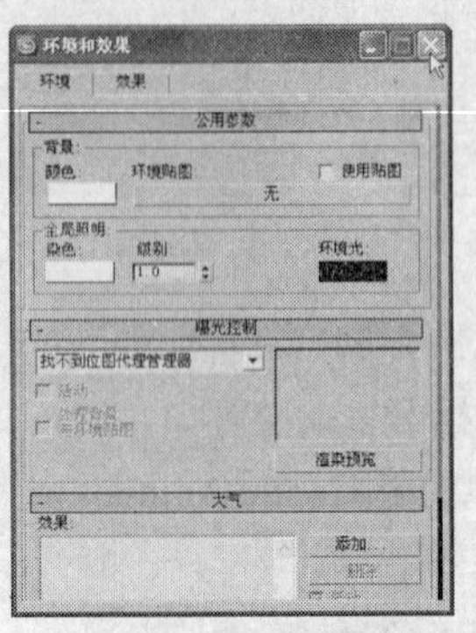

图 10-23

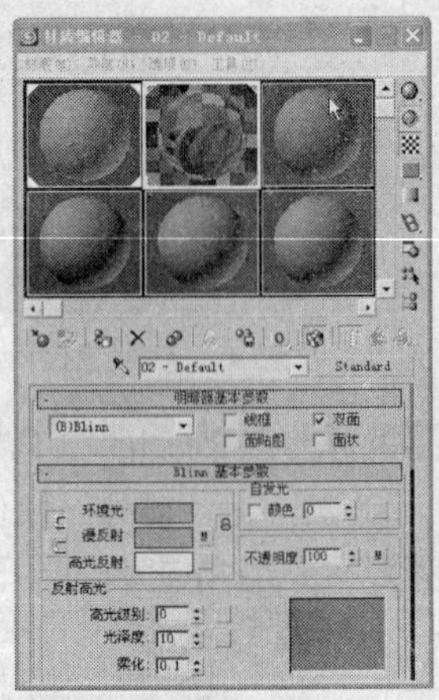

图 10-24

10.1.4 【相关工具】

“刚体”工具

Create Rigid Body Collection（创建刚体集合）是反应器动力学中最基础的模块，用于模拟真实世界中即使碰撞也不能改变形状的坚硬实体对象（如台球、石块等）。

Rigid Bod……（刚体属性）对话框，如图 10-25 所示。

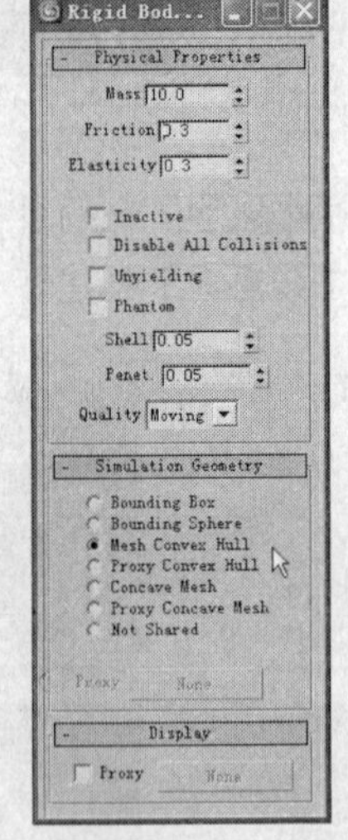

图 10-25

Mass（质量）：刚体的质量控制该对象与其他对象的交互方式。当将其质量设置为 0.0（默认值）时，对象将在模拟过程中保持空间上的固定，尽管其他对象可以与它碰撞。

Friction（摩擦）：对象表面的摩擦系数。这会影响刚体相对于与其接触表面的移动平滑程度。两个对象的摩擦值组合作用，产生交互作用的系数。为获得真实的结果，可使用 0.0 和 1.0 之间的值。不过，不大于 5.0 的数值都是可以接受的。

Elasticty（弹力）：该值控制碰撞对刚体速度的作用，也就是说，对象的 Elasticty（弹力）如何。和 Friction（摩擦）相似，这是一个成对的系数：当两个对象碰撞时，它们的弹力值相结合，产生交互作用的系数。为获得真实的结果，可使用 0.0 和 1.0 之间的值。

Inactive（非活动）：启用时，刚体会在一个非活动状态下开始进行模拟。这意味着它在模拟中变为活动状态之前，需要和另一个对象、系统或者鼠标进行交互。例如，如果将对象放在半空中，赋予其一定的质量，并将其设置为非活动状态，当模拟开始时，它会停留在半空中，直至有物体和它进行交互。非活动对象在模拟过程中需要的计算量较小。

Disable All Collisions（禁用全部碰撞）：启用时，对象不会和场景中的其他对象发生碰撞，而仅仅是穿过它们而已。

Unyielding（不能弯曲）：启用时，刚体的运动源自已经存在于 3ds Max 中的动画，而非物理模拟。模拟中的其他对象可以和它发生碰撞，并对其运动作出反应，但它的运动只受 3ds Max 中当前动画的控制，且 reactor 不会为它创建关键帧。

Phantom（幻影）：Phantom 对象在模拟中没有物理作用。就像是一个选中了 Disable All Collisions（禁用全部碰撞）选项的对象那样，它仅仅是穿过其他对象而已。不过，和禁用碰撞的对象不同，Phantom 会保留模拟期间有关其穿过的任何对象的碰撞信息，然后就可以使用该碰撞信息。

Shell（壳）：围绕凸体图形的外 Shell（壳）的半径，reactor 将其作为凸体图形的表面，以用于碰撞检测。模拟试图确保该壳与其他对象间的距离永远大于零，也就是说，原始凸体图形与其他对象间的距离永远大于对象的组合半径。

Penet（穿透）：Penet（穿透）reactor 允许的穿透数量。

Quality（质量）：使用户能够基于所需级别的交互，为每一个对象设置单独的设置。默认值为“移动”。

Simulation Geometry（模拟几何体）：可以指定将在 Havok 模拟中使用的对象的物理表示。

Proxy（代理）：对于用一种对象代替另一种对象，reactor 支持两种不同的方法，即几何体代理和显示代理。

10.1.5 【实战演练】积木

本例介绍使用刚体工具制作积木，选择所有的模型，为其设置刚体，并设置作为砖块模型的 mass（质量）。（最终效果参看光盘中的“Cha10 > 效果 > 积木.max”，如图 10-26 所示。）

图 10-26

10.2 荷叶上的水滴

10.2.1 【案例分析】

水滴在荷叶上，有雨荷叶的材质，水滴会在荷叶上久久滚动，而慢慢下滑或留在荷叶上。

10.2.2 【设计理念】

本例介绍使用“放样”工具制作荷叶，并将荷叶作为刚体，创建球体作为水滴，为其施加

“FFD4×4×4”和 ReactorSoftBody（Reactor 软体）修改器，并施加柔体，设置柔体完成水滴的效果。（最终效果参看光盘中的“Cha10 > 效果 > 荷叶上的水滴.max”，如图 10-27 所示。）

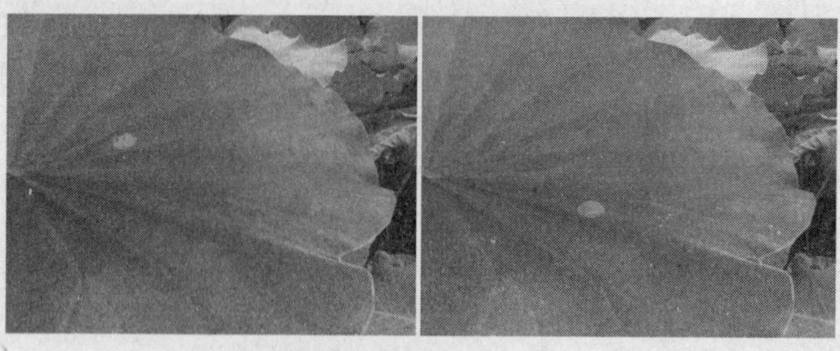

图 10-27

10.2.3 【操作步骤】

步骤 1 选择“（创建）>（图形）> 星形”工具，在“顶”视图中创建星形，如图 10-28 所示。

步骤 2 切换到（修改命令面板），在修改器列表中选择“编辑样条线”修改器，在“几何体”卷展栏中单击“轮廓”按钮，在场景中设置场景的轮廓，如图 10-29 所示。

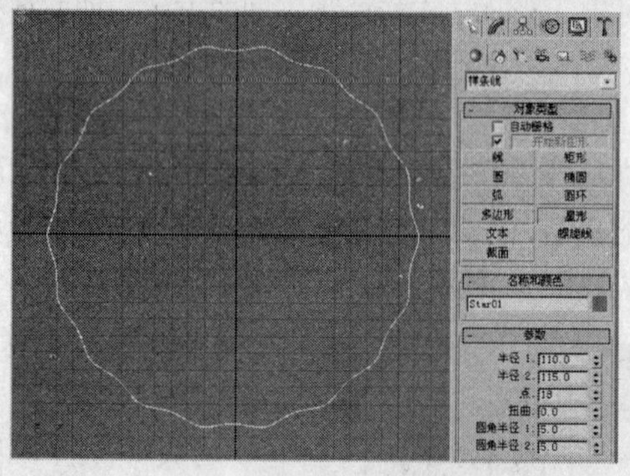

图 10-28

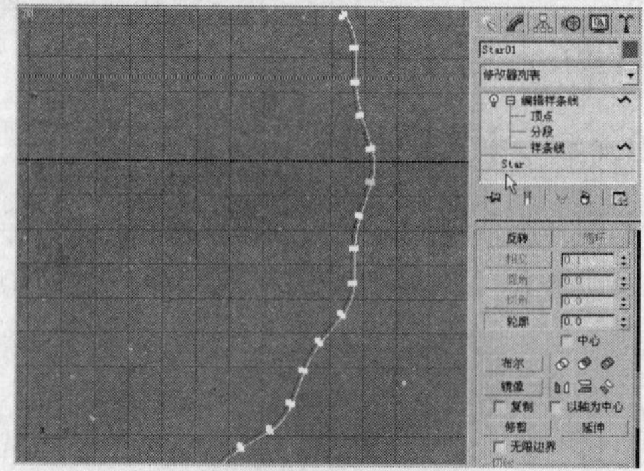

图 10-29

步骤 3 选择“（创建）>（图形）> 线”工具，在“前”视图中创建直线，作为放样路径，如图 10-30 所示。

步骤 4 在场景中选择放样路径，选择“（创建）>（几何体）> 复合对象 > 放样”工具，在“创建方法”卷展栏中单击“获取图形”按钮，在场景中拾取图形，如图 10-31 所示。

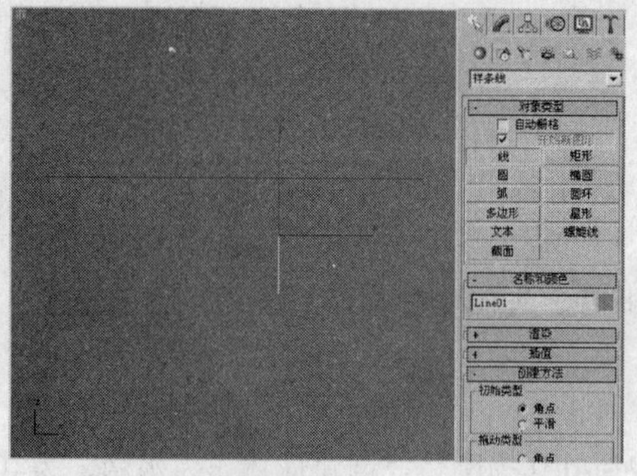

图 10-30

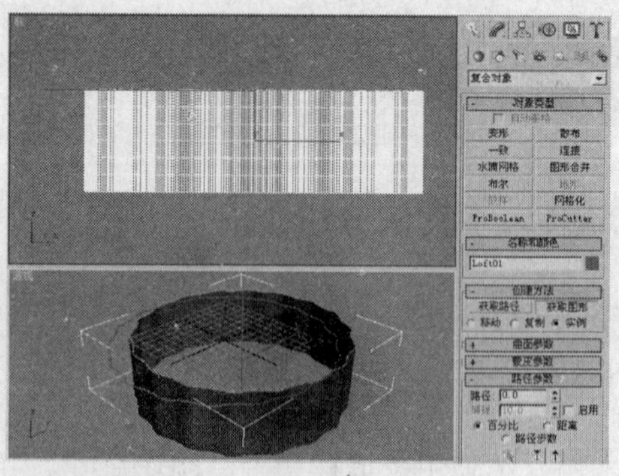

图 10-31

步骤 5 切换到（修改命令面板），在“变形”卷展栏中单击“缩放”按钮，在弹出的对话框中调整图形的形状，如图 10-32 所示。

步骤 6 在修改器列表中选择“FFD（圆柱体）”修改器，将选择集定义为“晶格”，在场景中调整晶格，在“FFD 参数”卷展栏中单击“设置点数”按钮，在弹出的对话框中设置“设置点数”参数“侧面”为 26、“径向”为 3、“高度”为 3，如图 10-33 所示。

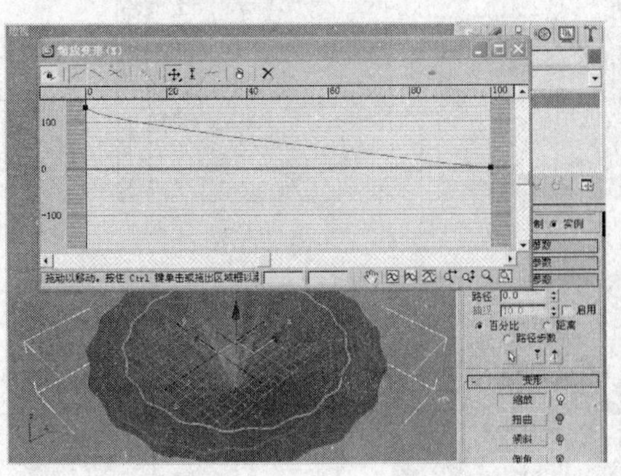

图 10-32

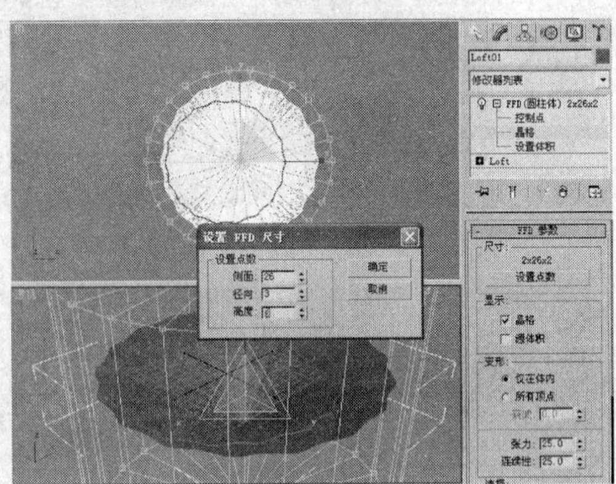

图 10-33

步骤 7 将选择集定义为“控制点”，并在场景中调整控制点，如图 10-34 所示。

步骤 8 继续调整控制点，如图 10-35 所示。

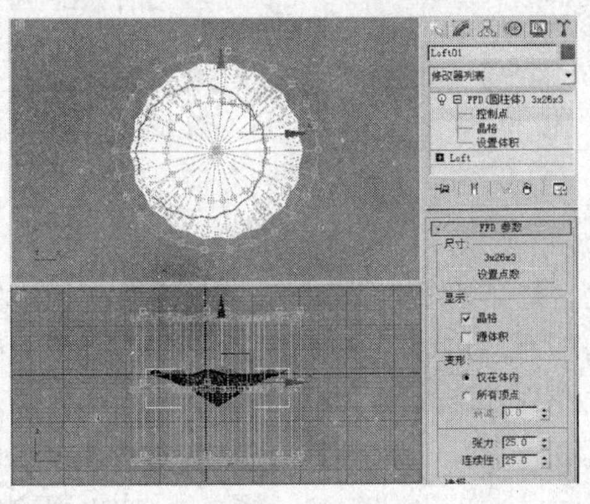

图 10-34

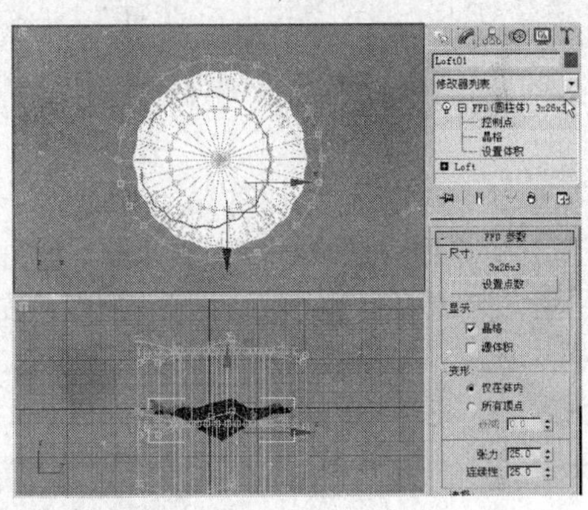

图 10-35

步骤 9 为荷叶模型施加“UVW 贴图”修改器，在“参数”卷展栏中选择“平面”，在“对齐”组中选择“Y”轴，单击“适配”按钮，适配贴图，如图 10-36 所示。

步骤 10 在工具栏中单击（材质编辑器）按钮，打开材质编辑器，从中选择一个新的材质样本球，在“贴图”卷展栏中设置“漫反射颜色”为“位图”贴图（贴图位于随书附带光盘“Cha010 > 素材 > 荷叶上的水滴 > 荷叶 001.jpg”文件），如图 10-37 所示。

步骤 11 看一下场景中指定贴图后的效果，如图 10-38 所示。

步骤 12 在“透视”图中调整视图角度，按【Ctrl+C】键，创建摄影机，如图 10-39 所示。

步骤 13 按 8 键，在弹出的“环境和效果”对话框中为“背景”指定“位图”贴图（贴图位于随书附带光盘“Cha010 > 素材 > 荷叶上的水滴 > 荷叶 0.jpg”文件），如图 10-40 所示。

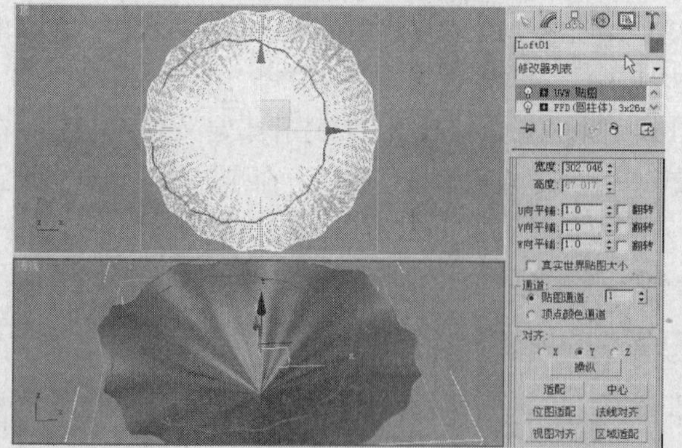

图 10-36

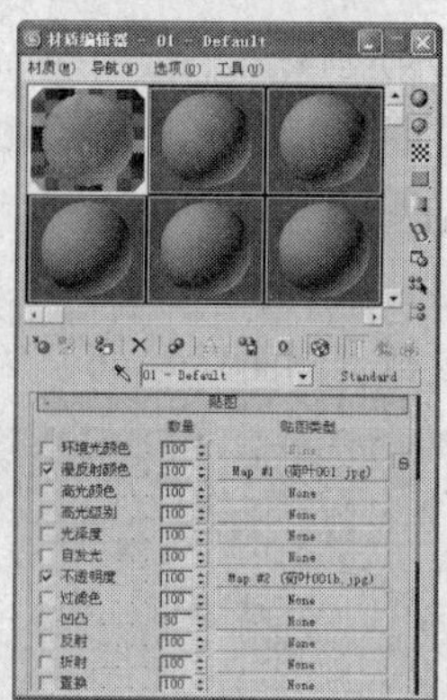

图 10-37

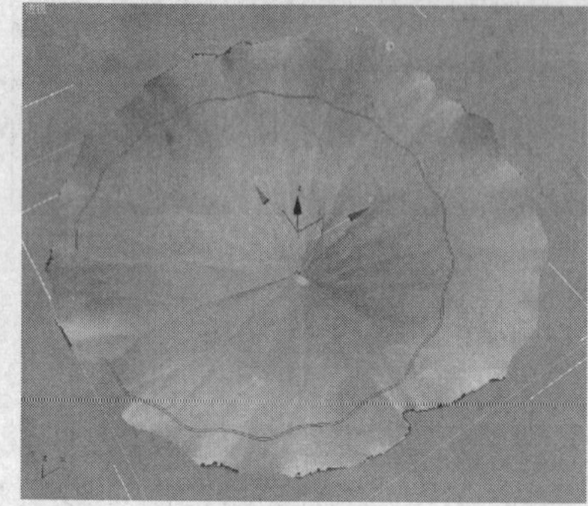

图 10-38

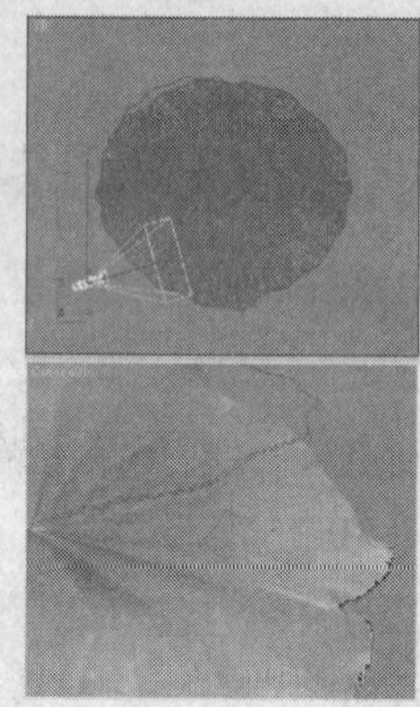

图 10-39

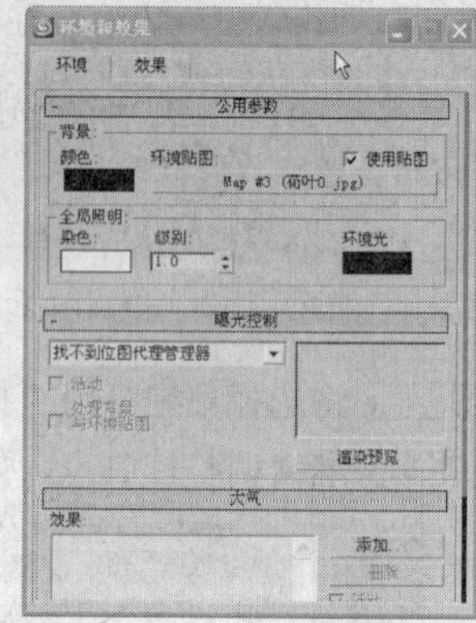

图 10-40

步骤 14 渲染当前场景，如图 10-41 所示。

步骤 15 在场景中创建球体，作为水滴，如图 10-42 所示。

步骤 16 在工具栏中单击（材质编辑器）按钮，打开“材质编辑器”，从中选择一个新的材质样本球，在“贴图”卷展栏中设置“反射”的数量为 20，并为其指定“光线跟踪”修改器；设置“折射”的参数为 90，为其指定“反射/折射”修改器，如图 10-43 所示。

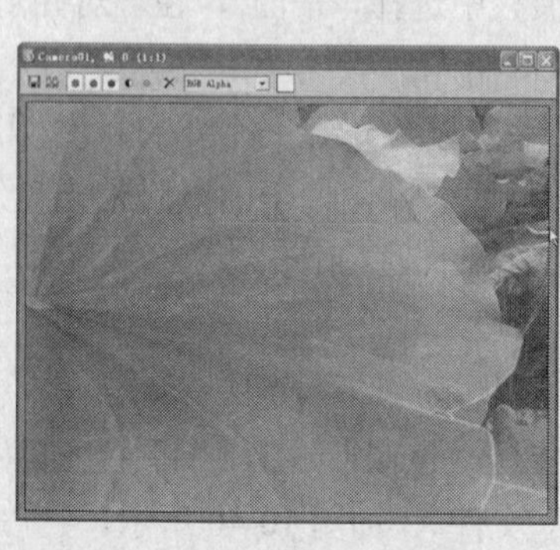

图 10-41

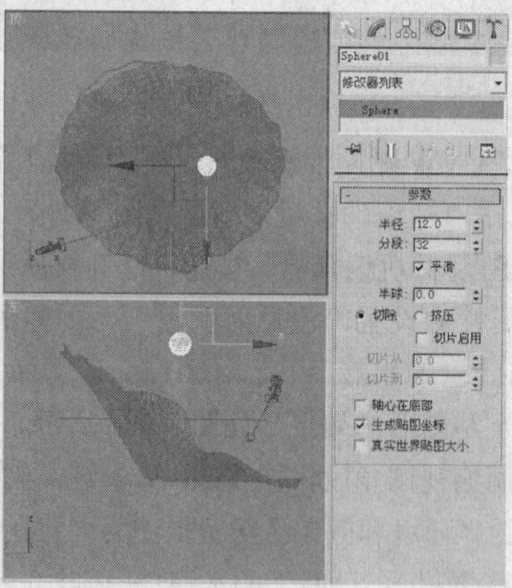

图 10-42

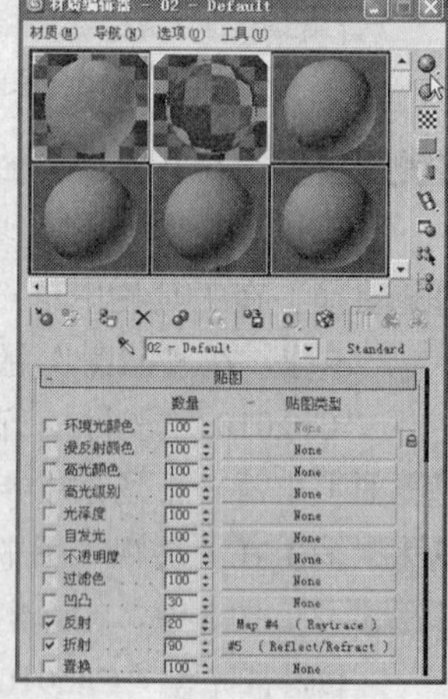

图 10-43

步骤 17 在场景中选择荷叶模型，在 Reactor 工具栏中单击 Create Rigid Body Collection（创建

刚体集合）按钮，将荷叶作为刚体，如图 10-44 所示。

步骤 18 在场景中选择球体，在 Modifier List（修改器列表）中选择 FFD4×4×4 和 ReactorSoftBody（Reactor 软体）修改器，在 ReactorSoftBody（Reactor 软体）修改器的 Propertoes（属性）卷展栏中设置 Mass（质量）为 5，Stiffness（刚度）为 0.01、Damping（阻尼）为 0.3、Friction（摩擦）为 0.1，选择 FFD-BASED（基于 FFD）选项，如图 10-45 所示。

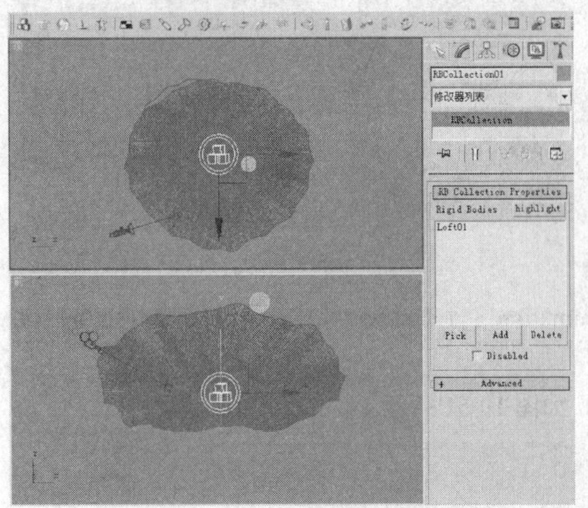

图 10-44

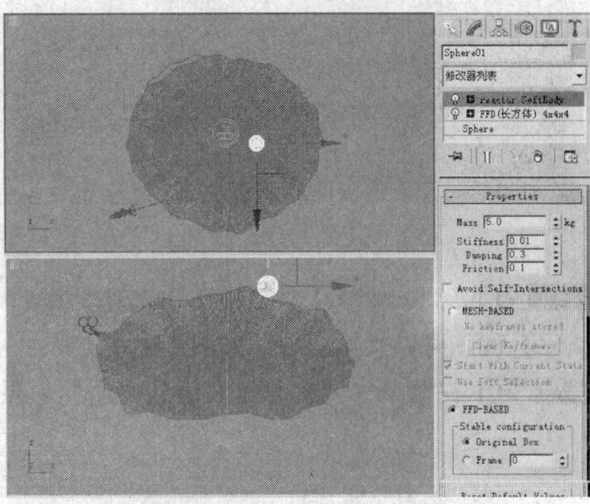

图 10-45

步骤 19 在场景中选择球体，在 Reactor 工具栏中单击 Create Soft Body Collection（创建软体集合）按钮，将球体创建为软体集合，如图 10-46 所示。

步骤 20 在场景中选择球体，切换到 Utilities（工具）命令面板，在 Utilities（工具）卷展栏中单击 reactor 按钮，在 Properties（属性）卷展栏中设置 Mass（质量）为 5、Friction（摩擦）为 0.8，如图 10-47 所示。

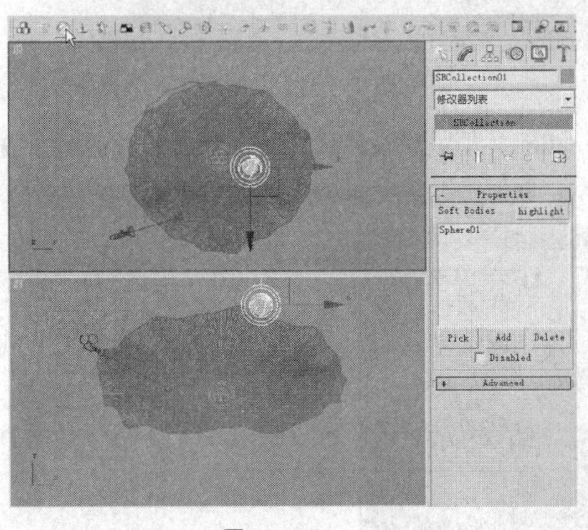

图 10-46

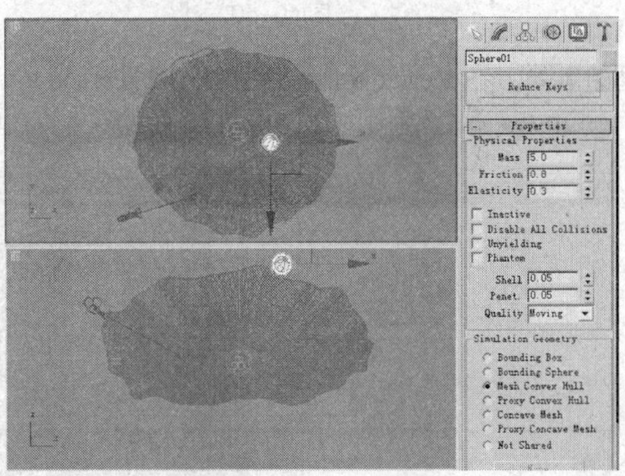

图 10-47

步骤 21 在 Havok 1 World（Hacok 1 世界）卷展栏中设置 Col.Tolerance（碰撞容差）为 0.5，如图 10-48 所示。

步骤 22 在场景中选择荷叶，切换到 Utilities（工具）命令面板，在 Utilities（工具）卷展栏中单击 reactor 按钮，在 Properties（属性）卷展栏中设置 Frition（摩擦）为 0.8，在 Simulation

Geometry（模拟几何体）组中选择 Concave Mesh（凹面网格）选项，如图 10-49 所示。

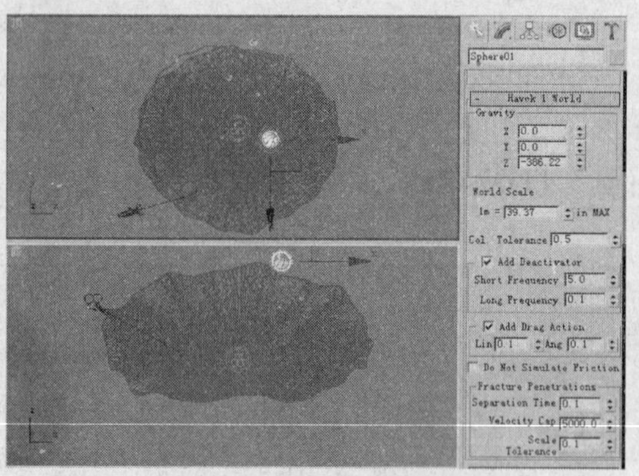

图 10-48

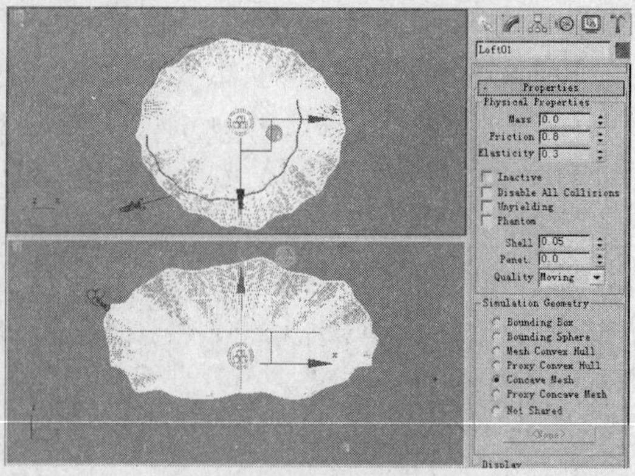

图 10-49

步骤 23 在 Reactor 工具栏中单击 Preview Animation（预览动画）按钮，在弹出的对话框中按 P 键，可以预览动画，如图 10-50 所示。

步骤 24 在场景中调整球体大小到合适的效果，如图 10-51 所示。

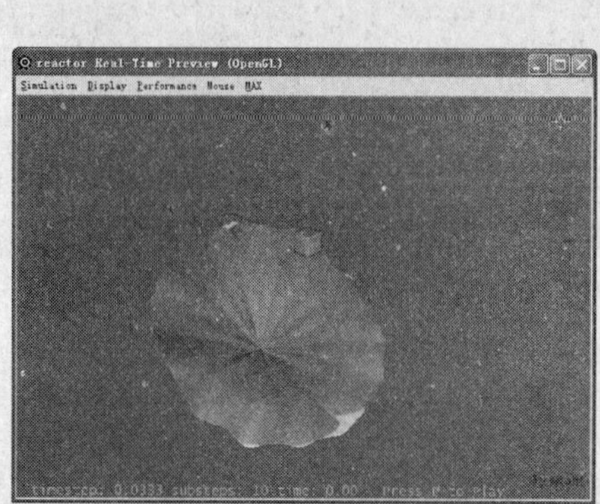

图 10-50

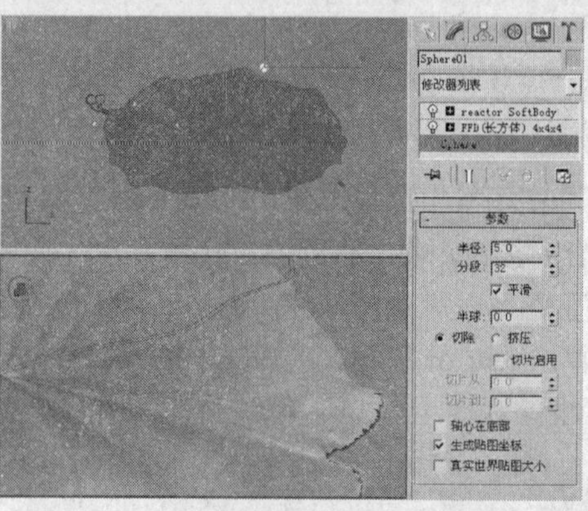

图 10-51

步骤 25 在 Reactor 工具栏中单击 Preview Animation（预览动画）按钮，在弹出的对话框中按 P 键，预览动画，如图 10-52 所示。

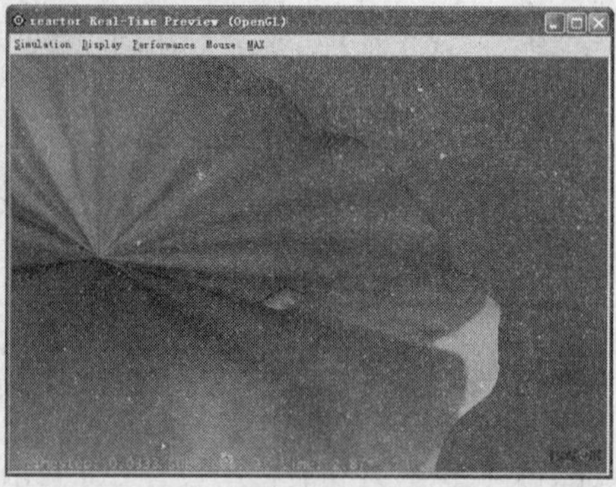

图 10-52

步骤 26 切换到 Utilities（工具）命令面板，在 Prevoew&Animation（预览与动画）卷展栏中单击 Create Animation（创建动画）按钮，创建动力学动画。

10.2.4 【相关工具】

ReactorSoftBody（Reactor 软体）工具

◎“Propertoes（属性）”卷展栏

Propertoes（属性）卷展栏如图 10-53 所示。

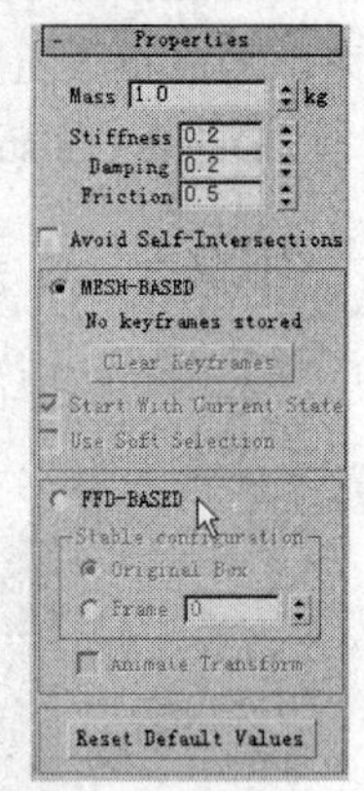

图 10-53

Mass（质量）：软体的质量（单位为千克）。这会影响软体与其他对象碰撞期间的行为，与水交互作用时的浮力，以及由附加至刚体产生的伸缩性，软体的质量越大，刚体产生的伸缩性越小。

Stiffness（刚度）：软体的刚度，刚度越大，越难以变形。

Damping（阻尼）：用于软体压缩和伸展振动的阻尼系数。

Friction（摩擦）：软体曲面的摩擦系数。与刚体一样，此参数影响软体在与其接触的表面上作相对移动时的平滑程度。两个对象的摩擦值组合作用，产生交互作用的系数。

Avoid Self-Intersections（避免自相交）：启用时，在模拟期间，软体将不会自相交。这样可以使模拟效果更加逼真，但可能会增加模拟时间。

MESH-BASED（基于网格）：默认情况下，软体是基于网格的，修改器可直接修改基本网格。此选项适用于大多数简单对象，例如球和砖。但是，对于较复杂的网格（超过 200 个三角形），此方法可能需要很长时间，而且可能会减慢模拟速度。一种好的替代方法是使用 FFD 软体。

Clear Keyframes（清除关键帧）：清除为此软体对象存储的所有关键帧。

Start Width Current State（以当前状态开始）：软体将使用修改器中存储的当前状态开始模拟。例如，如果已经在“预览窗口”中变形软体，并使用更新 MAX 更新了视口，这时此修改器将非常有用。禁用时，软体将以其原始状态（修改器下面）开始模拟。

Use Soft Selection（使用软选择）：允许使用软选择来平滑此可变形对象的关键帧顶点和模拟顶点之间的过渡。

FFD-BASED（基于 FFD）：指定要将此实体模拟为 FFD 软体。

Stable conflguration（稳定配置）：指定 reactor 将哪个配置（顶点位置）视为稳定（未变形）的配置。FFD 软体倾向于保持此配置。

Original Box（原点框）：FFD 软体的稳定配置是最初的、未变形的 FFD 长方体，将忽略晶格的所有动画或修改。这是默认选项。

Frame（帧）：用于将特定关键帧处的 FFD 状态指定为对象的稳定配置。

Animate Transform（动画变换）：启用该选项之后，reactor 将设置 FFD 晶格和对象变换的动画。在某些情况下，如果对象遵循 FFD 晶格进行变换，则由 FFD 修改器计算的变形将会更加一致。

Reset Default Values（重置默认值）：还原修改器中参数的默认值。

◎Constraints（约束）卷展栏

ReactorSoftBody（Reactor 软体）的 Constraints（约束）卷展栏如图 10-54 所示。

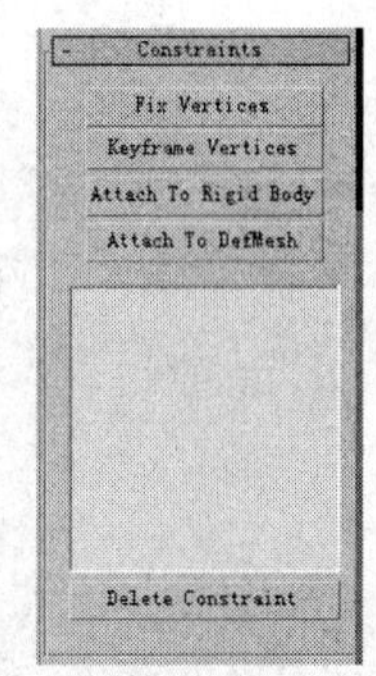

图 10-54

Fix Vertices（固定顶点）：创建将顶点固定在世界约束，用于将所选顶点固定在世界空间中的当前位置。

Keyframe Vertices（关键帧顶点）：创建关键帧约束，用于使所选顶点跟随 3ds Max 中的当前动画。

Attach To Rigid Body（附加至刚体）：在所选顶点和刚体之间创建附加至刚体约束。顶点将跟随刚体的动画位置和旋转发生变化。

Attach To DefMesh（附加至变形网格）：在所选顶点和变形网格之间创建附加至变形网格约束。顶点将跟随变形网格的动画变形。

Delete Constraint（删除约束）：删除列表中高亮显示的约束。

10.2.5 【实战演练】果冻

本例介绍掉在地上的果冻效果，其中制作方法与荷叶上的水滴制作相同，可以根据情况调整一下柔体参数来完成。（最终效果参看光盘中的“Cha09 > 效果 > 果冻.max”，如图 10-55 所示。）

图 10-55

10.3 床单

10.3.1 【案例分析】

床单是床上用品之一，用作床面铺饰的宽幅织物。

10.3.2 【设计理念】

本例介绍使用布料工具及修改器制作床单。（最终效果参看光盘中的“Cha10 > 效果 > 床单.max”，如图 10-56 所示。）

图 10-56

10.3.3 【操作步骤】

步骤 1 打开场景文件（光盘中的“Cha10 > 效果 > 床单 o.max”），渲染场景如图 10-57 所示。

步骤 2 在场景中选择床和地板模型，如图 10-58 所示。

图 10-57

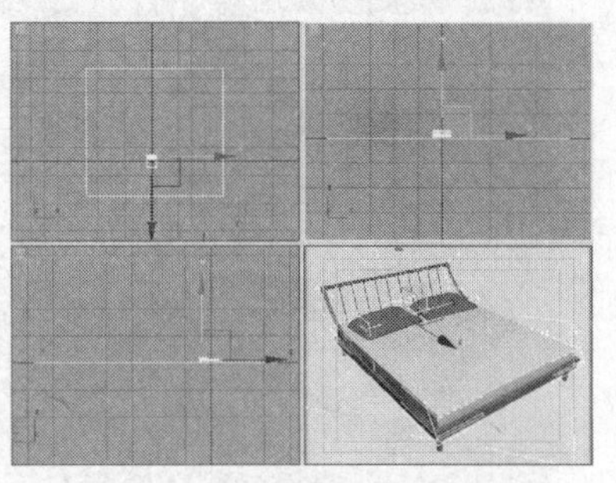

图 10-58

步骤 3 在“reactor”工具栏中单击（刚体集合）按钮，如图 10-59 所示。

步骤 4 选择“ > > 平面”按钮，在“顶”视图中创建平面，在“参数”卷展栏中设置“长度”为 150、“宽度”为 230、“长度分段”和“宽度分段”为 50，如图 10-60 所示。

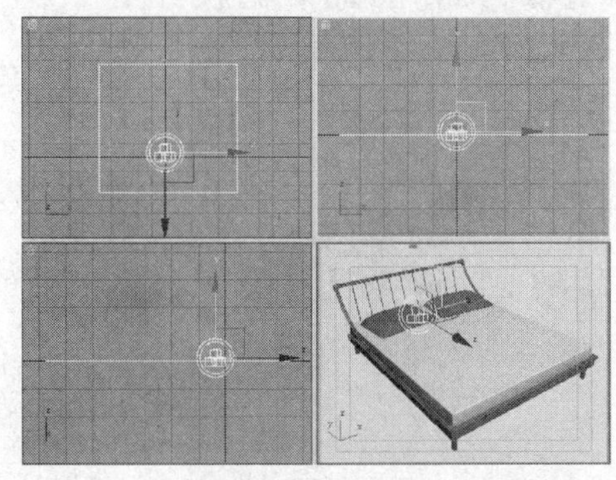

图 10-59

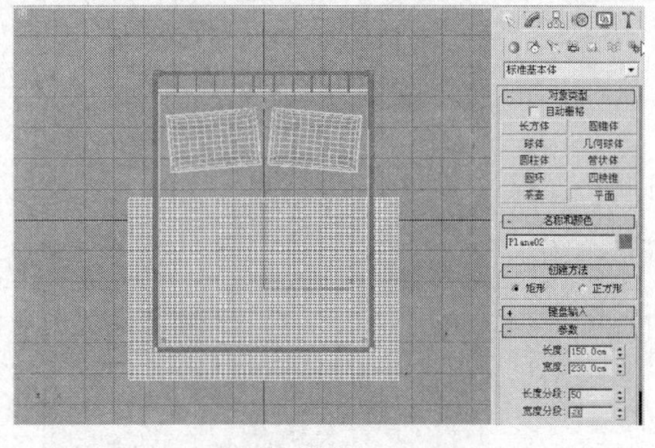

图 10-60

步骤 5 在“左”视图中调整模型的位置和角度，如图 10-61 所示。

步骤 6 在 reactor 工具栏中单击（布料集合）按钮，在场景中创建布料集合，使用（选择并链接）工具，在场景中单击布料集合，按住鼠标移动到平面上，如图 10-62 所示。

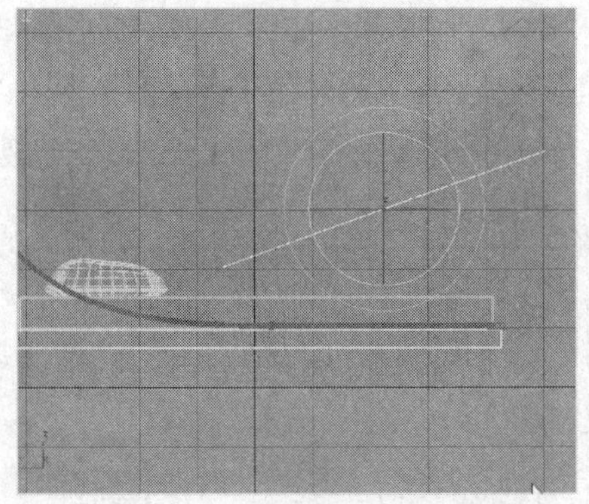

图 10-61

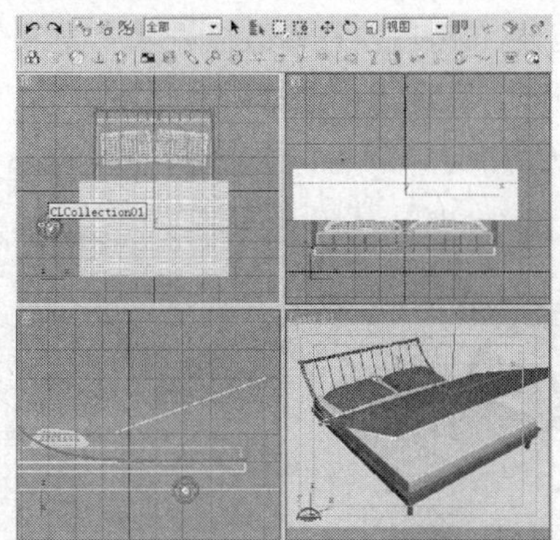

图 10-62

步骤 7 为平面指定 Cloth 修改器，如图 10-63 所示。

步骤 8 在“对象”卷展栏中单击“对象属性”按钮，在弹出的对话框中选择作为床单的平面，并选择右侧的 Cloth 选项，如图 10-64 所示。

图 10-63

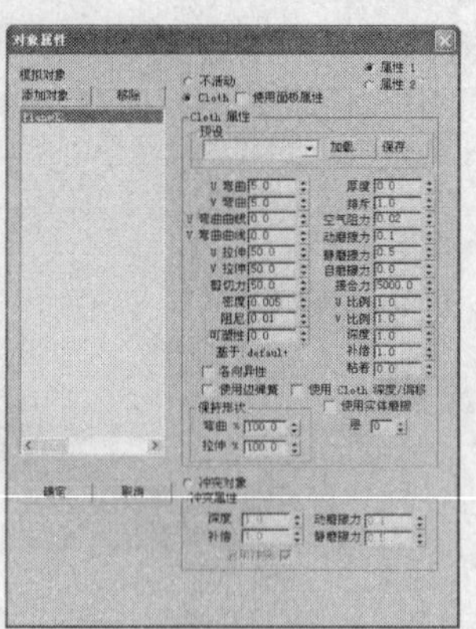
图 10-64

步骤 9 单击“添加对象”按钮，在弹出的对话框中拾取场景中的所有对象，单击“添加”按钮，如图 10-65 所示。

步骤 10 选择添加进列表的模型，在左侧选择“冲突对象”，如图 10-66 所示。

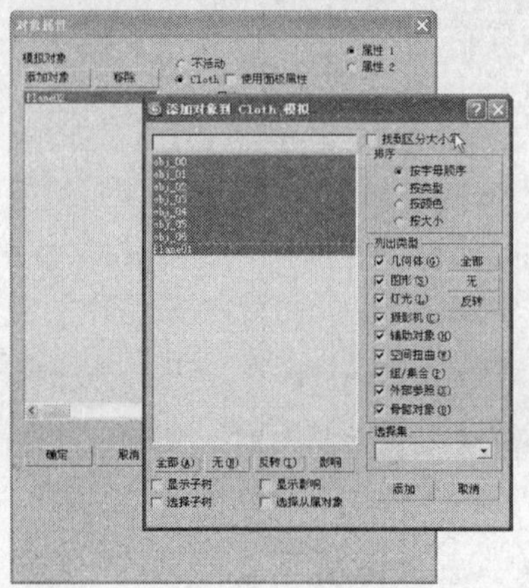
图 10-65

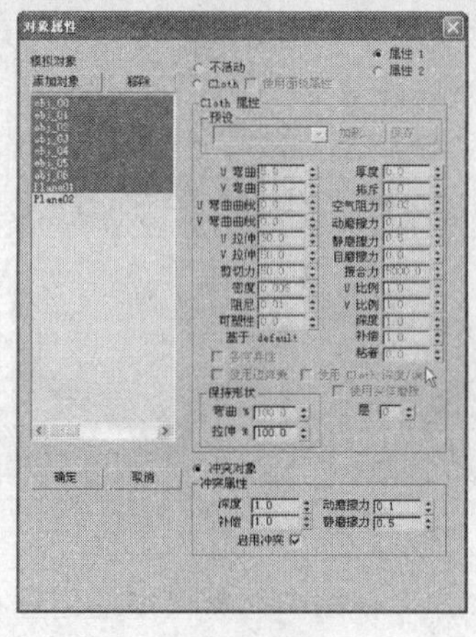
图 10-66

步骤 11 在“对象”卷展栏中单击“模拟本地”按钮，模拟布料动画，如图 10-67 所示。

步骤 12 创建布料后，在修改器列表中为床单模型施加“编辑多边形”修改器，将选择集定义为“多边形”，在场景中选择所有的多边形，设置多边形的“挤出”，合适即可，如图 10-68 所示。

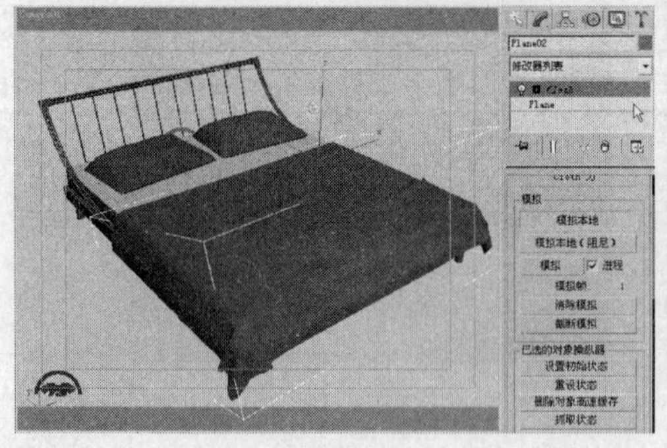
图 10-67

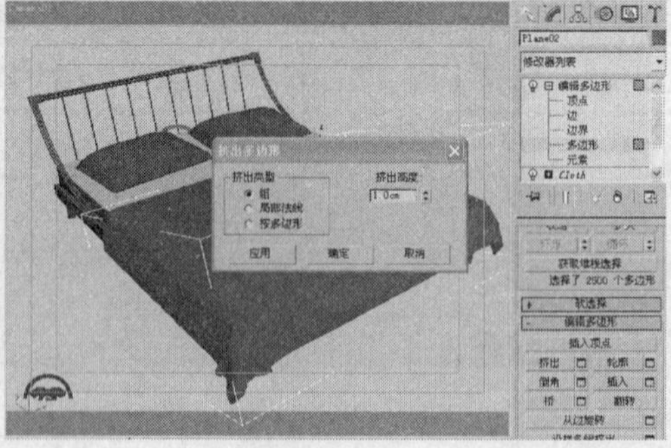
图 10-68

步骤 13 关闭选择集，为模型施加“网格平滑”修改器，平滑模型，如图 10-69 所示。

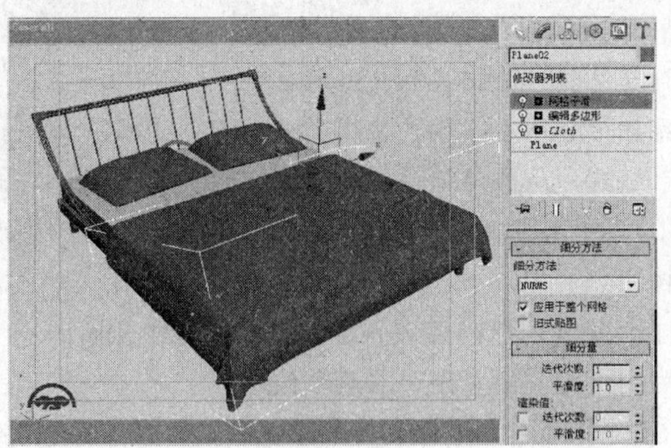

图 10-69

10.3.4 【相关工具】

1. Cloth

下面介绍 Cloth 修改器的几种常用的工具。

◎“对象”卷展栏

添加 Cloth 修改器后，“对象”卷展栏如图 10-70 所示。

“对象属性”按钮：用于打开“对象属性”对话框，在其中可定义要包含在模拟中的对象，确定这些对象是布料还是冲突对象，以及与其关联的参数（后面会对“对象属性”进行介绍）。

“Cloth 力”按钮：向模拟添加类似风之类的力（即场景中的空间扭曲）。

“模拟本地”按钮：不创建动画，开始模拟进程。使用此模拟可将衣服覆盖在角色上，或将衣服的面板缝合在一起。

“模拟本地（阻尼）”和“模拟本地”相同，但是为布料添加了大量的阻尼。

“模拟”按钮：在激活的时间段上创建模拟。与“模拟本地”不同，这种模拟会在每帧处以模拟缓存的形式创建模拟数据。

“进程”选项：选择该选项时，将在模拟期间打开“Cloth 模拟”对话框，如图 10-71 所示。该对话框显示模拟进度，其中包括时间信息以及有关错误或时间步阶调整的消息。

“模拟帧”：显示当前模拟的帧数。

“消除模拟”按钮：删除当前的模拟。

“截断模拟”按钮：删除模拟在当前帧之后创建的动画。

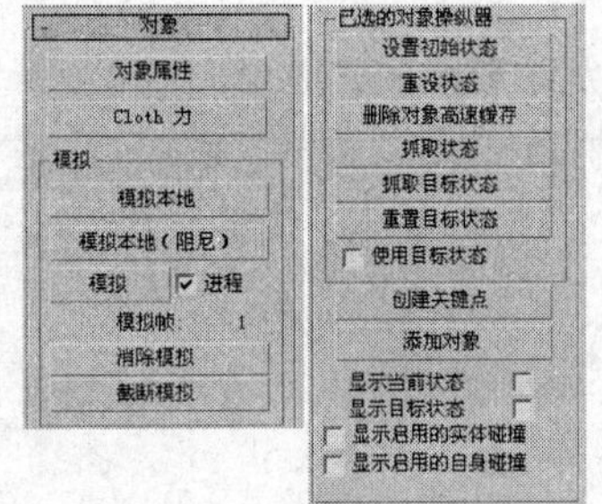

图 10-70

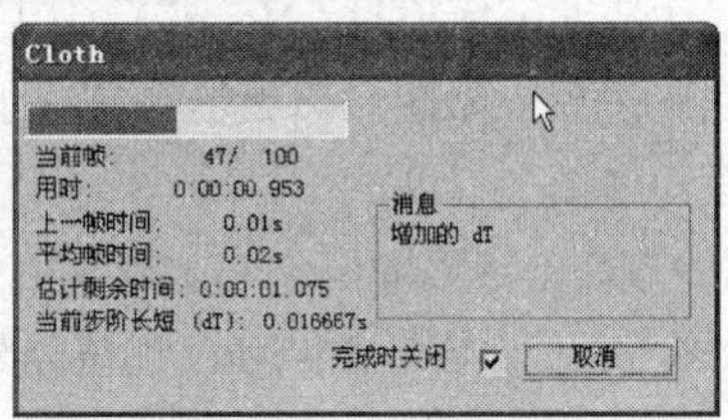

图 10-71

◎“选定对象”卷展栏

“选定对象”卷展栏如图 10-72 所示。

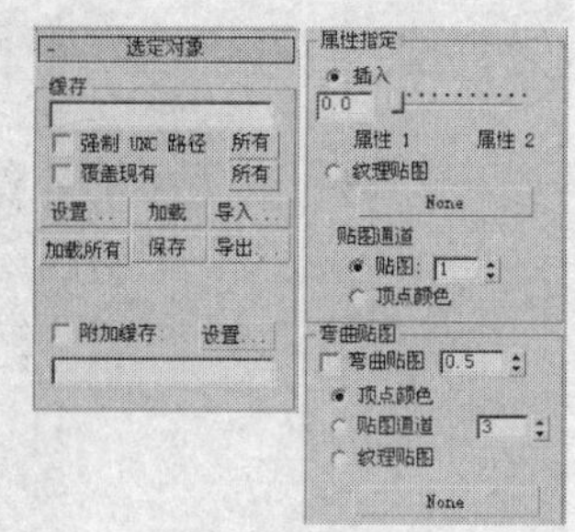

图 10-72

文本字段：显示缓存文件的当前路径和文件名。

“强制 UNC 路径”：如果文本字段路径是指向映射的驱动器，则将该路径转换为 UNC 格式，从而使该路径易于访问网络上的任何计算机。要将当前模拟中所有布料对象的缓存路径都转换为 UNC 格式，请单击“所有”按钮。

“覆盖现有”：启用时，Cloth 可以覆盖现有缓存文件。要对当前模拟中的所有布料对象启用覆盖，请单击“所有”按钮。

“设置”按钮：用于指定所选对象缓存文件的路径和文件名。

“加载”按钮：将指定的文件加载到所选对象的缓存中。

“导入”按钮：打开一个文件对话框，以加载一个缓存文件，而不是指定的文件。

“加载所有”按钮：加载模拟中每个布料对象的指定缓存文件。

“保存”按钮：使用指定的文件名和路径保存当前缓存（如果有的话）。如果未指定文件，Cloth 会基于对象名称创建一个文件。

“导出”按钮：打开一个文件对话框，以将缓存保存到一个文件，而不是指定的文件，可以采用默认 CFX 格式或 PointCache2 格式进行保存。

“附加缓存”：要以 PointCache2 格式创建第二个缓存，应勾选“附加缓存”复选项，然后单击“设置”按钮以指定路径和文件名。

“插入”：在“对象属性”对话框中的两个不同设置（由右上角的“属性 1”和“属性 2”单选按钮确定）之间插入。使用此滑块，可以在这两个属性之间设置动画，调整衣服使用的织物设置类型。

“纹理贴图”按钮：设置纹理贴图，对布料对象应用“属性 1”和“属性 2”设置。

“贴图通道”：用于指定纹理贴图所要使用的“贴图”通道，或选择要用于取而代之的“顶点颜色”。在与 3ds Max 中的新绘制工具结合使用时，顶点颜色特别有用。用户可以直接绘制对象的顶点颜色，并使用绘制的区域来进行材质指定。

“弯曲贴图”组如下。

“弯曲贴图”：切换“弯曲贴图”选项的使用。使用数值设置调整的强度。在大多数情况下，该值应该小于 1.0。范围为 0.0 至 100.0。默认设置是 0.5。

“顶点颜色”：使用顶点颜色通道来进行调整。

“贴图通道”：使用贴图通道，而不是顶点颜色来进行调整。使用微调器来设置通道。

“纹理贴图”：使用纹理贴图来进行调整。要指定纹理贴图，应单击该按钮（默认情况下标记为“None”），然后使用“材质/贴图浏览器”来选择该贴图。之后，贴图名称显示在按钮上。

◎“模拟参数”卷展栏

“模拟参数”卷展栏如图 10-73 所示。

“厘米/单位”：确定每 3ds Max 单位表示多少厘米。

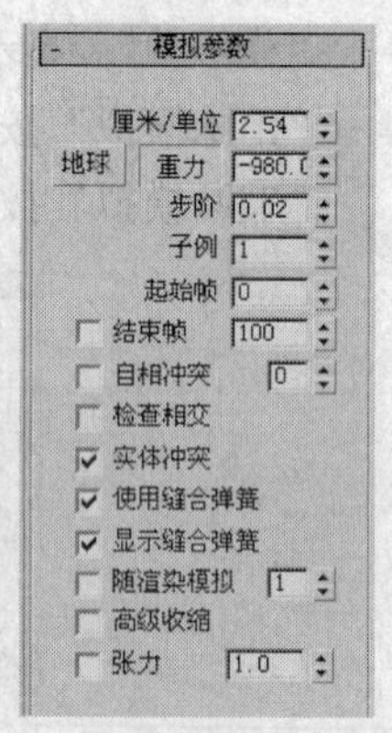

图 10-73

提　示　进行布料模拟时，尺寸和比例都很重要，因为即使采用同样的织物，10 英尺的窗帘的行为和一英尺见方的手帕的行为也大为不同。

“重力”：启用之后，重力值将影响到模拟中的布料对象。

“步阶”参数：模拟器可以采用的最大时间步阶大小。

“子例”参数：软件对固体对象位置每帧的采样次数。

“起始帧”参数：模拟开始处的帧。

“结束帧”：勾选之后，确定模拟终止处的帧。

“自相冲突”：勾选之后，检测布料对布料之间的冲突。将此设置关闭之后，将提高模拟器的速度，但是会允许布料对象相互交错。

“实体冲突”选项：勾选之后，模拟器将考虑布料对实体对象的冲突。此设置始终保留为开启。

“使用缝合弹簧”选项：勾选之后，使用随 Garment Maker 创建的缝合弹簧将织物接合在一起。

“显示缝合弹簧”选项：用于切换缝合弹簧在视口中的可视表示，这些设置并不渲染。

“随渲染模拟”选项：勾选时，将在渲染时触发模拟。

“高级收缩”选项：启用时，Cloth 对同一冲突对象两个部分之间收缩的布料进行测试。

“张力”：利用顶点颜色可以显现织物中的压缩/张力。

◎“对象属性”对话框

使用“对象属性”对话框指定要纳入布料模拟的对象是布料还是冲突对象，并定义与其关联的参数，如图 10-74 所示。

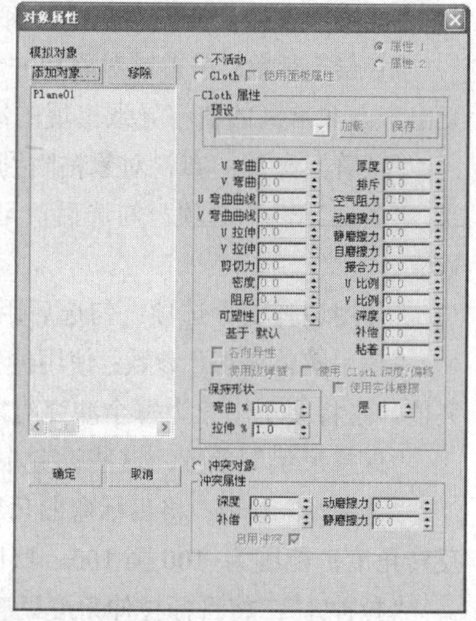

图 10-74

“模拟对象”：列出当前包含在模拟中的对象。

“添加对象”按钮：打开一个对话框，从中可选择要添加到 Cloth 模拟中的场景对象。

“移除”按钮：从模拟中移除“模拟对象”列表中突出显示的对象。在此不能移除当前在 3ds Max 中选定的对象。

“不活动”选项：令某个对象在模拟中处于不活动状态。

“Cloth”选项：将“模拟对象”中的一个或多个突出显示的对象设置为布料对象，然后可在该对话框的“Cloth 属性”部分定义其参数。

“属性 1、属性 2”选项：使用这两个单选按钮，可为“模拟对象”列表突出显示的对象指定两组不同的布料属性。

“使用面板属性”：选择 Cloth 之后，令 Cloth 从 Cloth 修改器的面板子对象层级使用 Cloth 属性。在此可在面板对面板基础上定义不同的布料属性。

“预设”：将 Cloth 属性参数设置为从下拉列表中选择的预设值。

“加载”：从硬盘加载预设值。

“保存”：将 Cloth 属性参数保存为文件，以便此后加载。

“U 弯曲、V 弯曲”参数：弯曲阻力。此值设置得越高，织物能弯曲的程序就越小。

“厚度”参数：定义织物的虚拟厚度，便于检测布料对布料的冲突。

“排斥”参数：用于排斥其他布对象的力值。

“UB 曲线、VB 曲线”参数：织物折叠时的弯曲阻力。

“空气阻力”参数：由于空气产生的阻力。此值将确定空气对布料的影响有多大。较大的空气阻力值适用于致密的织物，较小的值适用于宽松的衣服。

“动磨擦力”参数：指介于布料和固体对象之间的动磨擦力。较大的值将增加更多的摩擦力，导致织物在物体表面上滑动较少。较小的值将令织物在物体上轻松滑动，类似于丝织物将会产生的反应。

“U 拉伸/V 拉伸”参数：拉伸阻力。对于大多数衣料来说，默认值 50.0 是一个比较合理的值。值越大，布料越坚硬，较小的值令布料的拉伸阻力更像橡胶。

“静摩擦力”参数：布料和固体之间的静摩擦力。当布料处于静止位置时，此值将控制其在某处的静止或滑动能力。

“自摩擦力”参数：布料自身之间的摩擦力。自磨擦力与动磨擦力和静磨擦力类似，只是其应用于布料自身之间或自冲突。值较大将导致布料本身之间的摩擦力更大。

“剪切力”参数：剪切阻力。值越高，布料就越硬。

“密度”参数：每单位面积的布料重量（以 gm/cm^2 表示）。值越高表示布料就越重，例如劳动服布料的值就较高。对于丝类的材质可使用较小的值。

“阻尼”参数：值越大，织物反应就越迟钝。采用较低的值，织物行为的弹性将更高。

“U 比例”参数：控制布料沿 U 方向收缩或膨胀的多少。

“V 比例”参数：控制布料沿 V 方向延展或收缩的多少。

“可塑性”参数：布料保持其当前变形（即弯曲角度）的倾向。

“深度”参数：布料对象的冲突深度。

“补偿”参数：在布料对象和冲突对象之间保持的距离。非常低的值将导致冲突网格从布料下突出来。非常高的值将导致出现的织物在冲突对象上浮动。

“粘着”参数：布料对象粘附到冲突对象的范围。

“各向异性”选项：勾选后，可以为“弯曲”、“B 曲线”和“拉伸”参数设置不同的 U 值和 V 值。

“使用边弹簧”选项：勾选后用于计算拉伸的备用方法。

“使用实体摩擦”参数：使用冲突物理的摩擦力来确定摩擦力。可以为布料或冲突对象指定冲突值，这将便于用户为每个冲突对象设置不同的摩擦力值。

“保持形状”参数：这些设置根据“弯曲%”和“拉伸%”设置保留网格的形状。

“弯曲%”参数：将目标弯曲角度调整介于 0 和目标状态所定义的角度之间的值。负数值用于反转角度。范围为-100 至 100。默认设置为 100。

“拉抻%”：将目标拉伸角度调整介于 0 和目标状态所定义的角度之间的值。负数值用于反转角度。范围为-100 至 100。默认设置为 100。

“层”参数：指示可能会彼此接触的布片的正确顺序。

“冲突对象”选项：将左侧列中高亮显示的一个或多个对象设置为冲突对象，布料对象沿着冲突对象反弹或包裹。

“深度”参数：冲突对象的冲突深度。如果部分布料在冲突对象中达到此深度，模拟将不再尝试将布料推出网格。

“补偿”参数：在布料对象和冲突对象之间保持的距离。

“动摩擦力”参数：布料和此特定固体对象之间的动摩擦力。

“静摩擦力”参数：布料和固体之间的静摩擦力。

“启用冲突”选项：启用或禁用此对象的冲突，同时仍然允许对其进行模拟。这意味着该对象仍然可用于设置曲面约束。

2. 布料集合

（Cloth Collection）布料集合是一个 reactor 辅助对象，用于充当布料对象的容器。在场景中添加了布料集合后，就可以将场景中的布料对象（带布料修改器的对象）添加到该集合中。

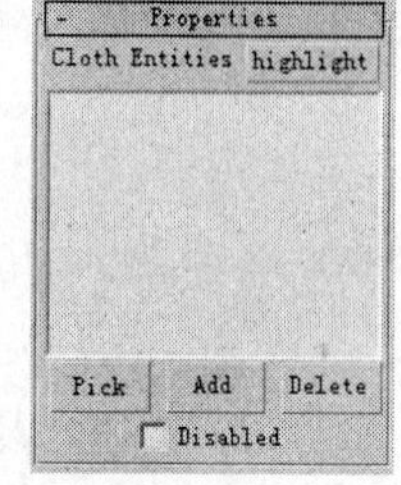

图 10-75

◎“Properties”卷展栏

“Properties”卷展栏如图 10-75 所示。

“Highlight”按钮：可以使集合中的对象在视口中短暂闪烁。

“Cloth Entities”：列出布料集合中当前对象的名称。

“Pick”按钮：向布料集合中添加对象。

“Add”按钮：可以使用此按钮将场景中的一个或多个对象添加至集合中。

“Delete”按钮：集合中移除对象。

“Disabled”选项：勾选时，集合及其包含的实体将不会添加到模拟中。

◎“Advanced”卷展栏

“Advanced”卷展栏如图 10-76 所示。

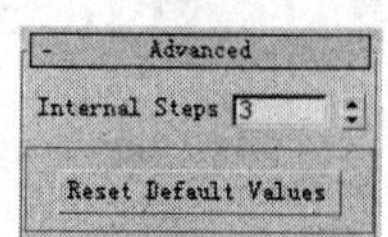

图 10-76

“Internal Steps”参数：因为可变形对象进行模拟比较复杂，所以通常需要执行更多的模拟步长来提高稳定性。

“Reset Default Values”按钮：将“Internal Steps”还原为其默认值。

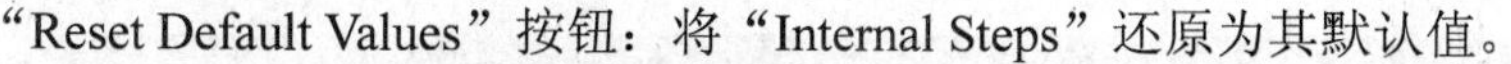

10.3.5 【实战演练】下落的丝绸

本例介绍使用布料工具制作下落的丝绸，其制作方法与床单的制作方法基本相同，这里就不详细介绍了。（最终效果参看光盘中的“Cha10 > 效果 > 下落的丝绸.max”，如图 10-77 所示。）

图 10-77

10.4 综合演练——毛巾

本例介绍使用布料工具制作下落的毛巾，其制作方法与床单的制作方法基本相同，这里就不详细介绍了。（最终效果参看光盘中的“Cha10>效果>下落的丝绸.max”，如图 10-78 所示。）

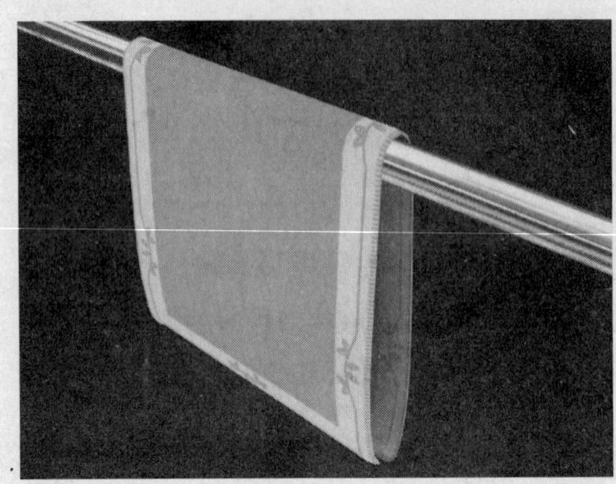

图 10-78

10.5 综合演练——山石滑坡

本例介绍刚体动画山石滑坡的效果，其中主要应用刚体设置碰撞动画。（最终效果参看光盘中的“Cha10>效果>山石滑坡.max”，如图 10-79 所示。）

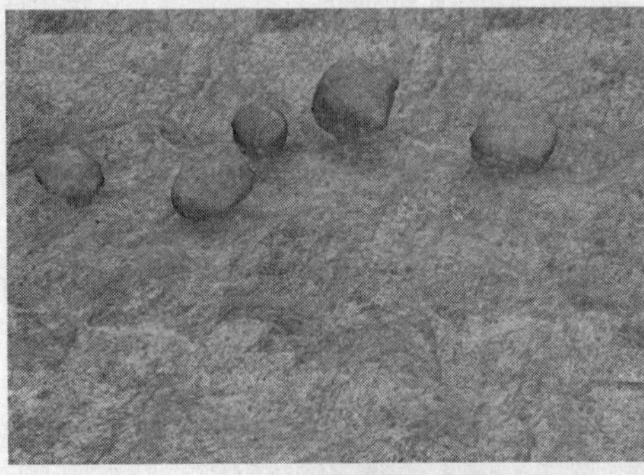 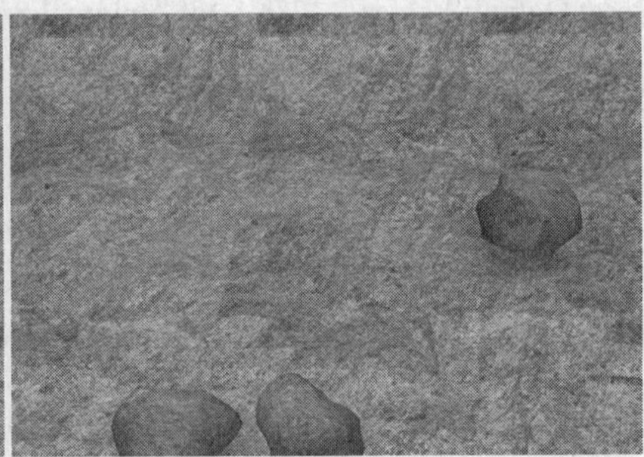

图 10-79

第11章 环境特效动画

动力学和本章将详细讲解 3ds Max 9 中常用的“环境和效果”编辑器和 Video Post 后期合成。“环境和效果”编辑器不但可以设置背景和背景贴图，还可以模拟现实生活中对象被特定环境围绕的现象，例如雾、火苗。Video Post 后期合成是一个强大的编辑、合成与特效处理工具，它可以将目前场景图像和滤镜在内的各个要素结合起来。读者通过本章的学习，可以掌握 3ds Max 9 环境特效动画的制作方法和应用技巧。

课堂学习目标

- 环境编辑器
- 大气效果
- 效果编辑器
- Video Post

11.1 环境编辑器简介

11.1.1 【操作目的】

学会使用“环境和效果”对话框制作各种环境效果。

11.1.2 【设计理念】

通过“环境和效果”对话框可以制作出火焰、体积光、雾、体积雾、景深、模糊等效果，还可以对渲染进行“亮度/对比度”的调节和对场景的曝光控制等。

11.1.3 【操作步骤】

使用环境功能可以执行以下效果的操作。

步骤 1 设置背景颜色和设置背景颜色动画。

步骤 2 在渲染场景（屏幕环境）的背景中使用图像，或者使用纹理贴图作为球形环境、柱形环境或收缩包裹环境。

步骤 3 设置环境光和设置环境光动画。

步骤 4 在场景中使用大气插件（例如体积光）。

步骤 5 将曝光控制应用于渲染。在菜单栏中选择“渲染 > 环境”命令，即可打开“环境和效果”对话框，如图 11-1 所示。

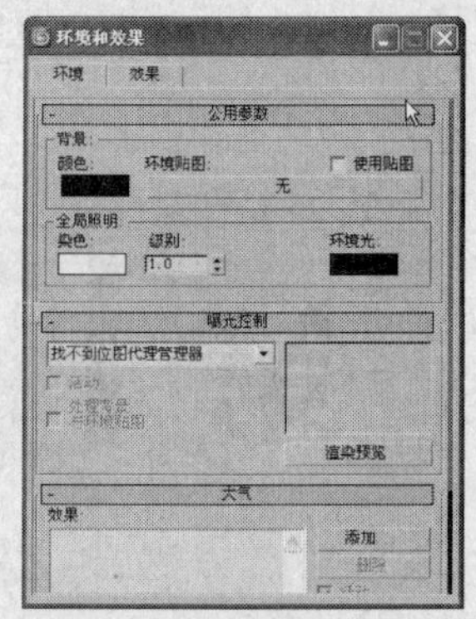

图 11-1

11.1.4 【相关工具】

1. “公用参数”卷展栏

“公用参数”卷展栏如图 11-2 所示。

“背景”组：从该组中设置背景的效果。

“颜色”：通过颜色选择器指定颜色作为单色背景。

“环境贴图”：通过其下的贴图按钮，可以打开“材质/贴图浏览器”，从中选择相应的贴图。

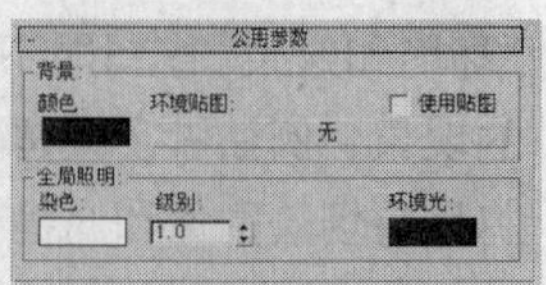

图 11-2

“使用贴图”：当指定贴图作为背景后，该选项自动被勾选，只有将它打开，贴图才有效。

“全局照明”组：该组中的参数主要是对整个场景的环境光进行调节。

“染色”：对场景中的所有灯光进行染色处理，默认时白色，不产生染色处理。

“级别”：增强场景中全部照明的强度，值为 1 时，不对场景中的灯光强度产生影响，大于 1 时，整个场景的灯光强度都增强，小于 1 时，整个场景的灯光都减弱。

“环境光”：设置环境光的颜色，它与任何灯光无关，不属于定向光源，类似现实生活中空气的漫射光。默认为黑色，即没有环境光照明，这样材质完全受到可视灯光的照明，同时在材质编辑器中，材质的“环境光”属性也没有任何作用，当指定了环境光后，材质的“环境光”属性就会根据当前的环境光设置产生影响，最明显的效果是材质的暗部不是黑色，而是染上了这里设置的环境光色。环境光尽量不要设置得太广，因为这样会降低图像的饱和度，使效果变得平淡而发灰。

2. “曝光控制”卷展栏

“曝光控制”卷展栏如图 11-3 所示。

列表：选择要使用的曝光控制。

“活动”：启用时，在渲染中使用该曝光控制。禁用时，不应用该曝光控制。

图 11-3

“处理背景与环境贴图”：启用时，场景背景贴图和场景环境贴图受曝光控制的影响。禁用时，则不受曝光控制的影响。

预览窗口：缩略图显示应用了活动曝光控制的渲染场景的预览。渲染了预览后，再更改曝光控制设置时，将交互式更新。

“渲染预览”：单击可以渲染预览缩略图。

3. “大气”卷展栏

大气效果包括“火效果”、“雾”、“体积雾”、“体积光”4 种类型，在使用时它们的设置各有要求，这里首先要介绍一下“大气”卷展栏，如图 11-4 所示。

“添加”：单击该按钮，在弹出的对话框中，列出了 4 种大气效果，选择一种类型，如图 11-5 所示，单击“确定”按钮，在“大气”卷展栏中的“效果”列表中会出现添加的大气效果。

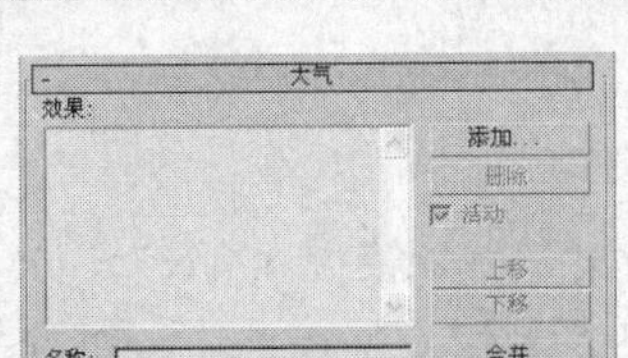

图 11-4

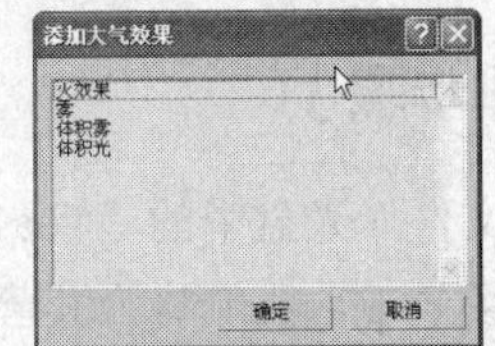

图 11-5

“删除”：将当前“效果”列表中选中的效果删除。

“活动”：勾选该复选框时，“效果”列表中的大气效果有效；取消勾选时，则大气效果无效，但是参数仍然保留。

“上移/下移”：对左侧的大气效果的顺序进行上下移动，这样会决定渲染计算的先后顺序，最下部的先进行计算。

“合并”：单击该按钮，弹出文件选择对话框，允许从其他场景中合并大气效果，这样会将所有属性 Gizmo（线框）物体和灯光一同进行合并。

“名称”：显示当前选中大气效果的名称。

4.“效果”卷展栏

效果编辑器用于制作背景和大气效果，如图 11-6 所示。

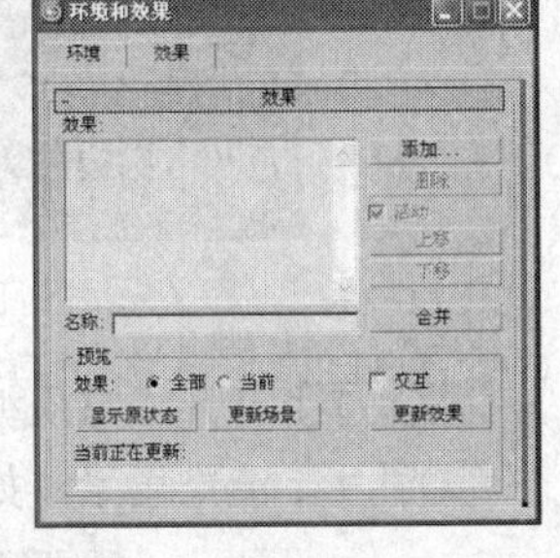

图 11-6

“添加”：用于添加新的特效场景，单击该按钮后，可以选择需要的特效。

“删除”：删除列表中当前选中的特效名称。

“活动”：在选中该复选框的情况下，当前特效发生作用。

“上移”：将当前选中的特效向上移动，新建的特效总是放在最下方，渲染时是按照从上至下的顺序进行计算处理的。

“下移”：将当前选中的特效向下移动。

“合并”：点取它，弹出“打开”对话框，可以将其他场景的大气 Gizmo（线框）和灯光一同进行合并到该场景中，这同时会将所属 Gizmo（线框）物体和灯光一同进行合并。

“名称”：显示当前列表中选中的特效名称，这个名称可以自己指定。

“镜头效果”：同 Video Post 对话框中的镜头过滤器事件大体相同，只是参数的形式不同。

11.2 壁炉篝火

11.2.1 【案例分析】

使用“火效果”可以生成动画的火焰、烟雾和爆炸效果。可能的火焰效果用法包括篝火、火炬、火球、烟云和星云。

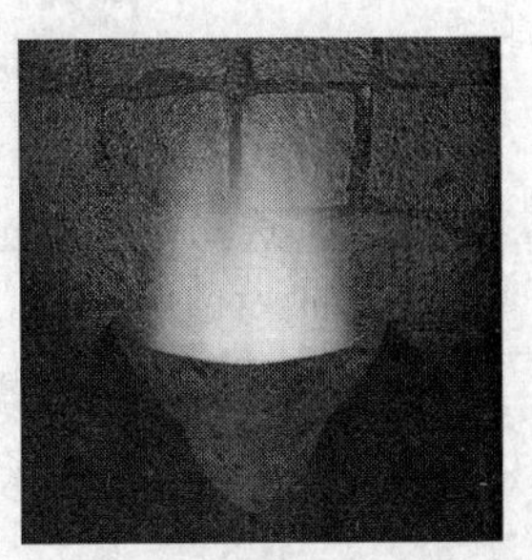
图 11-7

11.2.2 【设计理念】

本例介绍使用“火效果”制作出壁炉篝火效果。（最终效果参看光盘中的“Cha09 > 效果 > 壁炉篝火.max”，如图 11-7 所示。）

11.2.3 【操作步骤】

步骤 1 打开场景文件（光盘中的“Cha11> 效果 >壁炉篝火 o.max”），效果如图 11-8 所示。

步骤 2 在打开的场景中，我们将为其营造篝火的氛围，选择“（创建）>（灯光）> 泛光灯”工具，在“前”视图中创建泛光灯，在“常规参数”卷展栏中勾选“阴影”组中的“启用”复选项，使用默认的阴影类型即可。在“强度/颜色/衰减”卷展栏中设置“倍增”为 1，设置其颜色为橘红色；在“远距衰减”组中勾选“使用”复选项，设置“开始”为 40、“结束”为 60，在场景中调整灯光的位置，如图 11-9 所示。

图 11-8

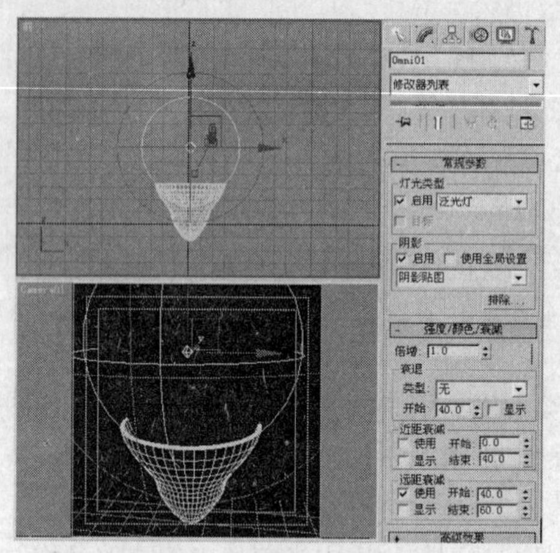
图 11-9

步骤 3 打开“材质编辑器”，调整场景中金属材质的“反射”数量为 60，如图 11-10 所示。

步骤 4 渲染场景，如图 11-11 所示。

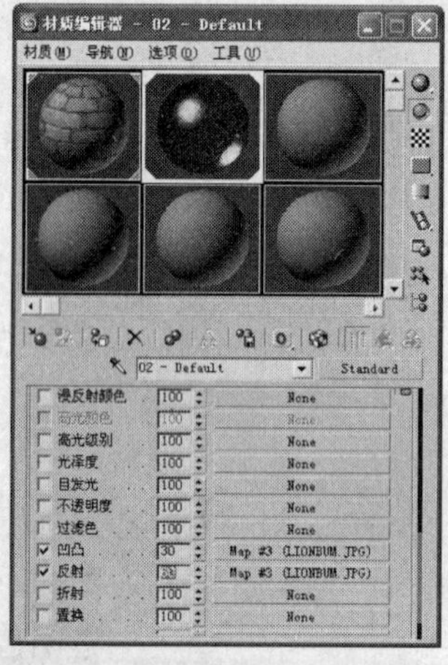
图 11-10

图 11-11

步骤 5 选择“（创建）>（辅助对象）> 大气装置 > 球体 Gizmo”工具，在“顶”视图中创建球体 Gizmo，在“参数”卷展栏中设置“半径”为 25，如图 11-12 所示。

步骤 6 使用（选择并均匀缩放）工具，在“前”视图中缩放球体 Gizmo，如图 11-13 所示。

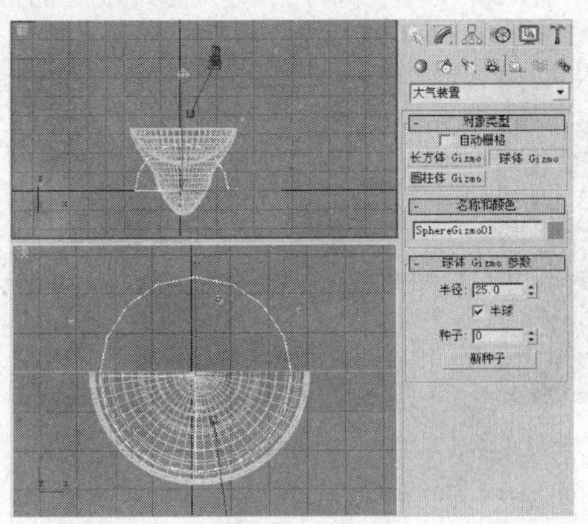

图 11-12

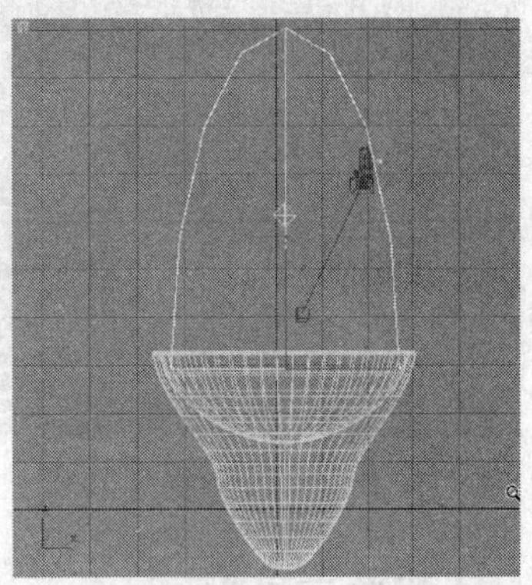

图 11-13

步骤 7 按 8 键，打开“环境和效果”对话框，在“大气”卷展栏中单击“添加”按钮，在弹出的对话框中选择“火效果”，单击“确定”按钮，如图 11-14 所示。

步骤 8 在“火效果参数”卷展栏中单击“拾取 Gizmo”按钮，在场景中拾取球体 Gizmo，如图 11-15 所示。

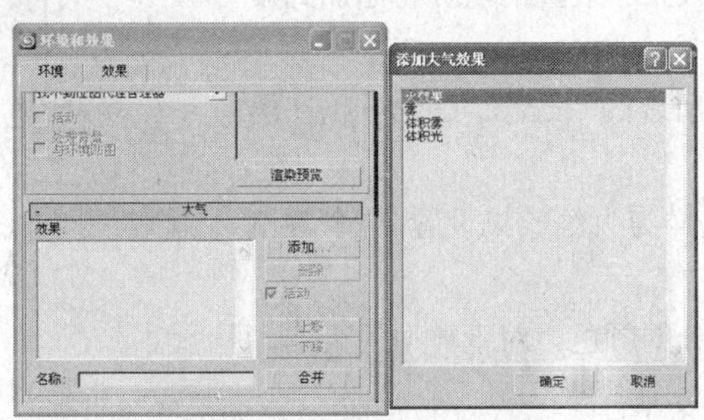

图 11-14

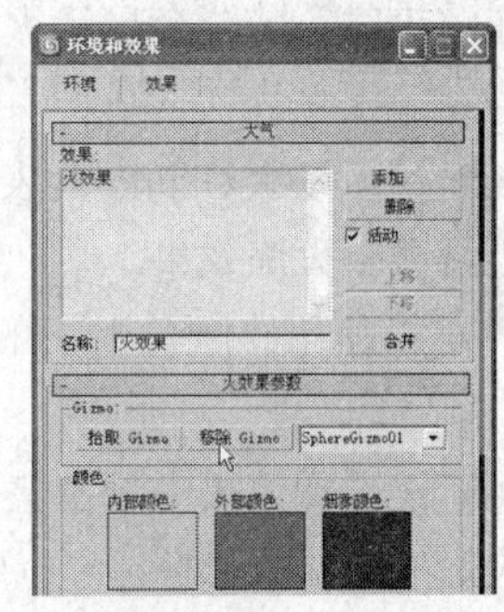

图 11-15

步骤 9 在“图形”组中选择“火舌”，在“特性”组中设置“火焰大小”为 60、“密度”为 15，如图 11-16 所示。

步骤 10 渲染当前场景效果，如图 11-17 所示。

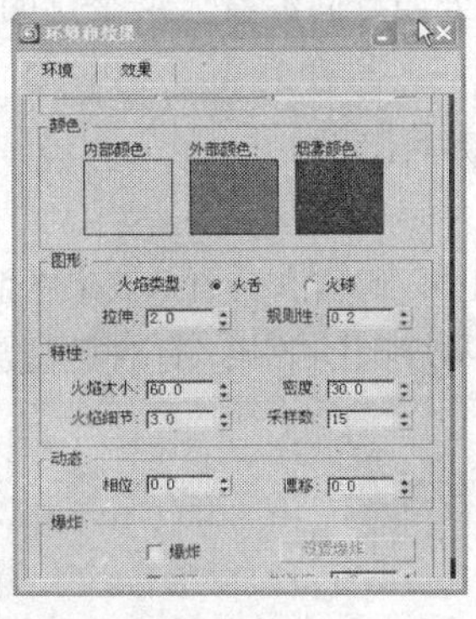

图 11-16

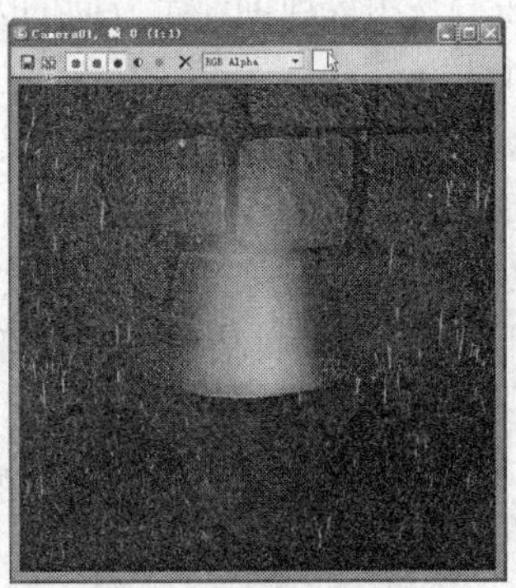

图 11-17

步骤 11 在场景中复制并调整球体 Gizmo，如图 11-18 所示。

步骤 12 渲染场景得到如图 11-19 所示的效果。

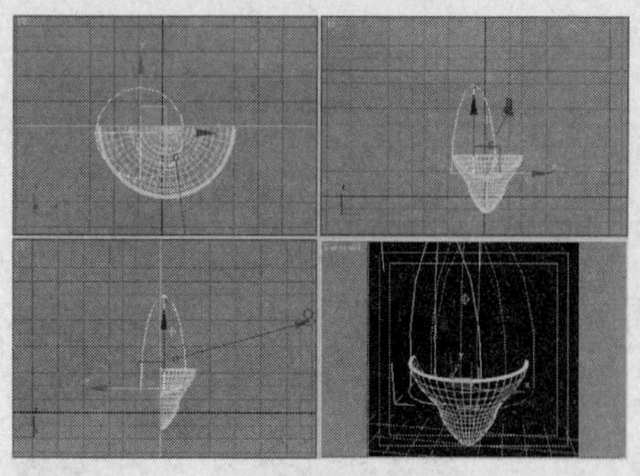

图 11-18

图 11-19

11.2.4 【相关工具】

"火效果"大气

"火效果参数"卷展栏中如图 11-20 所示。

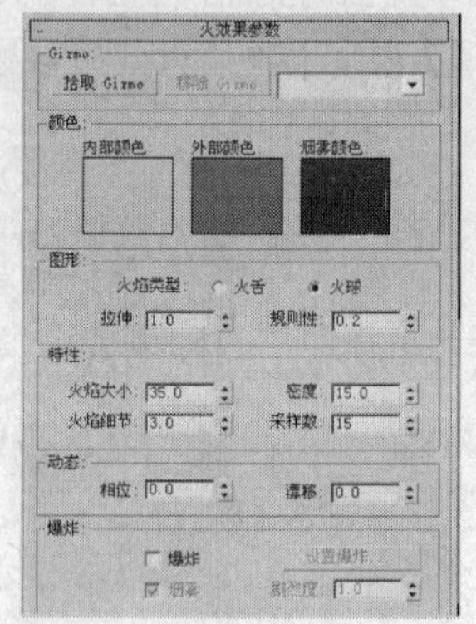

图 11-20

"拾取 Gizmo"：通过单击进入拾取模式，然后单击场景中的某个大气装置。在渲染时，装置会显示火焰效果。装置的名称将添加到装置列表中。

"移除 Gizmo"：移除 Gizmo 列表中所选的 Gizmo。Gizmo 仍在场景中，但是不再显示火焰效果。

"颜色"：可以使用"颜色"下的色样为火焰效果设置 3 个颜色属性。

"内部颜色"：设置效果中最密集部分的颜色。对于典型的火焰，此颜色代表火焰中最热的部分。

"外部颜色"：设置效果中最稀薄部分的颜色。对于典型的火焰，此颜色代表火焰中较冷的散热边缘。

"烟雾颜色"：设置用于"爆炸"选项的烟雾颜色。

"图形"：使用"图形"下的控件控制火焰效果中火焰的形状、缩放和图案。

"火舌"：沿着中心使用纹理创建带方向的火焰。火焰方向沿着火焰装置的局部 Z 轴。"火舌"创建类似篝火的火焰。

"火球"：创建圆形的爆炸火焰。"火球"很适合爆炸效果。

"拉伸"：将火焰沿着装置的 Z 轴缩放。

"规则性"：修改火焰填充装置的方式。如果值为 1.0，则填满装置。效果在装置边缘附近衰减，但是总体形状仍然非常明显。如果值为 0.0，则生成很不规则的效果，有时可能会到达装置的边界，但是通常会被修剪，会小一些。

"特性"：使用"特性"下的参数设置火焰的大小和外观。

"火焰大小"：设置装置中各个火焰的大小。

"密度"：设置火焰效果的不透明度和亮度。

"火焰细节"：控制每个火焰中显示的颜色更改量和边缘尖锐度。较低的值可以生成平滑、模糊的火焰，渲染速度较快。较高的值可以生成带图案的清晰火焰，渲染速度较慢。

"采样数"：设置效果的采样率。值越高，生成的结果越准确，渲染所需的时间也越长。

"动态"：使用"动态"组中的参数，可以设置火焰的涡流和上升的动画。

"相位"：控制更改火焰效果的速率。

"漂移"：设置火焰沿着火焰装置的 Z 轴的渲染方式。较低的值提供燃烧较慢的冷火焰，较高的值提供燃烧较快的热火焰。

"爆炸"：使用"爆炸"组中的参数可以自动设置爆炸动画。

"爆炸"：根据相位值动画自动设置大小、密度和颜色的动画。

"烟雾"：控制爆炸是否产生烟雾。

"设置爆炸"：显示设置爆炸相位曲线对话框，输入开始时间和结束时间。

"剧烈度"：改变相位参数的涡流效果。

11.2.5 【实战演练】爆炸效果

本例介绍创建球体 gizmo，为球体 Gizmo 指定火效果。（最终效果参看光盘中的"Cha11 > 效果 > 爆炸效果.max"，如图 11-21 所示。）

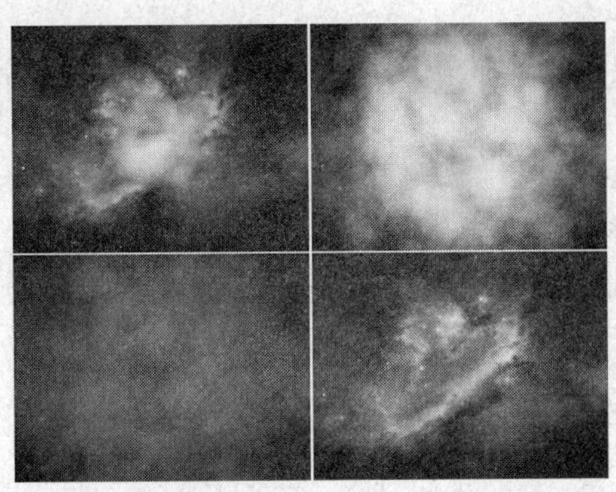

图 11-21

11.3 其他"大气"

11.3.1 【操作目的】

雾和体积雾用来表现一种自然现象，可以使制作的效果产生真实的自然环境；体积光也是一种环境效果的光线烟雾效果，使制作的效果可以充分表现阳光及聚光灯照射的光束。

11.3.2 【设计理念】

"雾"效果会呈现雾或烟的外观。雾可使对象随着与摄影机距离的增加逐渐衰减（标准雾），或提供分层雾效果，使所有对象或部分对象被雾笼罩。"体积雾"提供雾效果，雾密度在 3D 空间中不是恒定的。"体积雾"提供吹动的云状雾效果，似乎在风中飘散。"体积光"效果根据灯光与大气（雾、烟雾等）的相互作用提供灯光效果。

11.3.3 【操作步骤】

按 8 键，打开"环境和效果"对话框，在"大气"卷展栏中单击"添加"按钮，在弹出的对话框中选择需要指定的大气，单击"确定"按钮。

11.3.4 【相关工具】

1. “体积雾”效果

“体积雾”提供雾效果，雾密度在 3D 空间中不是恒定的。“体积雾”提供吹动的云状雾效果，似乎在风中飘散。

“体积雾参数”卷展栏如图 11-22 所示。

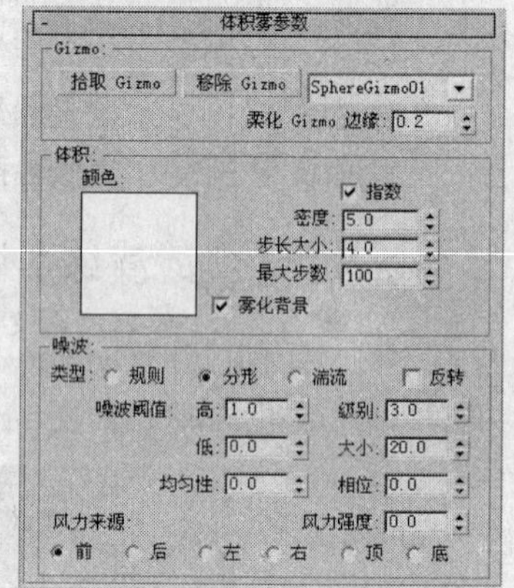

图 11-22

“拾取 Gizmo”：通过单击进入拾取模式，然后单击场景中的某个大气装置。在渲染时，装置会包含体积雾。装置的名称将添加到装置列表中。

“移除 Gizmo”：将 Gizmo 从体积雾效果中移除。

“柔化 Gizmo 边缘”：羽化体积雾效果的边缘。值越大，边缘越柔化。

“颜色”：设置雾的颜色。

“指数”：随距离按指数增大密度。禁用时，密度随距离线性增大。

“密度”：控制雾的密度。

“步长大小”：确定雾采样的粒度，即雾的细度。

“最大步数”：限制采样量，以便雾的计算不会永远执行（字面上）。如果雾的密度较小，此选项尤其有用。

“雾化背景”：将雾功能应用于场景的背景。

“澡波”：体积雾的噪波选项相当于材质的噪波选项。

“类型”：从 3 种噪波类型中选择要应用的一种类型。

“规则”：标准的噪波图案。

“分形”：迭代分形噪波图案。

“湍流”：迭代湍流图案。

“反转”：反转噪波效果。浓雾将变为半透明的雾，反之亦然。

“澡波阈值”：限制噪波效果。

“高”：设置高阈值。

“级别”：设置噪波迭代应用的次数。

“低”：设置低阈值。

“大小”：确定烟卷或雾卷的大小。值越小，卷越小。

“均匀性”：范围从-1 到 1，作用与高通过滤器类似。值越小，体积越透明，含分散的烟雾泡。

“相位”：控制风的种子。如果风力强度的设置也大于 0，雾体积会根据风向产生动画。

“风力强度”：控制烟雾远离风向（相对于相位）的速度。

“风力来源”：定义风来自于哪个方向。“前”、“后”、“左”、“右”、“顶”、“底”。

2. “雾”效果

“雾参数”卷展栏如图 11-23 所示。

“颜色”：设置雾的颜色。

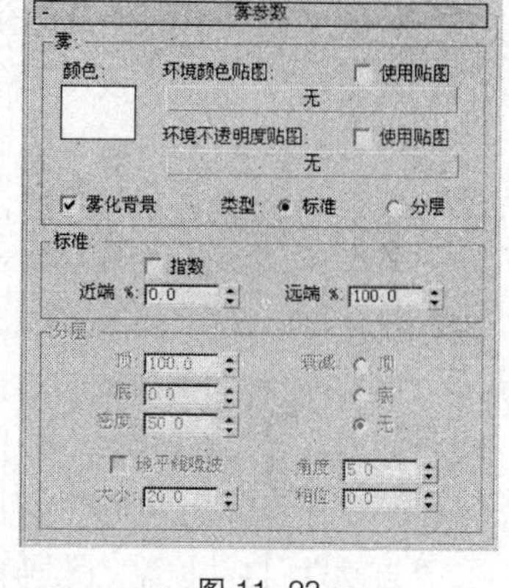

图 11-23

“环境颜色贴图”：从贴图导出雾的颜色。

“环境部透明度贴图”：更改雾的密度。指定不透明度贴图，并进行编辑，按照环境颜色贴图的方法切换其效果。

“使用贴图”：切换此贴图效果的启用或禁用。

“雾化背景”：将雾功能应用于场景的背景。

“类型”：选中“标准”单选项时，将使用“标准”部分的参数；选中“分层”单选项时，将使用“分层”部分的参数。

“标准”：根据与摄影机的距离使雾变薄或变厚。

“指数”：随距离按指数增大密度。禁用时，密度随距离线性增大。只有希望渲染体积雾中的透明对象时，才应激活此复选项。

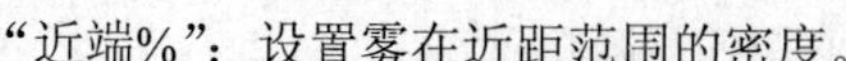

“近端%”：设置雾在近距范围的密度。

“远端%”：设置雾在远距范围的密度。

“分层”：使雾在上限和下限之间变薄和变厚。通过向列表中添加多个雾条目，雾可以包含多层。因为可以设置所有雾参数的动画，所以，也可以设置雾上升和下降、更改密度和颜色的动画，并添加地平线噪波。

“顶”：设置雾层的上限。

“底”：设置雾层的下限。

“密度”：设置雾的总体密度。

“衰减”：添加指数衰减效果，使密度在雾范围的“顶”或“底”减小到 0。

“地平线澡波”：启用地平线噪波系统。

“大小”：应用于噪波的缩放系数。缩放系数值越大，雾卷越大。默认设置为 20。

“角度”：确定受影响的与地平线的角度。例如，如果角度设置为 5（合理值），从地平线以下 5 度开始，雾开始散开。

“相位”：设置此参数的动画将设置噪波的动画。如果相位沿着正向移动，雾卷将向上漂移（同时变形）。如果雾高于地平线，可能需要沿着负向设置相位的动画，使雾卷下落。

3.“体积光”效果

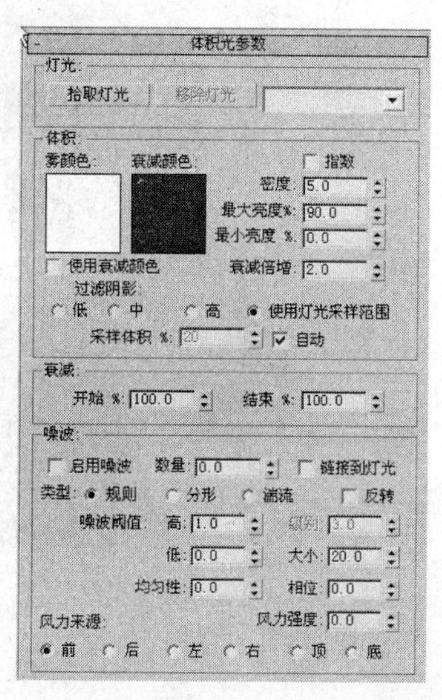

图 11-24

“体积光参数”卷展栏中如图 11-24 所示。

“拾取灯光”:在任意视口中单击要为体积光启用的灯光。

“移除灯光”：将灯光从列表中移除。

“雾颜色”：设置组成体积光的雾的颜色。

“衰减颜色”：设置体积光随距离而衰减。

“指数”：随距离按指数增大密度。禁用时，密度随距离线性增大。只有希望渲染体积雾中的透明对象时，才应激活此复选项。

“密度”：设置雾的密度。

“最大亮度”：表示可以达到的最大光晕效果（默认设置为 90%）。

“最小亮度”：与环境光设置类似。如果“最小亮度%”

大于 0，光体积外面的区域也会发光。

“衰减倍增”：调整衰减颜色的效果。

“过滤阴影”：用于通过提高采样率（以增加渲染时间为代价）获得更高质量的体积光渲染。

“低”：不过滤图像缓冲区，而是直接采样。

“中”：对相邻的像素采样求平均值。对于出现条带类型缺陷的情况，可以使质量得到非常明显的改进。

“高”：对相邻的像素和对角像素采样，为每个像素指定不同的权重。

“使用灯光采样范围”：根据灯光的阴影参数中的采样范围值，使体积光中投射的阴影变模糊。

“采样体积%”：控制体积的采样质量。

“自动”：自动控制“采样体积%”参数，禁用微调器（默认设置）。

“衰减”：此部分的控件取决于单个灯光的开始范围和结束范围衰减参数的设置。

“开始%”：设置灯光效果的开始衰减，与实际灯光参数的衰减相对。

“结束%”：设置照明效果的结束衰减，与实际灯光参数的衰减相对。

“启用澡波”：启用和禁用噪波。

“数量”：应用于雾的噪波的百分比。

“链接到灯光”：将噪波效果链接到其灯光对象，而不是世界坐标。

“类型”：从“规则”、“分形”、“湍流” 3 种噪波类型中选择要应用的一种类型。

“反转”：反转噪波效果。

“澡波阈值”：限制噪波效果“高”、“低”。

“级别”：设置噪波迭代应用的次数。

“大小”：确定烟卷或雾卷的大小。值越小，卷越小。

“均匀性”：作用类似高通过滤器：值越小，体积越透明，包含分散的烟雾泡。

11.3.5 【实战演练】体积雾效果

本例介绍如何使用体积雾效果，制作雾的效果。（最终效果参看光盘中的“Cha11 > 效果 > 体积雾效果.max”，如图 11-25 所示。）

图 11-25

11.4 太阳耀斑

11.4.1 【案例分析】

太阳耀斑是一种最剧烈的太阳活动。其主要观测特征是，日面上（常在黑子群上空）突然出现迅速发展的亮斑闪耀，其寿命仅在几分钟到几十分钟之间，亮度上升迅速，下降较慢。特别是在耀斑出现频繁且强度变强的时候。

11.4.2 【设计理念】

本例介绍为背景指定位图贴图，创建灯光，并设置灯光的“镜头光晕”。（最终效果参看光盘中的“Cha11 > 效果 > 太阳耀斑.max”，如图 11-26 所示。）

图 11–26

11.4.3 【操作步骤】

步骤 1 按 8 键，打开“环境和效果”面板，为“背景”指定贴图，选择贴图（贴图位于随书附带光盘中的“Cha10 > 素材 > 太阳耀斑 > Background013.jpg”文件），如图 11-27 所示。

步骤 2 按【Alt+B】键，在弹出的对话框中勾选“使用环境背景”和“显示背景”复选项，如图 11-28 所示。

步骤 3 在工具栏中单击（渲染场景对话框）对话框，在弹出的对话框中设置“输出大小”的“宽度”为 800、“高度”为 900，如图 11-29 所示。

步骤 4 在透视图中按【Shift+F】键，显示安全框，按【Ctrl+C】键，在视图中创建摄影机，如图 11-30 所示。

步骤 5 选择“（创建）>（灯光）> 泛光灯”工具，在摄影机视图中如图 11-31 所示的位置创建泛光灯，如图 11-31 所示。

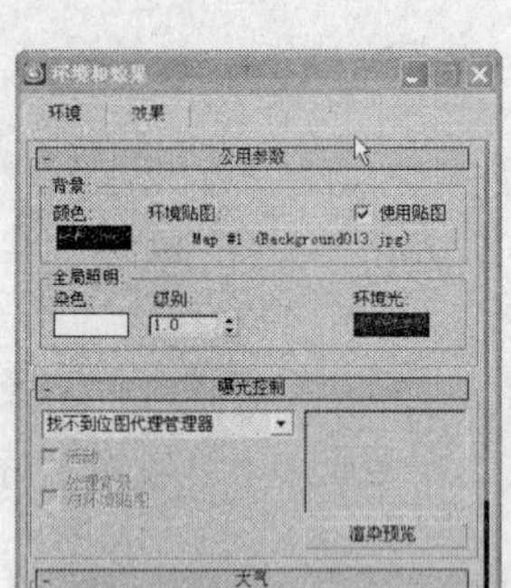

图 11-27

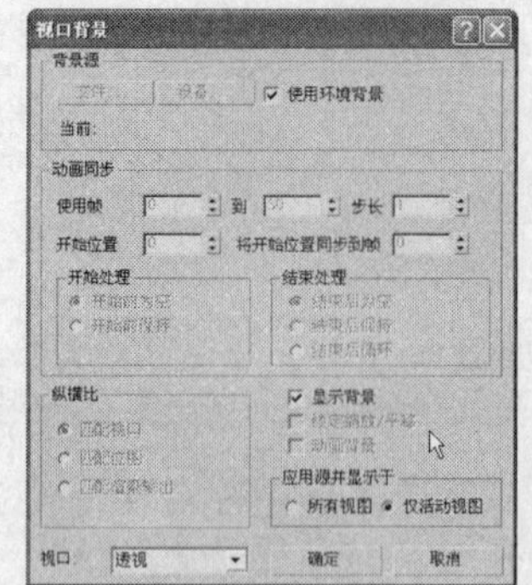

图 11-28

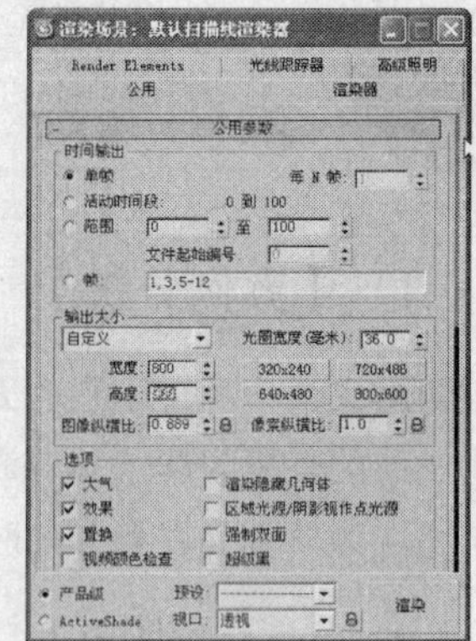

图 11-29

图 11-30

图 11-31

步骤 6 打开"环境和效果"对话框，选择"效果"选项卡，在"效果"卷展栏中单击"添加"按钮，在弹出的对话框中选择"镜头光晕"效果，单击"确定"按钮，如图 11-32 所示。

步骤 7 在"镜头效果参数"卷展栏中，在左侧的列表中选择"Glow（光晕）"选项，单击 > 按钮，将其制定到右侧的列表中，将该效果应用到场景。在"镜头效果全局"卷展栏中单击"拾取灯光"按钮，在场景中拾取泛光灯，如图 11-33 所示。

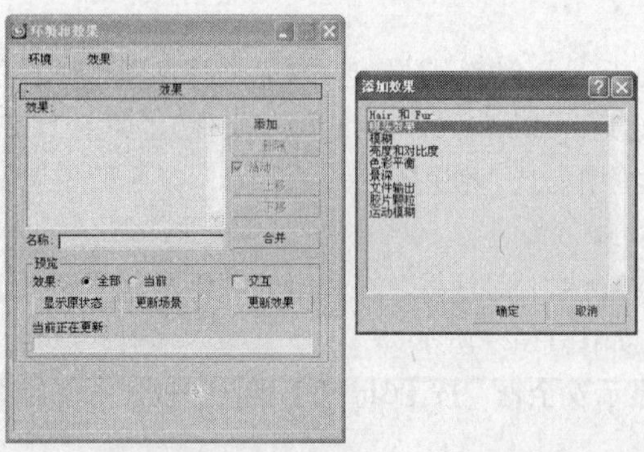

图 11-32

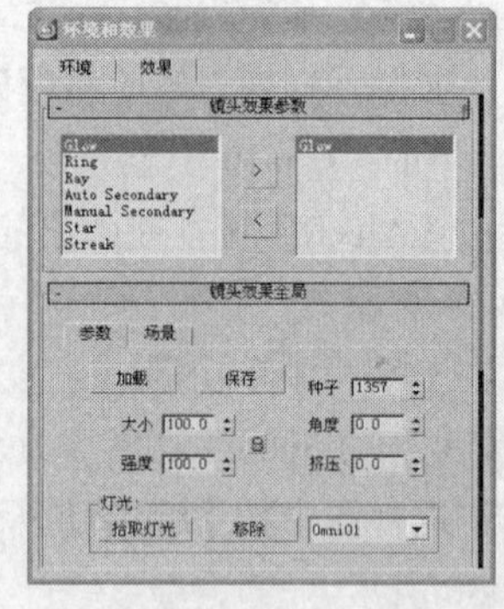

图 11-33

步骤 8 渲染当前场景，看场景效果，如图 11-34 所示。

步骤 9 在"光晕元素"卷展栏中选择"参数"选项卡，设置"大小"为 60、"强度"为 110，设置"镜像颜色"组中的颜色为白色和橘红色，如图 11-35 所示。

步骤 10 渲染当前效果，如图 11-36 所示。

图 11-34

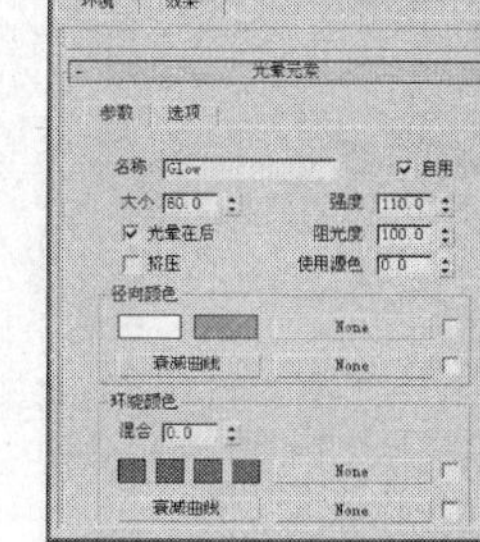

图 11-35

图 11-36

步骤 11 选择“选项”选项卡，勾选“图像”复选项，如图 11-37 所示。

步骤 12 在“镜头效果参数”卷展栏中，在左侧的列表中选择“Ring（光环）”复选项，单击 > 按钮，将其制定到右侧的列表中，将该效果应用到场景，如图 11-38 所示。

步骤 13 在“光环元素”卷展栏中设置“大小”为 30、“强度”为 30、“厚度”为 20；通过设置“径向颜色”来设置光环的颜色，这里可以根据环境设置浅黄和黄色的径向颜色，如图 11-39 所示。

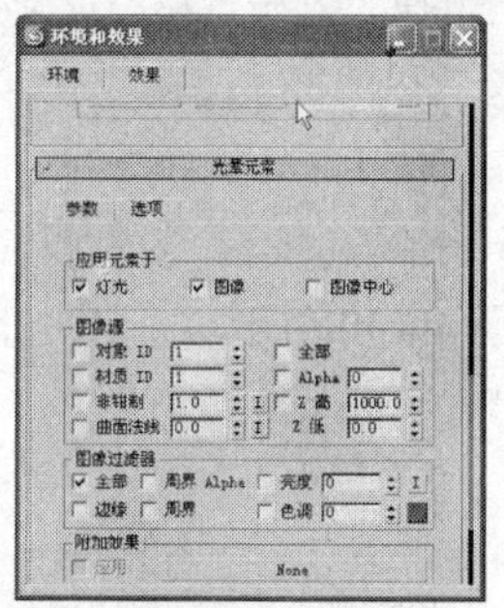

图 11-37

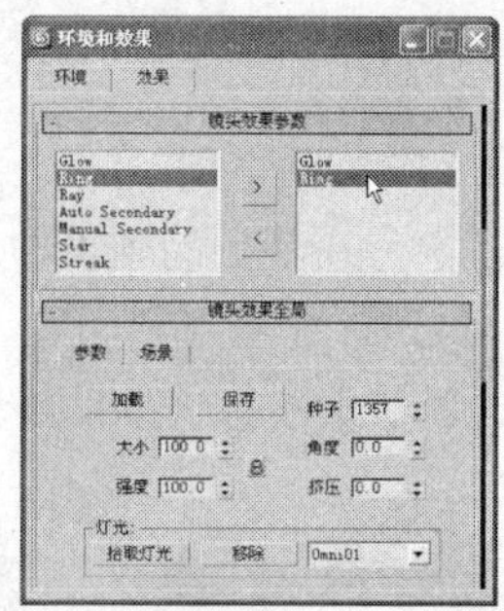

图 11-38

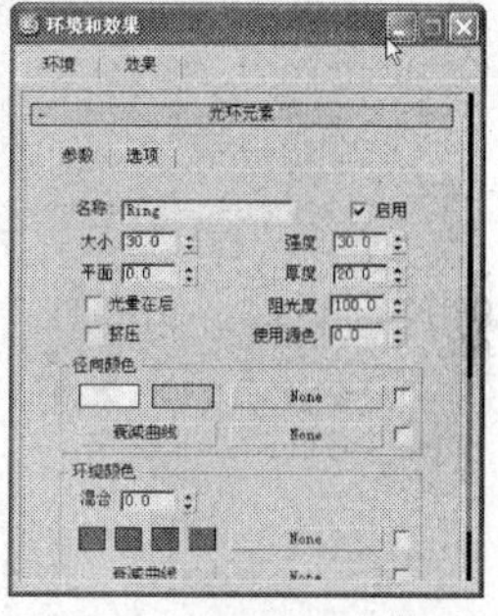

图 11-39

步骤 14 渲染当前场景的效果，如图 11-40 所示。

步骤 15 在“镜头效果参数”卷展栏中，在左侧的列表中选择“Ray（射线）”选项，单击 > 按钮，将其制定到右侧的列表中，将该效果应用到场景，如图 11-41 所示。

步骤 16 在“射线元素”卷展栏中设置“大小”为 150，如图 11-42 所示。

图 11-40

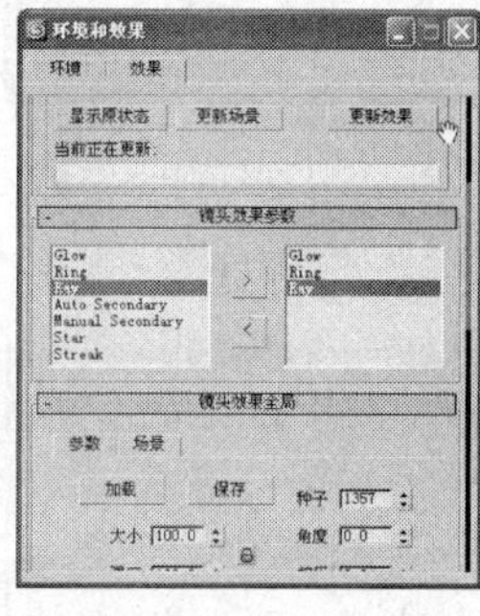

图 11-41

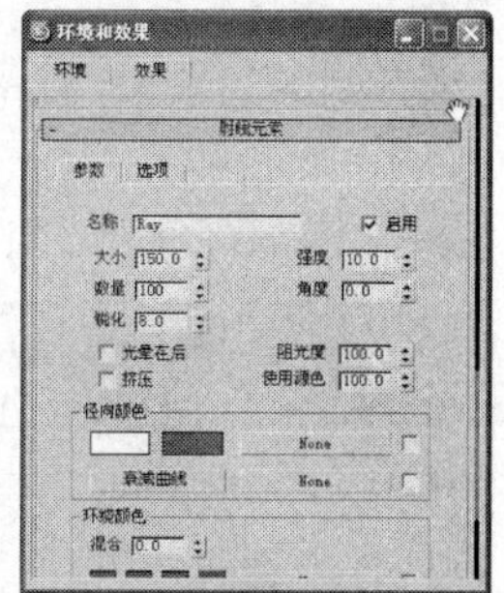

图 11-42

步骤 17 渲染当前场景效果，如图 11-43 所示。

步骤 18 在“镜头效果参数”卷展栏中，在左侧的列表中选择“Auto Secondary（自动二级光斑）”选项，单击 > 按钮，将其制定到右侧的列表中，将该效果应用到场景，如图 11-44 所示。

步骤 19 在“自动二级光斑元素”卷展栏中设置“最小”为15，选择“边数”为“七”，如图11-45所示。

图 11-43

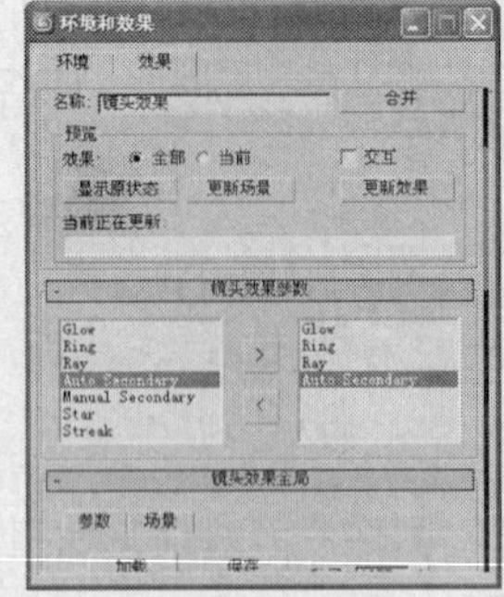
图 11-44

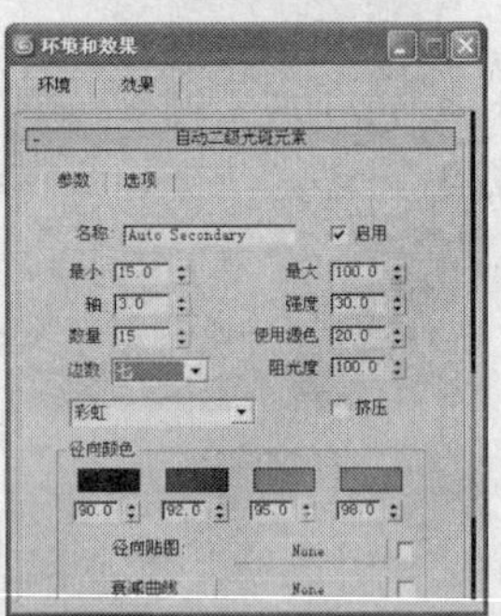
图 11-45

步骤 20 渲染当前效果，如图11-46所示。

步骤 21 在“镜头效果参数”卷展栏中，在左侧的列表中选择“手动二级光斑元素”选项，单击 > 按钮，将其指定到右侧的列表中，将该效果应用到场景，如图11-47所示。

步骤 22 在“手动二级光斑元素”卷展栏中设置“大小”为30，选择“边数”为“七”，如图11-48所示。

步骤 23 渲染当前场景效果，如图11-49所示。

步骤 24 在“镜头效果参数”卷展栏中，在左侧的列表中选择“Star（星形）”选项，单击 > 按钮，将其制定到右侧的列表中，将该效果应用到场景，如图11-50所示。

步骤 25 在“星形元素”卷展栏中设置“大小”为40、“宽度”为3、“数量”为3，如图11-51所示。

图 11-46

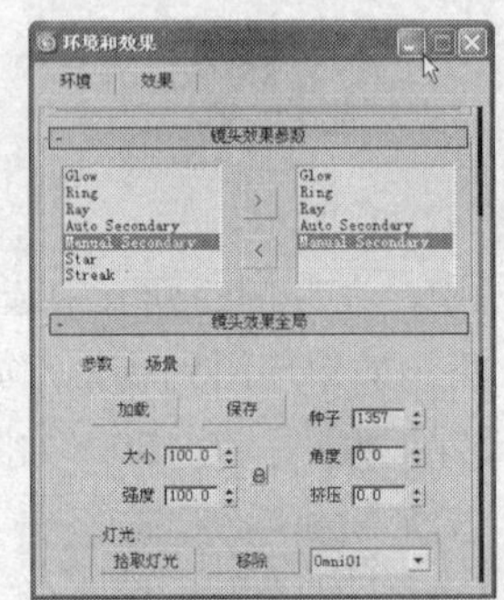
图 11-47

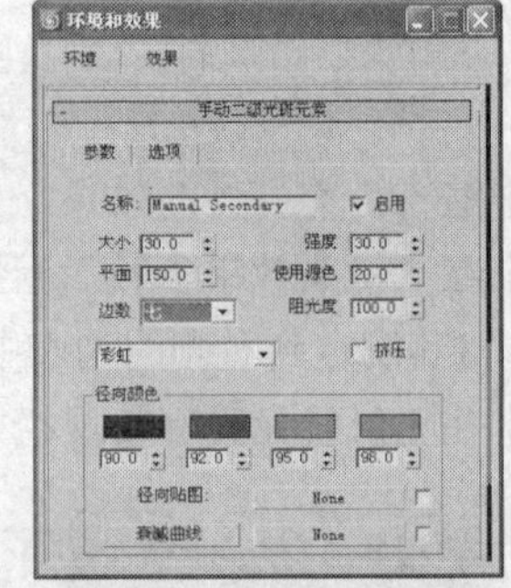
图 11-48

图 11-49

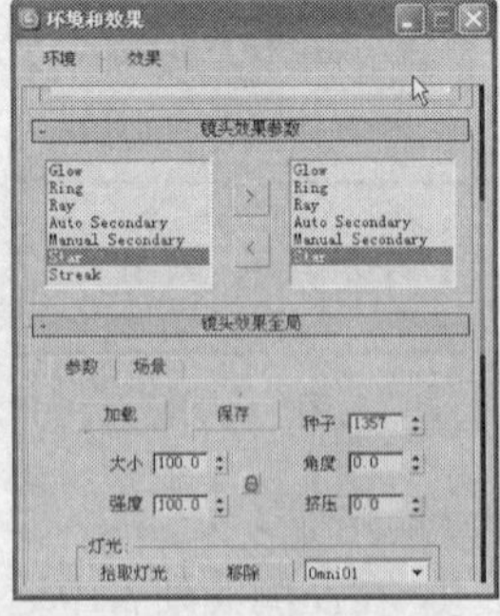
图 11-50

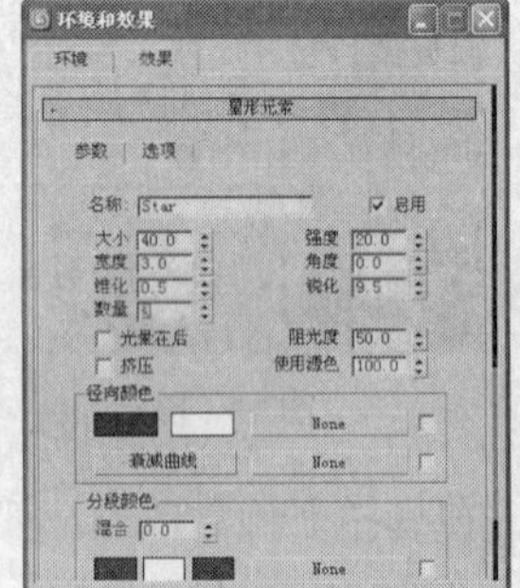
图 11-51

步骤 26 渲染当前场景效果，如图 11-52 所示。

步骤 27 在“镜头效果参数”卷展栏中，在左侧的列表中选择“Streak（条纹）”选项，单击 > 按钮，将其制定到右侧的列表中，如图 11-53 所示。

步骤 28 渲染场景得到如图 11-54 所示。

图 11-52

图 11-53

图 11-54

11.4.4 【相关工具】

1. “Hair 和 Fur”卷展栏

“Hair 和 Fur”卷展栏如图 11-55 所示。

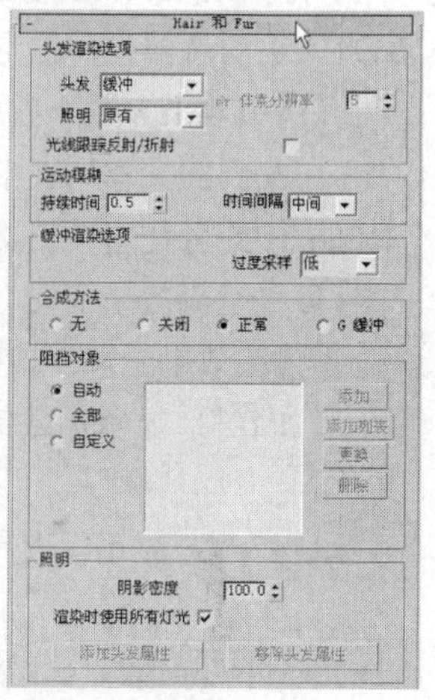

图 11-55

“毛发”：在列表中选择用于渲染毛发的方法。

“照明”：在列表中选择毛发接受照明方式。

“mr 体素分辨率”：仅适用于“几何体”和 mr prim 毛发选项。

“光线跟踪反射/折射”：仅适用于“缓冲”毛发选项。启用时，反射和折射就变成光线跟踪的反射和折射。禁用该选项时，反射和折射就照常计算。

“运动模糊”：为了渲染运动模糊的毛发，必须为成长对象启用“运动模糊”。

“持续时间”：“运动模糊”计算用于每帧的帧数。

“时间间隔”：持续时间中在模糊之前捕捉毛发的快照点。

“缓冲渲染选项”：此设置仅适用于缓存渲染方法。

“过度采样”：控制应用于 Hair 缓冲区渲染的抗锯齿等级。

“合成方法”：此选项可用于选择 Hair 合成毛发与场景其余部分的方法。合成选项仅限于“缓冲”渲染方法。

“无”：仅渲染毛发，带有阻光度，生成的图像即可用于合成。

“关闭”：渲染毛发阴影而非毛发。

“正常”：标准渲染，在渲染帧窗口中将阻挡的毛发和场景中的其余部分合成。由于存在阻光度，毛发将无法出现在透明的物体之后（穿透）。

“G 缓冲”：缓冲渲染的毛发出现大部分透明对象之后，不支持透明折射对象。

“阻挡对象”：此设置用于选择哪些对象将阻挡场景中的毛发，即如果对象比较靠近摄影机而不是部分毛发阵列，则将不会渲染其后的毛发。在默认情况下，场景中的所有对象均阻挡其后的毛发。

"自动"：场景中的所有可渲染对象均阻挡其后的毛发。

"全部"：场景中的所有对象，包括不可渲染对象，均阻挡其后的毛发。

"自定义"：可用于指定阻挡毛发的对象。选择此选项，将令列表右侧的按钮变为可用。

"添加"：将单一对象添加到列表中。

"添加列表"：向列表中添加多个对象。

"更换"：要替换列表中的对象，在列表中高亮显示该对象的名称，单击"更换"按钮，然后单击视口中的替换对象。

"删除"：要从列表中删除对象，在列表中高亮显示该对象的名称，然后单击"删除"按钮。

"照明"：这些设置控制通过场景中支持的灯光从头发投射的阴影以及头发的照明。

"阴影密度"：指定阴影的相对黑度。

"渲染时使用所有灯光"：启用后，场景中所有支持的灯光均会照明，并在渲染场景时从头发投射阴影。

"添加毛发属性"：将头发灯光属性卷展栏添加到场景中选定的灯光。

"移除毛发属性"：从场景中选定的灯光移除头发灯光属性卷展栏。

2. "镜头效果"

◎"镜头效果参数"卷展栏

"镜头效果"可创建通常与摄影机相关的真实效果。镜头效果包括光晕、光环、射线、自动从属光、手动从属光、星形和条纹。

"镜头效果参数"卷展栏如图 11-56 所示。

在左侧的文本列表中显示的是镜头效果，双击指定到对面的文本框中，或者使用 > 、 < 两个按钮。

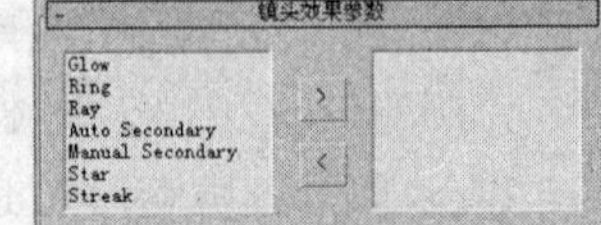

图 11-56

◎"镜头效果全局"参数

"镜头效果全局"参数如图 11-57 所示。

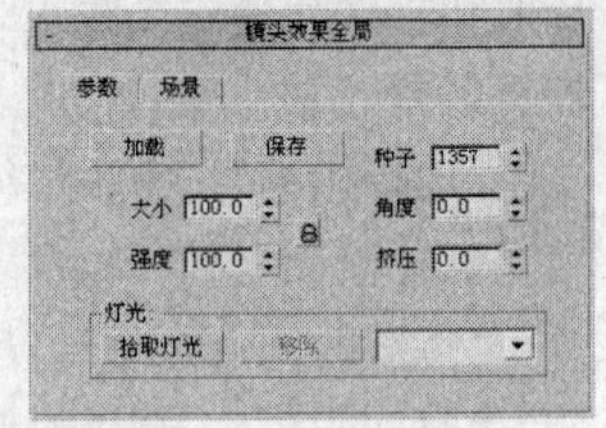

图 11-57

"加载"：显示加载镜头效果文件对话框，可以用于打开 LZV 文件。

"保存"：显示保存镜头效果文件对话框，可以用于保存 LZV 文件。

"大小"：影响总体镜头效果的大小。此值是渲染帧的大小的百分比。

"强度"：控制镜头效果的总体亮度和不透明度。值越大，效果越亮，越不透明；值越小，效果越暗越透明。

"种子"：为镜头效果中的随机数生成器提供不同的起点，创建略有不同的镜头效果，而不更改任何设置。使用"种子"可以保证镜头效果不同，即使差异很小。

"角度"：影响在效果与摄影机相对位置改变时，镜头效果从默认位置旋转的量。

"挤压"：在水平方向或垂直方向挤压总体镜头效果的大小，补偿不同的帧纵横比。正值在水平方向拉伸效果，而负值在垂直方向拉伸效果。

"灯光"组：可以选择要应用镜头效果的灯光。

"拾取灯光"：可以直接通过视口选择灯光。

"移除"：移除所选的灯光。

◎Glow（光晕）参数

指定镜头光晕后显示光晕参数，如图 11-58 所示为“光晕元素”卷展栏。

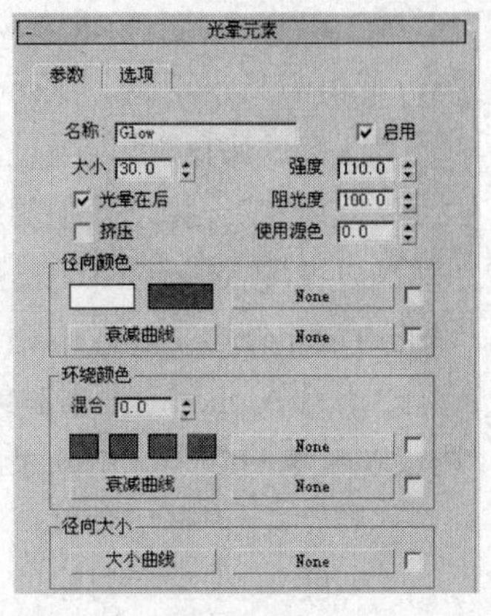

图 11–58

“名称”：显示效果的名称。

“启用”：激活时将效果应用于渲染图像。

“大小”：确定效果的大小。

“强度”：控制单个效果的总体亮度和不透明度。值越大，效果越亮，越不透明；值越小，效果越暗，越透明。

“阻光度”：确定镜头效果场景阻光度参数对特定效果的影响程度。

“使用源色”：将应用效果的灯光或对象的源色与 Radial Color（径向颜色）或 Circular Color（环绕颜色）参数中设置的颜色或贴图混合。

“光晕在后”：提供可以在场景中的对象后面显示的效果。

“挤压”：确定是否设置挤压效果。

“径向颜色”：“径向颜色”设置影响效果的内部颜色和外部颜色。可以通过设置色样，设置镜头效果的内部颜色和外部颜色，也可以使用渐变位图或细胞位图等，确定径向颜色。

“衰减曲线”：显示对话框，在该对话框中可以设置径向颜色中使用的颜色的权重。通过操纵衰减曲线，可以对效果更多地使用颜色或贴图。也可以使用贴图确定在使用灯光作为镜头效果光源时的衰减。

“环绕颜色”：“环绕颜色”通过使用 4 种与效果的 4 个四分之一圆匹配的不同色样，确定效果的颜色，也可以使用贴图确定环绕颜色。

“混合”：混合在“径向颜色”和“环绕颜色”中设置的颜色。

“衰减曲线”：显示对话框，在该对话框中可以设置环绕颜色中使用的颜色的权重。

“径向大小”：确定围绕特定镜头效果的径向大小。

“大小曲线”：单击“大小曲线”按钮将显示对话框。使用“径向大小”对话框可以在线上创建点，然后将这些点沿着图形移动，确定效果应放在灯光或对象周围的哪个位置。也可以使用贴图确定效果应放在哪个位置。使用复选框激活贴图。

光晕元素卷展栏中的“选项”选项卡，如图 11-59 所示。

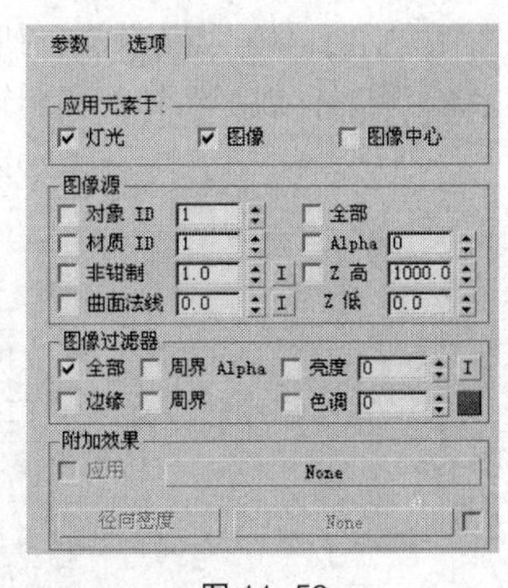

图 11–59

“灯光”：将效果应用于“镜头效果全局”中拾取的灯光。

“图像”：将效果应用于使用“图像源”中设置的参数渲染的图像。

“图像中心”：应用于对象中心或对象中由图像过滤器确定的部分。

“对象 ID”：将效果应用于场景中设置了 G 缓冲区的模型。

“材质 ID”：将效果应用于场景中设置了材质 ID 的材质对象。

“非钳制”：超亮度颜色比纯白色 (255,255,255) 要亮。

“曲面法线”：根据摄像机曲面法线的角度将镜头效果应用于对象的一部分。

“全部”：将镜头效果应用于整个场景，而不仅仅应用于几何体的特定部分。

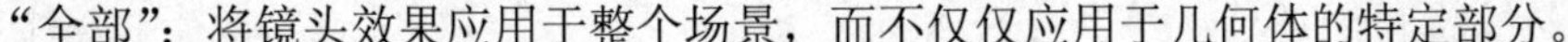

Alpha：将镜头效果应用于图像的 Alpha 通道。

“Z 高”、“Z 低”：根据对象到摄影机的距离（Z 缓冲区距离），高亮显示对象。高值为最大距离，低值为最小距离。这两个 Z 缓冲区距离之间的任何对象均将高亮显示。

“图像过滤器”：通过过滤 Image Sources（图像源）选择，可以控制镜头效果的应用方式。

“全部”：选择场景中的所有源像素，并应用镜头效果。

“边缘”：选择边界上的所有源像素，并应用镜头效果。沿着对象边界应用镜头效果，将在对象的内边和外边上生成柔化光晕。

“周界 Alpha”：根据对象的 alpha 通道，将镜头效果仅应用于对象的周界。如果选择此选项，则仅在对象的外围应用效果，而不会在内部生成任何斑点。

“周界”：根据边条件，将镜头效果仅应用于对象的周界。

“亮度”：根据源对象的亮度值过滤源对象，效果仅应用于亮度高于微调器设置的对象。

“色调”：按色调过滤源对象。单击微调器旁边的色样，可以选择色调。可以选择的色调值范围为从 0 到 255。

“附加效果”：使用“附加效果”可以将噪波等贴图应用于镜头效果。单击“应用”复选框旁边的长按钮，可以显示“材质/贴图浏览器”。

“应用”：激活时应用所选的贴图。

“径向密度”：确定希望应用其他效果的位置和程度。

◎Ring（光环）参数

指定光环后显示，“光环元素”卷展栏中的“参数”选项卡，如图 11-60 所示为“光环元素”卷展栏。

其中相同的参数这里就不介绍了。

“厚度”：确定效果的厚度（像素数）。

“平面”：沿效果轴设置效果位置，该轴从效果中心延伸到屏幕中心。

◎Ray（射线）参数

Ray （射线）卷展栏中的“参数”选项卡，如图 11-61 所示。

“数量”：指定镜头光斑中出现的总射线数，射线在半径附近随机分布。

“锐化”：指定射线的总体锐度。数字越大，生成的射线越鲜明、清洁和清晰。数字越小，产生的二级光晕越多。

“角度”：指定射线的角度。可以输入正值，也可以输入负值，这样在设置动画时，射线可以绕着顺时针或逆时针方向旋转。

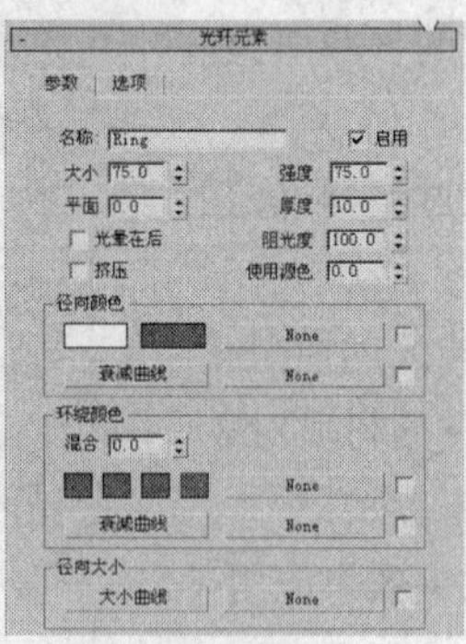

图 11-60

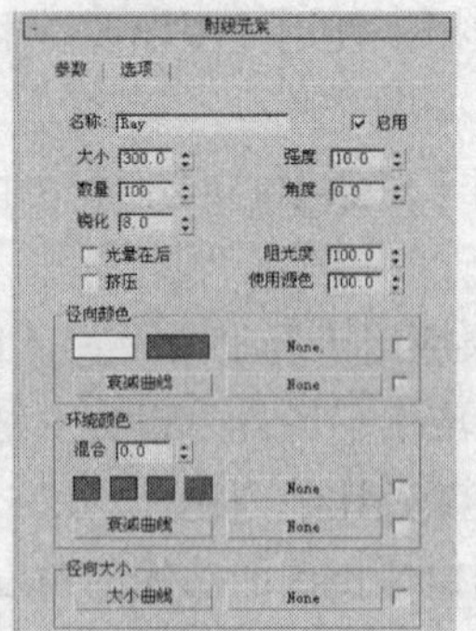

图 11-61

◎Auto Secondary（自动二级光斑）参数

Auto Secondary（自动二级光斑）卷展栏中的“参数”选项卡如图11-62所示。

图 11-62

“最小值”：控制当前集中二级光斑的最小大小。

“最大值”：控制当前集中二级光斑的最大大小。

“轴”：定义自动二级光斑沿其进行分布的轴的总长度。

“数量”：控制当前光斑集中出现的二级光斑数。

“边数”：控制当前光斑集中二级光斑的形状。默认设置为圆形，但是可以从3面到8面二级光斑之间进行选择。

“彩虹”：在该下拉列表中选择光斑的径向颜色。

“径向颜色”：设置影响效果的内部颜色和外部颜色。可以通过设置色样，设置镜头效果的内部颜色和外部颜色。每个色样有一个百分比微调器，用于确定颜色应在哪个点停止，下一个颜色应在哪个点开始。也可以使用渐变位图或细胞位图等确定径向颜色。

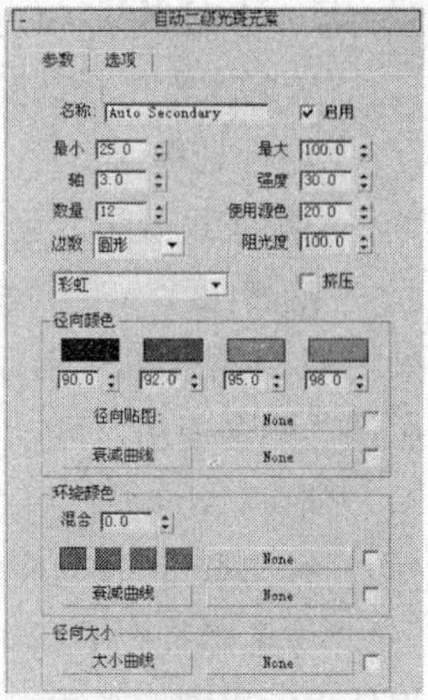

◎Startt（星形）参数

Start（星形）卷展栏中的“参数”选项卡如图11-63所示。

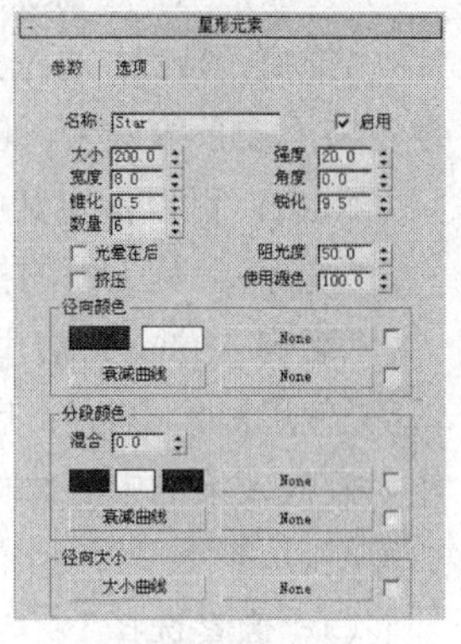

图 11-63

“锥化”：控制星形各辐射线的锥化。

“数量”：指定星形效果中的辐射线数，默认值为6。辐射线围绕光斑中心，按照等距离点间隔。

“分段颜色”：“分段颜色”通过使用3种与效果的三个截面匹配的不同色样，确定效果的颜色。也可以使用贴图确定截面颜色。

“混合”：混合在“径向颜色”和“分段颜色”中设置的颜色。

3. “模糊”

使用“模糊”效果可以通过3种不同的方法使图像变模糊：“均匀型”、“方向型”和“放射型”。模糊效果根据“像素选择”面板中所作的选择应用于各个像素。可以使整个图像变模糊，使非背景场景元素变模糊，按亮度值使图像变模糊，或使用贴图遮罩使图像变模糊。模糊效果通过渲染对象或摄影机移动的幻影，提高动画的真实感。

◎“模糊类型”

“模糊参数”卷展栏中的“模糊类型”如图11-64所示。

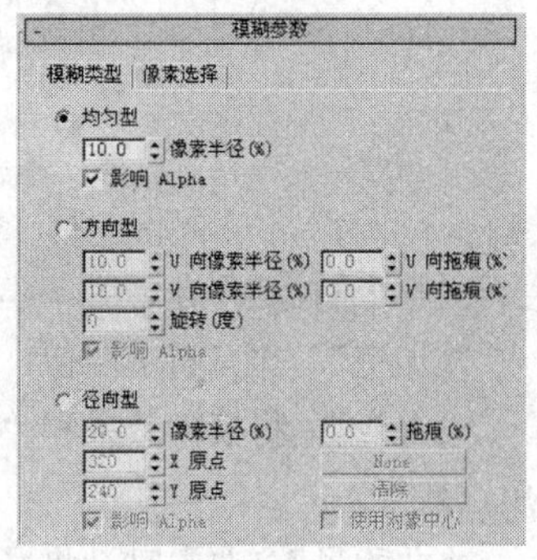

图 11-64

“均匀型”：将模糊效果均匀应用于整个渲染图像。

“像素半径（%）”：确定模糊效果的强度。如果增大该值，将增大每个像素计算模糊效果时使用的周围像素数。像素越多，图像越模糊。

“影响 Alpha”：启用时，将均匀型模糊效果应用于 Alpha 通道。

“方向型”：按照“方向型”参数指定的任意方向应用模糊效果。

“U向像素半径（%）”：确定模糊效果的水平强度。

“U 向拖痕（%）”：通过为U轴的某一侧分配更大的模糊权重，为模糊效果添加方向。此设置将添加条纹效果，创建对象或摄影机正在沿着特定方向快速移动的幻影。

“V 向像素半径（%）”：确定模糊效果的垂直强度。

“V 向拖痕（%）”：通过为 V 轴的某一侧分配更大的模糊权重，为模糊效果添加方向。此设置将添加条纹效果，创建对象或摄影机正在沿着特定方向快速移动的幻影。

“旋转(度)”：旋转将通过“U 向像素半径（%）”和“V 向像素半径（%）”微调器应用模糊效果的 U 向像素和 V 向像素的轴。“旋转(度)”与“U 向像素半径（%）”和“V 向像素半径（%）”微调器配合使用，可以将模糊效果应用于渲染图像中的任意方向。

“影响 Alpha”：启用时，将方向型模糊效果应用于 Alpha 通道。

“径向型”：径向应用模糊效果。

“像素半径(%)”：确定半径模糊效果的强度。如果增大该值，将增大每个像素计算模糊效果时，将使用的周围像素数。像素越多，图像越模糊。

“X 原点”、“Y 原点”：以像素为单位，关于渲染输出的尺寸指定模糊的中心。

“拖痕（%）”：通过为模糊效果的中心分配更大或更小的模糊权重，为模糊效果添加方向。此设置将添加条纹效果，创建对象或摄影机正在沿着特定方向快速移动的幻影。

None：可以指定其中心作为模糊效果中心的对象。

“清除”：从上面的按钮中移除对象名称。

“影响 Alpha”：启用时，将放射型模糊效果应用于 Alpha 通道。

“使用对象中心”：启用此选项后，None 按钮指定对象（工具提示：拾取要作为中心的对象。）作为模糊效果的中心。如果没有指定对象并且启用“使用对象中心”复选项，则不向渲染图像添加模糊。

◎“像素选择”

“模糊参数”卷展栏中的“像素选择”选项卡如图 11-65 所示。

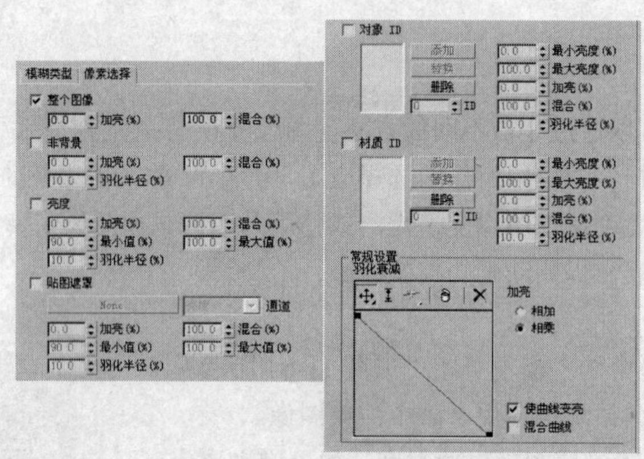

图 11-65

“整个图像”：选中时，模糊效果将影响整个渲染图像。

“加亮”：加亮整个图像。

“混合”：将模糊效果和“整个图像”参数与原始的渲染图像混合，可以使用此选项创建柔化焦点效果。

“非背景”：选中时，将影响除背景图像或动画以外的所有元素。

“加亮”：加亮除背景图像或动画以外的渲染图像。

“羽化半径”：羽化应用于场景的非背景元素的模糊效果。

“混合”：将模糊效果和“非背景”参数与原始的渲染图像混合。

“亮度”：影响亮度值介于“最小值”和“最大值”微调器之间的所有像素。

“加亮”：加亮介于最小亮度值和最大亮度值之间的像素。

“羽化半径”：羽化应用于介于最小亮度值和最大亮度值之间的像素的模糊效果。如果使用“亮度”作为“像素选择”，模糊效果可能会产生清晰的边界。使用微调器羽化模糊效果，消除效果的清晰边界。

“混合”：将模糊效果和“亮度”参数与原始的渲染图像混合。

“贴图遮罩”：根据“材质/贴图浏览器”选择的通道和应用的遮罩应用模糊效果。选择遮罩后，必须从“通道”列表中选择通道。然后，模糊效果根据“最小值”和“最大值”微调器中设置的值检查遮罩和通道。遮罩中属于所选通道并且介于最小值和最大值之间的像素将应用模糊效果。如果要使场景的所选部分变模糊，例如通过结霜的窗户看到冬天的早晨，可以使用此选项。

“通道”：选择将应用模糊效果的通道。选择了特定通道后，使用最小和最大微调器可以确定遮罩像素要应用效果必须具有的值。

“加亮”：加亮图像中应用模糊效果的部分。

“混合”：将贴图遮罩模糊效果与原始的渲染图像混合。

“最小值”：像素要应用模糊效果必须具有的最小值（RGB、Alpha 或亮度）。

“最大值”：像素要应用模糊效果必须具有的最大值（RGB、Alpha 或亮度）。

“羽化半径”：羽化应用于介于最小通道值和最大通道值之间的像素的模糊效果。

“对象 ID”：如果具有特定对象 ID（在 G 缓冲区中）的对象与过滤器设置匹配，会将模糊效果应用于该对象或其中的部分。

“添加”：添加对象 ID 号。

“替换”：在 ID 中输入 ID 号，在列表中选择 ID，单击该按钮替换。

“删除”：选择 ID 号，单击该按钮删除 ID。

“ID”：输入 ID 号。

“最小亮度”：像素要应用模糊效果必须具有的最小亮度值。

“最大亮度”：像素要应用模糊效果必须具有的最大亮度值。

“加亮”：加亮图像中应用模糊效果的部分。

“混合”：将对象 ID 模糊效果与原始的渲染图像混合。

“羽化半径”：羽化应用于介于最小亮度值和最大亮度值之间的像素的模糊效果。

“材质 ID”：如果具有特定材质 ID 通道的材质与过滤器设置匹配，将模糊效果应用于该材质或其中部分。

“最小亮度”：像素要应用模糊效果必须具有的最小亮度值。

“最大亮度”：像素要应用模糊效果必须具有的最大亮度值。

“加亮”：加亮图像中应用模糊效果的部分。

“混合”：将材质模糊效果与原始的渲染图像混合。

“羽化半径”：羽化应用于介于最小亮度值和最大亮度值之间的像素的模糊效果。

“羽化衰减”：使用“羽化衰减”曲线可以确定基于图形的模糊效果的羽化衰减。可以向图形中添加点，创建衰减曲线，然后调整这些点中的插值。

“加亮”：使用这些单选按钮，可以选“相加”或“相乘”加亮。相加加亮比相乘加亮更亮，

更明显。如果将模糊效果、光晕效果组合使用，可以使用相加加亮。相乘加亮为模糊效果提供柔化高光效果。

"使曲线变亮"：用于在"羽化衰减"曲线图中编辑加亮曲线。

"混合曲线"：用于在"羽化衰减"曲线图中编辑混合曲线。

4."亮度和对比度"

使用"亮度和对比度"可以调整图像的对比度和亮度，可以用于将渲染场景对象与背景图像或动画进行匹配，如图 11-66 所示为"亮度和对比度参数"卷展栏。

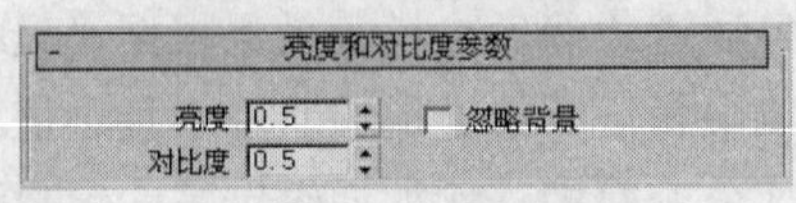

图 11-66

"亮度"：增加或减少所有色元（红色、绿色和蓝色）。

"对比度"：压缩或扩展最大黑色和最大白色之间的范围。

"忽略背景"：将效果应用于 3ds Max 场景中除背景以外的所有元素。

5."色彩平衡"

使用"色彩平衡"可以通过独立控制 RGB 通道操作相加/相减颜色，如图 11-67 所示"色彩平衡参数"卷展栏。

"青"\"红"：调整红色通道。

"洋红"\"绿"：调整绿色通道。

"黄"\"蓝"：调整蓝色通道。

"保持发光度"：启用此选项后，在修正颜色的同时保留图像的发光度。

"忽略背景"：启用此选项后，可以在修正图像模型时不影响背景。

6."景深"

"景深"效果模拟在通过摄影机镜头观看时，前景和背景的场景元素的自然模糊。景深的工作原理是：将场景沿 Z 轴次序分为前景、背景和焦点图像。然后，根据在景深效果参数中设置的值，使前景和背景图像模糊，最终的图像由经过处理的原始图像合成，如图 11-68 所示为"景深参数"卷展栏。

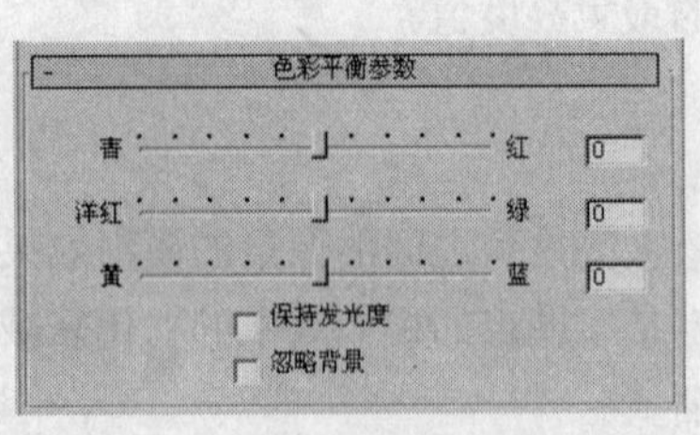

图 11-67

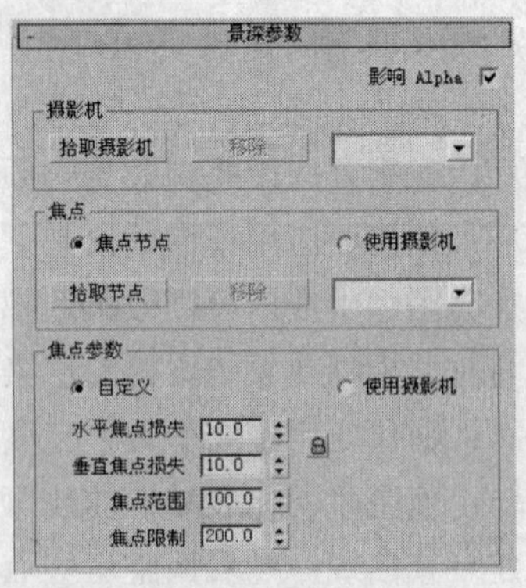

图 11-68

“影响 Alpha”：启用时，影响最终渲染的 Alpha 通道。

“拾取摄影机”：可以从视口中交互选择要应用景深效果的摄影机。

“移除”：删除下拉列表中当前所选的摄影机。

“焦点节点”：选择该选项，使用拾取的节点对象，进行模糊。

“拾取节点”：可以选择要作为焦点节点使用的对象。

“移除”：移除选作焦点节点的对象。

“自定义”：使用“焦点参数”组框中设置的值，确定景深效果的属性。

“使用摄影机”：使用在摄影机选择列表中高亮显示的摄影机值，确定焦点范围、限制和模糊效果。

“水平焦点损失”：在选中“自定义”选项时，确定沿着水平轴的模糊程度。

“垂直角点损失”：在选中“自定义”选项时，确定沿着垂直轴的模糊程度。

“焦点范围”：在选中“自定义”选项时，设置到焦点任意一侧的 Z 向距离（以单位计），在该距离内，图像将仍然保持聚焦。

“焦点限制”：在选择“自定义”选项时，设置到焦点任意一侧的 Z 向距离（以单位计），在该距离内模糊效果将达到其由“聚焦损失”微调器指定的最大值。

7.“文件输出”

“文件输出参数”卷展栏如图 11-69 所示。

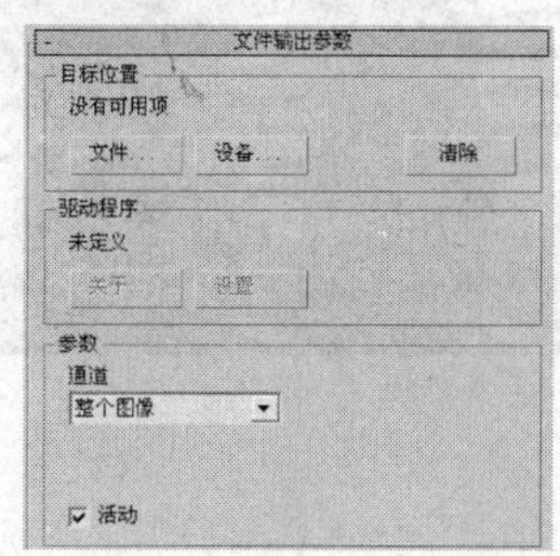

图 11-69

“文件”：打开一个对话框，可以将渲染的图像或动画保存到磁盘上。

“设备”：打开一个对话框，以便将渲染的输出发送到录像机等设备。

“清除”：清除目标位置分组框中所选的任何文件或设备。

“驱动程序”：只有将选择的设备用作图像源时，这些按钮才可用。

“关于”：提供使图像可以在 3ds Max 中处理的图像处理软件来源的有关信息。

“设置”：显示特定于插件的设置对话框，某些插件可能不使用此按钮。

“通道”：选择要保存或发送回渲染效果堆栈的通道。

8.“胶片颗粒”

“胶片颗粒”用于在渲染场景中重新创建胶片颗粒的效果。如图 11-70 所示“胶片颗粒参数”卷展栏。

“颗粒”：设置添加到图像中的颗粒数。

“忽略背景”：屏蔽背景，使颗粒仅应用于场景中的几何体和效果。

9. “运动模糊”

“运动模糊”通过使移动的对象或整个场景变模糊，将图像运动模糊应用于渲染场景。如图 11-71 所示为“运动模糊参数”卷展栏。

“处理透明”：启用时，运动模糊效果会应用于透明对象后面的对象。

“持续时间”：值越大，运动模糊效果越明显。

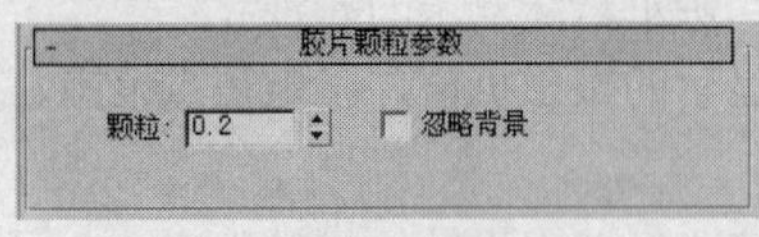

图 11-70

图 11-71

11.5 综合演练——分子阵列

本例介绍使用运动模糊制作分子阵列时运动的模糊效果。（最终效果参看光盘中的“Cha11 > 效果 > 分子阵列.max”，如图 11-72 所示。）

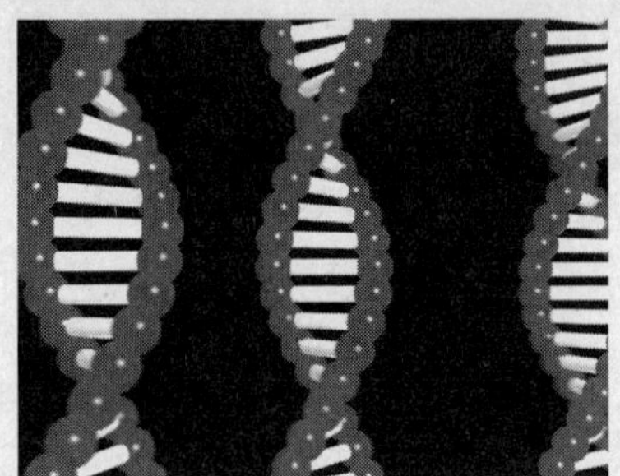

图 11-72

11.6 综合演练——路灯

本例介绍使用“镜头效果”制作路灯灯光。（最终效果参看光盘中的“Cha011>效果>路灯.max”，如图 11-73 所示。）

图 11-73

第12章 高级动画设置

本章将介绍 3ds Max 9 中高级动画的设置，并对正向运动和反向运动进行详细的讲解。读者通过本章的学习，可以掌握 3ds Max 9 高级动画的制作方法和应用技巧。

课堂学习目标

- 正向运动
- 反向运动

12.1 蝴蝶

12.1.1 【案例分析】

“正向动力学”是构成结构级别关系的基础，有很多不需要灵活控制的动画效果可以直接用正向动力学来完成。

12.1.2 【设计理念】

本例介绍使用“正向动力学”制作蝴蝶飞翔的效果。（最终效果参看光盘中的“Cha12> 效果 > 蝴蝶.max”，如图 12-1 所示。）

图 12–1

12.1.3 【操作步骤】

步骤 1 首先打开场景文件（光盘中的“Cha12> 效果 >蝴蝶 o.max”），如图 12-2 所示。

步骤 2 在场景中选择如图 12-3 所示的翅膀，切换到（层次）面板，单击“轴 > 仅影响轴”

按钮，在场景中调整轴到父对象的根部。

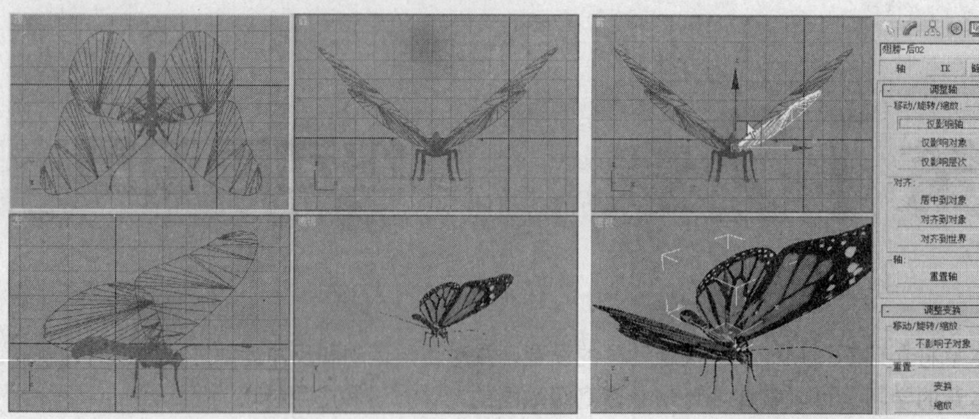

图 12-2　　　　图 12-3

步骤 3 继续调整翅膀的轴，如图 12-4 所示，使用同样的方法调整翅膀轴的位置。

步骤 4 在场景中选择 4 个翅膀模型，在工具栏中单击（选择并链接）按钮，将翅膀连接到身体组上，如图 12-5 所示。

步骤 5 在工具栏中单击（图解视图）按钮，打开图解视图，查看父子关系，如图 12-6 所示。

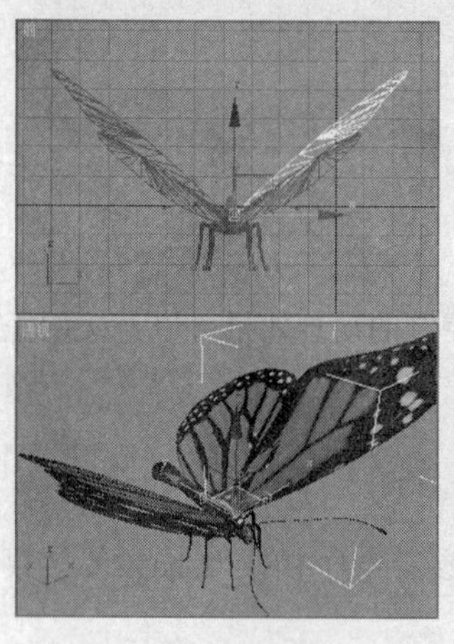

图 12-4

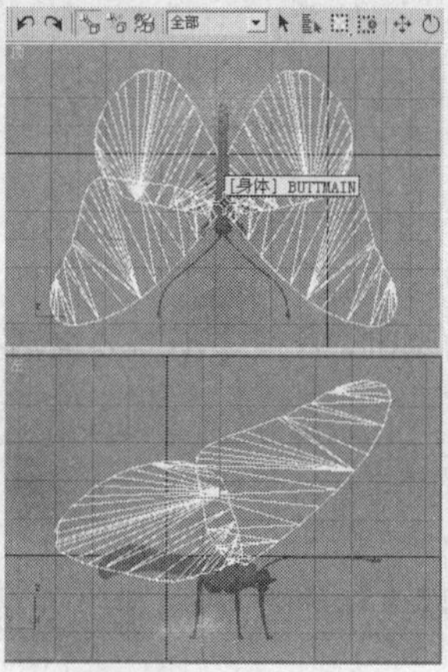

图 12-5

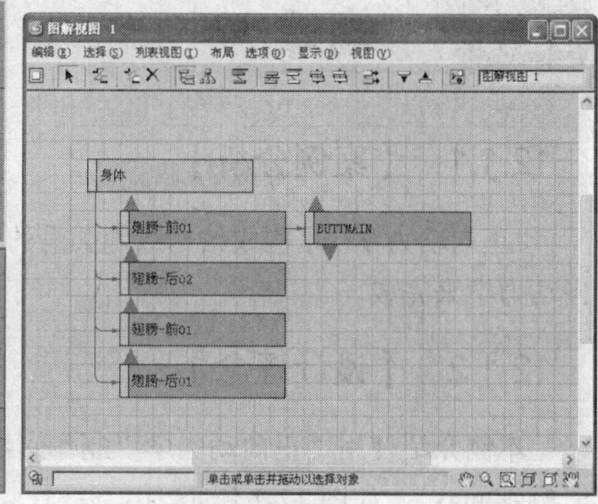

图 12-6

步骤 6 打开自动关键点，拖动时间滑块到 5 帧的位置，在场景中旋转翅膀，如图 12-7 所示。

步骤 7 拖动时间滑块到 10 帧的位置，在场景中旋转模型，如图 12-8 所示。

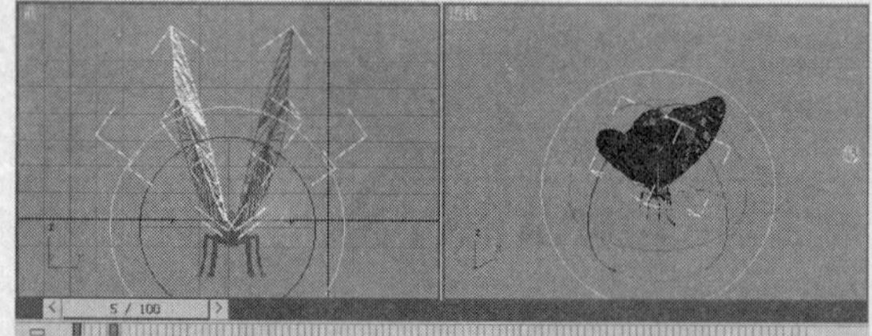

图 12-7

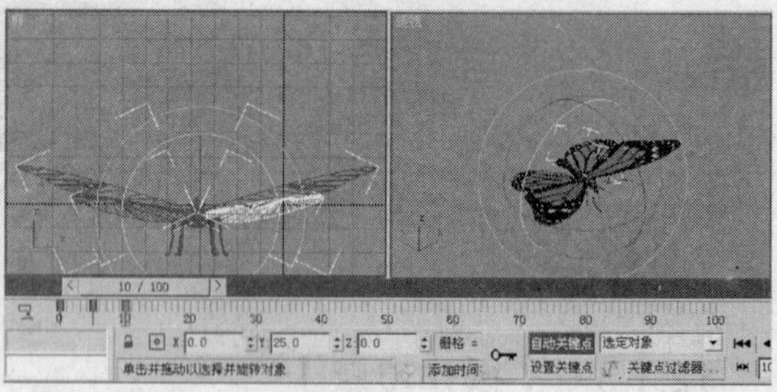

图 12-8

步骤 8 全选场景中的翅膀，在场景中按住【Shift】键，复制关键点，如图 12-9 所示。

步骤 9 为环境指定背景图像，（贴图位于随书附带光盘“Cha12 > 素材 > 蝴蝶 > background.jpg”文件），调整透视图，按【Ctrl+C】键创建摄影机，如图 12-10 所示。

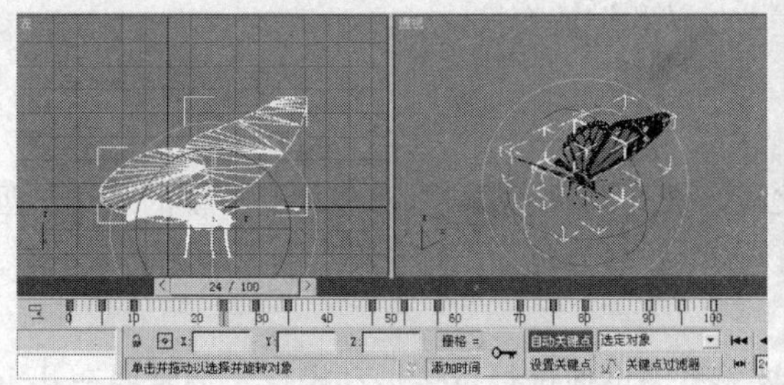

图 12–9

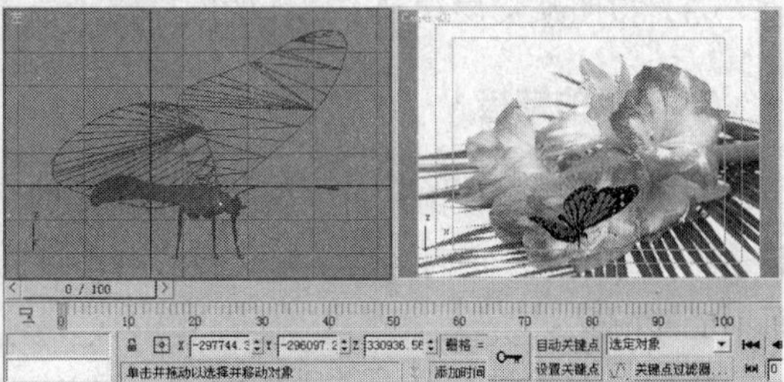

图 12–10

步骤 10 在场景中选择“身体”组，并在场景中将蝴蝶移出摄影机照射范围，如图 12-11 所示。

步骤 11 打开自动关键点，拖动时间滑块到 70 帧，并在场景中移动“身体”模型，如图 12-12 所示。

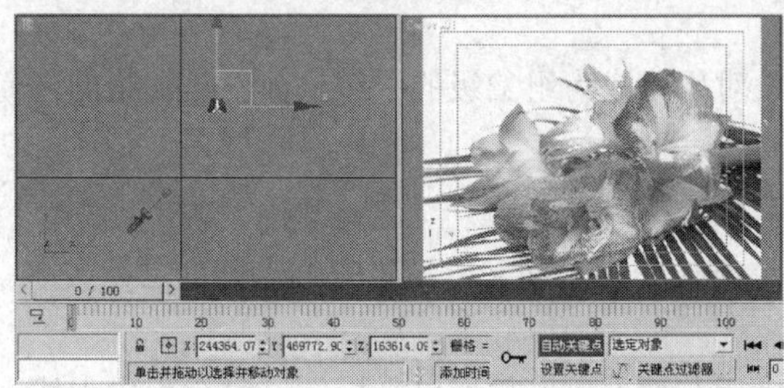

图 12–11

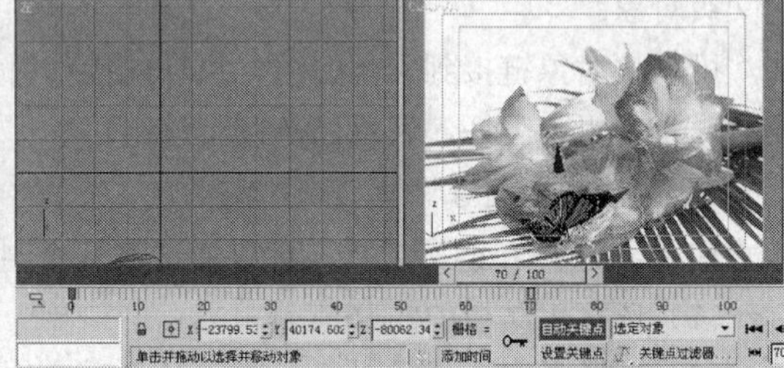

图 12–12

步骤 12 拖动时间滑块到 90 帧，并在场景中移动模型，如图 12-13 所示。

步骤 13 设置模型材质的“自发光”为 90，如图 12-14 所示。

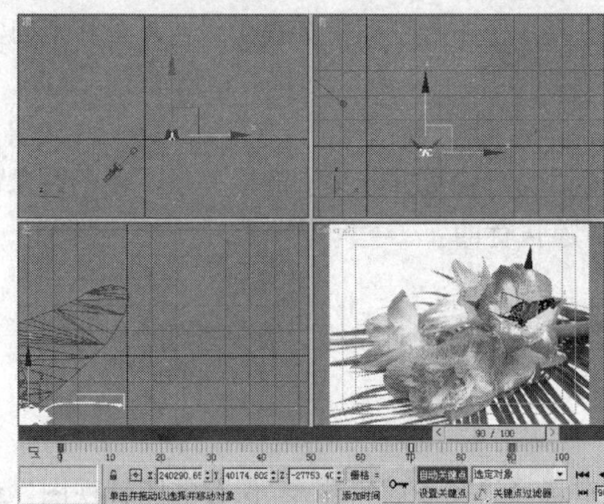

图 12–13

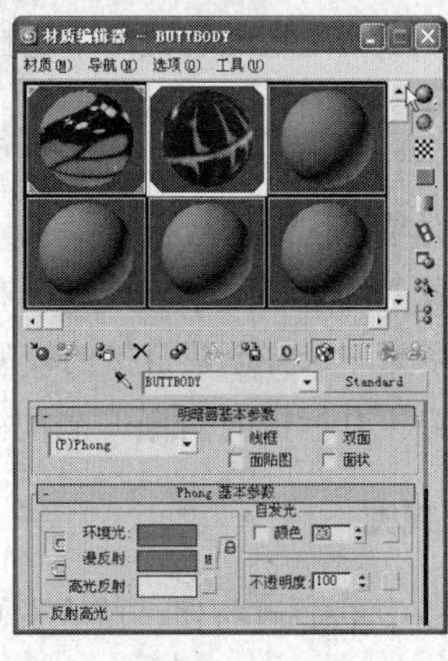

图 12–14

12.1.4 【相关工具】

1. 正向动力学

处理层次的默认方法使用一种称之为“正向动力学”的技术，这种技术采用的基本原理如下。

(1) 按照父层次到子层次的链接顺序进行层次链接。

(2) 轴点位置定义了链接对象的链接关节。

(3) 按照从父层次到子层次的顺序继承位置、旋转和缩放变换。

2. 对象的链接

创建对象的链接前，首先要明白谁是谁的父级，谁是谁的子级，如车轮就是车体的子级，四肢是身体的子级。正向运动学中父级影响子级的运动、旋转及缩放，但子级只能影响它的下一级，而不能影响父级。

将两个对象进行父子关系的链接，定义层级关系，以便进行链接运动操作。通常要在几个对象之间创建层级关系，例如将手链接到手臂上，再将手臂链接到躯干上，这样它们之间就产生了层级关系，使正向运动或反向运动操作时，层级关系带动所有链接的对象，并且可以逐层发生关系。

子级对象会继承施加在父级对象上的变化（如运动、缩放、旋转），但它自身的变化不会影响到父级对象。

可以将对象链接到关闭的组。执行此操作时，对象将成为组父级的子级，而不是该组的任何成员。整个组会闪烁，表示已链接至该组。

◎ 链接两个对象

使用选择和链接工具，可以通过将两个对象链接作为子和父，定义它们之间的层次关系。

(1) 选择工具栏中的工具。

(2) 在场景中选择子对象，选择对象后按住鼠标左键不放，并拖曳光标，这时会引出虚线，如图 12-14 所示。

(3) 牵引虚线至父对象上，父对象闪烁以下外框，表示链接成功，打开图解视图看一下是否成功链接。

另一种方法就是在图解视图中选择工具，在图解视图中选择子级，并将其拖向父级，与工具的作用是一样的。

◎ 断开当前链接

取消两对象之间的层级链接关系。换句话说，就是拆散父子链接关系，使子对象恢复独立，不再受父对象的约束。这个工具是针对子对象执行的。

(1) 在场景中选择创建链接的模型。

(2) 选择工具栏中的断开当前链接按钮，它与父对象的层级关系就会被取消。

3. 图解视图

在工具栏中单击按钮，或在菜单栏中选择“图表编辑器 > 保存的图解视图”命令，会打开图解视图。

“图解视图”是基于节点的场景图，通过它可以访问对象属性、材质、控制器、修改器、层次和不可见场景的关系，如关联参数和实例。

在此处可以查看、创建并编辑对象间的关系。可以创建层次、指定控制器、材质、修改器或约束，如图 12-15 所示图解视图。

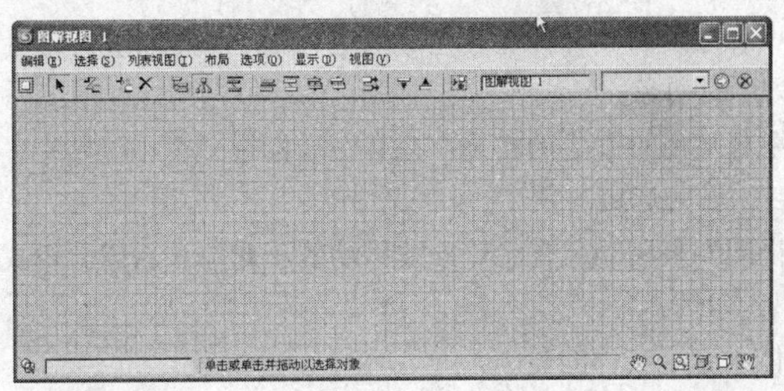

图 12-15

通过图解视图用户可以完成以下操作。

（1）对象重命名。

（2）快速选取场景对象。

（3）快速选取修改器堆栈中的修改器。

（4）在对象之间复制、粘贴修改器。

（5）重新排列修改堆栈中的修改器顺序。

（6）检视和选取场景中所有共享修改器、材质或控制器的对象。

（7）快速选择对象的材质和贴图，并且进行各贴图的快速切换。

（8）将一个对象的材质复制粘贴给另一个对象，但不支持拖动指定。

（9）查看和选择共享一个材质或修改器的所有对象。

（10）对复杂的合成对象进行层次导航，例如多次布尔运算后的对象。

（11）链接对象，定义层次关系。

（12）提供大量的 MAXScript 曝光。

对象在图解视图中以长方形的节点方式表示，可以随意安排节点的位置，移动时用鼠标左键单击并拖曳节点即可。

◎ 重要工具

：显示或隐藏“显示浮动框”，如图 12-16 所示，在浮动框中决定在“图解视图”中显示或隐藏对象。

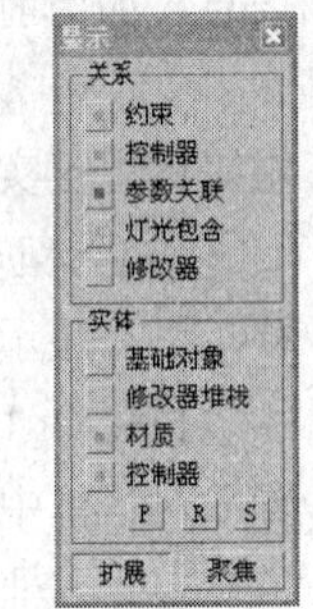

图 12-16

：使用此选项可以在“图解视图”窗口和视口中选择对象。

：用于创建层次，同工具栏中的工具相同，在“图解视图”中将子对象拖向父对象，创建层级关系。

：在“图解视图”中选择需要断开链接的对象，单击此按钮即可将创建的层次解散。

：删除“图解视图”中选定的对象，删除的对象将从视口和“图解视图”中消失。

：用级联方式显示父对象/子对象的关系。父对象位于左上方，而子对象朝右下方缩进显示。

：基于实例和参考而不是层次来显示关系，使用此模式查看材质和修改器。

：根据排列首选项（对齐选项）将“图解视图”设置为“总是排列所有实体”。执行此操作之前将弹出一个警告信息，启用此选项将激活工具栏按钮。

：根据设置的排列规则（对齐选项）排列父对象下面的子对象的显示。

：根据设置的排列规则（对齐选项）将选定的子对象排列到父对象下显示。

：从排列规则中释放所有实体，在其左端标记一个小洞图标，然后使其留在当前位置。使用此选项可以自由排列所有对象。

：从排列规则中释放所有选定的实体，在其左端标记一个小洞图标，然后使其留在当前位置。使用此选项可以自由排列选定对象。

：设置“图解视图”来移动所有父对象被移动的子对象。启用此模式后，工具栏按钮处于活动状态。

：展开选定实体所有子实体的显示。

：隐藏选定实体的所有子实体，使选定的实体仍然可见。

：显示“图解视图首选项”对话框。如图 12-17 所示，根据类别控制显示的内容和隐藏的内容。可以过滤“图解视图”窗口中显示的对象，而只看到需要看到的对象。

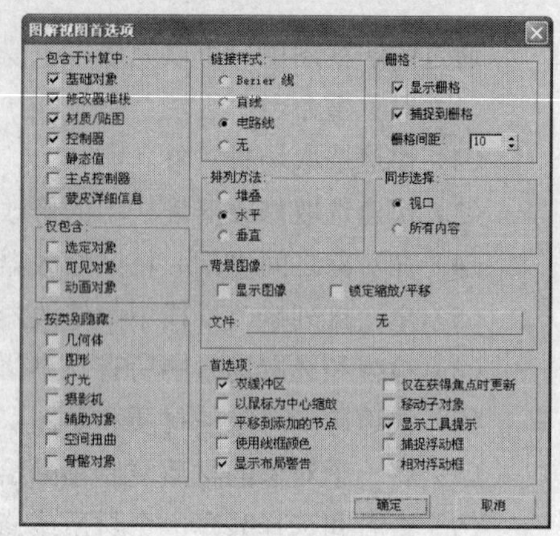

图 12-17

可以为“图解视图”窗口添加网络或背景图像。此处也可以选择排列方式，并确定是否与视口选择和“图解视图”窗口的选择同步，也可以设置节点链接样式。在此对话框中选择相应的过滤设置，可以更好地控制“图解视图”。

：缩放并平移“图解视图”窗口，以便显示书签选择。

：删除显示在“书签名称字段”中的书签名。

：放大视口中选定的任何对象，可以在此按钮旁边的文本字段中输入对象的名称。

选定对象文本输入窗口：用于输入要查找的对象名称。然后单击“缩放选定视口对象”按钮，选中的对象便会出现在“图解视图”窗口中。

提示区域：提供一条单行指令，告诉用户如何使用高亮显示的工具或按钮，或提示一些详细信息，如当前选定多少个对象。

：在窗口中水平或垂直移动。也可以使用“图解视图”窗口右侧和底部的滚动条，或是使用鼠标中键实现相同的效果。

：移近或移远“图解”显示。第一次打开“图解视图”窗口时，需要一定的时间缩放及平移，以在显示中获得合适的对象视图。节点的显示随移进或移出操作而改变。

按住 Ctrl 键再拖曳鼠标中键，也可以实现缩放。要缩放光标附近的区域，请在“图解视图设置”对话框中启用“以鼠标点为中心缩放”选项，单击“首选项”按钮，可以访问此对话框。

：绘制一个缩放窗口，放大显示该窗口覆盖的“图解视图”区域。

：缩小窗口以便可以看到“图解视图”中的所有节点。

：缩小窗口以便可以看到所有选定的节点。

：平移窗口，使之在相同的缩放因子下包含选定对象，以便所有选定的实体在当前窗口范围内都可见。

◎“图解视图”菜单栏

“编辑”菜单，如图 12-18 所示。

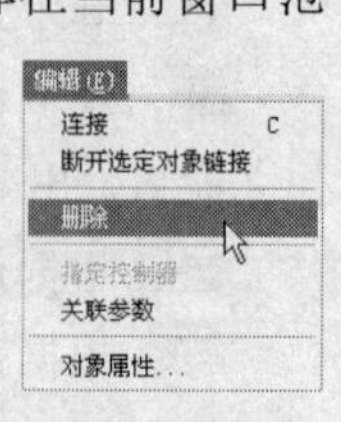

图 12-18

“链接”：激活链接工具。

“断开选定对象链接”：断开选定实体的链接。

“删除”：从“图解视图”和场景中移除实体，取消所选关系之间的链接。

“指定控制器”：用于将控制器指定给变换节点。只有当选中控制器实体时，该选项才可用。打开“标准指定控制器”对话框。

“关联参数”：使用“图解视图”关联参数。只有当实体被选中时，该选项才处于活动状态，启动标准“关联参数”对话框。

“对象属性”：显示选定节点的“对象属性”对话框。如果未选定节点，则不会产生任何影响。

“选择”菜单，如图 12-19 所示。

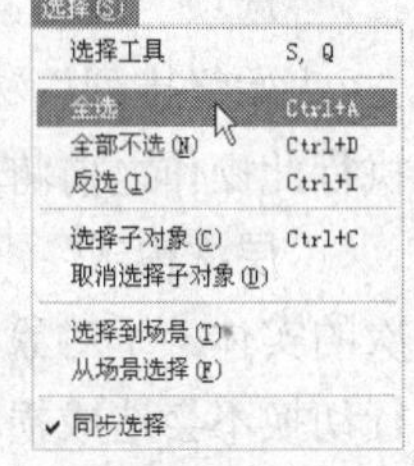

图 12-19

“选择工具”：在“始终排列”模式时激活“选择工具”，不在“始终排列”模式时，激活“选择并移动”工具。

“全选”：选择当前“图解视图”中的所有实体。

“全部不选”：取消当前“图解视图”中选择的所有实体。

“反选”：在当前“图解视图”中取消选择选定的实体，然后选择未选定的实体。

“选择子对象”：选择当前选定实体的所有子对象。

取消选择子对象：取消选择所有选中实体的子对象。父对象和子对象必须同时被选中，才能取消选择子对象。

“选择到场景”：在“视口”中选择“图解视图”中选定的所有节点。

“从场景选择”：在“图解视图”中选择“视口”中选定的所有节点。

“同步选择”：启用此选项时，在“图解视图”中选择对象时，还会在视口对象中选择它们，反之亦然。

“列表视图”菜单，如图 12-20 所示。

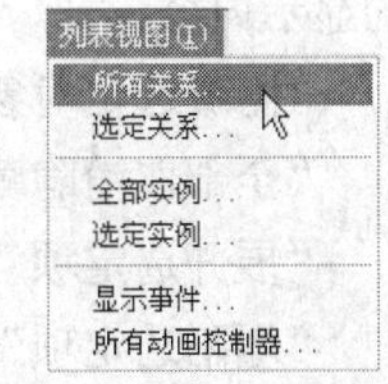

图 12-20

“所有关系”：用当前显示的“图解视图”实体的所有关系，打开或重绘“列表视图”。

“选定关系”：用当前选中的“图解视图”实体的所有关系，打开或重绘“列表视图”。

“所有实例”：用当前显示的“图解视图”实体的所有实例，打开或重绘“列表视图”。

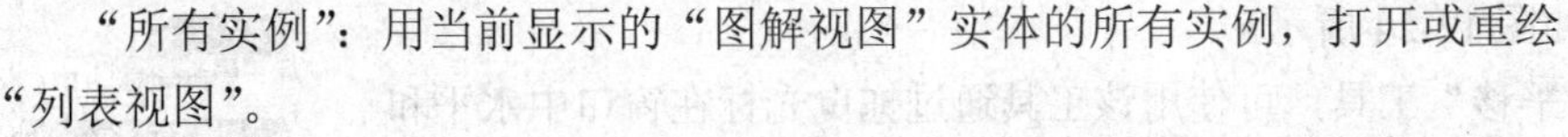

“选定实例”：用当前选中的“图解视图”实体的所有实例，打开或重绘“列表视图”。

“显示出现”：用与当前选中实体共享某一属性或关系类型的所有实体，打开或重绘“列表视图”。

“所有设置动画控制器”：用拥有或共享设置动画控制器的所有实体，打开或重绘“列表视图”。

“布局”菜单，如图 12-21 所示。

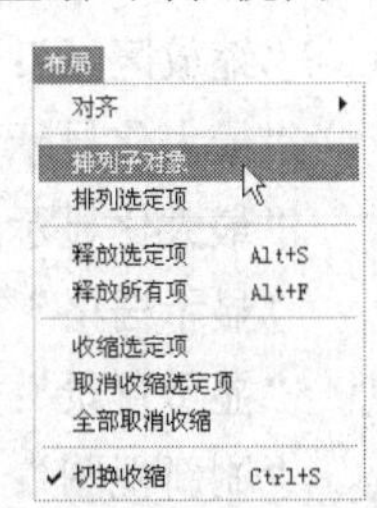

图 12-21

“对齐”：用于为“图解视图”窗口中选择的实体定位下列“对齐”选项。

“排列子对象”：根据设置的排列规则（对齐选项），在选定的父对象下面排列子对象的显示。

“排列选定对象”：根据设置的排列规则（对齐选项），在选定的父对象下面排列子对象的显示。

“释放选定对象”：从排列规则中释放所有选定的实体，在其左端标记一个小洞图标，然后使其留在当前位置。使用此选项，可以自由排列选定对象。

“释放所有对象”：从排列规则中释放所有实体，在其左端标记一个小洞图标，然后使其留在

当前位置。使用此选项可以自由排列所有对象。

“收缩选定对象”：隐藏所有选中实体的方框，保持排列和关系可见。

“取消收缩选定项”：使所有选定的收缩实体可见。

“全部取消收缩”：使所有收缩实体可见。

“切换收缩”：启用此选项时，会正常收缩实体。禁用此选项时，收缩实体完全可见，但是不取消收缩。默认设置为启用。

“选项”菜单，如图 12-22 所示。

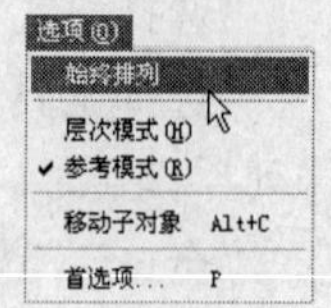

图 12-22

“始终排列”：根据选择的排列首选项，使“图解视图”总是排列所有实体。执行此操作之前将弹出一个警告信息。选择此选项可激活工具栏按钮。

“层次模式”：设置“图解视图”以显示作为参考图的实体，不显示作为层次的实体。子对象在父对象下方缩进显示。在“层次”和“参考”模式之间进行切换不会造成损坏。

“参考模式”：设置“图解视图”以显示作为参考图的实体，不显示作为层次的实体。在“层次”和“参考”模式之间进行切换不会造成损坏。

“移动子对象”：设置“图解视图”来移动所有父对象被移动的子对象。启用此模式后，工具栏按钮处于活动状态。

“首选项”：打开“图解视图首选项”对话框。其中，通过过滤类别及设置显示选项，可以控制窗口中的显示内容。

“显示”菜单，如图 12-23 所示。

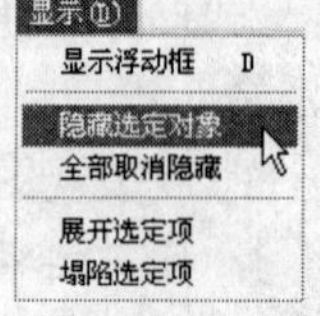

图 12-23

“显示浮动框”：显示或隐藏“显示浮动框”，该框控制“图解视图”窗口中的显示内容。

“隐藏选定对象”：隐藏“图解视图”窗口中选定的所有对象。

“全部取消隐藏”：将隐藏的所有项显示出来。

“展开选定项”：显示选定实体的所有子实体。

“塌陷选定项”：隐藏选定实体的所有子实体，使选定的实体仍然可见。

“视图”菜单，如图 12-24 所示。

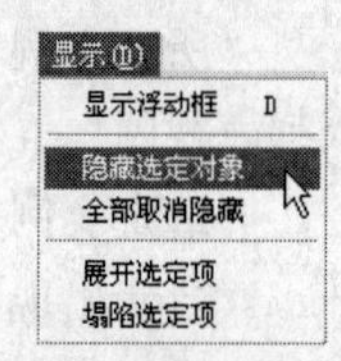

图 12-24

“平移”：激活“平移”工具，可使用该工具通过拖曳光标在窗口中水平和垂直移动。

“平移至选定项”：使选定实体在窗口中居中。如果未选择实体，将使所有实体在窗口中居中。

“缩放”：激活缩放工具。通过拖曳光标移近或移远“图解”显示。

“缩放区域”：通过拖动窗口中的矩形缩放到特定区域。

“最大化显示”：缩放窗口以便可以看到“图解视图”中的所有节点。

“最大化显示选定对象”：缩放窗口以便可以看到所有选定的节点。

“显示栅格”：在“图解视图”窗口的背景中显示栅格。默认设置为启用。

“显示背景”：在“图解视图”窗口的背景中显示图像。通过首选项设置图像。

“刷新视图”：当更改“图解视图”或场景时，重绘“图解视图”窗口中的内容。

除上述之外，在“图解视图”中单击鼠标右键，弹出快捷菜单，其中包含用于选择、显示和操作节点选择的控件。使用此功能可以快速访问“列表视图”和“显示浮动框”，还可以在“参考模式和“层次模式”间快速切换。

12.1.5 【实战演练】木偶的链接

本例将为木偶创建正向动力学。(最终效果参看光盘中的“Cha11 > 效果 > 木偶.max”，如图 12-25 所示。)

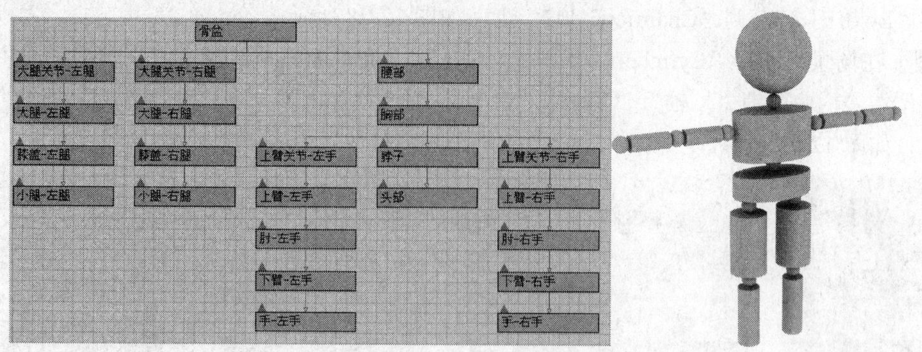

图 12-25

12.2 活塞

12.2.1 【案例分析】

反向动力学（Inverse Kinematics，IK），这里的“反”是对应“正”而言的，主要是指父级与子级的数据传递是双向的。父级的动作可以向子级传递；反之，子级的动作也可以传递给父级，只要运动某一子级，则该子级与父级之间的所有关节都能做相应动作，各关节之间的旋转自动生成，无需逐一调试。

12.2.2 【设计理念】

下面介绍反响动力学的例子——活塞；首先创建模型，并创建链接使父对象带动子对象进行运动，设置交互式 IK 动画，产生反向运动学，最后生成 IK 动画。(最终效果参看光盘中的“Cha12 > 效果 >活塞.max”，如图 12-26 所示。)

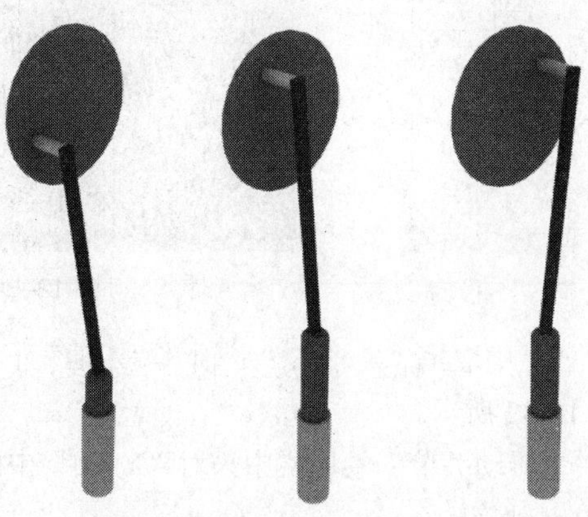

图 12-26

12.2.3 【操作步骤】

步骤 1 首先在场景中创建模型，如图 12-27 所示。

步骤 2 使用工具，在场景中将“Cylinder01”链接到“ChamferCyl01”上，再使用链接工具将“Box01”链接到“ChamferCyl02”上，如图 12-28 所示。

步骤 3 在场景中选择“Cylinder02”对象，进入层次命令面板，选择“IK”按钮，在“转动关节”卷展栏中取消“X 轴”、“Y 轴”、“Z 轴”下的“活动”选项，使其不具备任何的旋转特性，如图 12-29 所示。

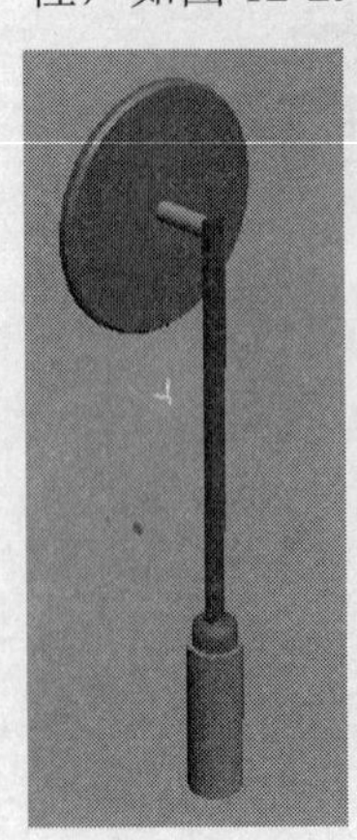
图 12-27

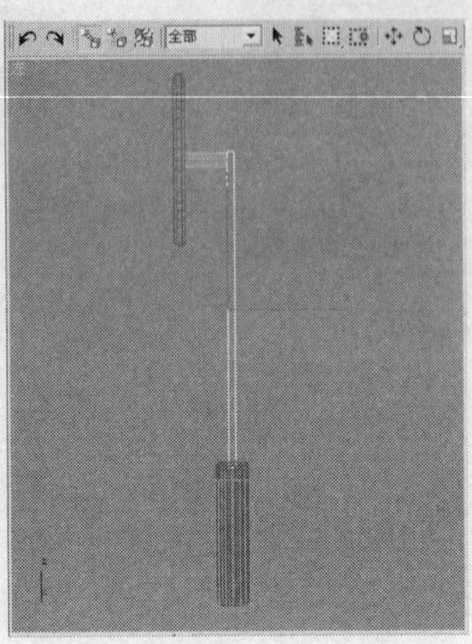
图 12-28

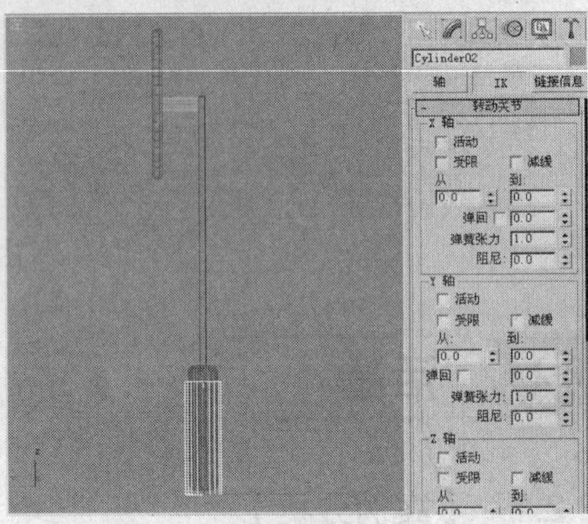
图 12-29

步骤 4 在场景中选择“ChamferCyl 02”对象，切换到面板，在“指定控制器”卷展栏中为“位置”指定“Bezier 位置”控制器，如图 12-30 所示。

步骤 5 切换到面板，单击“IK”按钮，在“滑动关节”卷展栏中只选择“Z 轴”下的“活动”选项，该对象只沿 z 轴移动，如图 12-31 所示。

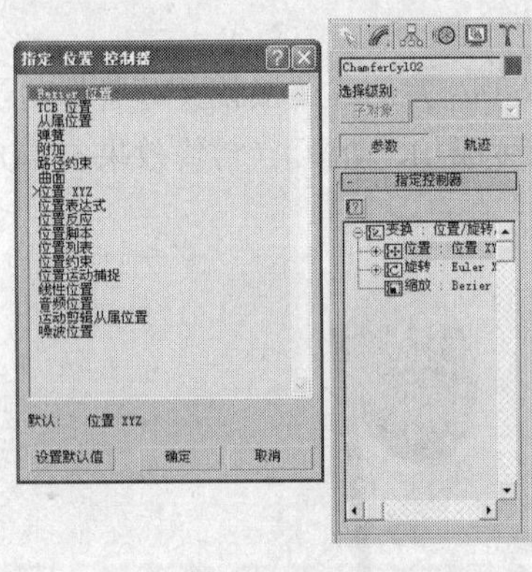
图 12-30

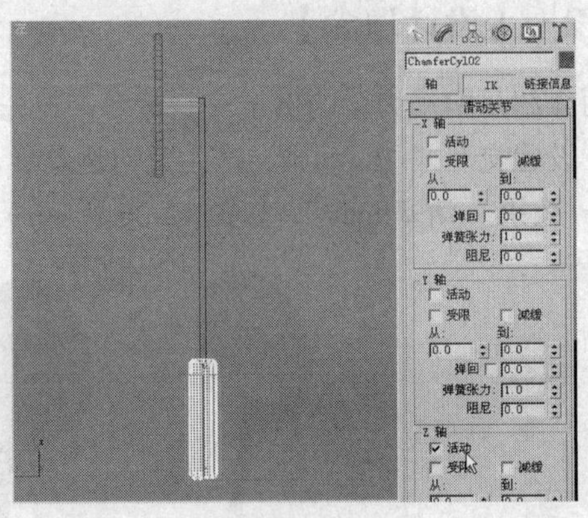
图 12-31

步骤 6 在“转动关节”卷展栏中取消“X 轴”、“Y 轴”、“Z 轴”下的“活动”选项，使其不具备任何旋转特性，如图 12-32 所示。

步骤 7 选择“Box01”，在“转动关节”卷展栏中只对“Y 轴”中的“活动”进行勾选，如图 12-33 所示，该模型只沿 y 轴旋转。

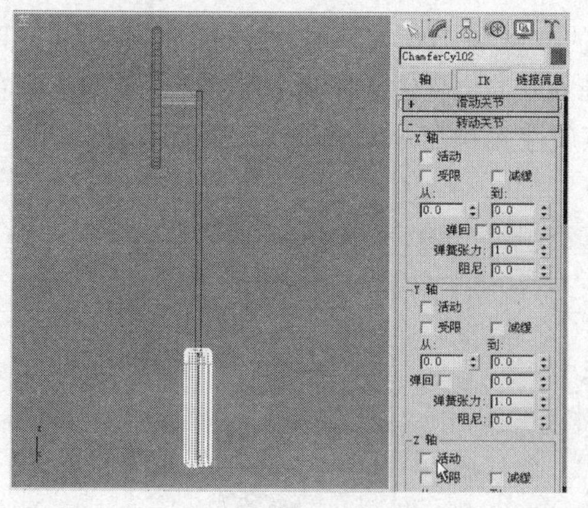

图 12-32

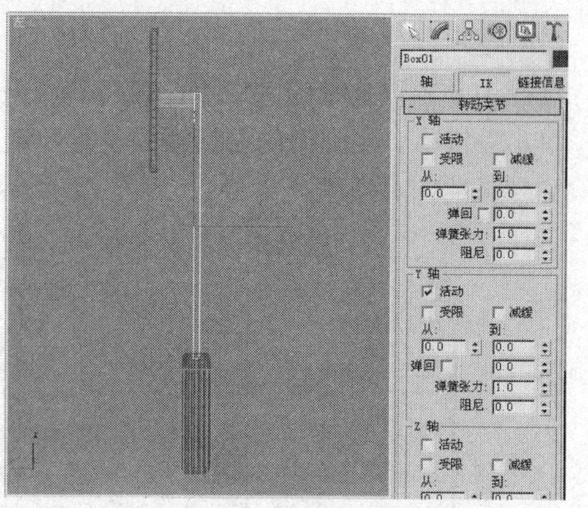

图 12-33

步骤 8 在场景中选择“Box01”，单击“轴”按钮，在“调整轴”卷展栏中选择“仅影响轴”按钮，在场景中调整轴位于其与父对象的链接处，如图 12-34 所示，关闭“仅影响轴”按钮。

步骤 9 单击“ > > 虚拟对象”按钮，在场景中如图 12-35 所示的位置创建虚拟对象。

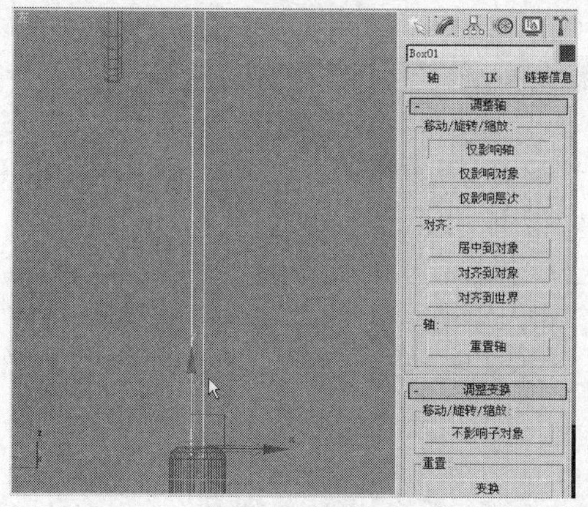

图 12-34

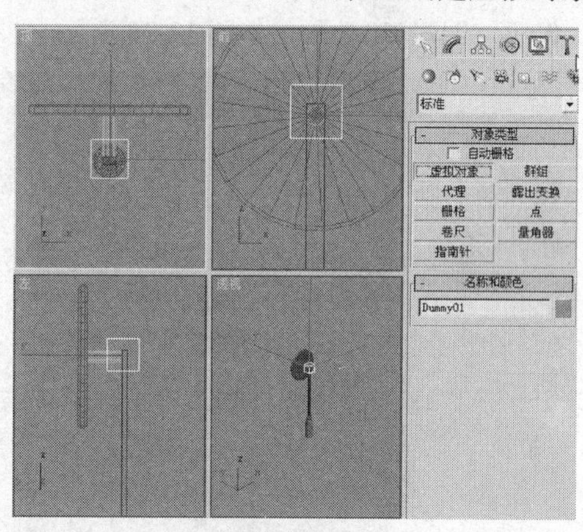

图 12-35

步骤 10 选择虚拟对象，在工具栏中选择工具，在场景中将虚拟对象链接到“Box01”对象上，确定虚拟对象处于选择状态，单击“IK > 对象参数”卷展栏中的“绑定”按钮，在场景中将虚拟对象绑定到“Cylinder01”上，如图 12-36 所示，关闭“绑定”按钮。

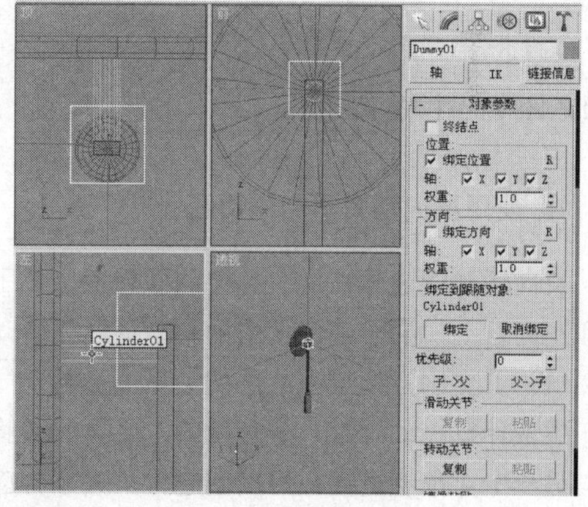

图 12-36

步骤 11 在场景中选择 ChamferCyl01 对象，进入层次命令面板，在“IK > 反向运动学”卷展栏中，单击“交互式 IK”按钮，在工具栏中单击按钮，在列表中选择“旋转 > Y 轴旋转”选项，使用按钮，在 Y 轴的控制线的 0 帧和 100 帧添加关键帧，并使用工具，选择 100 帧位置处的关键点，在将其调整到 600 的位置，选择两个关键点，使用鼠标右键单击关键点，在弹出的对话框中设置关键点属性为形式，如图 12-37 所示，设置活塞的旋转，关闭对话框。

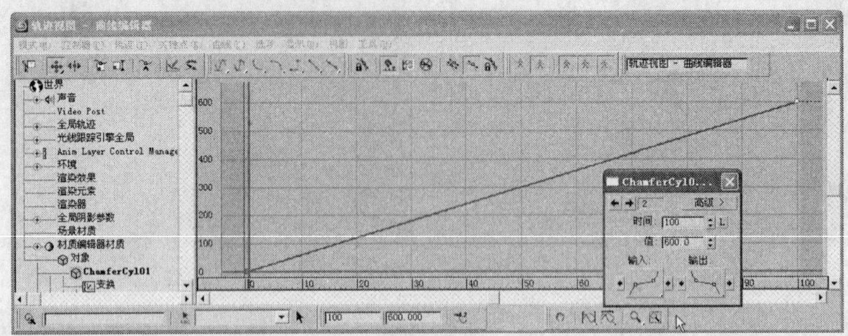

图 12-37

步骤 12 在场景中按【Ctrl+A】组合键，全选场景中的对象，再单击“反运动学”中的“应用 IK”按钮，创建 IK 动画，如图 12-38 所示。

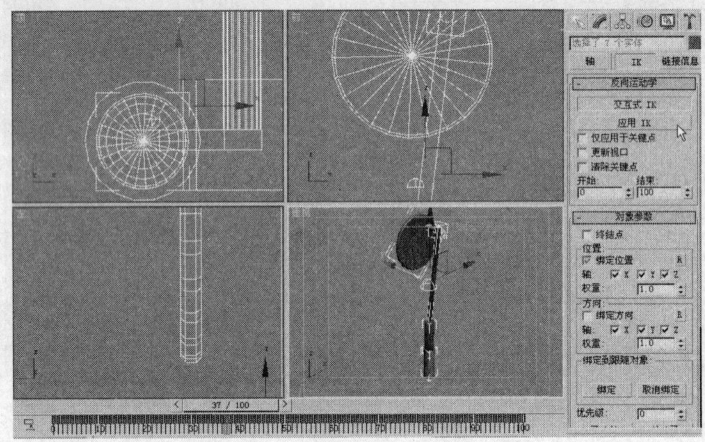

图 12-38

12.2.4 【相关工具】

1. 使用反向动力学制作动画

反向运动学建立在层次链接的概念上。要了解 IK 是如何进行工作的，首先必须了解层次链接和正向运动学的原则。使用反向运动学创建动画有以下的操作步骤。

（1）首先确定场景中的层次关系。

生成计算机动画时，最有用的工具之一是将对象链接在一起以形成链的功能。通过将一个对象与另一个对象相链接，可以创建父子关系。应用于父对象的变换同时将传递给子对象。链也称为层次。

父对象：控制一个或多个子对象的对象。一个父对象通常也被另一个更高级别的父对象控制。

子对象：父对象控制的对象。子对象也可以是其他子对象的父对象。默认情况下，没有任何父对象的对象是世界的子对象。

（2）使用链接工具或在图解视图中对模型由子级向父级创建链接。

（3）调整轴。

在层级关系中的一项重要任务，就是调整轴心所在的位置，通过轴设置对象依据中心运动的位置。

提　示　确保避免对要使用 IK 设置动画的层次中的对象使用非均匀缩放。如果进行了操作，会看到拉伸和倾斜。为避免此类问题，应该对子对象等级进行非均匀缩放。如果有些对象显示了这种行为，那么要使用重置变换。

（4）在“IK”面板中设置动画。

（5）使用“应用 IK”完成动画。

使用“交互式 IK”制作完动画后，单击“交互式 IK”按钮，并勾选“清除关键点”复选项，在关键帧之间创建 IK 动画。

2.“反向动力学”卷展栏

“反向动力学”卷展栏如图 12-39 所示。

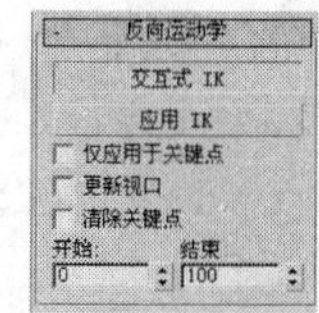

图 12-39

“交互式 IK”：允许对层次进行 IK 操作，而无需应用 IK 解算器或使用下列对象。

“应用 IK”：为动画的每一帧计算 IK 解决方案，并为 IK 链中的每个对象创建变换关键点。提示行上出现栏图形，指示计算的进度。

提　示　“应用 IK”是该软件从早期版本开始就具有的一项功能。建议先探索“IK 解算器”方法，并且仅当“IK 解算器”不能满足需要时，再使用“应用 IK”。

“仅应用于关键点”：为末端效应器的现有关键帧解算 IK 解决方案。

“更新视口”：在视口中按帧查看应用 IK 帧的进度。

“清除关键点”：在应用 IK 之前，从选定 IK 链中删除所有移动和旋转关键点。

“开始/结束”：设置帧的范围以计算应用的 IK 解决方案。“应用 IK”的默认设置计算活动时间段中每个帧的 IK 解决方案。

3.“对象参数”卷展栏

反向运动系统中的子对象会使父对象运动，移动一个子对象会引起祖先（根）对象的不必要的运动。例如，移动一个人的手指实际上会移动他的头部。为了防止这种情况的发生，可以选择系统中的一个对象作为终结点。终结点是 IK 系统中最后一个受子对象影响的对象。把大臂作为一个终结点，就会使手指的运动不会影响到大臂以上的身体对象（本卷展栏只适用于“交互式 IK”），如图 12-40 所示“对象参数”卷展栏。

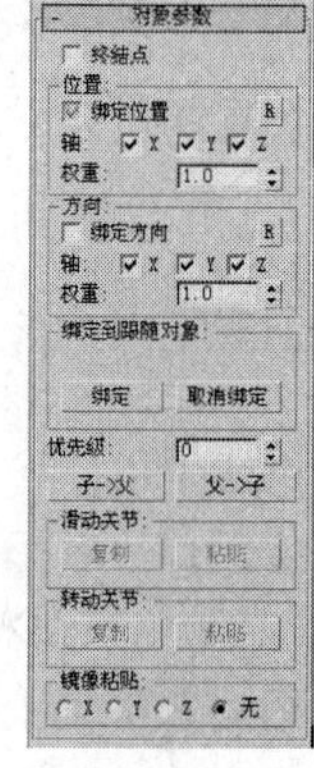

图 12-40

“终结点”：是否使用自动终结功能。

“绑定位置”：将 IK 链中的选定对象绑定到世界（尝试着保持它的位置），或者绑定到跟随对象。如果已经指定了跟随对象，则跟随对象的变换会影响 IK

解决方案。

“绑定方向”：将层次中选定的对象绑定到世界（尝试保持它的方向），或者绑定到跟随对象。如果已经指定了跟随对象，则跟随对象的旋转会影响 IK 解决方案。

R：在跟随对象和末端效应器之间建立相对位置偏移或旋转偏移。

该按钮对“HD IK 解算器位置”末端效应器没有影响。将它们创建在指定关节点顶部，并且使其绝对自动。

提　示　如果移动关节远离末端效应器，并要重新设置末端效应器给绝对位置，可以删除并重新创建末端效应器。

“轴 X/Y/Z”：如果其中一个轴处于禁用状态，则该指定轴就不再受跟随对象或“HD IK 解算器位置”末端效应器的影响。

例如，如果关闭“位置”下的 X 轴，跟随对象（或末端效应器）沿 X 轴的移动就对 IK 解决方案没有影响，但是沿 Y 或者 Z 轴的移动仍然有影响。

“权重”：在跟随对象（或末端效应器）的指定对象和链接的其他部分上，设置跟随对象（或末端效应器）的影响。设置是 0 会关闭绑定。使用该值可以设置多个跟随对象或末端效应器的相对影响和在解决 IK 解决方案中它们的优先级。相对“权重”值越高，优先级就越高。

“权重”设置是相对的；如果在 IK 层次中仅有一个跟随对象或者末端效应器，就没必要使用它们。

不过，如果在单个关节上带有“位置”和“旋转”末端效应器的单个 HD IK 链，可以给它们不同的权重，将优先级赋予位置或旋转解决方案。

可以调整多个关节的“权重”。在层次中选择两个或者多个对象，权重值代表选择设置的共同状态。

反向运动学链中将对象绑定到跟随对象和取消绑定的控制。

（标签）：显示选定跟随对象的名称。如果没有设置跟随对象，则显示“无”。

“绑定”：将反向运动学链中的对象绑定到跟随对象。

“取消绑定”：在 HD IK 链中从跟随对象上取消选定对象的绑定。

“优先级”：3ds Max 9 在计算 IK 求解时，链接处理的次序决定最终的结果。使用优先级值设置链接处理的次序。要设置一个对象的优先值，选择这个对象，并在优先值中输入一个值。3ds Max 9 会首先计算优先值大的对象。IK 系统中所有对象默认优先值都为 0，它假定距离末端受动器近的对象移动距离大，这对大多数 IK 系统的求解是适用的。

“子 > 父”：自动设置选定的 IK 系统对象的优先值。此按钮把 IK 系统根对象的优先值设为 0，根对象下每一级对象的优先值都增加 10。它和使用默认值时的作用相似。

“父 > 子”：自动设置选定的 IK 系统对象的优先值。它把根对象的优先值设为 0，其下每降低一级，对象优先值都递减 10。

在“滑动关节”和“转动关节”卷展栏中可以为 IK 系统中的对象链接设定约束条件，使用“复制”按钮和“粘贴”按钮，能够把设定的约束条件从 IK 系统的一个对象链接上复制到另一个对象链接上。“滑动关节”用来复制链接的滑动约束条件，“转动关节”用来复制链接的旋转约束条件。

“镜像粘贴关节”：用来在粘贴的同时进行链接设置的镜像反转。镜像反转的轴向可以随意指

定，默认为“无”，即不进行镜像反转，也可以使用主工具栏上的[镜像图标]（镜像）工具，来复制和镜像 IK 链，但必须要选中镜像对话框中的“镜像 IK 限制”选项，才能保证 IK 链的正确镜像。

4.“转动关节”卷展栏

用于设置子对象与父对象之间相对滑动的距离和摩擦力，分别通过 X、Y、Z 3 个轴向进行控制，效果如图 12-41 所示。

提　示 当对象的位置控制器处于“Bezier 位置”控制属性时，“转动关节”卷展栏才会出现。

“活动”：用于开闭此轴向的滑动和旋转。

“受限”：当它开启时，其下的“从”和“到”有意义，用于设置滑动距离和旋转角度的限制范围，即从哪一处到哪一处之间允许此对象进行滑动或转动。

“减缓”：勾选时，关节运动在指定范围中间部分可以自由进行，但在接近“从”或“到”限定范围时，滑动或旋转的速度被减缓。

“弹回”：打开“弹回”设定，设置滑动到端头时进行反弹，右侧数值框用于确定反弹的范围。

“弹簧张力”：设置反弹作用的强度，值越高，反弹效果越明显；如果设置为 0，没有反弹效果；反弹张力如果设置得过高，可以产生排斥力，关节就不容易达到限定范围终点。

“阻尼”：设置整个滑动过程中收到的阻力，值越大，滑动越艰难，表现出对象巨大、干燥而笨重。

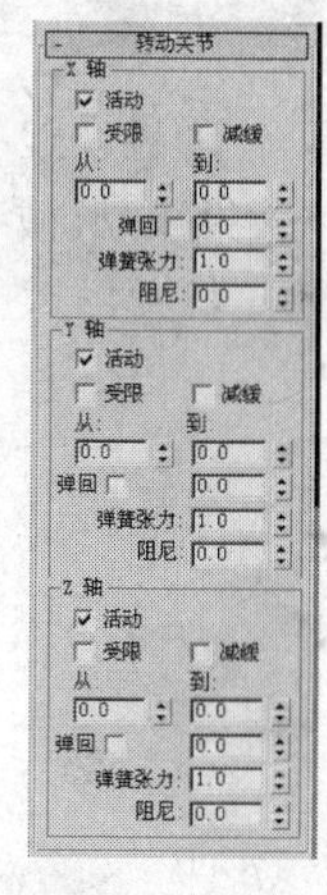

图 12-41

5.“自动终结”卷展栏

暂时指定终结器一个特殊链接号码，使沿该反向运动学链上的指定数量对象作为终结器，它仅工作在互动式 IK 状态下，对指定式 IK 和 IK 控制器不起作用，如图 12-42 所示为“自动终结”卷展栏。

图 12-42

“交互式 IK 自动终结”：自动终结控制的开关项目。

“上行链接数”：指定终结设置向上传递的数目。例如，如果此值设置为 5，当操作一个对象时，沿此层级链向上第 5 个对象将作为一个终结器，阻挡 IK 向上传递。当值为 1 时，将锁定此层级链。

12.2.5 【实战演练】望远镜

创建圆柱体模型望远镜效果，并设置望远镜的“滑动关节”，望远镜的套筒没有任何的旋转，使用“减缓”效果使望远镜向下移动。（最终效果参看光盘中的“Cha12 > 效果 > 望远镜.max”，如图 12-43 所示。）

图 12-43

12.3 综合演练——机械手臂

通过设置“滑动关节”和“转动关节”创建机械手动画。（最终效果参看光盘中的“Cha12 > 效果 > 机械手臂.max”，如图 12-44 所示。）

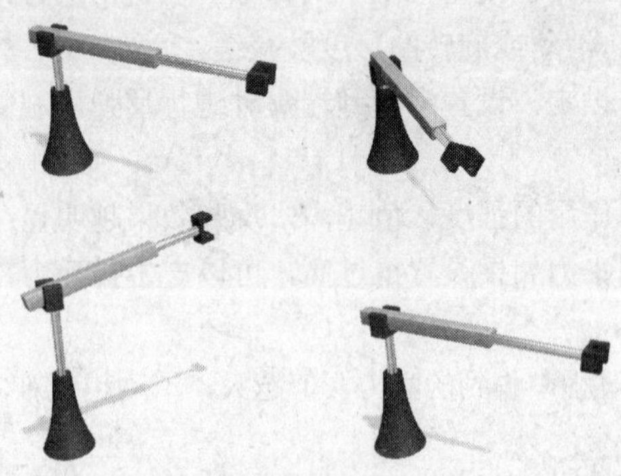

图 12-44

12.4 综合演练——蜻蜓

本例介绍使用正向动力学创建蜻蜓煽动翅膀的动画，具体可以参照“蝴蝶”动画的设置。（最终效果参看光盘中的“Cha12 > 效果 > 蜻蜓.max”，如图 12-45 所示。）

图 12-45